高等学校新工科计算机类专业系列教材

数据库原理及 MySQL 应用

（微课版）

主　编　李淑玲

副主编　仲崇丽　贾　斌　史博文

西安电子科技大学出版社

内 容 简 介

本书由原理篇(数据库原理)和应用篇(MySQL 应用实践)两部分组成，共 17 章，主要包括认识数据库系统、关系模型及关系运算、关系数据库规范化理论、数据库设计、标准的结构化查询语言 SQL、MySQL 的安装与配置、数据定义、数据增删改操作、数据查询、索引、视图、触发器、存储过程与存储函数、访问控制与安全管理、数据备份与恢复、MySQL 数据库的应用编程、开发实例等内容。本书不仅介绍了数据库的基本知识，同时还结合实际应用场景讲解了数据库在各类业务中的应用。通过案例分析，读者可以更好地理解数据库技术的应用，并提高解决问题的能力。

本书内容叙述由浅入深、循序渐进，便于读者了解和掌握数据库技术。在保证内容深度的同时，本书力求用通俗易懂的语言进行讲解。本书配套有教学大纲、教学课件与教学视频。

本书可作为普通高等学校本科计算机专业的教学用书，也可作为相关技术人员的参考书。

图书在版编目（CIP）数据

数据库原理及 MySQL 应用：微课版 / 李淑玲主编. -- 西安 : 西安电子科技大学出版社, 2025. 1. -- ISBN 978-7-5606-7541-1

Ⅰ. TP311.132.3

中国国家版本馆 CIP 数据核字第 2025U48Y46 号

策　　划　明政珠　李惠萍
责任编辑　明政珠　孟秋黎
出版发行　西安电子科技大学出版社（西安市太白南路 2 号）
电　　话　（029）88202421　88201467　　邮　　编　710071
网　　址　www.xduph.com　　电子邮箱　xdupfxb001@163.com
经　　销　新华书店
印刷单位　西安日报社印务中心
版　　次　2025 年 1 月第 1 版　　2025 年 1 月第 1 次印刷
开　　本　787 毫米×1092 毫米　1/16　　印 张 21
字　　数　497 千字
定　　价　55.00 元
ISBN 978-7-5606-7541-1

XDUP 7842001-1

*** 如有印装问题可调换 ***

前　言

数据库技术作为计算机技术的重要组成部分，在现代信息社会中发挥着越来越重要的作用。无论是数据管理、电子商务应用，还是大数据处理，都离不开数据库技术的支持。作者基于多年的教学实践，并考虑目前人才市场对数据库应用技术人才的需求以及计算机等级考试的要求，从实用性的角度出发编写了本书，希望能够帮助读者在较短的时间内掌握数据库技术并顺利通过计算机等级考试。

本书融合理论与实践，分为理论篇与应用篇，共 17 章。理论篇深入探讨了数据库系统的基本原理，从数据库系统的概述、组成、体系结构讲起，逐步深入到数据模型、关系运算、关系规范化理论等核心知识，最后介绍了数据库系统设计的科学方法。理论篇为读者奠定了坚实的理论基础，使其能够全面理解数据库系统的运作机制和设计原则。应用篇则聚焦 MySQL 数据库的实际应用，通过具体案例和操作步骤，详细介绍了 MySQL 对数据库进行数据定义、查询、增删改操作等基本技能，以及索引、视图、触发器、存储过程与存储函数等高级功能。此外，应用篇还探讨了数据库的安全管理，包括访问控制、权限分配以及安全审计等，确保读者能够掌握保护数据库安全的关键技术。最后，通过对备份与恢复操作的讲解以及应用程序开发实例展示，帮助读者将理论知识应用于实际开发中，提升解决实际问题的能力。

本书结构严谨、层次分明、重点突出，将概念与技能拆解为易于理解的小模块，实现难点分散，让读者能够循序渐进、由浅入深地掌握数据库原理与 MySQL 应用。在语言叙述方面，本书注重精准清晰，确保语言逻辑严密，同时力求内容通俗易懂，使读者即便自学也能轻松上手。本书将理论知识与实例紧密结合，通过实例演示关键技术应用，让读者在实践中深化理解，提升操作能力。这种理论与实践并重的教学方式，能够有效地促进知识的内化与迁移，帮助读者将所学知识灵活应用于实际工作中。

本书由西安欧亚学院组织编写，由西安欧亚学院李淑玲老师担任主编，第 1～5 章及附录由李淑玲编写，第 6～10 章由西安明德理工学院仲崇丽老师编写，第 11～14 章由西安欧亚学院史博文老师编写，第 15～17 章由西安欧亚学院贾斌老师编写。作者在编写和出版本书的过程中得到了西安欧亚学院教务处和西安电子科技大学出版社的大力支持，在此一并表示衷心的感谢！

由于作者水平有限，书中难免存在不妥之处，恳请广大读者批评指正。

作　者

2024 年 9 月

目　录

原理篇　数据库原理

应用篇 MySQL 应用实践

原理篇 数据库原理

第 1 章　认识数据库系统

数据库技术诞生于 20 世纪 60 年代末。经过几十年的发展，数据库技术已经成为计算机应用领域的重要技术之一，是计算机技术的一个独立分支。它主要研究如何存储、使用和管理数据，是信息系统的一项核心技术。在大数据时代，数据的存储与管理尤为重要，数据库的建设规模、信息量和使用频度已成为衡量一个国家信息化程度的重要标志。

本章主要介绍数据库的基本概念，使读者了解数据库技术的发展、数据库系统的组成、数据库管理系统的功能、数据库的体系结构以及数据模型等知识。

1.1 数据库系统概述

信息资源是当今社会最重要和最宝贵的资源之一，作为信息系统的核心和基础的数据库管理技术，能有效地帮助一个组织或企业科学、有效地管理各类信息资源。同时，越来越多的应用领域都采用数据库技术进行数据的存储与处理。

1.1.1 数据库相关的基本概念

在介绍数据库技术之前，首先介绍与其相关的术语。

1. 数据

数据(Data)是描述现实世界事物属性的物理符号，它可以是数字、文字、图形、图像、声音、动画等形式。这些多种表现形式的数据都可以经过数字化后存入计算机中，用于记录现实世界中的事物。

现实世界的一切事物均可以用数据来表示。在使用计算机存储和管理数据时，需要抽象出事物的一些特性(即属性)。例如，在某学校的学生档案管理系统中，学生的基本信息包括学号、姓名、性别、出生日期、所在系、专业等。对于一个学生来说，描述他的一条数据应为

(20241101，张勇，男，2002.01.20，计算机系，软件工程)

对于这条数据，了解学生特性的人会理解为：学号为 20241101 的学生，是姓名为张勇的男同学，2002 年 1 月 20 日出生，现在是本校计算机系软件工程专业的学生。但对于不了解学生特性的人则无法理解这条数据的全部含义。因此，数据本身并不能完全表达其内容，还需要经过数据的属性解释，所以数据的描述有“型”和“值”之分。其中，数据的“型”是指数据的结构，数据的“值”是指数据的具体数值。

2. 信息

信息(Information)是现实世界事物的存在方式或运动形态反映的总和，是人们进行各种活动所需要的知识。信息具有可感知性、可存储性、可加工性、可传递性和可再生性等自然属性。它是社会上各行各业不可缺少的资源。

信息与数据是两个概念，但又有着密切的关系：信息是数据的内涵，是数据的语义解释。在某些不需要严格区分的场合，对两者可以不加区别地使用，如信息处理也可说成数据处理。

需要注意的是，仅有数据记录往往不能完全表达其内容的含义，而需要经过解释。例如，一般通过姓名、性别、年龄、籍贯、所在城市、联系电话等特征表示客户信息，(张三，男，25，北京，上海，10012345678)就表示客户张三的信息。了解其含义的人会得到这样的信息：张三是男性，今年 25 岁，北京人，目前居住在上海，他的联系电话是 10012345678。而不了解该数据含义的人，则难以直接从北京、上海两个地名理解所表达的意思。所以，数据与该数据的解释是密切相关的。数据的解释是对数据含义的说明，也称为数据的语义。数据与其语义是密不可分的，没有语义的数据是没有意义和不完整的。

3. 数据管理

数据管理(Data Management，DM)是指数据的收集、整理、组织、存储、维护、检索、传送等操作，这些操作是数据处理业务的基本环节，也是任何数据处理业务中必不可少的共有部分。

4. 数据库

数据库(Database，DB)可以理解为存放数据的“仓库”，它是指长期储存在计算机内的、有组织的、可共享的数据的集合。数据库中的数据按一定的数学模型组织、描述和储存，具有较小的冗余度、较高的数据独立性和易扩展性，并可为各种用户共享。

5. 数据库管理系统

数据库管理系统(Database Management System，DBMS)是位于用户与操作系统(Operating System，OS)之间的数据管理软件。DBMS 为用户或应用程序提供访问 DB 的方法，包括 DB 的建立、查询、更新以及各种数据控制。

6. 数据库系统

数据库系统(Database System，DBS)是实现有组织地、动态地存储大量关联数据，方便多用户访问的计算机硬件、软件和数据资源组成的系统。DBS 一般由计算机硬件、操作系统、DB、DBMS 以及开发工具和各种人员(如数据库管理员、用户等)构成。

1.1.2　数据库管理技术的发展

数据库是数据管理的手段和技术。数据库管理技术的发展经历了三个阶段，即人工管理阶段、文件系统管理阶段和数据库系统管理阶段。

1. 人工管理阶段

20 世纪 50 年代中期以前，计算机主要用于科学计算。当时计算机的外部硬件设备只有纸带、卡片、磁带，没有磁盘等可以直接存取的存储设备；软件的状况是，计算机没有操作系统也没有管理数据库的软件，程序员在程序中不仅要规定数据的逻辑结构，还要设计其物理结构，包括存储结构、存取方法、输入/输出方式等。当数据的物理组织或存储设备改变时，用户程序就必须重新编写。数据的组织是面向应用的，不同的应用程序之间不能共享数据，这使得不同的应用程序之间存在着大量的重复数据。由于数据处理方式是批处理，因此应用程序之间数据一致性的维护工作很难进行。人工管理阶段的应用程序和数据之间的关系如图 1-1 所示。

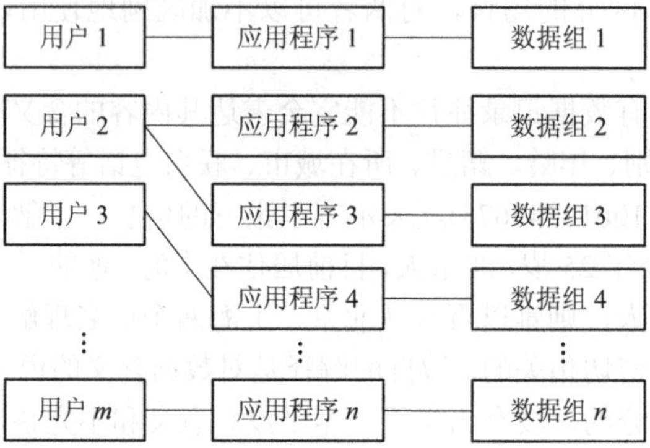

图 1-1　应用程序和数据的关系

这个阶段的特点如下：

(1) 数据不保存。该阶段计算机主要用于科学计算，一般不需要将数据长期保存，只需在计算一个题目时，将数据输入计算机，计算完后得到计算结果即可。

(2) 数据由应用程序自己管理。应用程序需要自己规定数据的逻辑结构、物理结构。

(3) 数据不共享，冗余度极大。数据面向应用程序，即一组数据对应一个程序。

(4) 数据不具有独立性，完整性差。当数据的物理组织或存储设备改变时，用户就需要相应地修改自己的应用程序。

2. 文件系统管理阶段

20 世纪 50 年代到 60 年代中期，计算机不再只用于科学计算，也可以做一些非数值数据的处理。由于大容量磁盘等辅助存储设备的出现，专门管理辅助存储设备上数据的文件系统应运而生，它是操作系统中的一个子系统。在文件系统中，按一定的规则将数据组织成为一个文件，应用程序通过文件系统对文件中的数据进行存取和加工。文件系统对数据的管理，实际上是通过应用程序和数据之间的接口实现的，如图 1-2 所示。

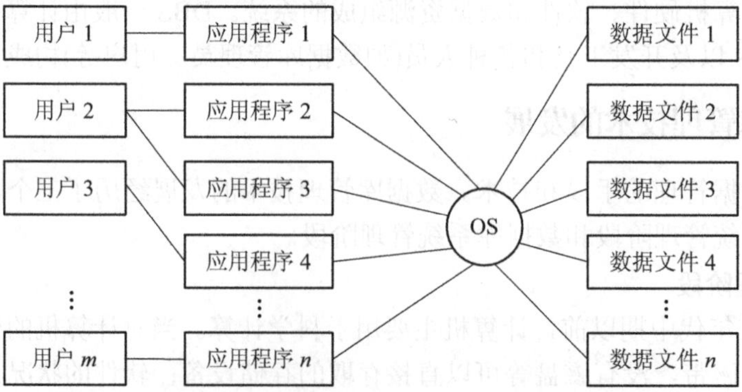

图 1-2　应用程序与文件的关系

文件系统的最大特点是解决了应用程序和数据之间公共接口的问题，使应用程序采用统一的存取方法来操作数据。在文件系统管理阶段，数据管理的特点如下。

(1) 数据可以长期保存。由于有了直接存取设备，数据可以长期保存在外部存储设备中，反复进行查询、修改、插入和删除等操作。

(2) 数据由文件系统管理。文件系统把数据组织成为相互独立的数据文件，应用程序采用“按文件名访问，按记录进行存取”的管理技术，实现数据的更新。文件系统的记录内部有结构，但整体无结构。

(3) 数据的共享性差，冗余度大。在文件系统中，一个文件基本上对应一个应用程序。当不同的应用程序具有部分相同的数据时，也必须建立各自的文件，而不能共享相同数据，因此数据冗余度仍然较大，浪费了许多存储空间。

(4) 数据的独立性差。文件系统中的文件是为某一特定应用服务的。文件的逻辑结构对于程序来说是优化的，但要对现有的数据增加一些应用会比较困难，因此系统难以扩充。另外，一旦数据的逻辑结构改变，必须修改文件系统的定义与应用程序，因此数据的独立性也较差。

3. 数据库系统管理阶段

20 世纪 60 年代以后，随着数据量的急剧增长，计算机在数据管理领域的应用更加普遍。人们对数据管理技术提出了更高的要求，希望面向企业或部门以数据为中心组织数据，减少数据的冗余，提供更高的数据共享能力；同时要求程序和数据具有较强的独立性，当数据的逻辑结构改变时，不涉及数据的物理结构，也不影响应用程序，以降低应用程序研发与维护的费用。数据库技术正是在此应用需求的基础上发展起来的。在数据库系统管理阶段，应用程序与数据库之间的关系如图 1-3 所示。

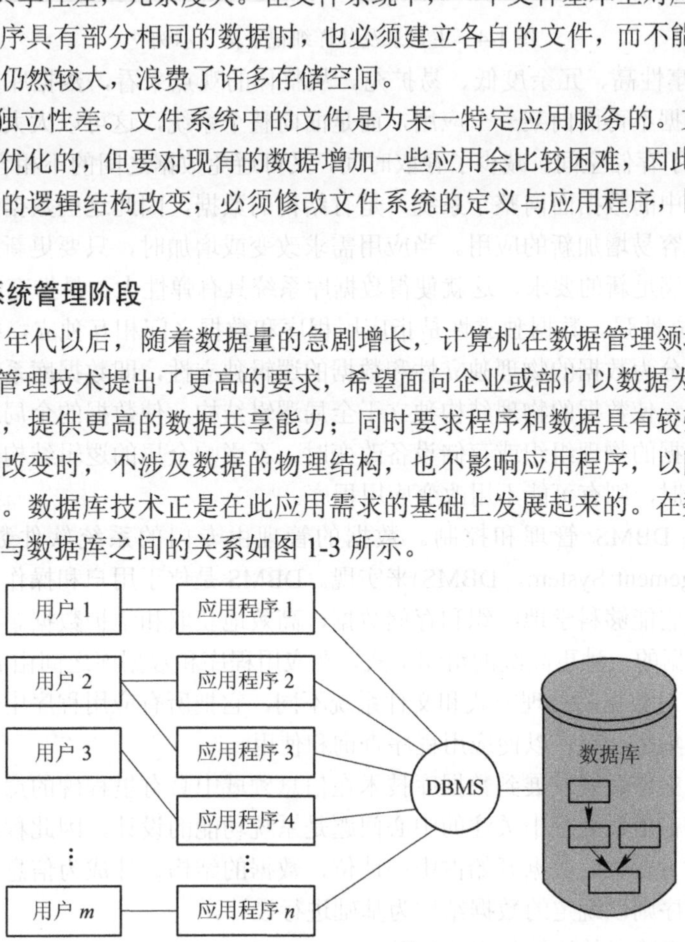

图 1-3　应用程序与数据库的关系

数据库系统管理阶段的特点如下：

(1) 数据结构化。数据结构化是数据库系统管理阶段与文件系统管理阶段的根本区别。在文件系统管理阶段，相互独立的文件记录的内部是有结构的，但记录之间没有联系；在数据库系统管理阶段，数据结构化模型不仅描述数据本身的特点，还描述数据之间的联系。例如，学生档案管理系统中的学生信息包括学生情况记录，如表 1-1 所示。

表 1-1　学生情况记录

学号	姓名	性别	出生年月	民族	政治面貌	班级	所在系	成绩情况	家庭情况

在学生情况记录中，从“学号”到“所在系”8 个数据项是任何一个学生都必须具有的，而且是等长的，将这一部分作为主记录。将“成绩情况”和“家庭情况”作为详细记录分别存储在成绩情况和家庭情况中，如图 1-4 所示。这样一个主记录附加若干个详细记录的方法增加了记录的灵活性，也节省了存储空间。

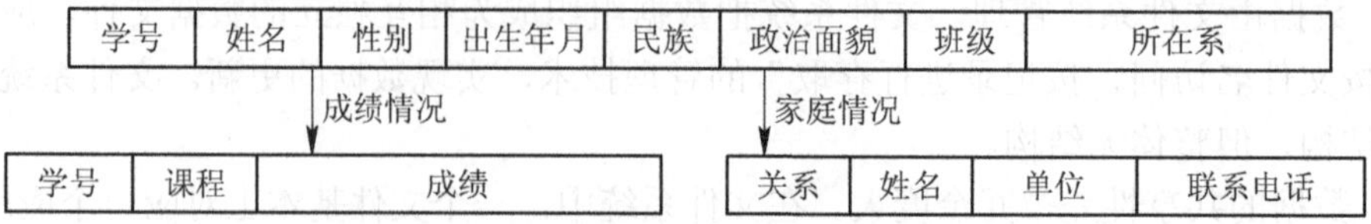

图 1-4　主记录及其详细记录格式示例

(2) 数据共享性高、冗余度低、易扩充。从整体的观点来看，数据库重要的功能之一是描述数据，数据不再面向某一个应用，而是面向整个系统，这可以大大降低数据的冗余度。这样既节约了存储空间、减少了存取时间，又可避免数据之间的不相容性和不一致性。

由于数据库中的数据面向整个系统，是有结构的数据，因此这些数据不仅可以被多个应用共享，而且容易增加新的应用。当应用需求改变或增加时，只要更新选取整体数据的不同子集便可以满足新的要求，这就使得数据库系统具有弹性大、易扩充的特点。

(3) 数据独立性强。数据独立性是指应用程序和数据之间相互独立，彼此之间不受影响。数据独立性分为数据的物理独立性和数据的逻辑独立性，即数据库系统通过提供两个层次的映像功能，使数据的物理结构独立于全局逻辑结构，使数据的全局逻辑结构独立于应用程序。当数据的物理组织或存储设备改变时，不影响全局的逻辑结构。而当数据的全局逻辑结构改变时，则有可能不用改变应用程序。

(4) 数据由 DBMS 管理和控制。数据的管理由专门的系统软件数据库管理系统(Database Management System，DBMS)来实现。DBMS 是位于用户和操作系统之间的一种数据管理软件，它能够科学地组织和存储数据，高效地获取和维护数据。以数据库的方式存储数据，是数据的一种更高级的组织形式，在应用程序和数据库之间由 DBMS 负责数据的存取。DBMS 对数据的处理方式和文件系统不同，它把所有应用程序中使用的数据以及数据间的联系汇集在一起，以便应用程序查询和使用。

数据管理从文件系统发展到数据库技术在信息领域中具有里程碑的意义。在文件系统管理阶段，人们在信息处理中关注的中心问题是系统功能的设计，因此程序设计占主导地位；而在数据库方式下，数据开始占中心地位，数据的结构设计成为信息系统首要关心的问题，而应用程序则以既定的数据结构为基础进行设计。

数据管理三个阶段的比较如表 1-2 所示。

表 1-2　数据管理三个阶段的比较

		人工管理阶段	文件系统管理阶段	数据库系统管理阶段
背景	应用背景	科学计算	科学计算、管理	大规模管理
	硬件背景	无直接存取存储设备	磁盘、磁鼓	大容量磁盘
	软件背景	没有操作系统	有文件系统	有数据库管理系统
	处理方式	批处理	联机实时处理，批处理	联机实时处理，分布处理，批处理

续表

		人工管理阶段	文件系统管理阶段	数据库系统管理阶段
特点	数据的管理者	人	文件系统	数据库管理系统
	数据面向的对象	某一应用程序	某一应用程序	现实世界
	数据的共享程度	无共享，冗余度极大	共享性差，冗余度大	共享性高，冗余度小
	数据的独立性	不独立	独立性差	具有高度的物理独立性和一定的逻辑独立性
	数据的结构化	无结构	记录内有结构，整体无结构	整体结构化，用数据模型描述
	数据控制能力	应用程序自己控制	应用程序自己控制	由 DBMS 提供数据安全性和完整性等

1.2　数据库系统组成

数据库系统的组成

1.2.1　DBS 的组成

DBS 是由计算机系统、数据库、数据库管理系统、应用程序和相关人员组成的具有高度组织的总体。

1. 计算机系统

计算机系统包括计算机硬件和操作系统。计算机硬件是构成计算机的各种物理设备，包括存储数据所需的外部设备。硬件的配置应满足整个数据库系统的需要。操作系统是控制和管理计算机系统内各种硬件、软件资源以及有效地组织多道程序运行的系统软件，是用户与计算机之间的接口。

2. 数据库

数据库既有存放实际数据的物理数据库，也有存放数据逻辑结构的数据字典。

物理数据库是指按照一定的数据模型组织并存放在外存上的一组相关数据的集合。例如，学生档案管理系统中，数据库存放着学生、课程、选课、成绩、教师、教材等信息。

数据字典存放有关数据库定义信息，如用户名表、权限、数据库表的定义等。数据字典是数据库管理系统的组成部分之一，它是由数据库管理系统自动生成并维护的一组表和视图。数据字典是数据库管理系统工作的依据，数据库管理系统通过它对数据库中的数据进行管理和维护。

3. 数据库管理系统

数据库管理系统是一个通用的软件系统。它能对数据库进行有效的管理，包括安全性管理、存储管理、完整性管理等，为数据的访问和保护提供强大的处理功能，如查询处理、并发控制、故障恢复等，同时为用户提供一个应用、操作和管理的平台，使其更方便地创建、检索、存储和处理数据库中的数据。

数据库管理系统是数据库系统的核心软件，有关详细内容在 1.2.2 小节中叙述。

4. 应用程序

应用程序主要是指实现业务逻辑的程序。它要为用户提供一个友好的操作数据的图形用户界面，通过数据库语言或相应的数据访问接口，存取数据库中的数据。

5. 相关人员

数据库管理系统中，相关人员主要包括系统分析员和数据库设计人员、数据库管理员、应用程序员，以及最终用户。

(1) 系统分析员和数据库设计人员：系统分析员负责应用系统的需求分析和规范说明，他们和用户及数据库管理员一起确定系统的硬件配置，并参与数据库系统的概要设计。数据库设计人员负责数据库中数据的确定、数据库各级模式的设计。

(2) 数据库管理员(Database Administrator，DBA)：负责管理和监控数据库系统，解决应用中系统出现的问题。DBA 的具体职责包括：负责数据库系统软件的安装和维护，参与数据库中的设计，决定数据库的存储结构和存取策略，定义数据库的安全性要求和完整性约束条件，监控数据库的使用和运行，参与数据库的性能改进、数据库的重组和重构，以提高系统的性能。

(3) 应用程序员：负责编写使用数据库的应用程序，这些应用程序可对数据进行检索、建立、删除或改变现存的信息。

(4) 最终用户：应用系统的最终使用者，他们通过应用程序的操作界面使用数据库，完成日常业务处理。

1.2.2 DBMS

DBMS 是对数据进行管理的软件系统，是数据库系统的核心软件。数据库系统的一切操作，包括创建各种数据库对象，如表、视图、存储过程等，以及应用程序对这些对象的操作，如将数据插入到表中，对表中原有的数据进行检索、修改、删除等，都是通过 DBMS 进行的。

带有数据库的计算机系统硬、软件层次如图 1-5 所示。

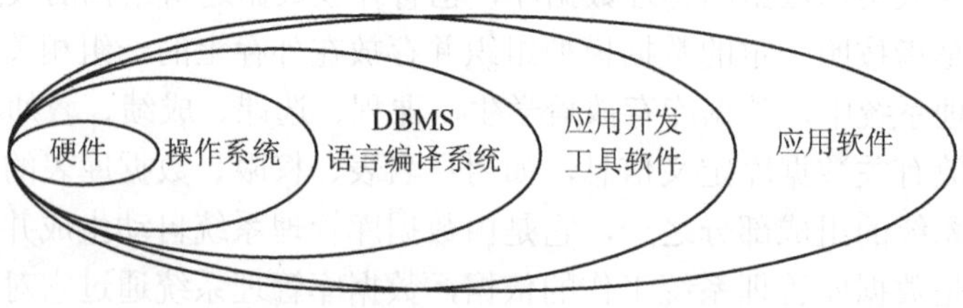

图 1-5 带有数据库的计算机系统硬、软件层次

数据库管理系统的主要功能如下。

1. 数据库定义功能

DBMS 提供数据定义语言(Data Definition Language，DDL)。数据库设计人员通过 DDL

来描述和定义数据库中的对象，如定义数据库的结构(数据库的模式、子模式、存储模式，以及相互之间的映像)，定义数据库的完整性约束、保密限制等约束条件。这些定义存储在数据字典中，是DBMS运行的基本依据。

2. 数据操作功能

DBMS提供数据操作语言(Data Manipulation Language，DML)。用户使用DML实现对数据库中数据的基本操作，如检索、插入、修改和删除。

DML分为两类：一类是嵌入某种主语言(如C、PASCAL、COBOL等)中的数据库操作语言，称为宿主型DML；另一类是可以独立使用的数据库操作语言，称为自主型或自含型DML，如SQL Server中的Transact-SQL语言等。

3. 数据库运行控制功能

DBMS提供数据控制语言(Data Control Language，DCL)。用户使用DCL实现的数据控制功能如下：

(1) 数据的安全控制。数据的安全控制是对数据库的一种保护，用于防止数据泄密以及不合法的用户破坏数据库中的数据，其可以控制每个用户的使用权限，也可以控制某些数据使用和处理的方式。

(2) 数据的完整性控制。数据的完整性控制是对数据库中数据的一种保护措施，以保证进入数据库中的数据的语义正确、有效，防止出现违反其语义的任何操作。

(3) 数据的并发控制。在多个应用程序同时对数据库进行存取、修改等操作时，可能会发生相互干扰而得到错误的结果，或在数据库中保存了错误的数据。DBMS数据并发控制功能能够对多用户的并发操作一并控制和协调，防止出现错误的结果，正确处理多用户、多任务环境下的并发操作。

(4) 数据的恢复。数据库在运行的过程中，可能会出现各种故障，如硬件故障、软件故障、操作员的误操作，以及有意的破坏等，都可能造成数据库的损坏或运行结果不正确。DBMS数据的数据恢复就是把数据库从被破坏的、不正确的状态恢复到正常状态。

4. 数据库的建立和维护

数据库的建立和维护包括数据库的初始建立、数据的转换、数据库的转储和恢复、数据库的重组和重构、性能监测和分析等。

1.3 数据库系统体系结构

从数据库管理系统的角度来看，数据库系统通常分为三级模式结构，这种结构是数据库管理系统的内部体系结构。从最终用户的角度来看，通常分为集中式结构(又可分为单用户结构和主从结构)、分布式结构和并行结构，这些是数据库管理系统的外部系统结构。

数据库系统的体系结构是数据库系统的总体框架。实际应用中的数据库产品多种多样，各数据库支持不同的数据模型和不同的数据库语言，而且数据的存储结构也各不相同，但是绝大多数数据库系统在总体结构上都具有三级模式的结构特点。

1.3.1 数据库系统的三级模式

数据库系统的三级模式结构是由概念模式、外模式和内模式构成的。三级模式结构之间形成两级映射，通常又称数据库的体系结构为三级模式二级映射如图 1-6 所示。数据库系统设计员可在视图层、逻辑层和物理层对数据进行抽象，通过概念模式、外模式和内模式来描述不同层次的数据特性。

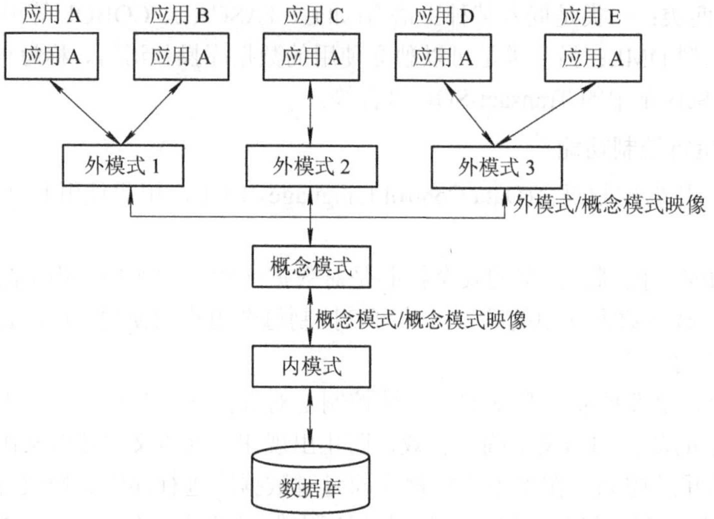

图 1-6 数据库系统结构的三级模式二级映像

1. 概念模式

概念模式也称模式或逻辑模式，是数据库中全部数据的逻辑结构和特征的描述，它由若干个记录类型组成，只涉及行的描述，不涉及具体的值。概念模式的一个具体值称为模式的一个实例，同一个模式可以有很多实例。例如，在学生档案管理系统中，学生情况记录结构定义为(学号，姓名，性别，出生年月，民族，政治面貌，班级，所在系)，这是记录型，而(061102，张芳，女，1986.10，汉，团员，21011，计算机科学与技术)则是该记录型的一个记录值，换句话说是该记录类型的一个实例。

概念模式反映的是数据库的结构及其联系，所以是相对稳定的；而实例反映的是数据库某一时刻的状态，所以是相对变动的。

需要说明的是，概念模式不仅要描述概念的记录类型，还要描述记录间的联系、操作，以及数据的完整性、安全性等要求。

描述概念模式的数据定义语言称为模式 DDL(Schema Data Definition Language)。

2. 外模式

外模式也称用户模式或子模式，是用户与数据库系统的接口，是用户用到的那部分数据的描述。外模式由概念模式导出，是概念模式的子集，它是用户的数据视图，即与某一应用有关的数据的逻辑表示。

描述外模式的数据定义语言称为外模式 DDL。有了外模式后，程序员不必关心概念模式，只与外模式发生联系，按外模式的结构存储和操作数据。

3. 内模式

内模式也称存储模式，是数据物理结构和存储方式的描述，是数据在数据库内部的表示方式。例如，记录的存储方式是顺序存储，按照 B 树结构存储，还是用 Hash 方法存储；索引按照什么方式组织；数据是否压缩存储，是否加密；数据的存储记录结构有何规定。

描述内模式的数据定义语言称为内模式 DDL。

总之，数据按外模式的描述提供给用户，按内模式的描述存储在磁盘上，而概念模式提供了联接这两级模式的相对稳定的中间描述，并使得两级的任意一级的改变都不受另一级的牵制。

数据库系统中的人员包括系统分析员、数据库设计人员、数据库管理员、应用程序员和最终用户等，不同人员涉及不同级别的数据，具有不同的数据视图。各种人员在数据库体系结构中的数据视图如图 1-7 所示。

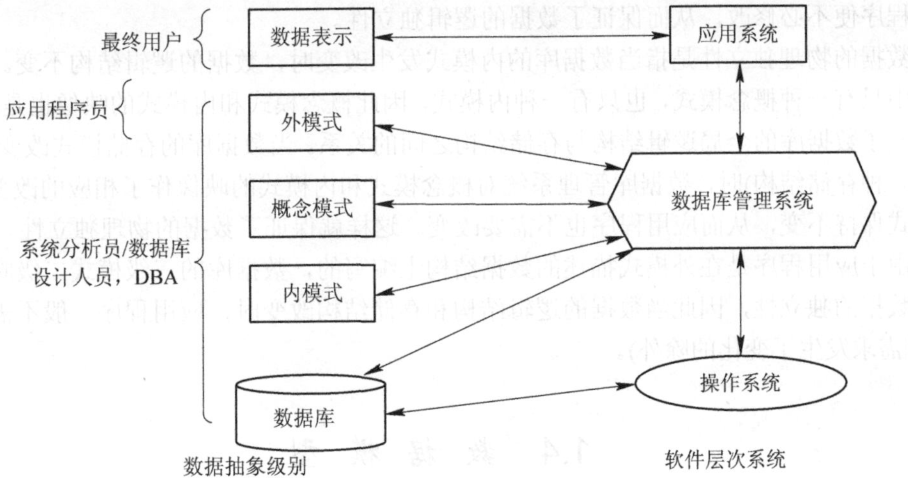

图 1-7　各种人员的数据视图

1.3.2　数据库系统的二级映像和数据独立性

数据库系统的三级模式是对数据的三个抽象级别，数据的具体组织是由 DBMS 进行管理的，使用户能逻辑地处理数据，不必关心数据在计算机中的表示和存储。为了实现这三个抽象层次的联系和转换，数据库系统在这三级模式中提供了外模式/概念模式和概念模式/内模式二级映像，如图 1-6 所示。

1. 外模式/概念模式映像

对应于同一概念模式，可以有任意多个外模式。外模式/概念模式映像定义了某个外模式和概念模式之间的对应关系，这些映像定义通常包含在外模式中。当概念模式改变时，只要将外模式/概念模式映像作相应的改变，就可以保证外模式保持不变，外模式/概念模式映象提供了数据的逻辑独立性。

2. 概念模式/内模式映像

概念模式/内模式映像定义数据逻辑结构和存储结构之间的对应关系。当数据库的存储结构改变时，只要将概念模式/内模式映像作相应的修改，就可以使概念模式保持不变，概念模式/内模式映像提供了数据的物理独立性。

3. 数据的独立性

数据的独立性是指数据与应用程序相互独立，即将数据的定义和描述从程序中分离出去。DBMS 负责存取和管理数据，用户不必考虑存取的路径和细节，从而简化了应用程序，大大减小了应用程序编制的工作量。数据的独立性分为数据的逻辑独立性和数据的物理独立性。数据库的体系结构，即三级模式和二级映像保证了数据能够具有较高的逻辑独立性和物理独立性。

数据的逻辑独立性是指用户的应用程序与数据库的逻辑结构是相互独立的。数据的逻辑结构发生变化(如增加新的关系、新的属性、改变属性的数据类型等)后，数据库管理员对各个外模式和概念模式的映像作了相应的改变，可以使外模式保持不变。由于应用程序是依据数据的外模式编写的，当数据的逻辑结构发生变化时可以使外模式保持不变，因此应用程序便不必修改，从而保证了数据的逻辑独立性。

数据的物理独立性是指当数据库的内模式发生改变时，数据的逻辑结构不变。由于数据库中只有一种概念模式，也只有一种内模式，因此概念模式和内模式的映像也是唯一的，它定义了数据库的全局逻辑结构与存储结构之间的关系。当数据库的存储模式改变(如选用了另一种存储结构)时，数据库管理系统对概念模式和内模式的映像作了相应的改变，可以使模式保持不变，从而应用程序也不需要改变。这样就保证了数据的物理独立性。

由于应用程序是在外模式描述的数据结构上编写的，数据库的三级模式二级映像又保证了数据的独立性，因此当数据的逻辑结构和存储结构改变时，应用程序一般不需要修改(应用需求发生了变化的除外)。

1.4 数据模型

模型就是对现实世界特征的模拟和抽象，如一张地图、一组建筑设计沙盘、一架航模等都是具体的模型。数据模型是对现实世界数据特征的抽象，它精确描述了数据、数据之间的联系、数据之间的寓意和完整性约束。很多数据模型还包括一些操作的集合，这些操作用来对数据库进行存取和更新。数据模型应该满足三个方面的要求：一是能真实地模拟现实世界；二是容易被人们所理解；三是便于在计算机上实现。即数据模型涉及现实世界、信息世界和机器世界三个数据领域，它们之间的关系如图 1-8 所示。

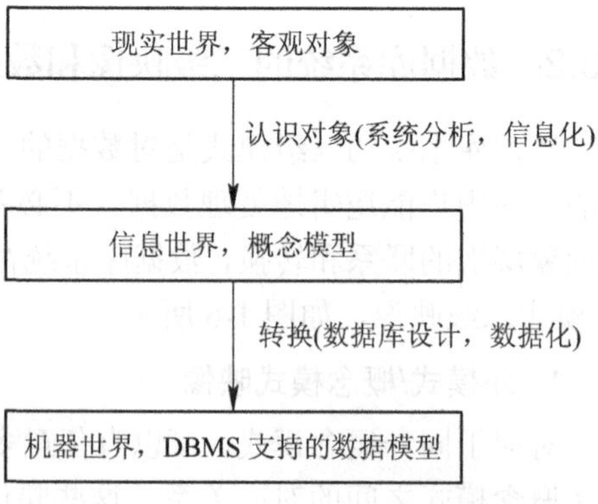

图 1-8 现实世界中客观对象的抽象过程

1.4.1 数据模型的概念

数据模型是数据库系统的重要基础。不同的数据模型提供了不同的模型化数据和信息的工具。这里主要介绍三个数据世界的概念、

数据模型的概念及分类

数据模型的三要素以及数据抽象。

1. 三个数据世界的概念

1) 现实世界

现实世界泛指存在于人脑之外的客观世界。现实世界的数据就是客观存在的各种报表、图表和查询格式等原始数据。计算机只能处理数据，所以首先要解决的问题是按用户的观点对数据和信息建模，即通过实体、特征、实体集分析和认识客观世界。

(1) 实体(Entity)。客观存在并可相互区别的事物或概念称为实体。实体可以是具体的人、事、物，也可以是抽象的概念或联系，如一个职工、一个学生、一个部门、一门课、学生的一次选课、部门的一次订货，以及老师与系的工作关系等都是实体。

(2) 特征(Entity Characteristic)。每个实体都有自己的特征，利用它来区别不同的实体。例如，在学生管理系统中，学生实体可以由学号、姓名、性别、年龄、系、专业等特征来描述；在人事管理系统中，职工实体可以由职工号、姓名、性别、年龄、工资、职务等特征来描述。

(3) 实体集(Entity Set)及实体集之间的联系。具有相同特征的或能用相同特征来描述的实体的集合称为实体集。如学生、工人、房屋、课程等都是一个实体集。在现实世界中，实体集之间有着各种各样的联系，如学生和课程之间有选课的联系。

2) 信息世界

信息世界是现实世界在人头脑中的反映，人们经过认识、选择、命名、分类等综合分析形成客观世界的印象或概念。在信息世界中，实体特征在人脑中形成的知识属性，实体通过其属性表示为实例，同类实例的集合称为对象，对象即实体集中的实体用属性表示得出的信息集合。实体与实例是不同的，如张芳是一个实体，而“061102，张芳，女，1986,10，汉，团员，21011，计算机科学与技术”是实例。在实体的诸多属性中，能够唯一标识一个实体的属性或属性组成为码。在信息世界中实体集之间的联系用对象的联系表示。

(1) 对象(Object)和实例(Instance)。在现实世界中，具有相同性质的同类事物或概念的抽象称为对象。对象是对实体信息化(数据化)的结果。对象中每一个具体的实体的抽象成为该对象的一个实例。

(2) 属性(Attribute)。实体所具有的某一特征称为属性。一个实体可以由若干个属性来刻画。如学生实体可以由学号、姓名、性别、年龄、系、专业等属性组成(2002010118，李永，男，18，计算机系，计算机应用专业)，这些属性组合起来表征了一个学生。

(3) 码(Key)与主码(Primary Key)。唯一标识实体的属性或属性集称为码。码可以是一个属性，也可以是一组属性的组合，如果码是属性组，则其中不能含有多余的属性。如在学生的学号、姓名、性别等诸多属性中，如果学号确定，那么这个学生的其他属性也就确定了，学号是学生实体的码；在学生成绩信息中包含有学号、课号和成绩的属性，如果学号和课号均确定，此时这个学生的成绩才能确定，所以这里的码是学号与课号的组合；在系的信息中包含有系代号、系名称、办公电话、位置、系主任等诸多属性，每个属性均能确定一个系的信息，所以系代号、系名称、办公电话、位置都是码。当一个对象中包括多个码时，通常选定其中的一个码为主码，其他的码就是候选码。

(4) 域(Domain)。属性的取值范围称为该属性的域。如学号的域为 10 位整数，姓名的域为字符串集合，年龄的域为小于 35 的整数，性别的域为男或女。

(5) 实体型(Entity Type)。具有相同属性的实体必然具有共同的特性和性质。用实体名及其属性名的集合来抽象和刻画同类实体，称为实体型。如学生(学号，姓名，性别，年龄，系，专业)就是一个实体型。

信息世界通过概念模型(信息模型)、过程模型和状态模型来反映现实世界。概念模型可以通过 E-R 图中的对象、属性和联系对现实世界的事物及联系给出静态的描述，过程模型通过信息流程图和数据字典描述事务的处理方法和信息加工方法，状态模型通过事物的状态转换图给出事物动态信息。数据库主要是根据概念模型进行设计的，所以本书后面会详细讲述概念模型。

3) 机器世界

机器世界是按计算机系统的观点对数据建模。即将信息世界的信息经过数字化处理形成计算机能够处理的数据。在这个转换过程中，要考虑到具体计算机的硬件和软件条件的限制。机器世界中常用到数据项、记录、文件等概念。

(1) 数据项是对象属性的数据表示。数据项有“型”和“值”之分，其中“型”是数据特征的表示，通过名称、数据类型、数据宽度等来描述，“值”是数据项的具体取值。数据项的“型”和“值”均应符合计算机数据的编码要求。

(2) 记录是实例的数据表示。它也有“型”和“值”之分，其中“型”是结构，由一至多个数据项构成；“值”是对象的一个实例，它的分量是数据项的值。如一个学生的记录型为“学号，姓名，性别，出生日期，所在系，专业”，则“0502112，张凌，男，1987.06.26，计算机系，软件工程专业”为一个记录值。

(3) 文件是同一类记录的集合。同一个文件中记录的类型应是一样的。

2. 数据模型的要素

数据模型是一组严格定义的概念集合。这些概念精确地描述了系统的数据结构、数据操作、数据约束条件，我们称其为数据模型的三要素。

1) 数据结构

数据结构用于描述系统的静态特征。数据结构是所研究对象类型的集合。这些对象是数据库的组成成分，包括两类：一类是与数据类型、内容、性质有关的对象，如数据项、记录、属性、关系等；另一类是与数据之间的联系有关的对象。

数据结构是描述一个数据模型性质最重要的方面。因此，在数据库系统中，人们通常按照其数据结构的类型来命名数据模型。如层次结构、网状结构和关系结构的数据模型分别命名为层次模型、网状模型和关系模型。

2) 数据操作

数据操作用于描述系统的动态特性。数据操作是指数据库中各种对象(型)的实例(值)允许执行的操作的集合，包括操作及有关的操作规则。数据库主要有检索和更新(插入、删除和修改)两大类操作。数据模型必须定义这些操作的确切含义、操作符号、操作规则(如优先级)，以及实现操作的语言。

3) 数据约束条件

数据约束条件是一组完整性规则的集合。完整性规则是给定的数据模型中数据及其联系所具有的制约和储存规则，用以限定符合数据模型的数据库状态以及状态的变化，以保证数据的正确、有效和相容。例如，某单位人事管理中，要求在职的男职工的年龄必须大于 18 岁小于 60 岁，工程师的基本工资不能低于 1500 元，这些要求是可以通过建立数据的约束条件来实现的。

数据模型应该反映和规定本数据模型必须遵守的基本的、通用的完整性约束条件。例如，在关系模型中，任何关系必须满足实体完整性和参照完整性。

3. 数据抽象

数据库系统一般提供三个级别的数据抽象，即视图级抽象、概念级抽象和物理级抽象。视图级抽象是指把现实世界抽象为数据库的外模式，概念级抽象是指把数据库的外模式抽象为数据库的概念模式，物理级抽象则是指把数据库的概念模式抽象为数据库的内模式。

1) 视图级抽象

视图级抽象主要用于对信息世界的建模，是抽象级别的最高层。它把现实世界的信息按不同用户的观点抽象为逻辑数据结构，每个逻辑的数据结构称为一个视图。每个视图描述整个数据库的一个侧面，所有视图集合形成数据库的外模式。因此，视图级抽象具有语义表达能力强、易于用户理解、独立于任何 DBMS 和容易向 DBMS 所支持的数据模型转换等特点。

2) 概念级抽象

概念级抽象是指把数据库的外模式抽象为数据库的概念模式。数据库的概念模式综合了外模式中的所有视图，反映数据库用户所关心的现实世界的抽象，形成数据库的整体逻辑结构。它是用户通过数据库管理系统看到的现实世界，是数据的系统表示，主要用于对信息世界的建模。因此，概念级抽象既要考虑易于用户理解，又要考虑便于实现 DBMS。不同的 DBMS 提供不同的逻辑数据模型，传统的数据模型有层次模型、网状模型、关系模型，非传统的数据模型有面向对象数据模型。

3) 物理级抽象

物理级抽象是指把数据库的概念模式进一步抽象为数据库的内模式。数据库的内模式抽象地描述概念数据库如何在物理存储设备上存储。数据库的内模式包括两个方面：一是存储策略的描述，包括数据和索引的存储方式、存储记录的描述、记录定位方法等；二是存储路径的描述，包括索引的定义、Hash 结构的定义等。例如，一个数据库中的数据和索引是存放在不同的数据段上还是相同的数据段上，数据的物理记录格式是变长的还是定长的，数据是压缩的还是非压缩的，索引结构是 B＋树还是 Hash 结构等。数据库的内模式不但由 DBMS 的设计决定，而且与操作系统、计算机硬件密切相关。

物理级抽象对于一般的应用程序员来说较少用到，因此不在本书中涉及。

1.4.2　概念模型和 E-R 图

E-R 模型

概念模型是现实世界到机器世界转换的一个中间环节，是现实世界到机器世界的一种认识抽象。概念模型不依赖计算机系统，且独立于具体的 DBMS。概念模型是数据库设计人员进行数据库设计的有力工具，它描述了现实世界的各种对象及其之间的复杂联系，以及用户对数据对象的处理要求等，它是数据库管理员、应用系统开发人员和最终用户的交流工具，所以概念模型应该能够方便、清晰、简单、准确地表示信息世界中的常用概念。概念模型的表示方法很多，其中最为常用的是P.P.S.Chen于1976年提出的实体-联系方法(Entity-Relation-ship Approach)。该方法用 E-R 图来描述现实世界的概念模型，称为实体-联系模型(Entity-Relationship Model，E-R 模型)，又称为 E-R 图。

E-R 模型本身是一种语义模型，模型的语义方面主要体现在 E-R 模型力图表达数据的意义。一般在遇到实际问题时，应先设计 E-R 模型，再把它转换成计算机能接受的数据模型。

1. 实体联系的类型

1) 两个实体集间的联系

两个实体集间的联系有三种：一对一联系、一对多联系和多对多的联系。

(1) 一对一联系(1∶1)：如果有两个实体集 *A* 和 *B*，若 *A* 中的任意实体至多对应 *B* 中的一个实体，反之 *B* 中的任意实体至多对应 *A* 中的一个实体，那么这两个实体集间是一对一的联系，记作 1∶1，如图 1-9 所示。例如，观众与座位、乘客与车票、病人与病床、学校与校长、灯泡与灯座、夫妻关系等。

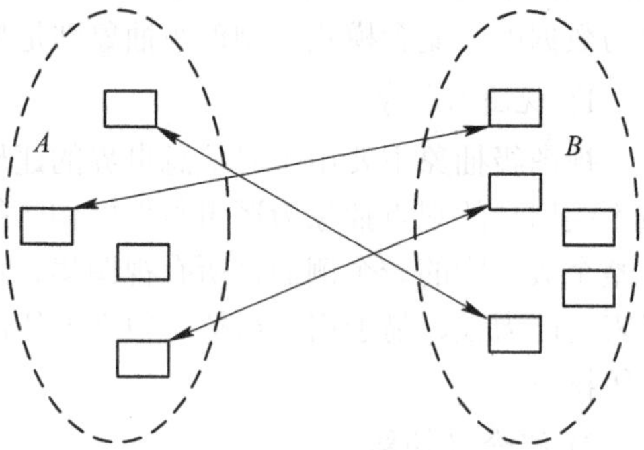

图 1-9 一对一联系

(2) 一对多联系(1∶*m*)：如果有两个实体集 *A* 和 *B*，若 *A* 中至少有一个实体对应 *B* 中的多个实体，反之 *B* 中的任意实体至多对应 *A* 中的一个实体，那么这两个实体集之间是一对多的联系，记作 1∶*m*，如图 1-10 所示。例如，城市与街道、宿舍与学生、父亲与子女、班级与学生等。

(3) 多对多联系(*m*∶*n*)：如果有两个实体集 *A* 和 *B*，若 *A* 中的任意实体至少有一个实体对应 *B* 中的多个实体，反之 *B* 中的任意实体至少对应 *A* 中的多个实体，那么这两个实体集之间是多对多的联系，记作 *m*∶*n*，如图 1-11 所示。例如，学生与课程、工厂与产品、商店与顾客等。

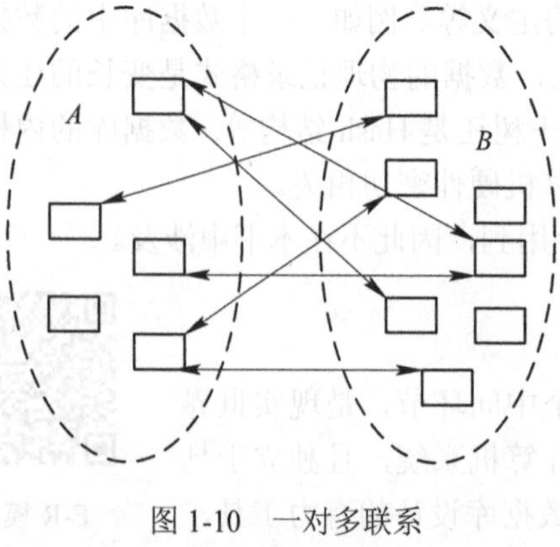

图 1-10 一对多联系

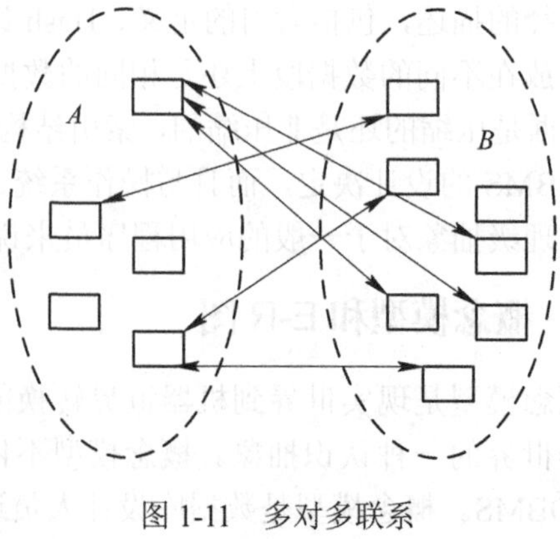

图 1-11 多对多联系

2) 多个实体集间的联系

实体集间的一对一、一对多、多对多联系不仅存在于两个实体集间，也存在于两个以上的实体集间。实体集间的一对一实质是一对多的特例。在不致混淆的情况下实体集简称为实体。

多个实体集间的一对多联系：假设实体集 E_1，E_2，…，E_j，若 E_j($j=1$，2，…，n)与其他实体集 $E_j(i\neq j)$之间存在有一对多联系，则对于 E_j 中的一个给定实体，可以与其他实体集 $E_j(i\neq j)$中的一个或多个实体联系，而实体集 $E_i(i\neq j)$中的一个实体最多只能与 E_j 中的一个实体联系，那么称 E_j 与 $E_1(i\neq j)$之间的联系是一对多的。例如，在课程、参考书和教师实体的关系中，一门课程可由多名教师来讲授，一名教师仅讲授一门课程；一门课程在讲授时可使用多本参考书，一本参考书仅用于一门课程的讲授。此时，课程、参考书和教师三个实体间形成了一对多的联系。

多个实体集间的多对多联系：在两个实体集间当一个实体与其他实体集间均存在多对多联系，而其他实体集间没有联系时，这种联系称为多个实体集间的多对多联系。例如，在学生、课程和科技活动小组的关系中：一个学生有多门选修课程，一门选修课程有多名学生学习；一个学生可以选择参加多个科技活动小组进行学习，一个科技活动小组可由多名学生参与。所以，学生、课程和科技活动小组三个实体的关系形成了多对多的联系。

3) 实体集内部的联系

同一个实体集内的各实体间也可以存在一对多、多对多的联系。例如，职工是一个实体集，职工中有领导，而领导自身也是职工，此时职工实体集内部具有领导与被领导的关系。即某一个职工领导若干名职工，而一个职工仅被一个领导所管，这种联系就是一对多联系。

2. E-R 图的表示方法

1) 实体

在 E-R 模型中，实体用矩形表示，矩形框内写明实体名，如图 1-12(a)所示。

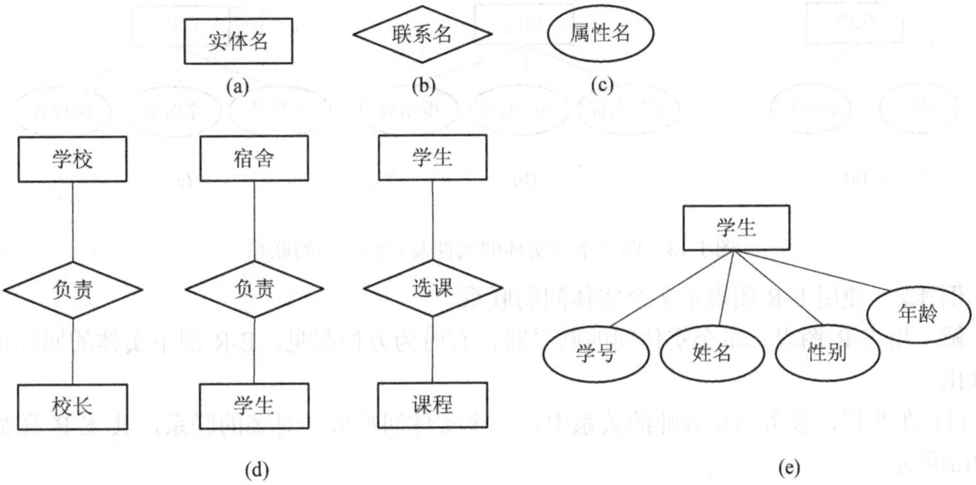

图 1-12　E-R 图表示法

2) 联系

在 E-R 模型中，联系用菱形表示，菱形框内写明联系名，如图 1-12(b)所示。在表示多个实体的联系时，用无向边分别与有关实体连接起来，同时在无向边旁标注上联系的类型(1∶1，1∶n 或 m∶n)，如图 1-12(d)所示。

3) 属性

在 E-R 模型中，属性用椭圆形表示，椭圆形框内写明属性名，如图 1-12(c)所示，在表示一个实体的属性时，用无向边与有关实体连接起来，如图 1-12(e)所示。

例 1.1　使用 E-R 图表示两个实体之间的联系。

解　(1) 医院里一个床位只能住一个病人，一个病人只能住在一个病床上，因此病人与床位之间是 1∶1 的联系，联系名为住院，病人的属性有病人编号、姓名、性别、年龄等，床位的属性有床位号、房间号等，其 E-R 图如图 1-13(a)所示。

(2) 企业中的部门和职工实体集，如果一个职工只能属于一个部门，那么这两个实体集间应是 1∶n 的联系，联系名为隶属，职工的属性有职工号、姓名、性别、年龄等，部门的属性有部门名称、部门编号、编制数等，其 E-R 图如图 1-13(b)所示。

(3) 学校中的学生和课程实体集，如果一个学生可选修多门课程，一门课程可被多名学生选修，那么这两个实体集间应是 m∶n 的联系，联系名为选修，学生的属性有学号、姓名、性别、年龄等，课程的属性有课程号、课程名、学时数等，用 E-R 图表示如图 1-13(c)所示。

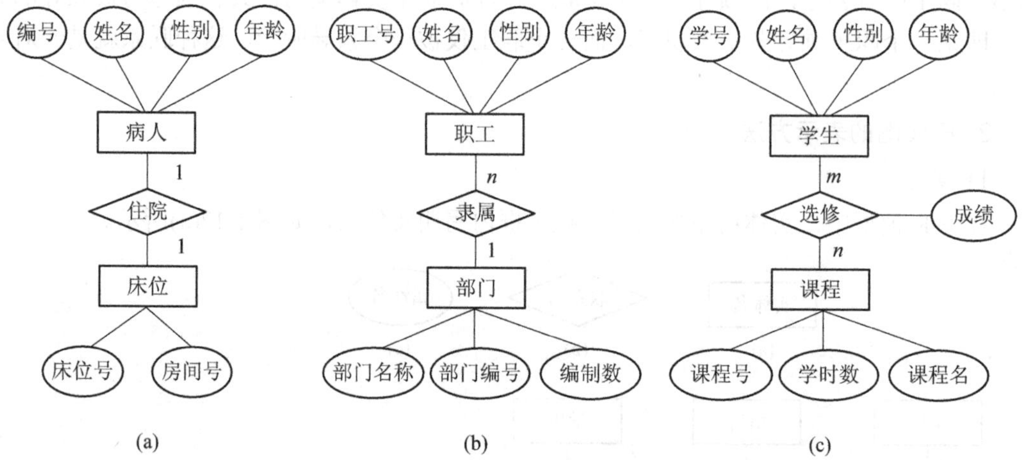

图 1-13　两个不同实体的属性及它们之间的联系

例 1.2　使用 E-R 图表示多个实体间的联系。

解　用 E-R 图表示多个实体间的联系时，有时为方便起见，E-R 图中实体的属性可不用画出。

(1) 在课程、参考书和教师的关系中，三个实体间形成一对多的联系，其 E-R 图如图 1-14(a)所示。

(2) 在学生、课程和科技小组的关系中，三个实体的关系形成多对多的联系，其 E-R 图如图 1-14(b)所示。

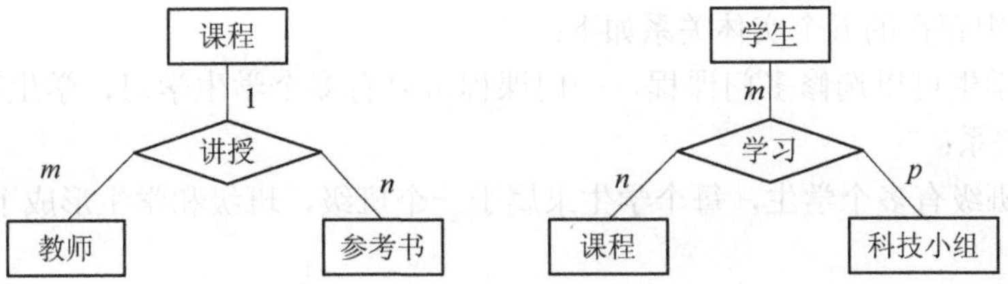

(a)　　　　(b)

图 1-14　多个实体之间的联系

例 1.3　使用 E-R 图表示实体集内部的联系。

解　在包含职工的实体集中，存在职工内部形成的领导与被领导的一对多联系，也存在职工内部形成的婚姻的一对一联系，其 E-R 图如图 1-15 所示。

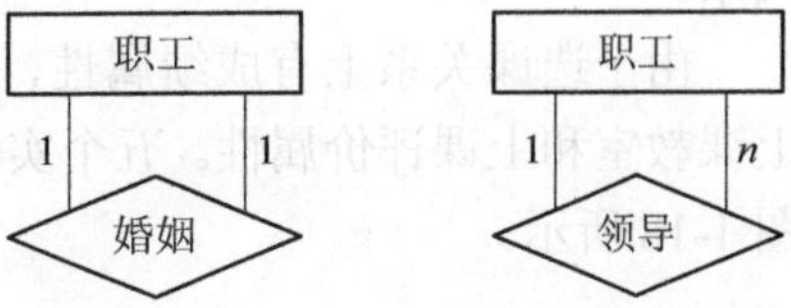

图 1-15　实体集内部的联系

3. E-R 图应用

在一个应用系统中，由于应用目的和分析角度的不同，因此 E-R 图不是唯一的。

例 1.4　在某学校的教务管理系统中，存在的五个实体分别是学生、课程、班级、教师和专业。这些实体间的关系为：一个学生可以选修多门课程，一个班级有多个学生，一门课程由多名教师授课，每名教师可以讲授多门课程，且为多个班授课，一个专业有且只有一个班级。给出该系统的 E-R 模型和各实体的属性。

解　根据教务管理的要求，分析各个实体的属性，其中：学生应包括的属性为学号、姓名、性别、籍贯、出生日期、班号和专业号；课程应包括的属性为课程号、课程名、教材、出版社、ISBN、专业号和课时；班级应包括的属性为班号、专业号、所在系、人数和所在教室；专业应包括的属性为专业号、专业名、一级学科；教师应包括的属性为教师号、教师名、性别、出生日期和职称。图 1-16 中(a)～(e)分别表示实体学生、课程、班级、专业和教师的属性图。

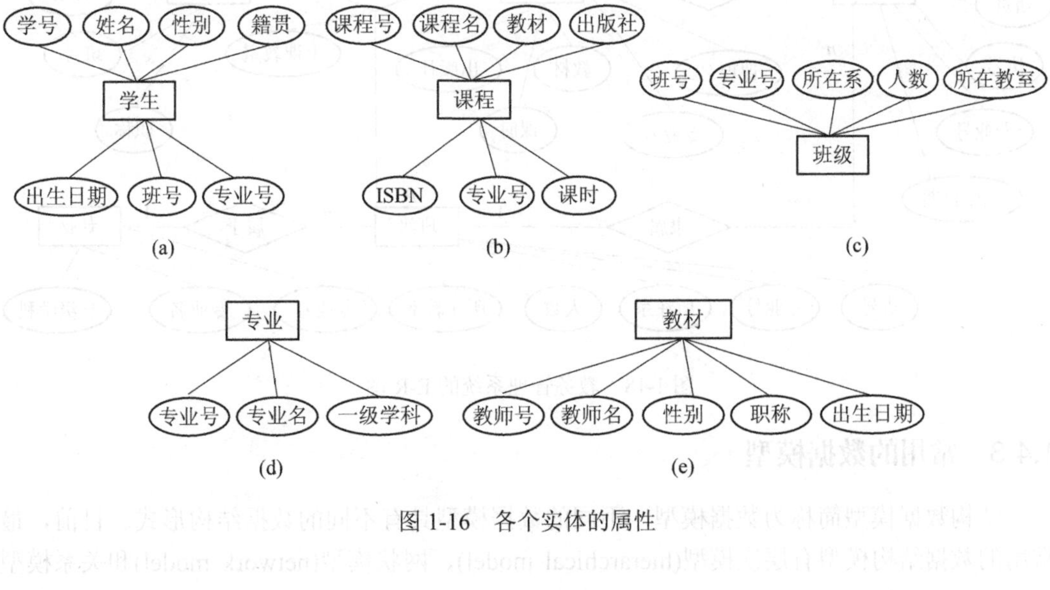

图 1-16　各个实体的属性

在该系统中存在的五个实体关系如下：

(1) 一个学生可以选修多门课程，一门课程可以有多个学生学习，学生和课程形成了 $m:n$ 的选课关系；

(2) 一个班级有多个学生，每个学生隶属于一个班级，班级和学生形成了 $1:n$ 的隶属关系；

(3) 一门课程由多名教师授课，每名教师可以讲授多门课程，且为多个班授课，教师、课程和班级间形成了多个实体之间的 $m:n:p$ 讲授关系；

(4) 一个专业有多个班级，一个班级只属于一个专业，班级和专业形成了 1∶1 的属于关系。

由于选课关系上有成绩属性，因此在该关系上加上成绩属性；同样，在讲授关系上加上课教室和上课评价属性。五个实体间的关系如图 1-17 所示，则教务管理系统的 E-R 图如图 1-18 所示。

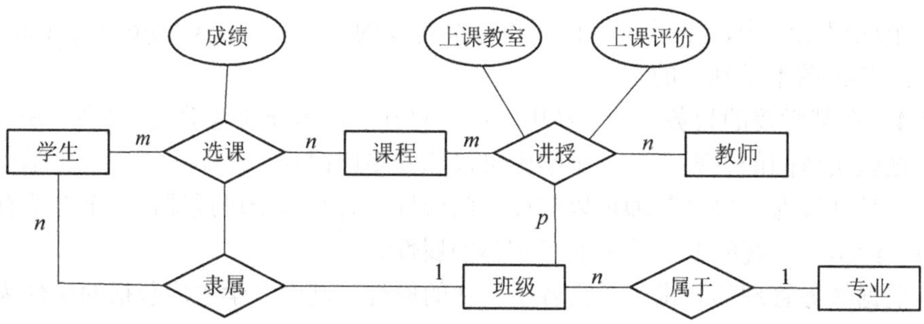

图 1-17　五个实体之间的关系图

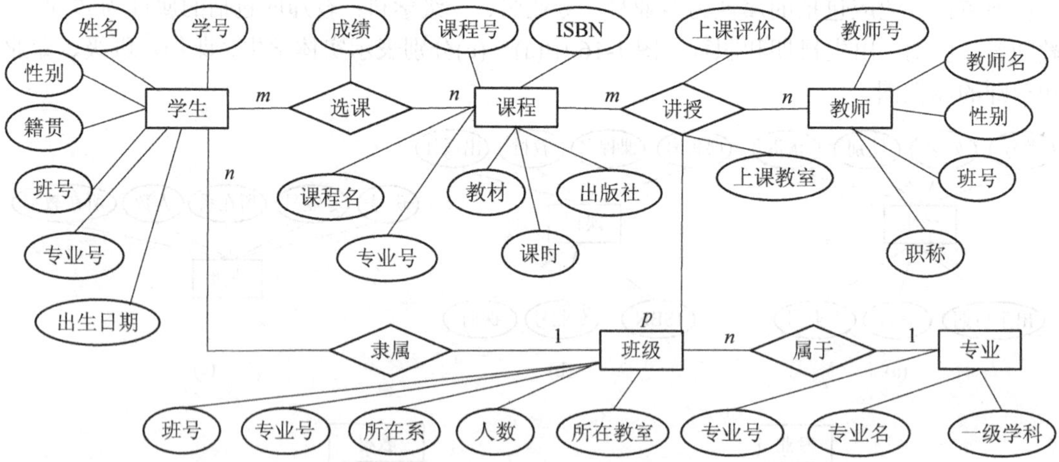

图 1-18　教务管理系统的 E-R 图

1.4.3　常用的数据模型

结构数据模型简称为数据模型，不同的数据模型具有不同的数据结构形式。目前，最常用的数据结构模型有层次模型(hierarchical model)、网状模型(network model)和关系模型

(relational model)。其中，层次模型和网状模型统称为非关系模型。非关系模型的数据库系统在 20 世纪 70 年代非常流行，在数据库系统产品中占据了主导地位。到了 20 世纪 80 年代，非关系模型逐渐被关系模型的数据库系统取代。

1. 层次模型

层次模型是 20 世纪 60 年代末至 80 年代中期数据库系统支持的主要数据模型。它用树型结构表示各类实体以及实体间的联系。层次模型采用树形结构表示数据与数据间的联系。层次模型数据库系统的典型代表是美国 IBM 公司 1968 年推出的 IMS(Information Manage-ment System)数据库管理系统，20 世纪 70 年代在商业上得到了广泛的应用。

层次模型是数据库系统中最早应用的一种模型，它可用一棵有向树来表示。该模型满足的条件是：有且只有一个结点没有双亲节点，这个结点称为根结点，其他结点有且只有一个双亲结点。在层次模型中，一个结点表示一个记录类型(实体)，记录之间的联系用结点之间的连线表示。图 1-19 所示是层次模型的一个例子，在这个例子中，R_1 是根结点，R_2 和 R_3 是 R_1 的子结点，R_2 和 R_3 是兄弟结点；R_4 和 R_5 是 R_3 的子结点，R_4 和 R_5 是兄弟结点；R_2、R_4 和 R_5 为叶子结点。

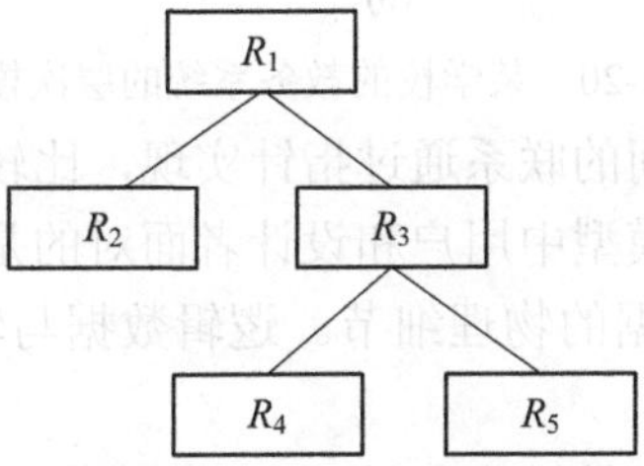

图 1-19　层次模型

例 1.5　使用层次模型表示某学校的教务系统中学生、教师、院系和班级的关系及实例。

解　在教务系统中，学生、教师、院系和班级四个实体形成的层次模型，即模型的型(数据库模式)如图 1-20(a)所示，该模型的值(数据库实例)如图 1-20(b)所示。在这个教务系统的模型中，学生实体包括学号、姓名、性别和年龄 4 个数据项，教师实体包括教师号、姓名和职称 3 个数据项，院系实体包括系号、系名和办公地址 3 个数据项，班级实体包括班号和专业 2 个数据项。这 4 个实体之间的关系是：一个院系包括多个班级和多名教师，一个班级包括多个学生，即院系与班级、班级与学生、院系与教师均为一对多联系。对于计算机系这个实例来说，它有 4 个班级和 69 名教师，其中 01601 班级有 40 个学生。

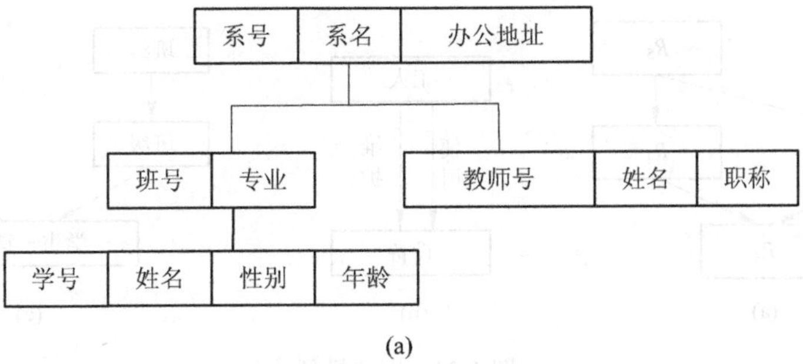

(a)

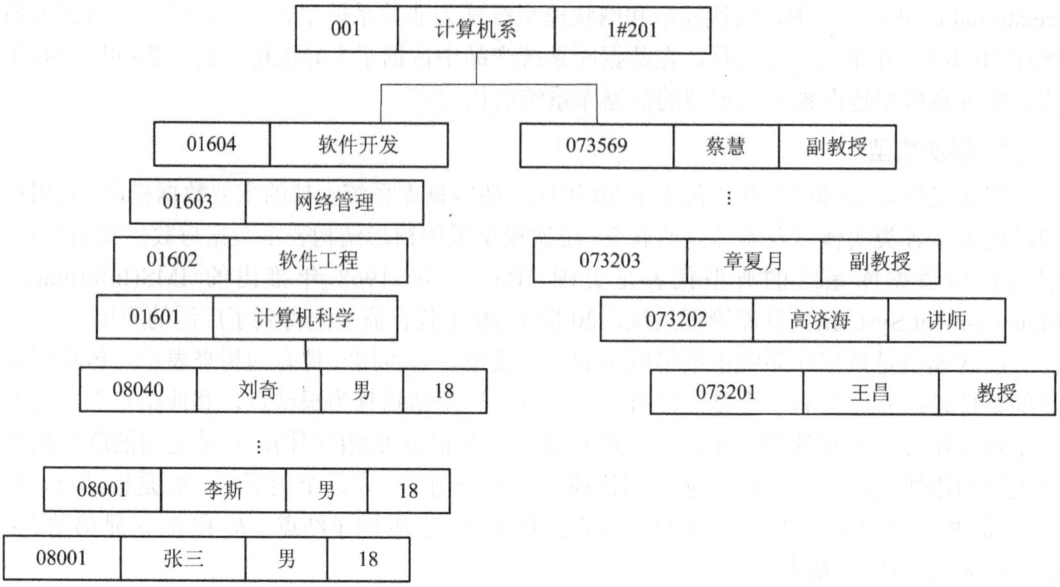

(b)

图 1-20 某学校的教务系统的层次模型

层次模型的特点是记录之间的联系通过指针实现，比较简单，查询效率高。与文件系统的数据管理方式相比，层次模型中用户和设计者面对的是逻辑数据而不是物理数据，用户不必花费大量的精力考虑数据的物理细节。逻辑数据与物理数据之间的转换由 DBMS 完成。

层次模型存在两个缺点：一是只能表示 1∶n 的联系，尽管有许多辅助手段实现 m∶n 的联系，但都较复杂且不易掌握；二是由于层次顺序严格且复杂，引起数据的查询和更新操作很复杂，因此应用程序的编写也比较复杂。

2. 网状模型

在 20 世纪 70 年代，数据库语言研究会 CODASYL 下属的数据库任务组(Database Task Group，DBTG)提出了系统方案(DBTG 模型)。有许多系统采用 DBTG 模型建立了网状数据库，如 HP 公司的 IMAGE/3000，Honeywell 公司的 IDS/Ⅱ，Univac 公司的 DMS1100 等。

网状模型是采用网络结构表示数据与数据间的联系的数据模型，它是一个比层次模型更有普遍性的数据结构，是层次模型的一个特例。网状模型可以直接描述现实世界。网状模型满足的条件：① 允许一个以上结点无双亲；② 允许一个结点有多个双亲。图 1-21 所示均是网状模型的例子。

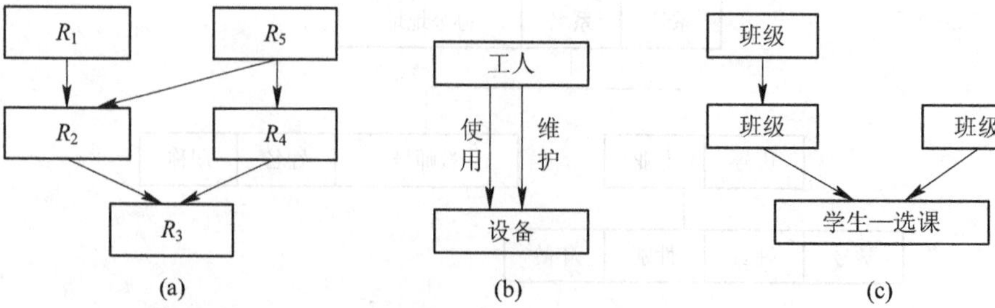

图 1-21 网状模型

网状模型中记录之间的联系通过指针完成。在 $m:n$ 联系中，通过将一个 $m:n$ 联系拆成两个 $1:n$ 联系来实现。

例 1.6　用网状模型表示学生、课程的关系及实例。

解　在使用网状模型表示学生、课程，以及他们之间的多对多联系时，因为该模型不能直接表示记录之间多对多的联系，所以需要引入联结记录来表示。一个学生可以选若干门课，而一门课可以被多个学生选。为此引入选课联结记录，如图 1-22(a)所示。假设学生的属性有学号、姓名、所在系和年龄，课程的属性有课程号、课程名和先序课程，加入的联结记录即成绩的属性有学号、课程号和成绩。在这种关系中，学生与选课之间是一对多的联系，课程与选课之间也是一对多的联系。学生选课网络模型如图 1-22(b)所示，在此图中，将学生实体中各属性的值使用该实体的码(学号)来代替，将课程实体中各属性的值使用该实体的码(课程号)来代替。

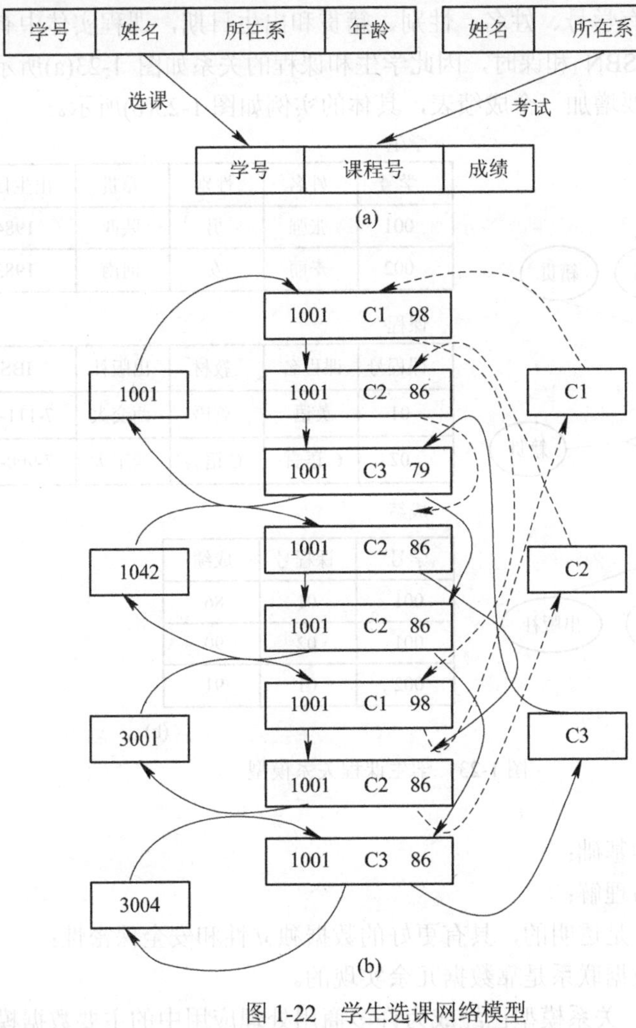

图 1-22　学生选课网络模型

网状模型的主要优势是能更为直接地描述现实世界，具有良好的性能，且存取效率高。

网状模型的主要缺点是结构复杂。例如，当应用环境不断扩大时，数据库结构就变得很复杂，不利于最终用户掌握。编制应用程序的难度比较大。DBTG 模型的 DDL、DML

语言复杂，记录之间的联系是通过存取路径来实现的，因此程序员必须了解系统结构的细节，以减小编写应用程序的负担。

3. 关系模型

目前，关系模型是最常用的数据模型之一。关系模型最主要的特征是数据结构简单，可以用二维表格表达实体集。与前两种模型相比，关系模型更容易被初学者理解。关系数据库系统采用关系模型作为数据的组织方式，在关系模型中用表格结构表达实体集以及其之间的联系，其最大特点是描述的一致性。关系模型是由若干个关系模式组成的集合。一个关系模式相当于一个记录型，对应于程序设计语言中类型定义的概念。关系是一个实例，也是一张表，对应于程序设计语言中变量的概念。给定变量的值随时间可能发生变化。类似地，当关系被更新时，关系实例的内容也随时间发生了变化。

例 1.7 用关系模型表示学生和课程的关系及实例。

解 在学生实体中有学号、姓名、性别、籍贯和出生日期，课程实体中有课程号、课程名、教材、出版社、ISBN 和课时，因此学生和课程的关系如图 1-23(a)所示，为了表示学生和课程的关系，需要增加一个成绩表，具体的实例如图 1-23(b)所示。

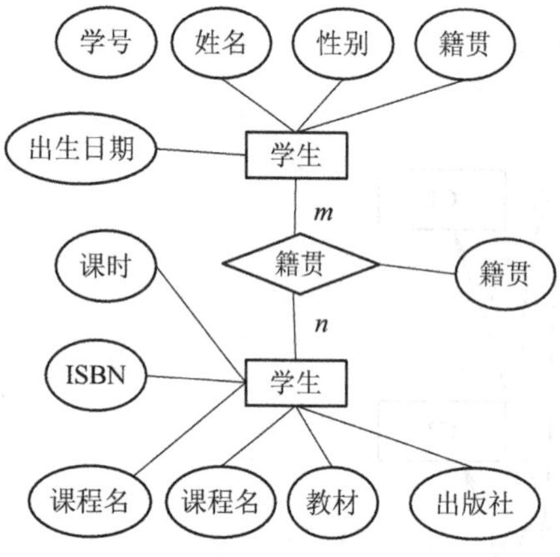

(a)

学生

学号	姓名	性别	籍贯	出生日期
001	张强	男	陕西	1984
002	李丽	女	河南	1983

课程

课程号	课程名	教材	出版社	IBSN	课时
01	英语	英语	西交大	7-111-162	64
02	C 语言	C 语言	西工大	7-900-123	68

成绩

学号	课程号	成绩
001	01	86
001	02	90
002	01	91

(b)

图 1-23 学生课程关系模型

关系模型的特点：

(1) 基于严格的数学基础；

(2) 概念单一，容易理解；

(3) 存储路径对用户是透明的，具有更好的数据独立性和安全保密性；

(4) 关系模型中的数据联系是靠数据冗余实现的。

正是基于这些特点，关系模型已经成为许多商用处理应用中的主要数据模型，因此基于关系模型的关系数据库始终保持其主流数据库的地位。

4. 三种模型的比较

层次模型、网状模型和关系模型在各个方面的比较如表 1-3 所示。

表 1-3　三种模型的比较

	层次模型	网状模型	关系模型
创始	1968 年 IBM 公司的 IMS 系统	1969 年 CODASYL 的 DBTG 报告	1970 年 F.Codd 提出关系模型
数据结构	复杂(树结构)	复杂(直向图结构)	简单(二维表)
数据联系	通过指针	通过指针	通过表间的公共属性
查询语言	过程性语言	过程性语言	非过程性语言
典型产品	IMS	IDS/II, IMAGE/3000, IDMS, TOTAL	Oracle, Sybase, DB2 SQL Server, Informix
盛行期	20 世纪 70 年代	20 世纪 70 年代至 80 年代中期	20 世纪 80 年代至现在

1.5　关系数据库

目前，关系数据库是应用最广泛的数据库，它以关系模型作为逻辑数据模型，采用关系作为数据的组织方式，其数据库操作建立在关系代数的基础上，具有坚实的数学基础。关系数据库具有较高的数据独立性，当数据的存储结构发生变化时，不会影响应用程序，这样能大大地减少系统维护的工作量。

1.5.1　基本概念

关系模型的数据结构就是二维表。无论是实体还是实体之间的联系都用关系表示。从用户角度来看，关系数据库以二维表格的形式组织数据，如表 1-4 为一张学生基本信息表。

表 1-4　学生基本信息

学号	姓名	性别	出生日期	籍贯	民族	班号	身份证号
2013110101	张晓勇	男	1997-12-11	山西	汉	AC1301	
2013110103	王一敏	女	1996-03-25	河北	汉	AC1301	
2013110201	江山	女	1996-09-17	内蒙古	锡伯	AC1302	
……							

这里以表 1-4 为示例，介绍关系模型中几个重要的基本概念。

1. 表

表(Table)也称为关系，由表名、构成表的各个列(如学号、姓名等)，以及若干行数据(各个学生的具体信息)组成。每个表有唯一的表名，表中每一行数据描述一个学生的基本信息。表的结构称为关系模式，如表 1-4 的关系模式可以表达如下：

学生基本信息(学号，姓名，性别，出生日期，籍贯，民族，班号，身份证号)

需要说明的是：以上关系模式的名称和字段名称均使用中文，但在实际的数据库应用系统中，一般不采用中文作为表名、字段名等。因为在编写数据库应用程序时，表名、字段名会作为变量名，因此使用中文标示不方便，而且更重要的是有些数据库管理系统不能很好地支持中文的表名和字段名。因此，本书中所有的数据库名、表名、字段名等均使用表 1-5 中的英文字段名。

表 1-5 学生信息表 tb_student 的结构定义

含　义	字段名	数据类型	宽度
学号	studentNo	字符型	10
姓名	studentName	字符型	20
性别	sex	字符型	3
出生日期	birthday	日期型	
籍贯	native	字符型	20
民族	nation	字符型	30
班号	classNo	字符型	8
身份证号	studentID	字符型	18

2. 列

表中的列(Field)也称作字段或属性。表中的每一列都有一个名称，称为字段名、属性名或列名。每一列表示实体的一个属性，具有相同的数据类型。表 1-5 给出了学生信息表 tb__student 中各个字段的字段名及其数据类型的定义。

需要说明的是：在一个数据库中，表名必须唯一；在表中，字段名必须唯一，不同表中可以出现相同的字段名；表和字段的命名应尽量有意义，且简单。

3. 行

表中的数据是按行存储的。表中的行(Row)也称作元组(Tuple)或记录(Record)。表中的一行即为一个元组，每一行由若干个字段值组成，每个字段值描述该对象的一个属性或特征。例如，在表 1-4 中，第一行数据表示的是学号为 2013110101、姓名为张晓勇的学生的基本信息。

4. 关键字

关键字(Key)是表中能够唯一确定一个元组的属性或属性组。关键字也称作码或主键。例如，表 1-4 中的学号就是关键字，因为若给定学号，就可以唯一地确定一个学生的各项基本信息。有些情况下，需要几个属性(属性集合)才能唯一地确定一条记录。例如，对于表 1-6 所示的成绩表，仅确定学号或课程号都不能唯一地确定某个学生具体一门课程的成绩。所以，成绩表的主键是学号和课程号两个属性。

表 1-6 成绩表 tb_score

含义	字段名	数据类型	宽度
学号	studentNo	字符型	10
课程号	courseNo	字符型	6
开课学期	term	字符型	5
成绩	score	数值型	

5．候选键

如果一个表中具有多个能够唯一标识一个元组的属性，则这些属性称为候选键。例如，表 1-4 中的身份证号就是一个候选键，因为若给定学号或者身份证号，都可以确定一个学生的全部基本信息，因此学号和身份证号都是候选键。候选键中任选一个可作为主键。

6．外部关键字

外部关键字(Foreign Key)也称作外键。如果表的一个字段不是本表的主键或候选键，而是另外一个表的主键或候选键，则该字段称作外键。例如，表 1-7 中的班级编号 classNo 是班级表的主键，而该属性又是学生信息表 tb_student(表 1-5)的一个属性，则属性 classNo 称作学生信息表 tb_student 的外键。

表 1-7　班级表 tb_class 的结构定义

含　义	字段名	数据类型	宽度
班级编号	classNo	字符型	8
班级名称	className	字符型	20
所属院系	department	字符型	30
入学时间	enrollTime	日期型	
班级最大人数	classNum	数值型	

7．域

域(Domain)表示属性的取值范围。例如，表 1-4 中的“性别”的取值范围是“男”或“女”，“出生日期”的值应该是合法的日期。

8．数据类型

表中每列都有相应的数据类型，它限制(或容许)该列中存储的数据。每个字段表示同一类信息，具有相同的数据类型。例如，表 1-5 中“姓名”的数据类型是字符型，其对应表示学生的姓名。

1.5.2　基本性质

关系数据库的基本性质如下：

(1) 关系数据库必须满足最基本的要求，即每一列都必须是不可再分的数据项。

(2) 表中任意两个元组不能完全相同。即使完全相同的记录，在数据库中也必须予以区别。如有两个同名同姓的学生，出生日期等信息也完全相同，则通过学号予以区别。

(3) 表中每一列是同一数据类型，且列的值来自相同的域。

(4) 不同列的值可以出自同一个域，但列名不能相同。

(5) 表中列的顺序可以任意交换，行的顺序也可以任意交换。

关系数据库的基本性质

小　结

本章重点介绍了数据库系统中的一些基本概念，以便读者了解数据库管理技术的发展，理解数据库技术的优点、DBMS 的功能、数据库系统组成和数据库的体系结构，掌握 E-R

模型，理解常用的数据模型，掌握关系数据库的基本概念和基本性质。

DBMS 在计算机系统中处于操作系统和应用开发软件之间，主要功能有数据库定义、数据操作、数据库运行控制(数据的安全控制、数据的完整性控制、数据的并发控制和数据的数据恢复)，以及数据库的建立和维护。

数据库的体系结构主要包含三级模式(外模式、概念模式和内模式)，三级模式结构之间形成二级映射(外模式/概念模式和概念模式/内模式)，从而保证了数据的独立性。数据的独立性分为数据的逻辑独立性和数据的物理独立性。

数据库系统由硬件、软件、数据库和相关人员组成。

数据模型是数据库系统的核心和基础，涉及现实世界、信息世界和机器世界三个数据领域，它的三要素是数据结构、数据操作和数据的约束条件。数据抽象按照不同层次划分分为视图抽象、概念抽象和物理抽象。其中，视图抽象主要按不同用户的观点对信息世界进行抽象，常使用 E-R 方法来描述；概念抽象是把外模式抽象为概念模式，即数据库的整体逻辑结构。目前，最常用的数据结构模型有层次模型、网状模型和关系模型。这里重点掌握 E-R 模型，它是数据库设计的基础。

基于关系模型的数据库就是关系数据库，它是本书的核心，也是目前信息管理系统应用最广泛的数据库。

习　　题

一、选择题

1. 现实世界中客观存在并能相互区别的事物称为(　　)。

A. 实体　　B. 实体集　　C. 字段　　D. 记录

2. 现实世界中事物的特性在信息世界中称为(　　)。

A. 实体　　B. 实体标识符　　C. 属性　　D. 关键码

3. 下列实体类型的联系中，属于一对一联系的是(　　)。

A. 教研室对教师的所属联系　　B. 父亲对孩子的亲生联系

C. 省对省会的所属联系　　D. 供应商与工程项目的供货联系

4. 层次模型必须满足的一个条件是(　　)。

A. 每个结点均可以有一个以上的父结点　　B. 有且仅有一个结点无父结点

C. 不能有结点无父结点　　D. 可以有一个以上的结点无父结点

5. 采用二维表格结构表达实体类型及实体间联系的数据模型是(　　)。

A. 层次模型　　B. 网状模型　　C. 关系模型　　D. 实体联系模型

6. 应用数据库的主要目的是(　　)。

A. 解决保密问题　　B. 解决数据完整性问题

C. 解决数据冗余问题　　D. 解决数据共享问题

7. 逻辑数据独立性是指(　　)。

A. 概念模式改变，外模式和应用程序不变　　B. 概念模式改变，内模式不变

C. 内模式改变，概念模式不变　　D. 内模式改变，外模式和应用程序不变

8．DB、DBMS、BS 三者之间的关系为(　　)。

A．DB 包括 DBMS 和 DBS　　B．DBS 包括 DB 和 DBMS

C．DBMS 包括 DB 和 DBS　　D．DBS 与 DB 和 DBMS 无关

9．数据库系统中，用(　　)描述全部数据的整体逻辑结构。

A．外模式　　B．存储模式

10．数据库系统达到了数据独立性是因为采用了(　　)。

A．层次模型　　B．网状模型

11．数据库是在计算机系统中按照一定的数据模型组织、存储和应用的(1)，支持数据库各种操作的软件系统叫作(2)，(3)由计算机、操作系统、DBMS、数据库、应用程序，以及用户组成的。

(1) A．命令的集合　B．程序的集合　C．数据的集合　D．文件的集合

(2) A．数据库系统　B．文件系统　C．操作系统　D．数据库管理系统

(3) A．数据库管理系统　B．文件系统　C．数据库系统　D．软件系统

12．负责物理结构与逻辑结构的定义和修改的人员是(1)，数据库系统中，使用宿主语言和 DML 编写应用程序的人员是(2)。

(1)(2)A．数据库管理员　B．专业用户　C．应用程序员　D．最终用户

13．E-R 模型的三要素是(　　)。

A．实体、属性、实体集　　B．实体、键、联系

C．实体、属性、联系　　D．实体、域、候选键

14．所谓概念模型，指的是(　　)。

A．客观存在的事物及其相互联系

B．将信息世界中的信息数据化

C．实体模型在计算机中的数据化表示

D．现实世界到机器世界的一个中间层次，即信息世界

二、填空题

1．数据库中存储的基本对象是______。

2．数据管理经历了_______、_______、__________三个发展阶段。

3．数据库与文件系统的根本区别是__________。

4．______是指数据库的物理结构改变时，尽量不影响整体逻辑结构、用户的逻辑结构以及应用程序。

5．数据库系统提供的数据控制功能主要包括______、______、______和______。

6．数据模型应当满足______、______和______三方面的要求。

7．数据库系统与文件管理系统相比，数据的冗余度_____，数据共享性______。

8．能唯一标识实体的属性集，称为______。

9. 根据不同的数据模型，数据库管理系统可以分为_______、_________、________和面向对象型。

10．两个不同实体集的实体间有______、______和______三种情况联系。

11．属性的取值范围称作该属性的_______。

12．表示实体类型和实体间联系的模型，称作______。

13．在 E-R 图中，用______表示实体类型，用_______表示联系类型，用 ____表示实体类型和联系类型的属性。

14．用二维表格表示实体类型及实体间联系的数据模型称作_________。

15．数据库的体系结构分为________、 ________和 ________三级。

16．数据独立性是指_________和_________之间相互独立，不受影响。

17．数据库系统是由________、________、________和________四部分组成。

18．数据模型的三要素包含数据结构、__________和 __________三部分。

19．用树型结构表示实体类型及实体间联系的数据模型称作________。用有向图结构表示实体类型及实体间联系的数据模型称作___________。

20．DBMS 提供__________实现对数据库中数据的检索和更新等操作。DBMS 提供定义数据库的三级模式结构及其相互之间的映像，定义数据完整性、安全控制等约束。

三、问答题

1．试述数据库系统的特点。

2．试述数据库系统三级模式和二级映像，并分别说明其结构的优点。

3．什么是数据的独立性？

4．什么是数据模型？数据模型的作用及三要素是什么？

5．数据库系统由哪几部分组成？

四、综合题

1．在你所熟悉的环境中，找出两个实体间的一对一、一对多、多对多的关系，以及多个实体和实体内部的一对多的关系，并画出它们的 E-R 图。

2. 某工厂生产若干产品，每种产品由不同的零件组成，有的零件可用在不同的产品上。这些零件由不同的原材料制成，不同零件所用的材料可以相同。这些零件按所属的不同产品分别放在仓库中，试用 E-R 图画出此工厂产品、零件、材料、仓库的概念模型。

3．请你为学校教务管理系统设计概念模型(用 E-R 图表示)。下面是教务管理人员对基本情况的描述：

(1) 该系统包括教师、学生、班级、系和课程等信息。

(2) 教师有工作证号、姓名、职称、电话等属性，学生有学号、姓名、性别、出生年月等属性，班级有班号、最低总学分等属性，系有系代号、系名和电话等属性，课程有课程号、课程名、学分等属性。

(3) 每个学生都属于一个班，每个班都属于一个系，每个教师都属于一个系。

(4) 每个班的班主任都由一名教师担任，而一名教师只能担任一个班的班主任。

(5) 一名教师可以教多门课，一门课可以有几位主讲老师，但不同老师讲的同一门课(课名相同)其课程号是不同的(课程号是唯一的)。

(6) 一名同学可以选多门课，一门课可以被若干同学选中。一名同学选中的课程若已学完，应该记录有相应的成绩。

(7) 本学校的学生、教师都有重名，工作证号、学号可以作为标识。

4．某计算机公司准备开发一个销售业务管理系统。该公司下属若干个分店，每一个分店都承担存储和销售两项功能。每个分店有若干名职工，每个职工只在一个分店工作。系统功能主要体现的查询要求如下：

(1) 查询某分店的职工情况，或查询指定职工的工作单位。

(2) 查询一个分店某种型号机器的库存量，或某种型号机器在哪个分店有货，有多少？

(3) 提供销售情况。如某分店某段时间(以天为单位)销售了哪些机器？数量是多少？销售额是多少？

请你根据上述情况画出 E-R 图。

第2章 关系模型及关系运算

关系数据库系统就是支持关系模型的数据库系统，是目前应用最广泛的数据库，它是以数学方法来处理数据库中的数据，所以与其他数据库相比关系数据库系统具有更突出的优点。

最早提出关系数据库方法的是美国 IBM 公司的 E.F.Codd，他在 1970 年的美国计算机学会会刊 *Communication of the ACM* 上发表的题为“A Relational Model of Data for Shared Data Banks”的论文，开创了数据库系统的新纪元。20 世纪 70 年代末，关系方法的理论研究和软件系统的研发均取得了很大成果，IBM 公司的 San Jose 实验室在 IBM370 系列机上研发的关系数据库实验系统 System R 获得成功。1981 年 IBM 公司又宣布了具有 System R 全部特征的新的数据库软件产品 SQL/DS 问世。与 System R 同期，美国加州大学柏克利分校也研制出 Ingres 关系数据库实验系统，并由 Inges 公司发展成为 Ingres 数据库产品。几十年来，关系数据库系统的研究取得了辉煌的成就，涌现出许多性能良好的商品化关系数据库管理系统。如 IBM DB2，Oracle，Ingres，Sybase，Informix，SQL Server 等。

本章主要介绍关系模型和关系运算。

2.1 关系模型及形式化定义

关系模型的基本概念

目前，关系模型几乎是所有数据库都支持的数据模型，这是由于它是建立在严格的数学理论基础上，其概念清晰、简单，能够用统一的结构来表示实体型和它们之间的联系。本节主要介绍关系模型的三大要素以及涉及的定义和语言。

2.1.1 基本概念

关系数据模型由关系数据结构、关系操作集合和关系完整性约束三大要素组成。

1. 关系数据结构

关系模型的数据结构单一，在关系模型中，现实世界的实体以及实体间的各种联系均用关系来表示，在用户看来，关系模型中数据的逻辑结构是一张二维表。

2. 关系操作集合

关系操作的特点是集合操作方式，即操作的对象和结果都是集合。这种操作方式称为一次一个集合的方式，而非关系数据模型的数据操作方式则为一次一个记录的方式。

关系模型中常用的关系操作包括选择(select)、投影(project)、连接(join)、除(divide)、并(union)、交(intersection)、差(differencc)等，以及查询(query)和增(insert)、删(delete)、改(update)操作。其中，最主要的部分是查询的表达能力。

关系操作能力可以用两种方式来表示：代数方式和逻辑方式。关系代数是用对关系的运算来表达查询要求的方式。关系运算是用谓词来表达查询要求的方式。关系运算又可按谓词变量的基本对象是元组变量还是域变量分为元组关系运算和域关系运算。对于关系代数、元组关系运算和域关系运算语言在表达能力上是完全等价的。

关系代数、元组关系运算和域关系运算语言均是抽象的查询语言，这些语言与具体的 DBMS 中实现的实际语言并不完全相同。因为实际语言除提供关系代数或关系运算的功能外，还提供如函数、关系赋值、算术运算等许多附加的功能。

另外，还有一种介于关系代数和关系运算之间的语言——SQL(Structured Query Language)。SQL 是一种介于关系代数与关系运算之间的语言，它集数据定义语言 DDL、数据操纵语言 DML、数据控制语言 DCL 于一体，充分体现了关系数据库语言的特点和优点，是一种综合的、通用的、功能极强又简洁易学的关系数据库语言。

关系数据语言分为三类：

(1) 关系代数语言，如 ISBL；

(2) 关系运算语言，如 QBE；

(3) 具有关系代数和关系运算双重特点的语言，如 SQL。

这些关系数据语言的共同特点如下：

(1) 语言本身具有完备的表达能力；

(2) 非过程化的集合操作语言；功能强；

(3) SQL 还能够嵌入高级语言中使用。

3. 关系的完整性约束

数据的完整性由完整性规则来定义，关系模型的完整性规则是对关系的某种约束条件。关系模型中可以有三类完整性约束：实体完整性、参照完整性和用户定义的完整性。其中，实体完整性和参照完整性是关系模型必须满足的约束条件，是(关系数据库管理系统，RDBMS)自动支持的功能；用户定义完整性是应用领域需要遵循的约束条件，它体现了具体领域中的语义约束，一般由系统(如 DBMS 或工具)提供编写手段，由 DBMS 的完整性检查机制负责检查。例如，在学生管理系统中，学生的学号是唯一的，性别是男或女，所选修的课程是已开设的课程等。由此可见，数据库中的数据是否具备完整性关系到数据库系统能否真实地反映现实世界，因此数据库数据的完整性是十分重要的。

2.1.2 关系的形式化定义

关系模型是建立在集合论的基础上，是用集合代数来定义一个关系，下面给出与关系相关的数学定义。

1. 笛卡尔积的定义

设 D_1，D_2，D_3，…，D_n，为任意集合，定义 D_1，D_2，D_3，…，D_n，的笛卡尔积为

$$D_1 \times D_2 \times D_3 \times \cdots \times D_n = \{(d_1, d_2, d_3, \cdots, d_n) | d_i \in D_i；\ i = 1，2，3，\cdots，n\}$$

其中：每一个元素$(d_1, d_2, d_3, \cdots, d_n)$叫作一个 n 元组(属性的个数)；元组的每一个值 d，叫作元组一个分量。

若 $D_i(i=1, 2, 3, \cdots, n)$为有限集，其基数(元组的个数)为 $m_i(i=1, 2, 3, \cdots, n)$，则 $D_1 \times D_2 \times D_3 \times \cdots \times D_n$ 的基数 M 为

$$M=\sum_{i=1}^{n} m_i$$

笛卡尔积可以用二维表来表示，表中的每行对应于一个元组，每列对应于一个域。

例 2.1 若 name = {张力，李强，钱三}，mentor = {张平，陈忠}，speciality={计算机应用，软件工程}，求 name、mentor 和 specality 的笛卡尔积 name×mentor×speciality。

解 根据定义，笛卡尔积中的每一个元素应该是一个三元组，每个分量来自不同的域，因此结果为

name×mentor×speciality ={(张力，张平，计算机应用)，(张力，张平，软件工程)，(张力，陈忠，计算机应用)，(张力，陈忠，软件工程)，(李强，张平，计算机应用)，(李强，张平，软件工程)，(李强，陈忠，计算机应用)，(李强，陈忠，软件工程)，(钱三，张平，计算机应用)，(钱三，张平，软件工程)，(钱三，陈忠，计算机应用)，(钱三，陈忠，软件工程)}

name×mentor×speciality×speciality 中包含 3×2×2 = 12 个元组，这 12 个元组用二维表表示，如表 2-1 所示。

表 2-1 name×mentor×speciality 笛卡尔积的二维表

name	mentor	speciality
张力	张平	计算机应用
张力	张平	软件工程
张力	陈忠	计算机应用
张力	陈忠	软件工程
李强	张平	计算机应用
李强	张平	软件工程
李强	陈忠	计算机应用
李强	陈忠	软件工程
钱三	张平	计算机应用
钱三	张平	软件工程
钱三	陈忠	计算机应用
钱三	陈忠	软件工程

2. 关系的定义

设 D_1，D_2，D_3，…，D_n 为任意集合，$D_1 \times D_2 \times D_3 \times \cdots \times D_n$ 的子集叫作在域 D_1，D_2，D_3，…，D_n 上的关系，记为 $R(D_1, D_2, D_3, \cdots, D_n)$。其中：$R$ 表示关系的名字；n 是关系的目或度(Degree)。

由于关系是笛卡尔积的子集，所以关系也是一个二维表，表的每行对应一个元组，每列对应一个域。由于域可以相同，为了加以区分，必须对每列命名，称为属性。n 目关系

必有 n 个属性。

例 2.2　试定义研究生关系。

解　若使用 graduate 表示研究生关系名，包含姓名、导师和专业属性，则研究生关系可以记为 graduate(姓名，导师，专业)

使用二维表表示如表 2-2 所示。

表 2-2　graduate 关系的二维表表示

姓名	导师	专业
张力	张平	计算机应用
李强	张平	计算机应用
钱三	陈忠	软件工程

研究生 graduate 关系是 name × mentor × speciality 笛卡尔积中取出的一个子集，对于 graduate 关系来说，表 2-1 所示关系中许多元组是无意义的，因此 graduate 关系仅从 name × mentor × speciality 中取出有意义的元组构成了表 2-2 所示的 graduate 关系。

如果在 graduate 关系中，研究生的姓名是唯一的，那么姓名属性的值就能唯一地标识一个元组，则姓名属性为候选码。由于这个关系中，仅有姓名属性的值能唯一地标识一个元组，则姓名为该关系的主码。主码的诸属性称为主属性。不包含在任何候选码中的属性称为非主属性。在简单的情况下，候选码只包含一个属性。在最极端的情况下，关系模式的所有属性组是这个关系模式的候选码，称为全码。

3. 关系模式

关系的描述称为关系模式(Relation Schema)。关系模式可以形式化地表示为

$$R(U,\ D,\ \mathrm{dom},\ F)$$

其中：R 是关系名；U 是组成该关系的属性名集合；D 是属性的域；dom 是属性向域的映像集合；F 为属性间数据的依赖关系集合。

通常，将关系模式简记为

$$R(U)\text{或}R(A_1,\ A_2,\ A_3,\ \cdots,\ A_n)$$

其中：R 为关系名；A_1，A_2，A_3，…，A_n 为属性名或域名，属性的向域的映像常常直接说明属性的类型、长度。通常在关系模式主属性上加下划线表示该属性为主码属性。

例如，学生关系有学号、姓名、性别、系名、年龄等属性，且主码为学号，则该关系模式可以简单地记为

学生(学号，姓名，性别，系名，年龄)

2.1.3　E-R 模型向关系模型的转换

数据库的逻辑设计把概念模型转换为 DBMS 能处理的数据模型，不同的数据模型转换规则不同。关系模式的集合是关系模型，从 E-R 模型向关系模型转换时，所有实体和联系都要转换成相应的关系模式，转换规则如下：

(1) 每个实体类型转换为一个关系模式。

(2) 一个 1∶1 的联系可转换为一个关系模式，或与任意一端的关系模式合并，若独立转换为一个关系模式，那么两端关系的码及联系的属性为该关系的属性；若与一端合并，

那么将另一端的码及联系的属性合并到该端。

(3) 一个 1∶n 的联系可转换为一个关系模式，或与 n 端的关系模式合并。若独立转换为一个关系模式，那么两端关系的码及联系的属性为关系的属性，而 n 端的码为关系的码。

(4) 一个 m∶n 的联系可转换为一个关系模式，那么两端关系的码及联系的属性为关系的属性，而关系的码为两端实体的码的组合。

(5) 三个或三个以上的多对多联系可转换为一个关系模式，那么诸关系的码及联系的属性为关系的属性，而关系的码为各实体的码的组合。

(6) 具有相同码的关系可以合并。

例 2.3　将图 2-1 所示的教务管理 E-R 图转换成关系模式。

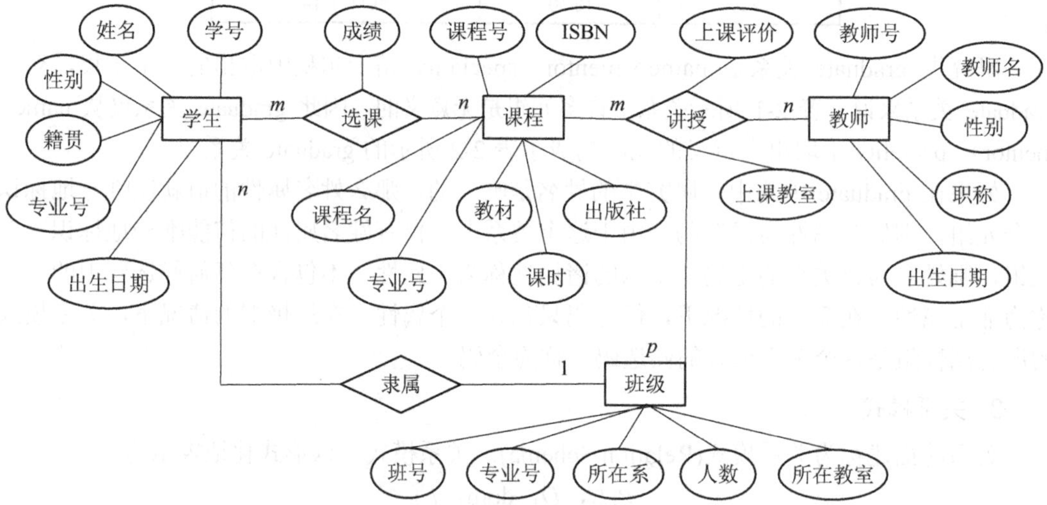

图 2-1　教务管理系统的 E-R 图

解　从图 2-1 所示可以看出一共有 4 个实体：学生、课程、班级和教师。学生与课程为 m∶n 联系，课程、班级与教师为 m∶n∶p 联系，学生与班级为 1∶n 联系。

(1) 根据转换规则(1)将 4 个实体转换为 4 个关系：

学生(学号，姓名，性别，籍贯，出生日期，专业号)；

课程(课程号，课程名，教材，出版社，ISBN，专业号，课时)；

班级(班号，专业号，所在系，人数，所在教室)；

教师(教师号，教师名，性别，出生日期，职称)。

(2) 学生与课程的 m∶n 联系，根据转换规则(4)将选课联系转换为一个选课关系模式，其属性包含学生的主码“学号”、课程的主码“课程号”，以及联系上的属性“成绩”：

选课(学号，课程号，成绩)

(3) 课程、班级与教师的联系，根据转换规则(5)将选课联系转换为一个讲授关系模式 m∶n∶p，其属性包含班级的主码“班号”、课程的主码“课程号”、教师的主码“教师号”，以及联系上的属性“上课教室”和“上课评价”：

讲授(班号，课程号，教师号，上课教室，上课评价)

(4) 学生与班级的 1∶n 联系，根据转换规则(3)将隶属转换为一个关系模式，或与 n 端的关系模式合并。由于关系上没有属性，所以不需要单独转换为一个关系模式，仅需要将 *n* 端的关系模式合并，即在学生关系中加入 *n* 端的主码“班号”：

学生(学号，姓名，性别，籍贯，出生日期，专业号，班号)

根据上述分析转换的 6 个关系模式如下：

学生(学号，姓名，性别，籍贯，出生日期，专业号，班号)；

课程(课程号，课程名，教材，出版社，ISBN，专业号，课时)；

班级(班号，专业号，所在系，人数，所在教室)；

教师(教师号，教师名，性别，出生日期，职称)；

选课(学号，课程号，成绩)；

讲授(班号，课程号，教师号，上课教室，上课评价)。

2.1.4　关系的完整性

关系模型提供了丰富的完整性控制的规则，它提供了一种手段来保证当授权用户对数据库作修改时不会破坏数据的一致性。因此，完整性规则防止的是对数据的意外破坏。关系模型的完整性规则是对关系的某种约束条件。关系的完整性共分为实体完整性、参照完整性(引用完整性)和用户定义完整性。

1. 实体的完整性

实体的完整性(Entity Integrity)规则：若属性 *A* 是关系 *R* 的主属性，则属性 *A* 不能取空值。例如，在教务管理系统中，含有学生实体和选课实体。学生实体的关系模式为学生(学号，姓名，性别，专业号，年龄)。其中，主码为“学号”，即“学号”为学生关系的主属性，则“学号”不能取空值。选课实体的关系模式为选课(学号，课程号，成绩)。其中，主码为“学号”+“课程号”，即“学号”和“课程号”均为选课关系的主属性，则“学号”和“课程号”两个属性都不能取空值。

实体完整性规则说明：

(1) 实体完整性能够保证实体的唯一性。由于实体完整性规则是针对基本表而言的，一个基本表通常对应现实世界的一个实体或联系集，一个实体或联系集在现实世界中是可以区分的，它在关系中是以主码为标识的，所以主码能保证实体的唯一性。而主码的诸属性(主属性)则不能取空值。

(2) 实体完整性能够保证实体的可区分性。由于实体完整性规则定义实体的主属性不能取空值，因此就不存在某个不可标识的实体，即实体的主属性不为空值就一定能保证实体是可区分的。

2. 参照的完整性(Referential Integrity)

现实世界中的实体之间往往存在某种联系，在关系模型中实体与实体间的联系是用关系来描述的，这样自然就存在着关系与关系间的引用。例如，教师和院系的关系模式，教师和院系的主码分别为“职工号”和“系代号”，其关系模式如下：

教师(职工号，姓名，性别，职称，工作时间，所在系)；

院系(系代号，系名称，电话，系主任)。

在教师关系模式中，“所在系”属性的取值一定是该院已经存在的系，在院系关系模式中一定存在该系的记录，也就是说，“所在系”的取值应该是院系关系模式中“系代号”的值之一，即教师关系的“所在系”属性取值要参考院系关系中的“系代号”属性取值。此时，我们称“所在系”为教师关系的外码。

外码定义：设 *F* 是基本关系 *R* 的一个或一组属性，但不是关系 *R* 的码，如果 *F* 与基本关系 *S* 的主码 *Ks* 相对应，则称 *F* 是基本关系 *R* 的外码(Foreign key)，并称基本关系 *R* 为参照关系(Referencing relation)，基本关系 *S* 为被参照关系或目标关系(Tar get relation)。关系 *R* 和 *S* 不一定是不同的关系。

例 2.4 在教务管理系统中，存在的 5 个实体的关系模式，他们的主码已经使用下划线标出，试找出各个关系模式中的外码，其关系模式如下：

学生(学号，姓名，性别，籍贯，出生日期，专业号，班号)；

课程(课程号，课程名，教材，出版社，ISBN，专业号，课时)；

班级(班号，专业号，所在系，人数，所在教室)；

选课(学号，课程号，成绩)；

专业(专业号，专业名，一级学科)。

解 在学生关系中，“学号”是主码，“专业号”属性的取值需要参考专业关系的“专业号”的属性值；“班号”属性的取值需要参考班级关系的“班号”的属性值。因此，“专业号”和“班号”是学生关系的外码。

在课程关系中，“课程号”是主码，“专业号”属性的取值需要参考专业关系的“专业号”的属性值，因此“专业号”是课程关系的外码。

同样，在班级关系中，“班号”是主码，“专业号”是班级关系的外码。

在选课关系中，“学号”十“课程号”是主码，单独的“学号”或“课程号”不是该关系的主码，而是主属性，所以“学号”属性的取值需要参考学生关系的“学号”的属性值；“课程号”属性的取值需要参考课程关系的“课程号”的属性值。因此“学号”和“课程号”是选课关系的外码。

参照完整性规则：若属性(属性组)*F* 是基本关系 *R* 的外码，它与基本关系 *S* 的主码 *Ks* 相对应(基本关系 *R* 和 *S* 不一定是不同的关系)，则对于 *R* 中每个元组在 *F* 上的值必须为：

(1) 或者取空值(*F* 的每个属性值均为空值)。

(2) 或者等于 *S* 中某个元组的主码值。

参照完整性规则定义了外码与主码之间的引用规则。

在例 2.4 中，按照参照完整性规则，在学生关系中，外码“专业号”的取值为空，或者为专业关系的“专业号”的属性值之一；外码“班号”的取值为空，或者为班级关系的“班号”的属性值之一。在选课关系中，外码“学号”的取值为空，或者为学生关系的“学号”的属性值之一；外码“课程号”的取值为空，或者为课程学生关系的“课程号”的属性值之一。

3. 用户定义的完整性

实体完整性规则定义了对关系中主属性取值的约束，即对主属性的值域的约束；而参照完整性规则定义了参照关系和被参照关系的外码与主码之间的参照约束，即对参照关系的外码属性值域的约束，规定外码属性的值域只能是空值或是相应被参照关系主码属性的值。

除此之外，关系数据库系统根据现实世界中应用环境的不同，往往还需要另外一些的约束条件，用户定义的完整性就是针对某一具体应用要求来定义的约束条件，它反映某一具体应用所涉及的数据必须满足的语义要求。例如，某个属性必须取唯一值，某些属性值之间应满足一定的函数关系，某个属性的取值范围在 0～100 之间等，银行的用户账户规定必须在 100000～999999 之间。

用户定义的完整性(User defined Integrity)通常是定义对关系中除主码与外码属性之外的其他属性取值的约束，即对其他属性的值域的约束。对属性的值域的约束也称为域完整性规则，是指对关系中属性取值的正确性限制，包括数据类型、精度、取值范围、是否允许空值等。取值范围又可分为静态定义和动态定义，前者是指属性的值域范围是固定的，可从定义值的集合中提取特定值；后者是指属性的值域范围依赖于另一个或多个其他属性的值。

为了维护数据库中数据的完整性，在对关系数据库执行插入、删除和修改操作时，就要检查数据库是否满足上述三类完整性规则。

2.2　关系代数

关系代数是以几何代数为基础发展起来的，它是以关系为运算对象的一组高级运算的集合。关系代数中的关系必须是同类关系。关系代数运算符有四类：集合运算符、专门的关系运算符、算术比较符和逻辑运算符。根据运算符的不同，关系代数运算可分为传统的集合运算和专门的关系运算。传统的集合运算是从关系的水平方向进行的，包括并、交、差，以及广义笛卡尔积。专门的关系运算既可以从关系的水平方向进行运算，又可以从关系的垂直方向运算，包括选择、投影、连接，以及除法。如表 2-3 所示。

表 2-3　关系代数运算符

运算符		含义	运算符		含义
集合运算符	∪ − ∩ ×	并 差 交 笛卡尔积	比较运算符	> ≥ < ≤ = ≠	大于 大于等于 小于 小于等于 等于 不等于
专门运算符	σ π − ÷	选择 投影 连接 除	逻辑运算符	¬ ∧ ∨	非 与 或

在上述的运算符中，并、差、笛卡尔积、投影、选择是关系代数中五种基本的运算，因为其他运算可以通过基本运算推导出。

2.2.1 传统的集合运算

1. 并(Union)

关系 R 与 S 具有相同的关系模式，关系 R 与 S 并是由属于 R 或属于 S 的元组构成的集合，记作 $R \cup S$，其形式定义如下：

$$R \cup S = \{t \mid t \in R \vee t \in S\}$$

式中：t 为元组变量。n 目关系 R 和 S 并的结果仍然为 n 目关系。

2. 差(Difference)

关系 R 与 S 具有相同的关系模式，关系 R 与 S 的差是由属于 R 但不属于 S 的元组构成的集合，记作 $R-S$，其形式定义如下：

$$R - S = \{t \mid t \in R \wedge t \notin S\}$$

式中：t 为元组变量。n 目关系 R 和 S 差的结果仍然为 n 目关系。

3. 交(Intersection)

关系 R 与 S 具有相同的关系模式，关系 R 与 S 的交是由属于 R 同时又属于 S 的元组构成的集合，关系 R 与 S 的交记作 $R \cap S$，其形式定义如下：

$$R \cup S = \{t \mid t \in R \wedge t \in S\}$$

式中：t 为元组变量。n 目关系 R 和 S 差的结果仍然为 n 目关系。

显然，$R \cap S = R - (R - S)$，或者 $R \cap S = S - (S - R)$。

4. 广义笛卡尔积(Extended Cartesian Product)

两个元数分别为 n 目和 m 目的关系 R 和 S 的广义笛卡尔积是一个 $(n+m)$ 列的元组的集合。元组的前 n 列是关系 R 的一个元组，后 m 列是关系 S 的一个元组。记作 $R \times S$，其形式定义如下：

$$R \times S = \{t \mid t = \langle t^n, t^m \rangle \wedge t^n \in R \wedge t^m \in S\}$$

如果 R 和 S 中有相同的属性名，可在属性名前加关系名作为限定，以示区别。若 R 有 K_1 个元组，S 有 K_2 个元组。则 R 和 S 的广义笛卡尔积有 $K_1 \times K_2$ 个元组。

注意：在本教材中的序偶 $\langle t^n, t^m \rangle$ 解释为元组 t^n 和 t^m 拼接成的一个元组。

例 2.5 假设关系 R 和 S 的值如表 2-4、2-5 所示，求关系 R 与 S 的并、差、交和广义笛卡尔积。

解 关系 R 与 S 的并、差、交和广义笛卡尔积分别如表 2-6、2-7、2-8、2-9 所示。

表 2-4 关系 R

学号	课号	成绩
01	11	80
03	12	90
05	23	78

表 2-5 关系 S

学号	课号	成绩
07	15	80
03	12	90

表 2-6 关系 $R \cup S$

学号	课号	成绩
01	11	80
03	12	90
05	23	78
07	15	80

表 2-7　关系 $R-S$

学号	课号	成绩
01	11	80
05	23	78

表 2-8　关系 $R\cap S$

学号	课号	成绩
03	12	90

表 2-9　关系 $R\times S$

R.学号	R.课号	R.成绩	S.学号	S.课号	S.成绩
01	11	80	07	15	80
03	12	90	07	15	80
05	23	78	07	15	80
01	11	80	03	12	90
03	12	90	03	12	90
05	23	78	03	12	90

2.2.2　专门的关系运算

专门的关系运算包括选择、投影、连接、除等。为了叙述方便，我们先引入几个记号。

分量：设关系模式为 $R(A_1, A_2, \cdots, A_n)$。它的一个关系设为 R。$t\in$ R 表示 t 是 R 的一个元组。$t[A_i]$则表示元组 t 中相应于属性 A_i 的一个分量。

属性列或域列：若 $A(A_{i1}, A_{i2}, \cdots, A_{ik})$，其中 $A_{i1}, A_{i2}, \cdots, A_{ik}$ 是 $A_1, A_2, \cdots, A$ 中的一部分，则 A 称为属性列或域列。$t[A]=(t[A_{i1}], t[A_{i2}], \cdots, t[A_{ik}])$表示元组 t 在属性列 A 上诸分量的集合，A 则表示$\{A_1, A_2, \cdots, A_n\}$中去掉$\{A_{i1}, A_{i2}, \cdots, A_{ik}\}$后剩余的属性组。

元组的连接：R 为 n 目关系，S 为 m 目关系。$t_r\in R$，$t_s\in S$，t_rt_s 称为元组的连接。它是一个 $n+m$ 列的元组，前 n 个分量为 R 中的一个 n 元组，后 m 个分量为 S 中的一个 m 元组。

象集：给定一个关系 $R(X, Z)$，Z 为属性组。我们定义当 $t[X]=x$ 时，x 在 R 中的象集(Images Set)为 $Zx=\{t[Z]t\in R, t[X]=x\}$，它表示 R 中属性组 X 上值为 x 的诸元组在 Z 上的分量的集合。

1．投影(Projection)

投影运算是从关系的垂直方向进行运算，在关系 R 中选择出若干属性列 A 组成新的关系，记作 $\pi_A(R)$，其形式定义如下：

$$\pi_A(R)=\{t[T],\ t\in R\}$$

例如，在表 2-4 中，学号和成绩两列数据可写为

$$\pi_{学号,成绩}(R)\text{或}\pi_{1,3}(R)$$

式中："1" 和 "3" 分别表示第 1 列属性和第 3 列属性。

2．选择(Selection)

选择运算是从关系的水平方向进行运算，是从关系 R 中选择满足给定条件的诸元组，记作 $\sigma_F(R)$，其形式定义如下：

$$\sigma_F(R)=\{t\mid t\in R\wedge F(t)=\text{True}\}$$

其中：F 中的运算对象是属性名(或列的序号)或常数，运算符是算术比较符($<$，$\leqslant$，$>$，$\geqslant$，$=$，$\neq$)和逻辑运算符($\wedge$，$\vee$，$\rightarrow$)。例如 $\sigma_1\geqslant 6(R)$表示选取 R 关系中第 1 个属性值大于等于第 6 个属性值的元组，$\sigma_1>'6'(R)$表示选取 R 关系中第 1 个属性值大于等于 "6" 的元组。

例 2.6　在图 2-5 中，使用关系代数描述出学号为 "01" 的学生成绩情况，以及成绩大于 90 分的同学的学号及成绩。

解 学号为“01”的学生成绩情况的关系代数表达式为

$$\sigma_{学号='01'}(R)或\sigma_{1='01'}(R)$$

成绩大于 90 分的同学的学号及成绩的关系代数表达式为

$$\pi_{学号,成绩}(\sigma_{成绩>90}(R))$$

3. 连接(Join)

连接是关系与关系的连接，可定义后再作“选择”操作。它是关系代数中使用最频繁的一种操作。连接又称 θ 连接，连接操作有四种，分别是条件连接(Condition Join)、等值连接(Equi Join)、自然连接(Natural Join)和外连接(Outer Join)。

1) 条件连接

条件连接是从 R 与 S 的笛卡尔积中选取属性间满足一定条件的元组。记作

$$R \bowtie S=\{t \mid t=<t^n, t^m> \wedge t^m \in R \wedge t^m \in S \wedge t^n[X]\theta t^m[Y]\}$$

其中：“$X\theta Y$ 为连接的条件，θ 是比较运算符，X 和 Y 分别为 R 和 S 上属性或属性位置。$t^n[X]$ 表示 R 中 t^n 元组的相应于属性 X 的一个分量。$t^m[Y]$表示 S 中 t^n 元组的相应于属性 Y 的一个分量。条件连接也可以表示为

$R \bowtie S=\sigma_{X\theta Y}(R \times S)$

或 $R \bowtie S=\sigma_{i\theta(i+j)}(R \times S)$

2) 等值连接

当 θ 为“=”时，称之为等值连接，记为 $R\prod\limits_{X=Y}S$，其形式定义如下：

$$R \bowtie S=\{t \mid t=<t^n, t^m> \wedge t^m \in R \wedge t^m \in S \wedge t^n[X]=t^m[Y]\}$$

3) 自然连接

自然连接是一种特殊的等值连接，它要求两个关系中进行比较的分量必须是相同的属性组，并且在结果集中将重复属性列去掉。若 t^n 表示 R 关系的元组变量，t^n 表示 S 关系的元组变量；R 和 S 具有相同的属性组 B，且 $B=(B_1, B_2, \cdots, B_K)$；并假定 R 关系的属性为 A_1，A_2，…，A_{n-k}，B_1，B_2，…，B_K，S 关系的属性为 B_1，B_2，…，B_K，B_{K+1}，B_{K+2}，…B_m。自然连接可以记为 $R \bowtie S$，其形式定义如下：

$$R \bowtie S=\{t \mid t=<t^n, t^m> \wedge t^n \in R \wedge t^m \in S \wedge R.B_1=S.B_1 \wedge R.B_2=S.B_2 \wedge \cdots \wedge R.B_n=S.B_n\}$$

自然连接可以由基本的关系运算投影、选取和笛卡尔积运算推导出，因此自然连接可表示为 R 因为 $S=\pi_1$，A_2，…，A_{n-r}，R_1，R_2，…，R_k，B_{k+1}，B_{k+2}，…，$B_n(\alpha R_k$，…，B_1，S_1，S_2，…)

特别需要说明的是：一般连接是从关系的水平方向运算，而自然连接不仅要从关系的水平方向，而且还要从关系的垂直方向运算。因为自然连接要去掉重复属性，如果没有重复属性，那么自然连接就转化为笛卡尔积。

4) 外连接

连接的扩展运算是外连接(Outer Jion)，它可以处理缺失的信息。外连接运算有三种：左外连接、右外连接和全外连接。

(1) 左外连接。左外连接(Left Outer Jion)是取出左侧关系中所有与右侧关系中任一元组

都不匹配的元组，用空值 Null 充填所有来自右侧关系的属性，构成新的元组，将其加入自然连接的结果中。

(2) 右外连接。右外连接(Right Outer Jion)是取出右侧关系中所有与左侧关系中任一元组都不匹配的元组，用空值 null 填充所有来自左侧关系的属性，构成新的元组，将其加入自然连接的结果中。

(3) 全外连接。全外联接(Full Outer Jion)是完成左外连接和右外连接的操作，即填充左侧关系中所有与右侧关系中任一元组都不匹配的元组，又填充右侧关系中所有与左侧关系中任一元组都不匹配的元组，将产生的新元组加入自然连接的结果中。

小　结

本章重点介绍了关系模型及其关系运算，理解关系模型相关的一些基本概念，以便了解关系数据模型的相关知识，理解笛卡尔积的定义和关系的形式化定义，掌握 E-R 模型向关系模型的转换，理解关系的完整性约束，了解关系代数，理解专门的关系运算。

关系数据模型由关系数据结构、关系操作集合和关系完整性约束三大要素组成。关系操作可以用两种方式来表示：一种是代数方式，即关系代数；另一种是逻辑方式，即关系演算。关系代数是用对关系的运算来表达查询要求的方式；关系演算是用谓词来表达查询要求的方式，它按谓词变元的基本对象是元组变量还是域变量分为元组关系演算和域关系演算。

关系操作的特点是集合操作，即操作的对象和结果都是集合。这种操作方式也称为一次一集合的方式。而非关系模型的数据库的操作方式则为一次一条记录方式。

在关系代数中，重点介绍了关系的传统的并、交、差和广义笛卡尔运算，而且介绍了选择、投影、连接和除法等专门的运算。其中，并、差、笛卡尔积、投影、选择是五种基本的运算，其他的运算可由这五种运算推导出来，应该重点掌握。元组关系演算应该理解其表示方法。

习　题

一、填空题

1．关系模型的三要素是__________、__________、__________。

2．关系运算主要有_______、__________、_________。

3．在关系数据库中，二维表称为一个________，表的每一行称为_______，每一列称为_____。

4．SQL 语言的功能包括_________、_________和_________ 。

5．如果外连接符出现在连接条件的右边称之为_________，出现在连接条件的左边称之为_________。

二、简答题

1. 什么是关系的完整性？

2. 简要描述 E-R 模型向关系模型转换的方法。

第3章 关系数据库规范化理论

前面讨论了数据模型和关系数据库的一般知识，以及关系数据库的标准语言，但是数据库系统设计的关键是数据模式的设计，即如何把现实世界表达成一个合适的数据模式。由于关系模式有严格的数学理论基础，而关系模式可以用二维表描述实体，也可以用二维表描述实体之间的联系，因此通常以用关系模式为背景来讨论这个问题，就形成了关系数据库设计理论。由于这种合适的数据模式是要符合一定的规范化要求，因此称之为关系数据库的规范化理论。

本章主要讨论数据模式规范化的要求。

3.1 关系模式中的异常现象

关系数据库的规范化就是针对具体问题，如何构造适合问题的数据库模式，即如何构造几个关系模式，每个关系由哪些属性组成等。这是数据库设计的问题，确切地讲是关系数据库逻辑设计的问题。

3.1.1 存在异常现象的关系模式

我们看一个熟悉的数据模式的描述。

1. 学生关系模式

一个熟悉的数据库描述，即学生管理系统的数据描述。对于学生对象，应该含有这些数据：学生(学号，姓名，性别，出生日期，籍贯，成绩来描述)、系(系代号，系名，系主任来描述)和课程(课程号，课程名来描述)等信息。

在现实世界中，以上实体存在的关系如下：

(1) 一个系有若干个学生，但一个学生只属于一个系，系和学生属于 1∶n 关系；

(2) 一个系只有一名系主任，一名系主任仅在一个系任职，系和系主任属于 1∶1 关系；

(3) 一个学生可以选修多门课程，每门课程有若干个学生选修，每个学生学习每一门课程有一个成绩，学生和课程属于 m∶n 关系。

由以上叙述得知，可以确定学生对象 Student(学号，姓名，性别，出生日期，籍贯，系代号，系名，系主任，课程号，课程名，成绩)关系模式中的主码为(学号，课程号)。该关系模式中的部分数据如表 3-1 所示。

表 3-1　学生 Student 信息

学号	姓名	性别	出生日期	籍贯	系代号	系名	系主任	课程号	课程名	成绩
0001	李冰	男	1986.12	陕西	1	计算机	101	001	C 语言	86
0001	李冰	男	1986.12	陕西	1	计算机	101	002	高数	90
0002	扬扬	女	1987.03	湖南	1	计算机	101	002	高数	92
0003	费新	男	1987.02	河南	2	通信	201	002	高数	90
0003	费新	男	1987.02	河南	2	通信	201	003	英语	86
…										

2．工资关系模式

某公司职工工资管理系统的一个关系模式如表 3-2 所示。职工的应发工资额为基本工资和津贴之和，如果有扣款项目，则从应发工资中减去扣款项目，剩余的则为实发工资额，基本工资和津贴的额度由职工的级别决定，扣款额根据实际情况决定。在职工工资的关系模式中，主码为职工号。

表 3-2　职工工资表

职工号	姓名	级别	基本	津贴	考勤扣款	违纪扣款	实发额
001	张三	一级	800	2000	120	10	2670
002	李四	三级	1200	4000	20		5180
003	王五	初级	600	1000			1600
…							

3.1.2　异常现象分析

对于学生关系模式来说，首先学生 Student 信息表中存在着许多数据冗余，例如，一个学生如果选修了 10 门课程，则学号、姓名、性别、出生日期、籍贯、系代号、系名、系主任信息就需要重复 10 遍，对于存储空间来说是一个极大的浪费；另外，当修改一个学生的籍贯时，需要对多行的数据进行更新，就出现了更新异常的现象，即数据冗余会引起更新异常。其次，当同学以及所有(本系)同学毕业后，本系的信息(系代号、系名和系主任)从该表中全部被删除，形成了删除异常现象；最后，当一个系建立时，此时还没有学生，由于学生信息表中的主码为(学号，课程号)，而在插入数据时，主码不能为空，所以不能将系的基本信息插入该表中，此时实际存在的现象却不能反映在学生信息表中，从而形成了插入异常现象。

对于职工工资关系模式来说，扣款项目不是每个职工都发生的，会有空缺数据，但占据存储空间。当公司出现其他扣款项目时，则必须修改模式结构，会给编程人员和用户带来不便。应发工资额由职工的级别决定，当没有职工级别是二级时，二级的基本工资和津贴无法添加，形成了插入异常现象。删除张三信息时，把一级与应发工资额的对应规则也删除了，形成了删除异常现象。修改级别与应发工资额的对应规则时，必须修改多行，形成了更新异常现象。

总结以上两个关系模式，产生的异常现象有三条。

(1) 更新异常(Update Anomaly)：如果更改表所对应的某个实体实例或者关系实例的单个属性时，需要将多行更新，那么就说这个表存在更新异常。数据冗余引起更新异常。

(2) 删除异常(Delete Anomaly)：如果用删除表的某一行来反映某个实体实例或者关系实例消失时，会导致丢失另一个不同实体实例或者关系实例的信息，而这是我们不希望发生的，那么就是说这个表存在删除异常。

(3) 插入异常(Insert Anomaly)：如果某个实体或者实例信息随着另一个实体或实例信息的存在而存在，在缺少另一个实体或实例信息时，这个实体或实例信息无法表示，而这是我们不希望看到的，那么就说这个表存在插入异常。

要保证数据库模式是良好的数据库模式，应该遵循的标准如下：

(1) 不能存在大量数据冗余的数据库模式。大量的数据冗余不仅造成存储空间的浪费，存取效率低，而且使得数据信息的更新变得复杂，另外还隐藏着破坏数据一致性、完整性的风险。

(2) 不存在数据冗余、插入异常、删除异常和更新异常等问题。

那么如何保证数据库模式是良好的数据库模式？

对于一个关系来说，它是一张二维表，则对它有一个最起码的要求是每一个分量必须是不可分的数据项。满足了这个条件的关系模式就属于第一范式(1NF)。通过一个关系中属性间值的相等与否体现出来的数据间的相互关系，我们称为数据依赖。数据依赖是现实世界属性间相互联系的抽象，是数据内在的性质，是语义的体现。数据依赖中最重要的是函数依赖(Functional Dependency，FD)和多值依赖(Multivalued Dependency，MVD)。

函数依赖普遍地存在于现实生活中。如描述一个学生的关系，可以有学号、姓名、系名等几个属性。由于一个学号只对应一个学生，一个学生只在一个系学习。因而当“学号”的值确定之后，姓名和该学生所在系的值也就被唯一地确定了。就像自变量 x 确定之后，相应的函数 $f(x)$也就被唯一地确定了一样，我们说学号函数决定姓名、性别、出生日期、籍贯、系代号、系名、系主任等信息，或者说姓名、性别、出生日期、籍贯、系代号、系名、系主任函数依赖于学号，记为：学号→性别等。

关系数据库设计的目标是生成一组合适的、性能良好的关系模式，以减少系统中信息存储的冗余度，但又可以方便地获取信息。一个良好的数据库模式，只有合理地使用函数依赖理论，即重新分配数据项到不同的表中，才能够消除上述的三种异常问题。

3.2 函数依赖理论

数据依赖是通过一个关系中属性间值的相等与否体现出来的数据间的相互关系，是现实世界属性间联系和约束的抽象，是数据内在的性质，是语义的体现。函数依赖则是一种最重要、最基本的数据依赖。衡量数据依赖的标准是关系规范化的程度及分解的无损连接和保持函数依赖性。

3.2.1 函数依赖的定义

定义 3.1 设 $R(U)$是属性集 U 上的关系模式，X 和 Y 是 U 的子集。若对 $R(U)$的任何一

个可能的关系实例 r，r 中的任意两个元组 t_1 和 t_2，如果 $t_1[X] = t_2[X]$，则 $t_1[Y] = t_2[Y]$，那么称 X 函数决定 Y 或 Y 函数依赖于 X，记作：$X \to Y$。

注意：函数依赖 $X \to Y$ 的定义要求关系模式 R 的任何可能的 r 都满足上述条件。因此不能仅考察关系模式 R 在某一时刻的关系 r，就断定某函数依赖成立。

例如，对于关系模式 StudentTemp(学号，姓名，性别，年龄，系名，系主任)，可能在某一时刻 StudentTemp 关系中的每个学生的年龄都不同，也就是说没有两个元组在年龄属性上取值相同，而在学号属性上取值不同，但我们决不可据此就断定年龄→学号。很有可能在某一时刻，StudentTemp 的关系中有两个元组在年龄属性上取值相同，而在学号属性上取值不同。

函数依赖是语义范畴的概念，我们只能根据语义来确定函数依赖。例如，在没有同名的情况下，姓名→年龄，而在有同名的情况下，这个函数依赖就不成立了。

根据函数依赖的定义，设 $R(U)$是属性集 U 上的关系模式，X 和 Y 是属性的子集，则可得出的变换方法如下：

(1) 如果 X 和 Y 之间是 1∶1 的联系，则存在函数依赖 $X \to Y$ 和 $Y \to X$。

(2) 如果 X 和 Y 之间是 1∶n 的联系，则存在函数依赖 $Y \to X$。

(3) 如果 X 和 Y 之间是 m∶n 的联系，则 X 和 Y 之间不存在函数依赖关系。

在上述的学生关系 Student 模式示例中，系代号、系名和系主任之间均为 1∶1，则有系代号→系名和系名→系主任；系与学生之间是 1∶n 的联系，所以有学号→系代号；学生与课程之间是 m∶n 的联系，所以学号和课程号之间不存在函数依赖关系。

3.2.2 函数依赖的分类及定义

常用的函数依赖可分为以下几种：平凡函数依赖(Trivial FD)、非平凡函数依赖(NonTrivial FD)、完全函数依赖(Full FD)、部分函数依赖(Partial FD)和传递函数依赖(Transitive FD)。

以下假设 $R(U)$是属性集 U 上的关系模式，X 和 Y 是 U 的子集。

平凡的函数依赖：如果 $X \to Y$，但 Y 包含于 X，则称 $X \to Y$ 是平凡的函数依赖。

非平凡的函数依赖：如果 $X \to Y$，但 Y 不是 X 的子集，则称 $X \to Y$ 是非平凡的函数依赖。一般情况下，总是讨论非平凡的函数依赖。

如果 $X \to Y$，且 $Y \to X$，则 X 和 Y 一一对应，即 X 和 Y 等价，记作 $X \longleftrightarrow Y$。

定义 3.2 在 $R(U)$中，如果 $X \to Y$，并且对于 X 的任何一个真子集 X'，都有 X'不能决定 Y(即 $X' \to Y$ 都不成立)，则称 Y 完全函数依赖于 X，记作 $X \xrightarrow{f} Y$，记作 $X \to Y$。如果 $X \to Y$，但 Y 不完全函数依赖于 X，则称 Y 部分函数依赖于 X，记作 $X \xrightarrow{P} Y$。部分函数依赖也称局部函数依赖。

例 3.1 在 Student(学号，姓名，性别，出生日期，籍贯，系代号，系名，系主任，课程号，课程名，成绩)关系模式中，找出函数的依赖关系。

解 由于 Student 关系模式的主码为(学号，课程号)，则存在着完全函数依赖关系：(学号，课程号)成绩，即成绩完全函数依赖于学号和课程号。

在 Student 关系模式中，存在着姓名、性别、出生日期、籍贯、系代号、系名和系主任等属性对主码的真子集学号的依赖，即对主码的部分函数依赖：(学号，课程号) $\xrightarrow{P}$ 姓名，(学号，课程号) $\xrightarrow{P}$ 性别，(学号，课程号)→出生日期，(学号，课程号)→籍贯，(学号，课程号) $\xrightarrow{P}$ 系代号，(学号，课程号)系名，(学号，课程号)系主任。

同样存在(学号，课程号) $\xrightarrow{P}$ 课程名。

由本例可知，如果在一个关系模式中，主码只有一个属性，则该函数依赖肯定是完全函数依赖，部分函数依赖只有在一个关系模式中有两个属性或两个以上的属性作为主码时才会存在的。所以，对于一个关系模式，一般是针对多个属性组成的主码或候选码来谈其他属性间的完全或部分的函数依赖才有意义。例如，本例中由于(学号，课程号)是主码，所以仅找出主码与其他属性间的函数依赖关系才有意义。如果将关系模式中的其他属性随意组合，再找出与其他属性间的函数依赖关系就没有太大意义。

定义 3.3 在 $R(U)$中，X、Y 和 Z 均属于 U 的子集，且 X、Y 和 Z 是不同的属性集，如果 $X \to Y$，$Y \to X$，$Y \to Z$，则称 Z 传递函数依赖于 X。

注意：在本定义中，一定是 $Y \to X$(即 $Y \to X$ 不成立)，否则实际上 Z 直接依赖于 X，而不是 Z 传递函数依赖于 X。

在例 3.1 中，系代号依赖学号，即学号→系代号，但系代号→学号，系代号→系名或系代号→系主任，所以可以得出：系名传递依赖于学号，系主任传递依赖学号。

定义 3.4 设 K 为 $R(U)$中的属性或属性的组合，若 $K \xrightarrow{f} U$，且对于 K 的任何一个真子集 K，都有 K 不能决定 U，则 K 为 R 的候选码(Candidate Key)，若有多个候选码，则选一个作为主码(Primary Key)。候选码通常也称候选关键字。

包含在任何一个候选码中的属性叫作主属性(Prime Attribute)，否则叫作非主属性(Non-prime Attribute)。

例 3.2 关系模式 CSZ(CITY，ST，ZIP)，分析属性组上的函数依赖和主属性.

解 关系模式 CSZ 属性组上的函数依赖集如下：

$$F = \{(CITY，ST) \to ZIP，ZIP \to CITY\}$$

即城市、街道决定邮政编码，邮政编码决定城市。容易看出，(CITY，ST)和(ST，ZIP)是两个候选码。CITY、ST、ZIP 都是主属性。

定义 3.5 若 $R(U)$中的属性或属性组 X 非 R 的主码，但 X 是另一个关系的主码，则称 X 是 R 的外码(Foreign Key)。

例 3.3 分析例 1.4 中教务数据库中的各关系模式的主码和外码。

解 教务数据库中的各关系模式主码为

学生(学号，姓名，性别，籍贯，出生日期，专业号，班号)，主码为学号；

课程(课程号，课程名，教材，出版社，ISBN，专业号，课时)，主码为课程号；

班级(班号，专业号，所在系，人数，所在教室)，主码为班号；

教师(教师号，教师名，性别，出生日期，职称)，主码为教师号；

选课(学号，课程号，成绩)，主码为(学号，课程号)；

讲授(班号，课程号，教师号，上课教室，上课评价)，主码为(班号，课程号)。

在学生关系中，班号是其属性但不是该关系的主码，而是班级关系的主码，则称班号为学生关系的外码。在选课关系中，学号不是该关系的主码，课程号也不是该关系的主码，但它们分别是学生关系和课程关系的主码，则称学号和课程号均为选课关系的外码。同样，在讲授关系中，班号、课程号、教师号不是该关系的主码，但却是班级关系、课程关系和教师关系的主码，则称班号、课程号、教师号是该关系的外码。

3.3 范 式

范式(Normal Form，NF)是指关系模式的规范程度。对于同一个应用问题，可以构造出不同的E-R模型，所以也可以设计出不同的关系模式。不同的关系模式性能差别甚多，为了评价数据库模式的优劣，E.F.Codd在1971年至1972年系统地提出了三范式的概念。1974年Codd和Boyce又共同提出BCNF范式，作为第三范式的改进。1976年Fagin提出第四范式，后来又有人提出第五范式。

关系模式上的范式有6种：1NF、2NF、3NF、BCNF、4NF和5NF。其中，1NF级别最低，5NF级别最高。这几种范式之间满足如下关系：

$$5NF \subset 4NF \subset BCNF \subset 3NF \subset 2NF \subset 1NF$$

范式之间的关系如图3-1所示。

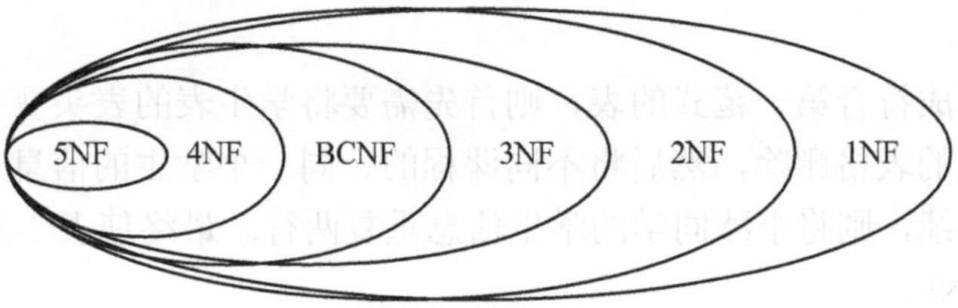

图3-1 范式之间的关系图

范式的级别越低，出现异常的程度就越高。

一个低级范式的关系模式，通过分解方法可转换成多个高一级范式的关系模式的集合，这种过程称为规范化。规范化的目的是逐渐地消除异常。范式的级别越高，规范化的程度就越高。

但在实际情况下，规范化时应注意：

(1) 1NF和2NF一般作为规范化过程的过渡范式。

(2) 规范化的程度不是越高越好。由于高级别的范式是将一个低级别的关系模式分解为多个关系模式，当需要查询有联系的几个表时，则需要做连接操作，从而增大开销，因此规范化的程度应根据应用的需求。例如，对于一个只需要进行查询操作，不需要更新操作的关系模式，只需要达到1NF便可。

(3) 在关系模式设计时，一般达到3NF或BCNF即可。

3.3.1 1NF

定义3.6 若关系模式R的每一个分量是不可再分的数据项，则关系模式R属于第一范式。记作 $R \in$ 1NF。

商用关系型的 DBMS 要求：关系的属性是原子的，即要求关系模式应符合 1NF，而且关系数据库语言 SQL 也支持第一范式，因此 1NF 是关系模式应满足的最起码的要求。例如，表 3-1 学生关系 Student 和表 3-2 职工工资关系均符合第一范式。

例 3.4 给出 1NF 示例及异常情况。

解 在实际生活中，我们常常看见表 3-3 所示的学生表。

表 3-3 学 生 表

学生信息								课程信息		成绩
学号	姓名	性别	出生日期	籍贯	系代号	系名	系主任	课程号	课程名	
0001	李冰	男	1986.12	陕西	1	计算机	101	001	C 语言	86
								002	高数	90
0002	扬扬	女	1987.03	湖南	1	计算机	101	.002	高数	92
0003	费新	男	1987.02	河南	2	通信	201	002	高数	90
								003	英语	86
…										

表 3-3 的表头由两层构成，即学生表由学生信息、课程信息和成绩组成。其中，学生信息由学号、姓名、性别、出生日期、籍贯、系代号、系名、系主任组成，课程信息由课程号和课程名组成。学生信息和课程信息的属性值不是原子的，所以上述的学生表不属于第一范式。

要将学生表变成符合第一范式的表，则首先需要将学生表的表头变为单层的，即将学生信息和课程信息的表格删除，然后将不同课程的、同一个学生的信息重复多行，例如李冰同学有两门课成绩，则将李冰同学的学生信息重复两行。最终使表 3-3 变为表 3-1 所示。此时学生表符合 1NF。

在图 3-1 所示的学生关系 Student(学号，姓名，性别，出生日期，籍贯，系代号，系名，系主任，课程号，课程名，成绩)中，函数依赖集 F 如下：

F = {学号→姓名，学号→性别，学号→出生日期，学号→籍贯，学号→系代号，学号→系名，学号→系主任，课程号→课程名，(学号，课程号)→成绩}

显然，学生关系 Student 的主码是(学号，课程号)。对于非主属性姓名、性别、出生日期、籍贯、系代号、系名、系主任和课程名是部分依赖于主码(学号，课程号)。函数依赖图如图 3-2 所示，图中虚线为部分函数依赖。

对于学生关系 Student，从图 3-1 中可以看出，每一个分量都是不可再分的数据项，所以是 1NF 的。但是 1NF 存在如下四个问题：

(1) 冗余度大。例如，学生信息的重复率与他所选修的课程门数一样多。如果本科四年需要选修 40 多门课，则每个学生的信息要重复 40 多行，若全院有 10 000 个学生，则重复 40 万行。

(2) 更新异常。例如，某个学生由于个人兴趣的原因，从通信系转到计算机系，则在学生表中需要修改系代号、系名和系主任，而且要修改多行。若稍不注意，就会使一些数据被修改，另一些数据没有被修改，这样会导致数据修改的不一致性，造成更新异常。

(3) 插入异常。例如，当成立一个新系(如自动控制系)时，要想将该系的信息插入学生表中，由于关系模式 Student 的主码为(学号，课程号)，按照关系模式实体完整性规定主码不能取空值或部分取空值。这样自动控制系的信息则不能进行插入操作，从而造成插入异常。

(4) 删除异常。若一个系的学生由于各种原因全部毕业了，新学生还未入校，此时删除毕业的学生后，连同该系的信息也会被删除了，造成客观存在的信息丢失，从而造成删除异常。

由于上述四个原因，因此要对模式进行分解，即将一个 1NF 分解为多个 2NF。

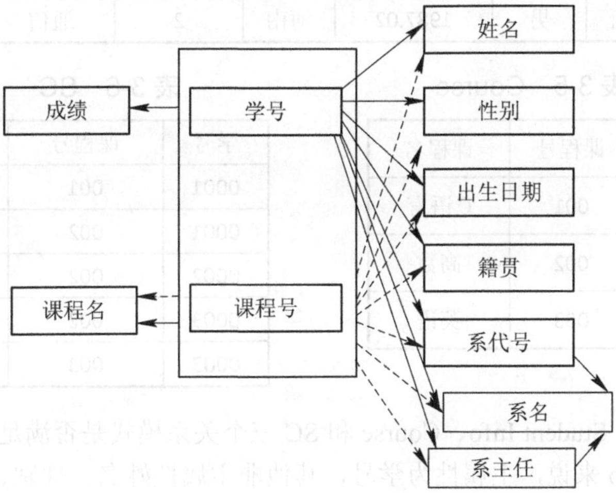

图 3-2　Student 函数依赖图

3.3.2　2NF

定义 3.7　若关系模式 $R\in$ 1NF，且每一个非主属性完全依赖于码，则关系模式 $R\in$ 2NF，即当 1NF 消除了非主属性对主码的部分函数依赖时，称为 2NF。换句话说，在 2NF 中，不存在非主属性对主码的部分函数依赖。

在学生关系 Student(学号，姓名，性别，出生日期，籍贯，系代号，系名，系主任，课程号，课程名，成绩)中，主码为(学号，课程号)，主属性则为学号和课程号，函数的依赖关系如图 3-2 所示。其中，非主属性有姓名、性别、出生日期、籍贯、系代号、系名、系主任、课程名，它们对主码存在着部分函数依赖，所以学生关系 Student 不属于 2NF。

例 3.5　1NF 分解示例。

分析　根据 1NF 的定义，学生关系 Student 属于 1NF，不属于 2NF，通过关系模式的分解使 Student 满足 2NF。分解的方法是消除非主属性对主码的部分函数依赖。即将存在着对同一主属性的函数依赖分解到一个关系模式中。

解　在 Student 中对主属性学号的函数依赖的属性有姓名，性别，出生日期，籍贯，系代号，系名，系主任，将它们分解到同一模式中，同样对主属性课程号的函数依赖的属性有课程号，再将它们分解到同一模式中，从而形成了三个关系模式：

Student Info(学号，姓名，性别，出生日期，籍贯，系代号，系名，系主任)，主码为学号；

Course(课程号，课程名)，主码为课程号；

SC(学号，课程号，成绩)，主码为(学号，课程号)。

三个关系模式中的数据如表 3-4、表 3-5 和表 3-6 所示。

表 3-4 Student Info

学号	姓名	性别	出生日期	籍贯	系代号	系名	系主任
0001	李冰	男	1986.12	陕西	1	计算机	101
0002	扬扬	女	1987.03	湖南	1	计算机	101
0003	费新	男	1987.02	河南	2	通信	201

表 3-5 Course

课程号	课程名
001	C 语言
002	高数
003	英语

表 3-6 SC

学号	课程号	成绩
0001	001	86
0001	002	90
0002	002	92
0003	002	90
0003	003	86

下面我们来分析 Student Info、Course 和 SC 三个关系模式是否满足 2NF。

对于 Student Info 来说，主属性为学号，其他非主属性姓名、性别、出生日期、籍贯、系代号、系名和系主任均完全依赖于主属性，所以 Student Info∈2NF。对于 Course 来说，主属性为课程号，课程名完全依赖于主属性，所以 Course∈2NF。对于 SC 来说，主属性为学号和课程号，其他成绩完全依赖于主属性，所以 SC∈2NF。学生关系 Student 分解之后的 Student Info、Course 和 SC 关系之间的依赖关系如图 3-3 所示。

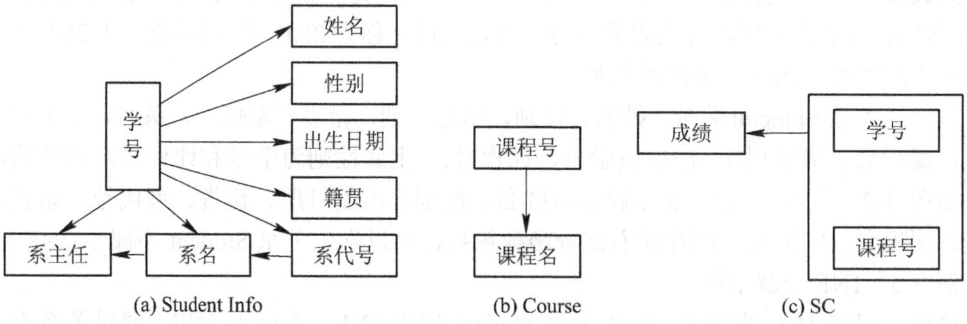

图 3-3 Student 函数依赖图

分解后的 Student Info∈2NF，但也存在如下异常情况：

(1) 冗余：每个系有多名学生，而每个学生均含有系的信息。

(2) 更新异常：修改某个系的系主任，需要修改多行信息。

(3) 插入异常：插入一个新系时，由于没有开始招生，主码学号为空，所以不能插入。

(4) 删除异常：若一个系的学生由于全部毕业了，删除学生就会将系的信息一起删除。形成以上原因主要是关系模式中可能存在“传递函数依赖”。

3.3.3 3NF

定义 3.8 若关系模式 $R(U, F)$中不存在这样的码 X、属性组 Y 及非主属性 $Z(Z \notin Y)$使得 $X \rightarrow Y(Y \nrightarrow X)Y \rightarrow Z$ 成立，则关系模式 $R \in$ 3NF，即当 2NF 消除了非主属性对主码的传递函数依赖时，称为 3NF。

2NF 关系分解为 3NF 的方法是：消除非主属性对码的传递函数依赖，将一个 2NF 关系分解为多个 3NF 关系模式。

例 3.6 2NF 分解示例。

分析：在 Student 关系分解为 Student Info、Course 和 SC 三个关系模式后，它们均满足 2NF。在关系 Course 和 SC 中均不存在函数的传递依赖，所以 Course∈ 3NF 和 SC∈ 3NF，但对于关系 Student Info，主属性为学号，非主属性有系代号、系名等，函数之间存在的依赖关系为：学号→系代号，(系代号↛学号)系代号→系名，形成非主属性对主码的传递函数依赖，所以 Student Info∉ 3NF。

解 根据 2NF 关系分解为 3NF 的方法，将 Student Info 中形成传递函数依赖的关系分解为另一个关系模式，即将系的信息形成一个关系模式 Department。

Student Info(学号，姓名，性别，出生日期，籍贯，系代号，系名，系主任)∈ 2NF 分解后的关系模式如下

Students(学号，姓名，性别，出生日期，籍贯，系代号)∈ 3NF

Department(系代号，系名，系主任)∈ 3NF

通过例 3.4、例 3.5 和例 3.6 的分解，将现实中的一张表规范为满足 3NF 的关系模式，即将原来的 Student 转换为

Students(学号，姓名，性别，出生日期，籍贯，系代号)，主码为学号；

Department(系代号，系名，系主任)，主码为系代号；

Course(课程号，课程名)，主码为课程号；

SC(学号，课程号，成绩)，主码为(学号，课程号)。

上述的四个子模式均满足 3NF，它们消除了产生冗余和异常的两个重要原因是部分依赖和传递依赖。因为 3NF 模式中不存在非主属性对码的部分函数依赖和传递函数依赖，所以具有较好的性能。

3.3.4 BCNF

BCNF(Boyce-Codd 范式)是由 Boyce 和 Codd 提出的，它比 3NF 又进了一步，通常说 BCNF 是增强的第三范式，有时也将其归入第三范式。

定义 3.9 若关系模式 $R \in$ 1NF，如果对于 R 的每一个函数依赖 $X \rightarrow Y$ 且 $Y \notin X$ 时，X 必含有码，则关系模式 $R \in$ BCNF。

换句话说，当 3NF 消除了主属性对码的部分和传递函数依赖，则称为 BCNF。我们可以得出一个满足 BCNF 的关系模式，应其性质如下：

(1) 所有非主属性对每一个码都是完全函数依赖；

(2) 所有非主属性对每一个不包含它的码，也是完全函数依赖；

(3) 没有任何属性完全函数依赖于非码的任何一组属性。

由于 $R \in$ BCNF，按定义排除了任何属性对码的传递依赖与部分依赖，所以 $R \in$ 3NF。

但是若 $R\in$ 3NF，则 R 未必属于 BCNF。

例如，设 R(零件号，零件名，厂商名)，如果约定：每种零件号只有一个零件名，但不同的零件号可以有相同的零件名；每种零件可以由多个厂商生产，但每家厂商生产的零件应有不同的零件名。这样我们可以得到一组函数依赖：

零件号→零件名

(零件名，厂商名)→零件号

由于该关系模式 R 中的候选码为(零件名，厂商名)或(零件号，厂商名)，因而关系模式 R 的属性都是主属性，不存在非主属性对码的传递依赖，所以 R 是 3NF 的。但是，主属性零件名传递依赖于码(零件名，厂商名)，因此 R 不是 BCNF 的。当一种零件由多个生产厂家生产时，零件名与零件号间的联系将多次重复，这样会带来冗余和操作异常的现象。若将 R 分解为

R_1(零件号，零件名)

R_2(零件号，厂商名)

这样就可以解决上述问题，并且分解后的 R_1、R_2 都属于 BCNF。

3.3.5 4NF

由于 4NF 涉及多值依赖的概念，因此首先给出有关多值依赖的定义。

定义 3.10 若关系模式 $R(U)$中，X、Y、Z 是 U 的子集，并且 $Z=U-X-Y$。当且仅当对 $R(U)$的任何一个关系 r，给定一对(x, z)值，有一组 Y 的值，这组值仅仅决定于 x 值而与 z 值无关，则称“Y 多值依赖于 X”或“X 多值决定 Y”成立。记作 $X\rightarrow\rightarrow Y$。

例 3.7 讲授关系 Teach(CName，Teacher，RBook)。其中：CName 为课程名称；Teacher 为讲授该课程的教师名；RBook 为该课程的参考书。分析他们之间的关系。

解 课程与教师之间是 $m:n$ 关系，即一门课程有多名教师讲解，而一名教师可以讲解多门课程；课程与参考书之间 $1:n$ 关系，即一门课程可以使用多本参考书，而一本参考书只能用于一门课程。

由以上分析可知，该关系模式的候选码为(CName，Teacher，RBook)和(Teacher，RBook)，数据如表 3-7 所示。

表 3-7 Teach 表中的数据

课程名 CName	教员 Teacher	参考书 RBook
C 语言	孙小倩	C 程序设计
C 语言	孙小倩	C 语言
C 语言	梁哲	C 程序设计
C 语言	梁哲	C 语言
数据库技术	孙小倩	数据库原理及应用
数据库技术	孙小倩	SQL Server
数据库技术	孙小倩	数据库原理
数据库技术	梁哲	数据库原理及应用
数据库技术	梁哲	SQL Server
数据库技术	梁哲	数据库原理

在关系模式 Teach 中，对于一个｛数据库技术，数据库原理及应用｝有一组 Teacher 值｛孙小倩，梁哲｝，这组值仅仅决定于课程 CName 上的值(数据库技术)。也就是说对于另一个｛数据库技术，SQL Server｝，它对应的一组 Teacher 值仍是｛｛孙小倩，梁哲｝，尽管这时参考书 RBook 的值已经改变了。因此，Teacher 多值依赖于 CName，即 CName→→Teacher。

在 TEACH 表中，数据库技术的参考书有三种，所以对于每个数据库技术的教师应有三条记录，即如果某一课程(如数据库技术)增加一名讲课教员(如张坤)时，必须插入多个元组：(数据库技术，张坤，数据库原理及应用)；(数据库技术，张坤，数 SQL Server)；(数据库技术，张坤，数据库原理)。同样，如果某一门课(如 C 语言)要去掉一本参考书(如 C 程序设计)时，则必须删除多个(这里是两个)元组：(C 语言，孙小倩，C 程序设计)；(C 语言，梁哲，C 程序设计)。

很明显，讲授关系 Teach 对数据的增删很不方便，数据的冗余也十分明显。仔细考察这类关系模式，发现它具有一种称之为多值依赖(MVD)的数据依赖。

多值依赖具有的六条性质如下：

(1) 多值依赖具有对称性。即若 $X\rightarrow\rightarrow Y$，则 $X\rightarrow\rightarrow Z$，$Z=U-X-Y$。

(2) 多值依赖的传递性。即若 $X\rightarrow\rightarrow Y$，$Y\rightarrow\rightarrow Z$，则 $X\rightarrow\rightarrow Z-Y$。

(3) 函数依赖可以看成是多值依赖的特殊情况。

(4) 若 $X\rightarrow\rightarrow Y$，$X\rightarrow\rightarrow Z$，则 $X\rightarrow\rightarrow YZ$。

(5) 若 $X\rightarrow\rightarrow Y$，$X\rightarrow\rightarrow Z$，则 $X\rightarrow\rightarrow Y\cap Z$。

(6) 若 $X\rightarrow\rightarrow Y$，$X\rightarrow\rightarrow Z$，则 $X\rightarrow\rightarrow Z-Y$，

定义 3.11　关系模式 $R\in 1NF$，若对于 R 的每个非平凡多值依赖 $X\rightarrow\rightarrow Y$ 且 $Y\not\subset X$ 时，X 必含有码，则关系模式 $R(U, F)\in 4NF$。

4NF 是限制关系模式的属性间不允许有非平凡且非函数依赖的多值依赖。在例 3-7 中，存在的多值依赖如下：

CName->->Teacher

CName--RBook

根据 4NF 的定义，虽然 Teacher 和 RBook 不是 CName 的子集，Teacher 和 CName 的并集(或 RBook 和 CName 的并集)也没有包括全部属性，但没有得到 CName 是候选码的结论，所以 Teach(CName，Teacher，RBook)不属于 4NF。

消除 Teach 中的非平凡且非函数依赖，可将 Teach 分解如下：

Teachl(CName，Teacher)

Teach2(CName，RBook)

分解后的 Teachl 和 Teach2 均属于 4NF。

注意：如果只考虑函数依赖，关系模式最高的规范化程度是 BCNF；如果考虑多值依赖，关系模式最高的规范化程度是 4NF。

3.3.6　5NF

由于 5NF 涉及到函数蕴涵和连接依赖的概念，所以首先给出它们的定义。

定义 3.12 设 $R(U)$是一个关系模式，X、Y 是 U 中的属性组，F 是 R 上的函数依赖的集合，若在 $R(U, F)$的任何一个满足 F 中函数依赖的关系 r 上，都有函数依赖 $X \to Y$ 成立，则称 F 逻辑蕴含 $X \to Y$。

定义 3.13 在关系模式 $R(U)$中，U 为 R 的属性集，F 为函数依赖集，F 集合中所逻辑蕴含的函数依赖的全体，称作 F 闭包，记作 F^+。

一般情况下，F 包含于 F^+，如果 $F = F^+$，则称 F 为一个函数依赖的完备集。例如，关系模式 Student(Sid，Sname，Age，Did，Department)，其属性组上的函数依赖集为 F = (Sid→Sname，Sid→Sage，Sid→Did，Did→Department)，Sid→SDname 就是 F 所逻辑蕴含的一个函数依赖。

定义 3.14 设关系式 R、R_1、R_2、R_3、…、R_n 上的属性集合分别为 U、U_1、U_2、U_3、… U_n。而且 $U = U_1 \cup U_2 \cup U_3 \cup \cdots \cup U_n$ 的分解，如果 R 的任何关系实例 r 满足

$$r = \prod R_1(r) \bowtie \prod R_2(r) \bowtie \cdots \bowtie \prod R_n(r)$$

则称尺满足连接依赖，记作 $\bowtie\{R_1, R_2, R_3, \cdots, R_n\}$。

形式化地说，若 $R = R_1 \cup R_2 \cup \cdots \cup R_n$，则称 R 满足连接依赖 JD*(R_1，R_2，R_3，…，R_n}。如果某个 R 就是 R_i 本身，则连接依赖是平凡的。

定义 3.15 一个关系模式 R 是第五范式(也称投影-连接范式 PJNF)，当且仅当 R 的每一个非平凡的连接依赖都被 R 的候选码所蕴涵。记作 5NF。

3.4 规范化实例

如果一个关系模式中的属性都是不可分的数据项，它便满足 1NF，就是规范化的关系模式。但规范化程度过低的关系不一定能够很好地描述现实世界，可能会存在插入异常、删除异常、修改复杂、数据冗余等问题，解决方法就是对其进行规范化，转换成高级范式。一个低一级范式的关系模式，通过模式分解可以转换为若干个高一级范式的关系模式集合，此过程就叫关系模式的规范化。

本节以 Student Info 表格为例来说明。

3.4.1 规范化步骤

规范化的实质就是概念的单一化，即一个关系只描述一个概念、一个实体或一个实体间的联系，若关系中多于一个概念，则应将其他的概念分离出去。

规范化的工作就是将级别低的范式分解为级别高的范式，直至关系模式符合应用的需求为止。关系模式的规范化步骤和方法如图 3-4 所示。

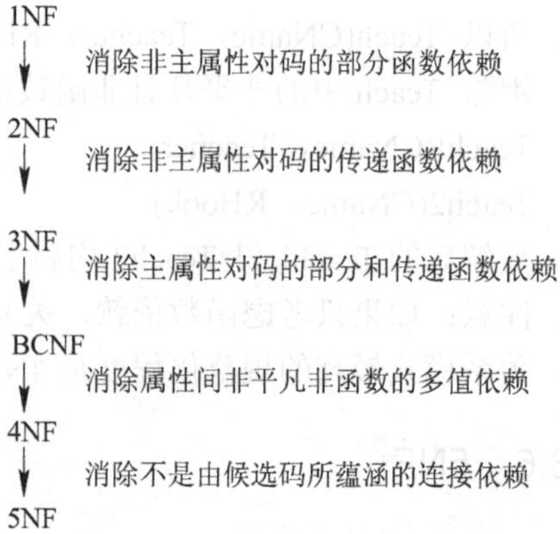

图 3-4 关系模式规范化的基本步骤

关系模式规范化的步骤如下：

(1) 对 1NF 关系模式进行分解(投影)，消除原

关系模式中非主属性对码的部分函数依赖，将 1NF 关系模式转换为若干个 2NF 关系模式。

(2) 对 2NF 关系模式进行分解，消除原关系模式中非主属性对码的传递函数依赖，将 2NF 关系模式转换为若干个 3NF 关系模式。

(3) 对 3NF 关系模式进行投影分解，消除原关系模式中主属性对码的部分和传递函数依赖，从而得到多个 BCNF 关系模式。

以上三步可以合为一步，即对原关系模式进行分解，消除决定属性不是候选码的任何函数依赖。对一般的关系模式分解到 3NF 或 BCNF 即可。

(4) 对 BCNF 关系模式进行投影分解，消除原关系模式中非平凡且非函数的多值依赖，将 BCNF 关系转换为若干个 4NF 关系。

(5) 对 4NF 关系模式进行投影分解，消除原关系模式中不是由候选码所蕴涵的连接依赖，将 4NF 关系转换为若干个 5NF 关系。

需要强调的是，规范化仅仅是从一个侧面提供了改善关系模式的理论和方法。一个关系模式的投影分解可以得到不同关系模式集合，也就是说分解方法不是唯一的。所以一个关系模式的好坏，规范化只是衡量的标准之一，但不是唯一的标准。对于数据库的设计任务是寻求满足应用需求的关系模式，尽量做到节省存储空间，避免数据不一致性，提高对关系的操作效率。在规范化的过程中，不是规范的程度越高越好，是根据应用程序的需求而定的。

3.4.2 规范化实例

某学院需要建立一个学生的信息管理系统，对学生的相关信息进行查询和统计，如学生的基本信息、系和班级的信息，以及所选修的课程和成绩信息等。在表 3-8 中收集了学生的有关信息(学生的基本信息仅写了学号、姓名和性别，其实还应该包括出生日期、政治面貌、籍贯、家庭地址、邮政编码等信息，此处未列出)，具体的内容如表 3-8 所示。

表 3-8　Student_Info 表

学生基本信息			班级信息			系信息		课程信息		成绩
学号	姓名	性别	班号	教室	专业	系名称	系主任	课程号	课程名	
0001	刘华	男	C2301	教 101	计算机应用	计算机	张平	001	C 语言	86
								002	高数	90
0002	程莉	女	C2302	教 102	软件工程	计算机	张平	002	高数	92
0003	光忠	男	C2401	教 201	通信工程	通信	陈旭迪	002	高数	90
								003	英语	86
…										

1. 将 Student_Info 表规范化为 1NF

在表 3-8 中，学生的有关信息由学生基本信息、班级信息、系信息、课程信息和成绩组成。其中，学生基本信息由学号、姓名、性别组成，班级信息由班号、教室和专业组成，所在系信息由系名称和系主任组成，课程信息由课程号和课程名组成。对于每个学生来说，均有多门课程的成绩。如果要将 Student_Info 表中的信息利用关系数据库存储，则至少需要符合 1NF。而 Student_Info 中的学生基本信息、班级信息、系信息、课程信息，以及成绩的属性值均不是原子的，所以上述的 Student_Info 表不属于第一范式。

要将 Student_Info 表变成符合第一范式的表，则首先需要将学生表的表头变为单层的，即将学生基本信息、班级信息、系信息、课程信息的表格删除，使其表头变换为学号、姓名、性别、班号、教室、专业、系名称、系主任、课程号、课程名和成绩。然后将每门课程的学生基本信息、班级信息、系信息等重复多行，如刘华同学有两门课成绩，则将该同学的学生信息重复两行。最终 Student_Info 表变换为 Student_Base 表，Student_Base 表中的数据项是不可分的，所以符合 1NF。Student_Base 如表 3-9 所示。

表 3-9 Student_Base 表

学号	姓名	性别	班号	教室	专业	系名称	系主任	课程号	课程名	成绩
0001	刘华	男	C2301	教 101	计算机应用	计算机	张平	001	C 语言	86
0001	刘华	男	C2301	教 101	计算机应用	计算机	张平	002	高数	90
0002	程莉	女	C2302	教 102	软件工程	计算机	张平	002	高数	92
0003	光忠	男	C2401	教 201	通信工程	通信	陈旭迪	002	高数	90
0003	光忠	男	C2401	教 201	通信工程	通信	陈旭迪	003	英语	86
…										

表 3-9 中的每个数据项均为原子的，所以关系模式 Student_Base(学号，姓名，性别，班号，教室，专业，系名称，系主任，课程号，课程名，成绩)∈ 1NF。

对于关系模式 Student_Base 来说，能唯一标识一条记录的是学号和课程号，所以该关系的主码为“学号”＋“课程号”。浏览 Student_Base 表，存在着许多数据冗余，如一个学生大学四年需要选修 20～30 门课程，则学号、姓名、性别、班号、教室、专业、系名称和系主任信息就需要重复 20～30 遍，对于存储空间来说这是一个极大的浪费。另外 Student_Base 表还存在插入、更新和删除异常现象。

更新异常：当刘华同学由于某种原因需要转专业(计算机应用改为通信工程)，此时，不但要修改该同学多条元组的专业信息，还需要修改多条元组的系名称及系主任信息。插入异常：当新生报到时，需要录入新生的基本信息，由于 Student_Base 关系的主码是“学号”＋“课程号”，新生由于没有课程的选修成绩而不能插入。删除异常：当某系的同学全部毕业后，随着删除本系所有同学的信息，该系的系名称、系主任和专业信息也从表中被删除。所以，这样的关系模式不适合存储目前的所有信息。

2. 将 Student_Base 表分解为 2NF

将属于 1NF 的 Student_Base 关系模式分解多个符合 2NF 的关系模式，即需要消除 Student_Base 关系模式中非主属性对码的部分函数依赖，其分解方法并不是唯一的。在这些分解方法中，只有能够保证分解后的关系模式与原关系模式等价的方法才有意义。Student_Base 关系模式的函数依赖关系如图 3-5 所示，图中虚线为部分函数依赖。

要将 INF 关系模式分解为若干个 2NF 关系模式，则需要消除 Student_Base 关系模式中非主属性对码的部分函数依赖，即将图 3-5 中的虚线消除掉。在分解的过程中，应保持与原关系模式等价的标准。

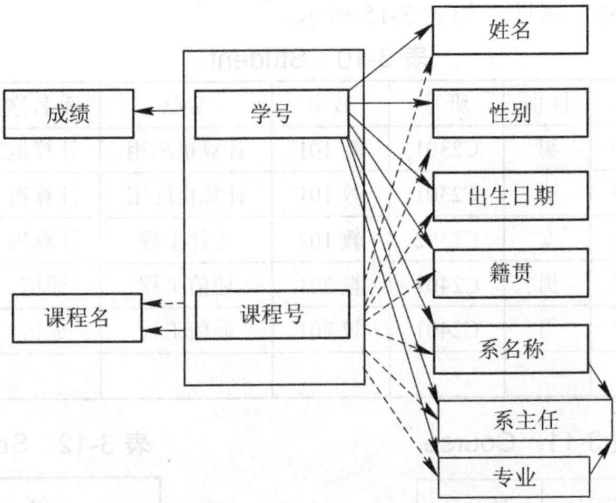

图 3-5　Student_Base 函数依赖图

我们先来判断对关系模式的一个分解是否与原关系模式等价的两种不同的标准：

1) 分解具有无损连接性

设关系模式 $R<U, F>$被分解为若干个关系模式

$$R_1<U_1, F_1>、R_2<U_2, F_2>、\cdots、<U_m, F_n>$$

其中，$U=U_1\cup U_2\cup\cdots U_m$，且不存在 $U_i\subseteq U_jR_i$ 为 F 在 U_i 上的投影。若 R 与 R_1、R_2、…、R_n 自然连接的结果相等，则称关系模式 R 的这个分解具有无损连接性。

2) 分解要保持函数依赖

设关系模式 $R<U, F>$被分解为若干个关系模式如下：

$$R_1<U_1, F_1>，R_2<U_2, F_2>、\cdots、R_n<U_n，F_n>$$

其中：$U=U_1\cup U_2\cup\cdots U_m$，且不存在 $U_i\subseteq U_jR_i$ 为 F 在 U_i 上的投影，若 F 所逻辑蕴含的函数依赖一定也由分解得到的某个关系模式中的 F_j 所逻辑蕴含，则称关系模式 R 的这个分解是保持函数依赖的。

如果一个分解具有无损连接性，则它能够保证不丢失信息。如果一个分解保持了函数依赖，则它可以减轻或解决各种异常情况。

在 Student_Base(学号，姓名，性别，班号，教室，专业，系名称，系主任，课程号，课程名，成绩)中，为消除掉非主属性对码的部分函数依赖，则其可分解为三个关系模式：

Student(学号，姓名，性别，班号，教室，专业，系名称，系主任)；

Course(课程号，课程名)；

Score(成绩)。

分解后的关系如表 3-10、表 3-11 和表 3-12 所示。

分解后的 Student 关系模式中去掉重复行后如表 3-13 所示，主码为“学号”，不存在非主属性对码的部分函数依赖关系；Course 关系模式中去掉重复行后如表 3-14 所示，主码为“课程号”，也不存在非主属性对码的部分函数依赖关系；在 Score 关系模式中，仅剩成绩属性，其值的意义不明确，因为该值不知道是哪位同学的哪一门课程的成绩，因此丢失了很多信息，也无法经过连接之后得到原来的关系模式，所以需修改 Score 关系模式，即增

加“学号”和“课程号”属性，如表3-15所示。

表3-10 Student

学号	姓名	性别	班号	教室	专业	系名称	系主任
0001	刘华	男	C2301	教101	计算机应用	计算机	张平
0001	刘华	男	C2301	教101	计算机应用	计算机	张平
0002	程莉	女	C2302	教102	软件工程	计算机	张平
0003	光忠	男	C2401	教201	通信工程	通信	陈旭迪
0003	光忠	男	C2401	教201	通信工程	通信	陈旭迪
…							

表3-11 Course

课程号	课程名
001	C语言
002	高数
002	高数
002	高数
003	英语
…	

表3-12 Score

成绩
86
90
92
90
86
…

表3-13 Student

学号	姓名	性别	班号	教室	专业	系名称	系主任
0001	刘华	男	C2301	教101	计算机应用	计算机	张平
0002	程莉	女	C2302	教102	软件工程	计算机	张平
0003	光忠	男	C2401	教201	通信工程	通信	陈旭迪
…							

表3-14 Course

学号	课程号	成绩
0001	001	86
0001	002	90
0002	002	92
0003	002	90
0003	003	86

表3-15 Score

课程号	课程名
001	C语言
002	高数
003	英语
…	

分解之后的三个关系模式，经过自然连接之后可以得到 Student_Base 关系模式中的所有数据。因此，Student_Base 经过分解后的三个关系模式如下：

Student(学号，姓名，性别，班号，教室，专业，系名称，系主任)；

Course(课程号，课程名)；

Score(学号，课程号，成绩)。

对于 Student 关系模式，学号能表示每一元组，因此学号是该关系的主码，其他的非主属性均依赖于学号，所以 Student 属于 2NF，同样 Course(主码为课程号)和 Score(主码为“学号”＋“课程号”)关系模式也属于 2NF。

对于 Student 关系模式来说，存在着数据冗余、插入异常、删除异常和更新异常。如教室、专业、系名称和系主任均存在着冗余，对于刚成立的一个系或一个专业，因没有学生而不能插入 Student 关系模式中。因此，需要继续分解 Student，使其满足更高一级的范式。而对于关系模式 Course 和 Score 来说，在插入数据、删除数据和更新数据时均不会引起异常，且不存在非主属性对主码的传递依赖，因此 Course 和 Score 均属于 3NF，故不需要进一步分解。

3．将 Student 分解为 3NF

对于 Student 关系模式，主属性为学号，非主属性有班号、教室、专业、系名称、系主任等，函数之间存在的依赖关系：学号→班号，班号→学号，班号→教室，形成非主属性对主码的传递函数依赖；学号→系名称，系名称→学号，系名称→系主任，形成非主属性对主码的传递函数依赖，所以 Student∉3NF。为消除这种依赖关系，可分解为 3 个关系模式：

StudentInfo(学号，姓名，性别)；

Class(班号，教室)；

Speciality(专业)。

分解后的关系如表 3-16、表 3-17、表 3-18 和表 3-19 所示(均去掉重复元组)。

表 3-16　Student_Info

学号	姓名	性别
0001	刘华	男
0002	程莉	女
0003	光忠	男
…		

表 3-17　Class

班号	教室
C2301	教 101
C2302	教 102
C2401	教 201
…	

表 3-18　Speciality

专业
计算机应用
软件工程
通信工程
…

表 3-19　Department

系名称	系主任
计算机	张平
通信	陈旭迪
…	

分解后的 Student_Info 的关系主码为学号，Class 的关系主码为班号，Speciality 的关系主码为专业，Department 的关系主码为系名称。其均不存在非主属性对码的传递依赖，因此均属于 3NF。但却存在一个严重的问题，将四个关系经过自然连接后不能得到 Student 关系中的信息(丢失了一些信息)，为了能得到原来的信息，我们在 Student_Info 关系中增加其他三个关系的主码。为了表示方便，将复杂的主码使用代码来表示，如在 Speciality 关系中增加专业代号来表示主码，在 Department 关系中增加系代号来表示主码。经过修改之后

的关系如表 3-20、表 3-21、表 3-22 所示。

表 3-20 Student_Info

学号	姓名	性别	班号	专业代号	系代号
0001	刘华	男	C2301	101	01
0002	程莉	女	C2302	102	01
0003	光忠	男	C2401	201	02
…					

表 3-21 Class

班号	教室
C2301	教 101
C2302	教 102
C2401	教 201
…	

表 3-22 Speciality

专业代号	专业
101	计算机应用
102	软件工程
201	通信工程
…	

因此，Student 关系模式分解的四个关系如下：

StudentInfo(学号，姓名，性别，班号，专业代号，系代号)；

Class(班号，教室)；

Speciality(专业代号，专业)；

Department(系代号，系名称，系主任)。

以上四个关系的主码分别为学号、班号、专业代号和系代号，均不存在非主属性对码的传递依赖，因此均属于 3NF。同时，上述的四个关系也消除了属性间非平凡且非函数的多值依赖，因此他们也满足 BCNF。

对于 Student__base 表格来说，经过规范化、1NF、2NF、3NF 处理后，形成了六个关系模式如下：

(1) Student Info(学号，姓名，性别，班号，专业代号，系代号)；

(2) Class(班号，教室)；

(3) Speciality(专业代号，专业)；

(4) Department(系代号，系名称，系主任)；

(5) Course(课程号，课程名)；

(6) Score(学号，课程号，成绩)。

经过消除非主属性对码的部分依赖和传递依赖后，使数据冗余尽量变小，数据在插入、删除和更新的过程中不产生异常，此时的关系模式已经具有较好的性能，能满足大多数应用程序的需求。

小　结

本章重点介绍了关系数据库的规范化理论，规范化的最终目的是使结构更合理，消除存储异常，使数据冗余尽量小，并使数据在插入、删除和更新的过程中不产生异常。数据的最小冗余要求必须以分解后的数据库能够表达原来数据库所有信息为前提来实现，其根本目标是节省存储空间，避免数据的不一致性，提高对关系的操作效率，同时满足应用程序的需求。关系模式遵从概念单一化，“一事一地”原则，即一个关系模式描述一个实体或实体间的一种联系。规范的实质就是概念的单一化。所用的方法是将一个低级的关系模式投影分解成两个或两个以上的关系模式。

在关系模式分解的过程中，要求分解后的关系模式集合应当与原关系模式“等价”，即经过自然连接可以恢复原关系而不丢失信息，并保持属性间的合理联系。

在实际应用时，并不一定要求全部模式都达到 3NF 或 BCNF。有时故意保留部分冗余可能更方便查询数据。尤其对于那些更新频度不高，查询频度极高的数据库系统更是如此。

习　题

一、选择题

1．下列有关范式的叙述中正确的是(　　)。

A. 如果关系模式 $R\in$ 1NF，且 R 中主属性完全函数依赖于主码，则 R 是 2NF

B. 如果关系模式 $R\in$ 3NF，$X, Y\in U$，若 $X\rightarrow Y$，则 R 是 BCNF

C.如果关系模式 $R\in$ BCNF，若 $X\rightarrow\rightarrow Y(Y\notin X)$是平凡的多值依赖，则 R 是 4NF

D. 一个关系模式如果属于 4NF，则一定属于 BCNF；反之，不成立

2． 设一关系模式为 $R(A, B, C, D, E)$)及函数依赖 $F=(A\rightarrow B, B\rightarrow E, E\rightarrow A, D\rightarrow E)$，则关系模式的 R 候选码是(　　)。

A. AD　　　　B. CD　　　　C. EB　　　　D. EC

3．给定关系模式 SCP(Sno, Cno, P)，其中 Sno 表示学号，Cno 表示课程号，P 表示名次。若每一名学生每门课程有一定的名次，每门课程每一名次只有一名学生，则以下叙述中错误的是(　　)。

A. (Sno, Cno)和(Cno, P)都可以作为候选码

B. (Sno, Cno)是唯一的候选码

C. 系模式 SCP 既属于 3NF 也属于 BCNF

D. 关系模式 SCP 没有非主属性

二、简答题

1．什么是函数依赖？它是如何分类的？

2．什么是部分函数依赖和完全函数依赖？并举例说明。

3．什么是范式？1NF、2NF、3NF、BCNF 之间的关系是什么？

4．试述关系数据库的规范化步骤？

5．是不是规范化最佳的模式结构是最好的结构，为什么？

三、综合题

1．若有关系 R 定义如下，试说明它是什么范式？

(1) $R=<U, F>$

(2) $U=\{A, B, C, D\}$，A 为主码；

(3) $F=\{A\rightarrow B，A\rightarrow C，C\rightarrow D\}$。

2．请你为学校教务管理系统设计关系模式。教务管理人员对基本情况的描述如下：

(1) 该系统包括教师、学生、班级、系和课程等信息。

(2) 教师有工作证号、姓名、职称、电话等属性，学生有学号、姓名、性别、出生年

月等属性，班级有班号、最低总学分等属性，系有系代号、系名和电话等属性，课程有课程号、课程名、学分等属性。

(3) 每个学生都属于一个班，每个班都属于一个系，每个教师都属于一个系。

(4) 每个班的班主任都由一名教师担任，而一名教师只能担任一个班的班主任。

(5) 一名教师可以教多门课，一门课可以有几位主讲老师，但不同的老师讲的同一门课(课名相同)其课程号是不同的(课程号是唯一的)。

(6) 一名同学可以选多门课，一门课可以被若干同学选中。一名同学选中的课程若已学完，应记录有相应的成绩。

(7) 本学校的学生、教师都有重名，工作证号、学号可以作为标识。

3. 同方计算机公司准备开发一个销售业务管理系统。该公司下属若干个分店，每一个分店都承担存储和销售两项功能。每个分店有若干名职工，每个职工只在一个分店工作。系统功能主要体现的查询要求如下：

(1) 查询某分店的职工情况，或查询指定职工的工作单位。

(2) 查询一个分店某种型号机器的库存量，或某种型号的机器在哪个分店有货，有多少？

(3) 提供销售情况。如某分店某段时间(以天为单位)销售了哪些机器？数量是多少？销售额是多少？

请根据上述情况写出销售业务管理系统的关系模式。

4. 设有关系模式 *R*(队员编号，比赛场次，进球数，球队名，队长名)记录球队队员每场比赛进球数，规定每个队员只能属于一个球队，每个球队只用一个队长。

(1) 写出 *R* 的关键码。

(2) 说明 *R* 不是 2NF 的理由，并把 *R* 分解成 2NF，再分解成 3NF。

第4章 数据库设计

数据库设计的主要任务是在一个特定的应用程序中，给定或选择合理的硬件、操作系统、数据库管理系统等，通过对系统的数据进行抽象，建立一个满足用户需求的、性能良好的、能被数据库管理系统支持的数据模式。要完成数据库设计，数据库设计人员不仅要具备数据库知识和设计技术，还要有程序开发的实际经验，灵活运用软件工程的原理和方法，了解用户具体的专业业务等。另外，用户专业领域的知识随应用系统所属的领域不同而不同，因此在数据库设计的前期和后期，应与应用单位人员密切联系，深入了解其业务知识，共同开发，才能设计出符合具体领域的数据库应用系统。

4.1 数据库设计概述

关系数据库设计方法

4.1.1 数据库应用系统的设计步骤

大型数据库的设计和开发是一个庞大的工程，涉及许多学科和综合性的技术。其具有开发周期长、耗资多、失败风险大等特点，因此必须按照软件工程的原理与方法来进行设计。在人们长期的探索和实践中，已经总结出一些理论对数据库设计进行过程控制和质量评价，较典型的有：1978 年 10 月召开的新奥尔良(New Orleans)会议提出的关于数据库设计的步骤(新奥尔良法)，它把数据库设计分为需求分析(分析用户需求)、概念设计(信息分析和定义)、逻辑设计(设计实现)、物理设计(物理数据库设计)等四个阶段；S.B.Yao 方法(将数据库设计分为五个步骤)；I.R.Palmer 方法(把数据库设计当成一步接一步的过程，并采用辅助手段实现每一个过程)。

本书按照软件工程的生命周期，考虑数据库应用开发的全过程，将数据库的设计分为六个阶段，如图 4-1 所示。各个阶段的主要工作如下所述。

1. 需求分析阶段

在这个阶段，数据库设计人员必须准确了解和分析用户的需求，包括数据与其处理要求，同时还应当定义系统的范围、边界，以及它与公司信息系统的其他部分的接口。最后以用户的角度，从系统中的数据和业务规则入手，以特定的方式描述收集和整理用户的信息。需求分析阶段是整个设计的基础，决定了构建数据库系统的速度与质量，如果需求分析做得不充分和准确，则会导致整个数据库设计返工重做，因此本阶段是最困难、最耗时的一步。

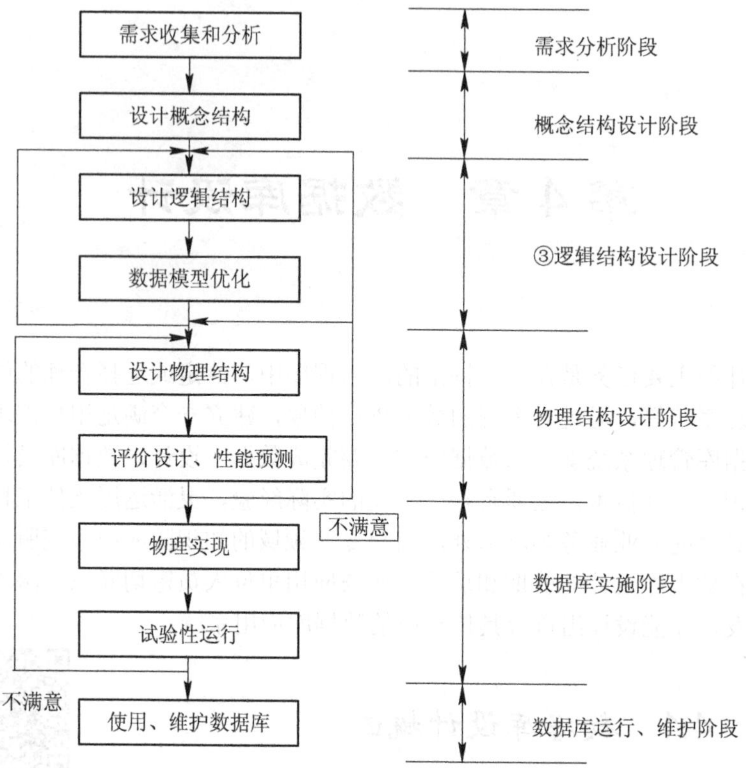

图 4-1 数据库设计步骤

2．概念结构设计阶段

本阶段是整个数据库设计的关键阶段，它通过对用户需求进行综合、归纳与抽象，形成一个独立于具体 DBMS 的概念模型。

3．逻辑结构设计阶段

在这个阶段，选定合适的数据库管理系统，将概念结构转换为支持该 DBMS 数据模型，并对数据模型进行优化。

4．物理结构设计阶段

在这个阶段，为逻辑数据模型选取一个最适合应用环境的物理结构，如存储结构、存取方法等。

5．数据库实施阶段

在这个阶段，设计人员运用 DBMS 提供的数据语言、工具和宿主语言，根据逻辑设计和物理设计的结果建立数据库、编制与调试应用程序、组织数据入库，并进行试运行。

6．数据库运行、维护阶段

数据库应用系统经过试运行后即可投入正式运行。在数据库系统运行过程中必须不断地对其进行评价、调整和修改，直至系统报废。

在任一设计阶段，一旦发现系统不能满足用户的需求时，均需返回到前面的适当阶段进行必要的修正。经过如此的迭代过程，直至系统能满足用户需求为止。在进行数据库结构设计时，应考虑满足数据库中数据处理的要求，将数据和功能两方面的需求进行分析、设计和实现在各个阶段同时进行，相互参照和补充。事实上，数据库设计中，对每一个阶段的设计成果都应该通过评审。评审的目的是确认这一阶段的任务是否全部完成，从而避免系统出现重大的错误或疏漏，保证系统的设计质量。评审后还需要根据评审意见修改所提交的设计成果，有时甚至要回溯到前面的阶段，进行部分重新设计更甚至全部重新设计，然后再进行评审，直至达到系统的预期目标为止。

4.1.2　数据库各级模式的形成过程

数据库结构设计一般采用自顶向下和自底向上的两种设计方法。自顶向下设计策略是从一般到特殊的开发策略，它是从一个企业的高层管理入手，分析企业的目标、对象和策略，构造抽象的高层数据模型，然后逐步构造模型，模型不断地被扩展和细化，直到系统能识别特定的数据库及其应用程序为止。自底向上的开发采用与自顶向下相反的顺序进行。它从各种基本业务和数据处理着手，即从一个企业的各个基层业务子系统的业务处理开始，进行分析和设计，然后将各子系统进行综合和集中，进行上一层系统的分析和设计，将不同的数据进行综合，最后得到整个信息系统的分析和设计。这两种方法各有优缺点。在实际的数据库设计开发过程中，常常把这两种方法综合起来使用。

数据库结构设计的不同阶段形成数据库的各级模式，如图 4-2 所示。

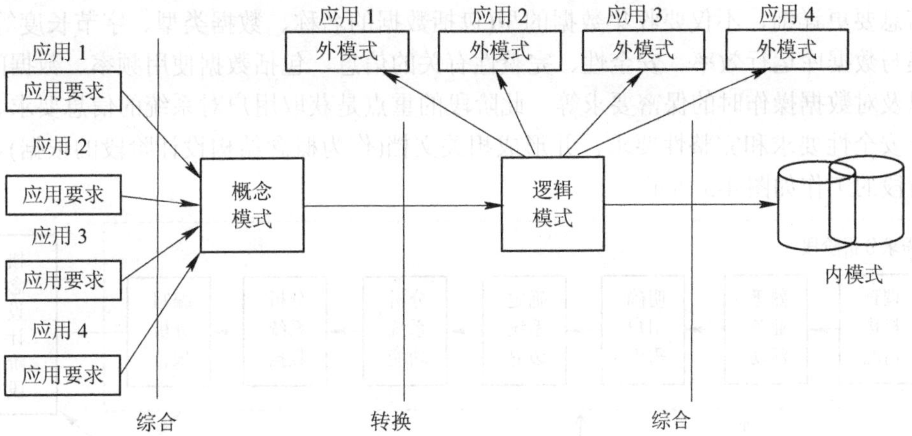

图 4-2　数据库各个模式的形成

在需求分析阶段，综合各个用户的应用需求。

在概念结构设计阶段，形成独立于机器的特点，独立于各个 DBMS 产品的概念模式(E-R 图)。

在逻辑结构设计阶段，首先将 E-R 图转换成具体的数据库产品支持的数据模型(如关系模型)，形成数据库逻辑模式，然后根据用户处理的要求、安全性的考虑，在基本表的基础上再建立必要的视图(View)，形成数据的外模式。

在物理结构设计阶段，根据 DBMS 特点和处理的需要，进行物理存储安排，建立索引，形成数据库内模式。

4.2 需求分析

数据库应用系统的设计

系统需求分析是用户和设计人员对数据库应用系统所要涉及的内容(数据)和功能(行为)的整理和描述，是从用户的角度来认识系统。这一过程是后续开发的基础，以后的逻辑设计、物理设计和应用程序设计都会以此为依据。如果这一阶段的工作没有做好，则以它为基础的整个数据库设计将成为毫无意义的工作，会给以后的工作带来困难，也会影响整个项目的工期，在人力、物力和财力等方面造成浪费。因此，需求分析也是数据库设计人员感觉比较烦琐和困难的一步。

4.2.1 基本概念

1. 需求分析阶段的任务

需求分析阶段的主要任务有：对现实世界要处理的对象(组织、部门、企业等)进行详细调查，在了解现行系统的概况，确定新系统功能的过程中，收集支持系统目标的基础数据和处理方法。需求分析是在用户调查的基础上，通过分析逐步明确用户对系统的需求，包括数据需求和围绕这些数据的业务处理需求，以及对数据安全性和完整性方面的要求。数据库需求分析和一般信息系统的系统分析基本上是一致的。但是，数据库需求分析所收集的信息要更详细，不仅要收集数据的型(包括数据的名称、数据类型、字节长度等)，还要收集与数据库运行效率、安全性、完整性有关的信息，包括数据使用频率、数据间的联系，以及对数据操作时的保密要求等。此阶段的重点是获取用户对系统的信息要求、处理要求、安全性要求和完整性要求，并形成相关文档(作为概念结构设计阶段的依据)。需求分析阶段的工作如图 4-3 所示。

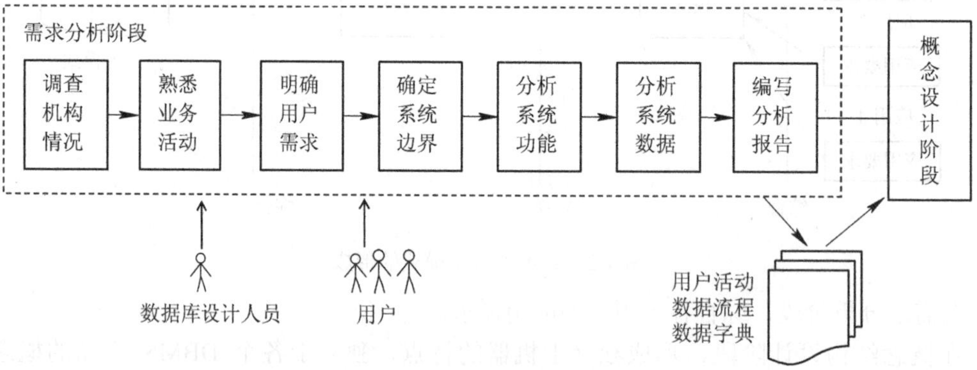

图 4-3 需求分析阶段的工作

2. 调查用户需求的步骤

需求分析在于调查清楚用户的实际需求并进行初步分析，与用户达成共识和进一步分析与表达这些需求(在实例中介绍)。调查用户需求的步骤如下：

(1) 调查组织机构情况。

① 组织部门的组成情况；

② 各部门的职责等。

(2) 调查各部门的业务活动情况，此为调查重点之一。

① 各个部门输入和使用的数据；

② 如何加工这些数据；

③ 输出什么信息；

④ 输出到什么部门；

⑤ 输出结果的格式是什么。

(3) 在熟悉业务活动的基础上，协助用户明确对新系统的各种要求，此为调查重点之二。

① 信息要求；

② 处理要求；

③ 完全性与完整性要求。

(4) 对前面调查的结果进行初步分析。

① 确定新系统的边界；

② 确定哪些功能由计算机完成或哪些准备由计算机完成；

③ 确定哪些活动由人工完成。

由计算机完成的功能就是新系统应该实现的功能。

(5) 建立相关的文档。

① 用户单位的组织机构图、业务关系图、数据流图；

② 编制数据字典。

将需求调查文档化，它既可以方便用户理解，又方便数据库的概念结构设计。

3．常用调查方法

在进行需求调查时，往往会根据不同的问题，同时采用多种方法进行调查。无论使用何种调查方法，都必须有用户的积极参与和配合。设计人员应该和用户取得共同的语言，帮助不熟悉计算机的用户建立数据库环境下的共同概念，并对设计工作的最后结果共同承担责任。常用调查的方法如下：

(1) 跟班作业。通过亲身参加业务工作了解业务活动的情况，这样能比较准确地理解用户的需求，但比较耗时。

(2) 开调查会。通过与用户座谈来了解业务活动情况及用户需求。

(3) 请专人介绍。通过业务专家来了解整个或部分业务活动的情况及需求。

(4) 咨询。对某些调查中不确定的问题，可以找专人咨询。

(5) 设计调查表请用户填写。如果调查表设计合理，则调查效果非常有效，且易于用户接受。

(6) 查阅记录。查阅与原系统有关的数据记录，它是新系统功能和数据的重要依据。

4.2.2　数据流图

在数据库设计中，数据需求分析是对有关信息系统现有数据及数据间联系的收集和处理，当然也要适当地考虑系统在将来的需求。一般地，需求分析包括数据流的分析和功能分析。功能分析是指系统如何得到事务活动所需要的数据，在事务处理中如何使用这些数据进行处理(也称加工)，以及处理后数据流向的全过程分析。

数据流分析是对事务处理所需的原始数据的收集和经处理后所得数据和流向。一般用数据流程图(Data Flow Diagram，DFD)来表示。DFD 不仅指出了数据的流向，而且还指出了需要进行的事务处理(不涉及如何处理)。在需求分析阶段，应当用文档形式整理出整个系统所涉及的数据、数据间的依赖关系、事务处理的说明和所需产生的报告，并且尽量借助于数据字典(Data Dictionary，DD)加以说明。

1. 数据流图的主要元素

数据流图的主要元素及其图形的表示方法如图 4-4 所示。

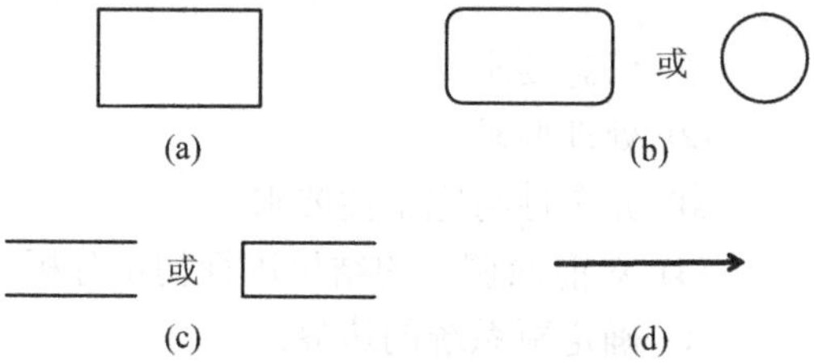

图 4-4 DFD 的基本成分

(1) 数据流。数据流由一组固定成分的数据组成，表示数据的流向。值得注意的是 DFD 中描述的是数据流，而不是控制流。除了流向数据存储或从数据存储流出的数据流不必命名外，每个数据流都必须有一个合适的名字，以反映该数据流的含义。

(2) 加工。加工描述了输入数据流到输出数据流之间的变换，也就是输入数据流经过怎么样的处理后变成了输出数据流。每个加工有一个名字和编号。编号能反映出该加工位于分层 DFD 中的哪个层次和哪张图中，也能够看出它是哪个加工分解出来的子加工。

(3) 数据存储。数据存储用来表示暂时存储的数据，每个数据存储都有一个名字。

(4) 外部实体。外部实体是指存在于软件系统之外的人员或组织。它指出系统所需数据的发源地和系统所产生的数据的归宿地。

2. 数据流图中加工进行编号的原则

对于一个软件系统，其数据流图可能有许多层，每一层又有许多张图。为了区分不同的加工和不同的 DFD 子图，我们应该对每张图和每个加工进行编号，以利于管理。

1) 父图与子图

假设分层数据流图里的某张图(图 A)中的某个加工可用另一张图(图 B)来分解，我们称图 A 是图 B 的父图，图 B 是图 A 的子图。在一张图中，有些加工需要进一步分解，有些加工则不必分解。因此，如果父图中有 n 个加工，那么它可以有 n 张子图(这些子图位于同一层)，但每张子图都只对应于一张父图。

2) 编号原则

(1) 顶层图只有一张，图中的加工也只有一个，则不必编号。

(2) 0 层图只有一张，图中的加工号可以分别是 0.1，0.2，…，或者是 1，2，…。

(3) 子图号就是父图中被分解的加工号。

(4) 子图中的加工号由图号、圆点和序号组成。

例如，某图中的某加工号为 2.4，这个加工分解出来的子图号就是 2.4，子图中的加工号分别为 2.4、1、2、4、2，…。

例 4.1 假设某考试中心需要开发一个考试中心管理系统。它主要包括考试中心人员管理系统、考务处理系统、财务管理系统等。其中，考务处理子系统开发小组通过进一步的需求调查，明确了该子系统的主要功能是进行考生报名和成绩统计，具体功能如下：

(1) 对考生送来的报名单进行检查；

(2) 对合格的报名单进行检查；

(3) 对阅卷站送来的成绩清单进行检查，并根据考试中心指定的合格标准审定合格者；

(4) 制作考生通知单(内含成绩合格/不合格标志)送给考生；

(5) 按地区、年龄、文化程度、职业、考试级别等进行成绩分类统计和试题难度分析，产生统计分析表。

试画出考务处理子系统的数据流图。

解　(1) 经过系统可行性分析和初步需求调查，抽象画出该系统最高层的数据流图，该系统由考试中心人员管理系统、考务处理系统、财务管理系统组成，每个子系统分别配备一个开发小组。考试中心管理系统组成如图 4-5 所示。

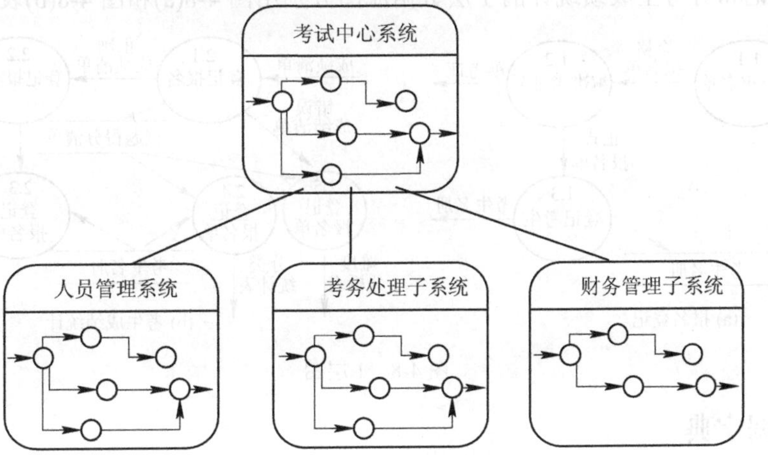

图 4-5　考试中心管理系统

(2) 细化考务处理子系统数据流图。考务处理子系统开发小组通过进一步的需求调查，在明确了该子系统的主要功能后，画出该考务处理系统的顶层数据流图如图 4-6 所示。

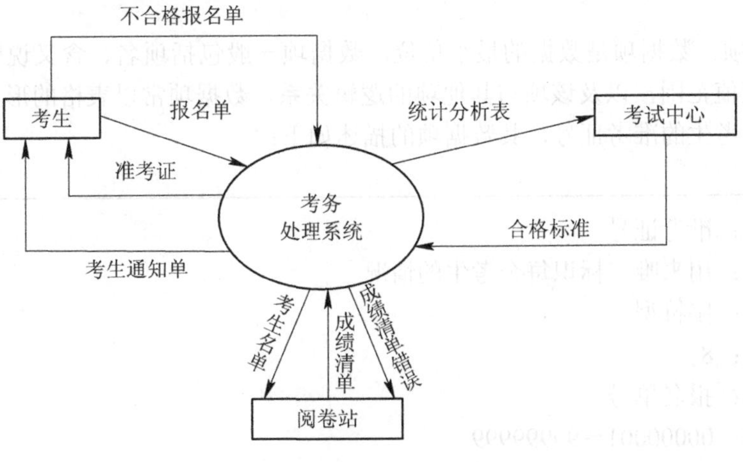

图 4-6　顶层图

考务系统的加工主要有报名登记和考生成绩统计。0 层的数据流图如图 4-7 所示。

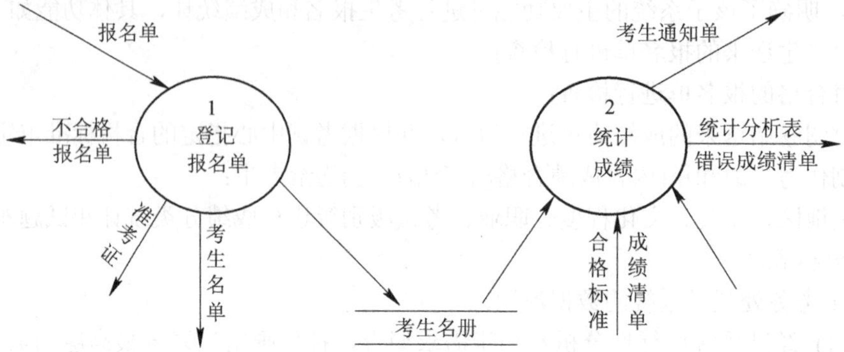

图 4-7　0 层图

报名登记和对考生成绩统计的 1 层数据流图分别用图 4-8(a)和图 4-8(b)表示。

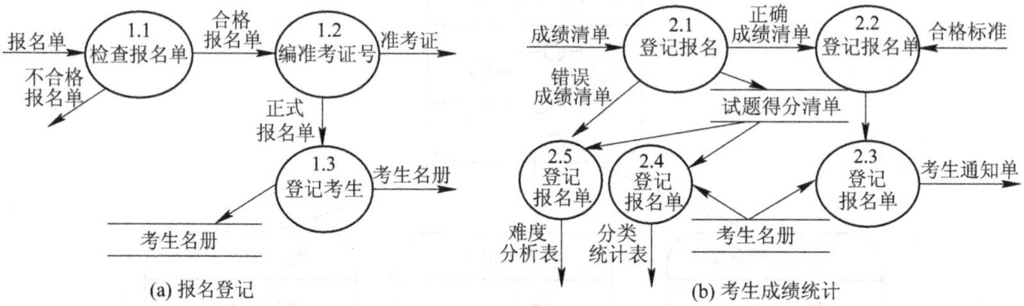

(a) 报名登记　　(b) 考生成绩统计

图 4-8　1 层图

4.2.3　数据字典

数据字典是对用户信息需求的整理和描述。信息需求即定义未来信息系统用到的所有信息，用户将向数据库中输入什么信息，从数据库中要得到什么信息，各类信息的内容和结构，信息之间的联系等。数据字典通常包括数据项、数据结构、数据流、数据存储和处理过程。

(1) 数据项。数据项是数据的最小单位，数据项一般包括项名、含义说明、别名、类型、长度、取值范围，以及该项与其他项的逻辑关系。数据项常以表格的形式给出。如考务处理系统中考生的准考证号，其数据项的描述如下：

数据项名：准考证号
说　　明：用来唯一标识每个考生的情况
类　　型：字符型
长　　度：8
别　　名：报名单号
取值范围：00000001～99999999

---

(2) 数据结构。数据结构是若干数据项的有意义的集合，通常代表某一具体的事物。数据项包括数据结构名、含义、组成成份等。如对考生名册的描述如下：

数据结构：考生名册
含　　义：记录报名信息，包括身份证号、性别、年龄、考试科目等数据
组成成份：报名单号
　　　　　姓名
　　　　　性别
　　　　　身份证号
　　　　　年龄
　　　　　考试科目

---

(3) 数据流。数据流可以是数据项，也可以是数据结构，表示某一次处理的输入/输出数据。数据流包括数据流名、说明、数据来源，数据去向，以及需要的数据项或数据结构。如报名单数据流如下：

数据流名：报名单
说　　明：根据考生需要考的科目，检查报名单，生成准考证、考试名册等
来　　源：报名单表
去　　向：合格报名单
数据结构：考生名册

---

(4) 数据存储。数据存储存储加工中需要存储的数据。数据存储包括数据存储名、说明、输入数据流、输出数据流、组成成分、数据量、存取方式、存取频度等。如考试得分单，在生成成绩通知单这一处理过程中要用到数据如下：

数据存储名：考试得分表
说　　　明：记录考号、课程号(名称)、课程的得分
输入数据流：成绩单
输出数据流：试题得分
数 据 描 述：考号
　　　　　　课程号
　　　　　　得分
数　据　量：约 150 条记录
存 取 方 式：随机

存 取 频 度：30 次/月

---

(5) 处理过程。处理过程是对加工处理过程的定义和说明。处理过程包括处理名称、输入数据、输出数据、数据存储、响应时间等。如检查报名单处理如下：

处理过程名：检查报名单
说　　　明：根据报名单、考试科目表等，检查是否合格
输 入 数 据：报名单
数 据 存 储：考生名册
输 出 数 据：准考证

需求分析阶段的成果是系统需求说明书，主要包括数据流图、数据字典、各种说明性表格、统计输出表、系统功能结构图等。系统需求说明书是以后设计、开发、测试和验收等过程的重要依据。

4.3 概念结构设计

需求分析阶段描述的用户应用需求是现实世界的具体需求。在此基础上，依照需求分析中的信息要求，对用户信息进行分类、聚集和概括，建立独立于机器更抽象、更稳定的概念模型。概念结构设计是整个数据库设计的关键。

4.3.1 概念结构设计方法

1. 概念结构设计的特点

概念结构设计是设计人员以用户的观点，对用户信息的抽象和描述。从认识论的角度来讲，概念结构设计是从现实世界到信息世界的第一次抽象。因此，它具有如下特点：

(1) 能真实、充分地反映现实世界，包括事物和事物之间的联系，能满足用户对数据的处理要求，是现实世界的一个真实模型。

(2) 易于理解，从而可以用概念结构和不熟悉计算机的用户交换意见，用户的积极参与是数据库设计成功的关键。

(3) 易于更改，当应用环境和应用程序改变时，容易对概念模型修改和扩充。

(4) 易于向关系、网状、层次等各种数据模型转换。

2. 概念结构设计的方法

现实世界的事物纷繁复杂，即使是对某一具体的应用，由于存在大量不同的信息和对信息的各种处理，也必须加以分类整理，理清各类信息之间的关系，描述信息处理的流程，这一过程就是概念结构设计。概念结构设计方法通常有以下四种；

(1) 自顶向下。先定义全局概念结构的框架，然后逐步细化。

(2) 自底向上。先定义各局部应用的概念结构，然后将它们集成起来，得到全局概念结构。

(3) 逐步扩张。先确定核心业务的概念结构，然后以此为中心向外扩张，最终实现全局概念结构。

(4) 混合策略。将自顶向下和自底向上两种策略结合使用。先确定全局框架，将其划分为若干个局部概念模型，再采取自底向上的策略实现各局部概念模型，加以合并实现全局概念模型。

在实际应用中，这些策略并没有严格的限定，可以根据具体业务的特点选择。例如，对于组织机构管理，因其固有的层次结构，可采用自顶向下的策略；对于已实现计算机管理的业务，通常可以以此为核心，采取逐步扩张的策略。

概念结构设计最著名和最常用的方法是 P.P.SChen 于 1976 年提出的实体-联系方法(En-tity-Relationship Approach，E-R 方法)。它采用 E-R 模型将现实世界的信息结构统一由实体、属性，以及实体之间的联系来描述。

使用 E-R 方法，无论是哪种策略，都要对现实事物加以抽象认识，以 E-R 图的形式描述出来。

4.3.2 用 E-R 方法建立概念模型步骤

使用 E-R 方法建立概念结构的工作过程如图 4-9 所示。其具体步骤如下：

(1) 选择局部应用；

(2) 逐一设计分 E-R 图；

(3) 合并 E-R 图。

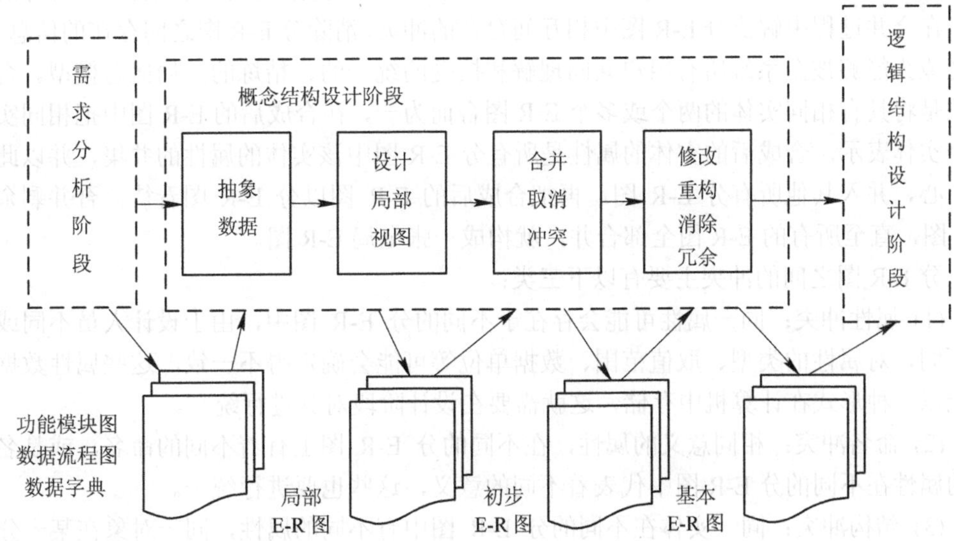

图 4-9　概念结构设计工作过程

1. 选择局部应用

需求分析阶段会得到大量的数据，这些数据分散杂乱，许多数据会应用于不同的处理，数据与数据之间关联关系也较为复杂，要最终确定实体、属性和联系，就必须根据数据流图这一线索，理清数据。

数据流图是对业务处理过程从高层到底层的一级级抽象。高层抽象流图一般反映系统的概貌，对数据的引用较为笼统，而底层又可能过于细致，不能体现数据的关联关系，因此要选择适当层次的数据流图，让这一层的每一部分对应一个局部应用，实现某一项功能。从这一层入手，就能很好地设计出分 E-R 图。

2. 逐一设计分 E-R 图

划分好各个局部应用之后，就要对每一个局部应用逐一设计分 E-R 图，又称为局部 E-R 图。

对于每一个局部应用，其所用到的数据都应该收集在数据字典中，依照该局部应用的数据流图，从数据字典中提取出数据，使用抽象机制，确定局部应用中的实体、实体的属性、实体标识符、实体间的联系，以及其类型。

事实上，在形成数据字典的过程中，数据结构、数据流和数据存储都是根据现实事物来确定的，因此其都已经基本上对应了实体及其属性，以此为基础加以适当调整，增加联系及其类型，就可以设计分 E-R 图。

现实生活中许多事物，作为实体还是属性没有明确的界定，这就需要根据具体情况而定，一般遵循以下两条准则：

(1) 属性不可再分。属性不再具有需要描述的性质，不能有属性的属性。

(2) 属性不能与其他实体发生联系，联系是实体与实体间的联系。

3. E-R 图合并

根据局部应用设计好各局部 E-R 图之后，就可以对各分 E-R 图进行合并。合并的目的在于在合并过程中解决分 E-R 图中相互间存在的冲突，消除分 E-R 图之间存在的信息冗余，使之成为能够被全系统所有用户共同理解和接受的统一的、精炼的全局概念模型。合并的方法是将具有相同实体的两个或多个 E-R 图合而为一，在合成后的 E-R 图中把相同实体用一个实体表示，合成后的实体的属性是所有分 E-R 图中该实体的属性的并集，并以此实体为中心，并入其他所有分 E-R 图。再把合成后的 E-R 图以分 E-R 图看待，合并剩余的分 E-R 图，直至所有的 E-R 图全部合并，就构成一张全局 E-R 图。

分 E-R 图之间的冲突主要有以下三类：

(1) 属性冲突：同一属性可能会存在于不同的分 E-R 图中，由于设计人员不同或出发点不同，对属性的类型、取值范围、数据单位等可能会确定得不一致，这些属性数据将来只能以一种形式在计算机中存储，这就需要在设计阶段对其进行统一。

(2) 命名冲突：相同意义的属性，在不同的分 E-R 图上有着不同的命名，或是名称相同的属性在不同的分 E-R 图中代表着不同的意义，这些也要进行统一。

(3) 结构冲突：同一实体在不同的分 E-R 图中有不同的属性，同一对象在某一分 E-R 图中被抽象为实体而在另一分 E-R 图中又被抽象为属性，这些也需要统一。

分 E-R 图的合并过程中要对其进行优化，具体可以从以下几个方面实现：

(1) 实体类型的合并：两个具有 1∶1 联系或 1∶n 联系的实体，可以予以合并，使实体的个数减少，这有利于减少将来数据库操作过程中的连接开销。

(2) 冗余属性的消除：一般在各分 E-R 图中的属性是不存在冗余的，但合并后就可能出现属性冗余。因为合并后的 E-R 图中的实体继承了合并前该实体在分 E-R 图中的全部属性，属性间就可能存在冗余，即某一属性可以由其他属性确定。

(3) 冗余联系的消除：在分 E-R 图合并过程中，可能会出现实体联系的环状结构，即某一实体 A 与另一实体 B 间有直接联系，同时 A 又通过其他实体与实体 B 发生间接联系，通常直接联系可以通过间接联系表达，则可消除直接联系。

对所有的分 E-R 图合并完之后，就形成了整个系统的全局 E-R 图，也就完成了概念结构设计。

例 4.2　画出考试中心管理系统的 E-R 图。

解　首先选择考务处理系统作为设计的对象，在 1 层的数据流图中，涉及到考生名册、成绩单、试题得分清单和合格标准等实体，其中考生名册与成绩单之间是一对一的联系，成绩单与试题得分清单是一对多的联系，合格标准与成绩单、试题得分清单之间是一对多的联系。

考务处理系统的 E-R 图如图 4-10(a)所示。由于篇幅所限，将 E-R 图中试题的属性省略。其中，考生名册实体的属性包括报名单号、准考证号、身份证号、姓名、性别、年龄、考试科目、报名地点、审核人员、考试日期、联系地址、联系电话、单位、成绩、所在地区、文化程度、职业、考试级别等，成绩单实体的属性包括准考证号、姓名、性别、考试科目、考试级别、成绩、是否合格等，试题得分清单实体属性包括准考证号、考试科目、级别、题号、得分等，合格标准实体的属性包括考试科目、级别、特殊项目、合格标准等。

在考生名册和成绩单中包括冗余的成绩属性，故可以去掉考生名册中的成绩属性。

考试中心管理系统中人员管理子系统的 E-R 图如图 4-10(b)所示。

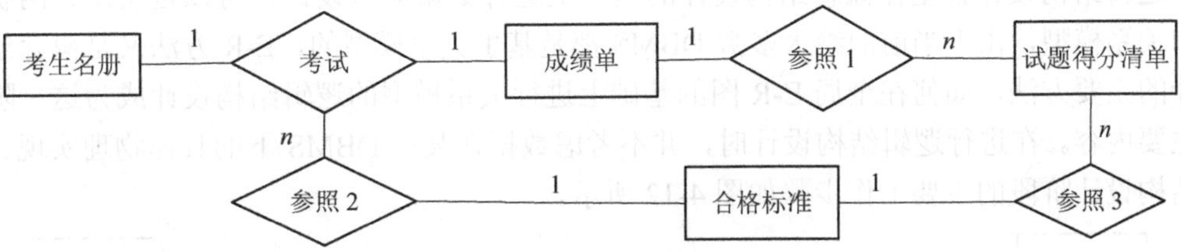

(a) 考务处理的分 E-R 图

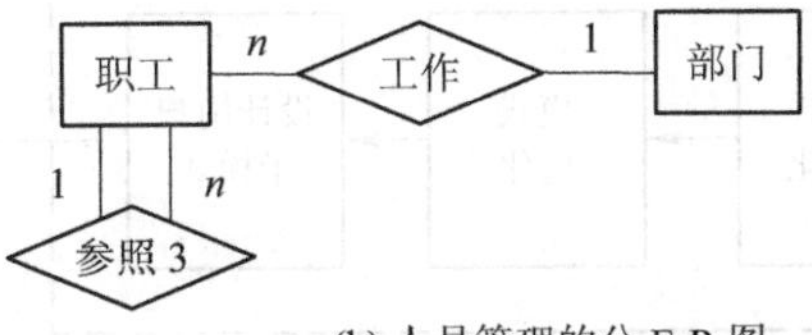

(b) 人员管理的分 E-R 图

图 4-10　分 E-R 图

同样，可以在考试中心财务管理子系统的数据流图中分析出它们的分 E-R 图。最后将考试中心人员管理系统、财务管理系统与考务处理系统合并得到初步的 E-R 图，并经过消除不必要的冗余数据得到基本的 E-R 图，如图 4-11 所示。

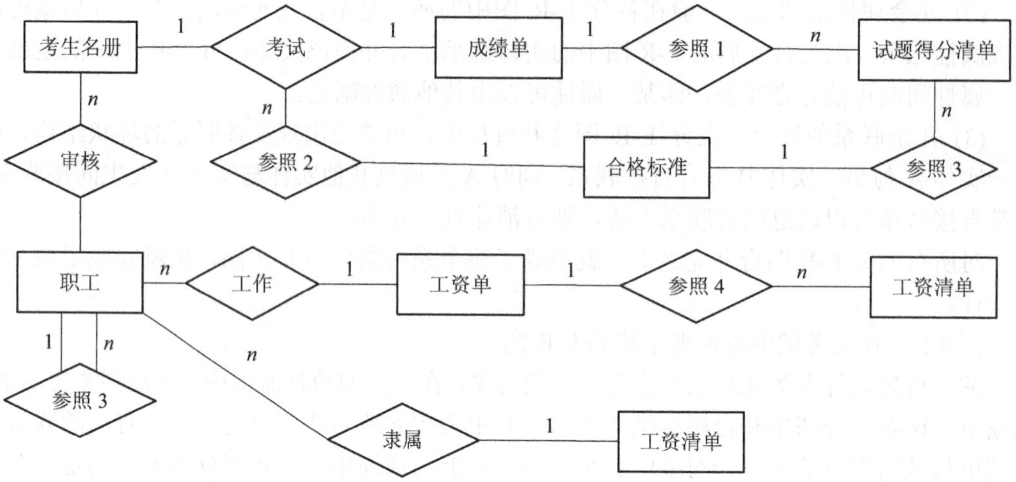

图 4-11 考试中心基本 E-R 图

4.4 逻辑结构设计

概念结构是各种数据模型的共同基础，但却与数据模型无关。为了能够用某一 DBMS 实现用户的需求，还必须将概念结构进一步转化为相应的数据模型，这正是数据库逻辑结构设计所要完成的任务。

4.4.1 逻辑结构设计步骤

逻辑结构设计就是在概念结构设计的基础上进行数据模型设计，可以是层次、网状模型和关系模型，由于当前的绝大多数 DBMS 都是基于关系模型的，E-R 方法又是概念结构设计的主要方法，如何在全局 E-R 图的基础上进行关系模型的逻辑结构设计成为这一阶段的主要内容。在进行逻辑结构设计时，并不考虑数据在某一 DBMS 下的具体物理实现。逻辑结构设计阶段的主要工作步骤如图 4-12 所示。

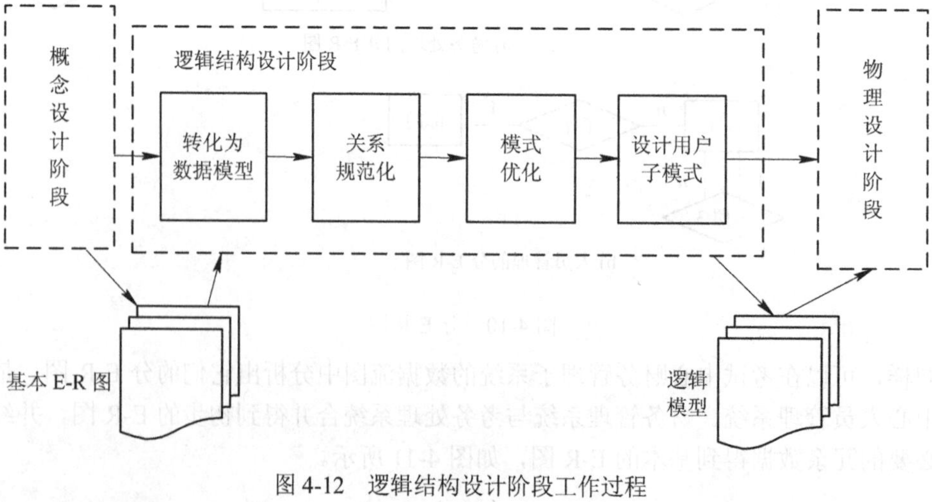

图 4-12 逻辑结构设计阶段工作过程

逻辑结构设计阶段一般分三个步骤：

(1) 将概念结构转化为一般的关系、网状、层次模型；

(2) 将转化来的关系、网状、层次模型向特定 DBMS 支持下的数据模型转换；

(3) 对数据模型进行优化。

4.4.2 逻辑设计过程

1. E-R 图向关系模式的转换

E-R 方法所得到的全局概念模型是对信息世界的描述，并不适用于计算机处理，为适合关系数据库系统的处理，必须将 E-R 图转换成关系模式。E-R 图是由实体、属性和联系三要素构成的，而关系模型中只有唯一的结构-关系模式，通常采用以下方法加以转换：

1) 实体向关系模式的转换

将 E-R 图中的实体逐一转换成为一个关系模式，实体名对应关系模式的名称，实体的属性转换成关系模式的属性，实体标识符就是关系的码。

2) 联系向关系模式的转换

E-R 图中的联系有三种：一对一联系(1∶1)、一对多联系(1∶n)和多对多联系(m∶n)，针对这三种不同的联系，有不同的转换方法。

(1) 一对一联系的转换：一对一联系有两种方式向关系模式进行转换。一种方式是将联系转换成一个独立的关系模式，关系模式的名称取联系的名称，关系模式的属性包括该联系所关联的两个实体的码及联系的属性，关系的码取自任一方实体的码；另一种方式是将联系归并到关联的两个实体的任一方，给待归并的一方实体属性集中增加另一方实体的码和该联系的属性即可，归并后的实体码保持不变。

(2) 一对多联系的转换：一对多联系有两种方式向关系模式进行转换。一种方式是将联系转换成一个独立的关系模式，关系模式的名称取联系的名称，关系模式的属性取该联系所关联的两个实体的码以及联系的属性，关系的码是多方实体的码；另一种方式是将联系归并到关联的两个实体的多方，给待归并的多方实体属性集中增加一方实体的码和该联系的属性即可，归并后的多方实体码保持不变。

(3) 多对多联系的转换：多对多联系只能转换成一个独立的关系模式，关系模式的名称取联系的名称，关系模式的属性取该联系所关联的两个多方实体的码及联系的属性，关系的码是多方实体的码构成的属性组。

通过以上方法，就可以将全局 E-R 图中的实体、属性和联系全部转换为关系模式，建立初始的关系模式。

2. 向特定 DBMS 规定的模型进行转换

在形成一般的数据模型之后，还需要向特定 DBMS 规定的模型进行转换。此时要求设计人员必须熟悉所用的 DBMS 的功能和限制，这里没有一个通用的规则。

对于关系模型来说，这种转换通常都比较简单。

3. 关系模式的优化

由于数据库逻辑设计的结果不是唯一的，因此在得到初步数据模型后，还应该适当地修改、调整数据模型的结构，以进一步提高数据库应用系统的性能，这就是数据模型的优化。

关系数据模型的优化通常以规范化理论为指导，具体步骤如下：

(1) 根据语义确定各关系模式的数据依赖。在设计的前一阶段，我们只是从关系及其属性来描述关系模式，并没有考虑到关系模式中的数据依赖。关系模式包含语义，要根据关系模式所描述的自然语义，写出关系数据依赖。

(2) 根据数据依赖确定关系模式的范式。由关系的码及数据依赖，根据规范化理论，就可以确定关系模式所属的范式，判定关系模式是否符合系统要求，即是否能达到3NF或4NF。

(3) 如果关系模式不符合系统要求，要根据关系模式的分解算法对其进行分解，使其达到3NF、BCNF或4NF。

关系模式的评价及修正：根据规范化理论，对关系模式分解之后，就可以在理论上消除冗余和更新异常，但根据处理要求，可能还需要增加部分冗余以满足处理要求，就需要作部分关系模式的处理，分解、合并或增加冗余属性，以提高存储效率和处理效率。

4．设计用户子模式

用户子模式即数据库系统中的外模式。目前，关系数据库管理系统提供视图的概念来设计用户子模式，其主要目的是命名(别名)更符合用户习惯，以提高数据的安全性和独立性，简化用户对系统的使用。

(1) 根据数据流图确定处理过程使用的视图。数据流图是某项业务的处理，其使用了部分数据，这些数据可能要跨越不同的关系模式来建立该业务的视图，这样可以降低应用程序的复杂性，并提高数据的独立性。

(2) 根据用户类别确定不同用户使用的视图。不同的用户可以处理的数据可能只是整个系统的部分数据，而在确定关系模式时并没有考虑这一因素，如学校的学生管理，不同的院系只能访问和处理自己的学生信息，这就需要建立针对不同院系的视图达到这一要求，这样可以在一定程度上提高数据的安全性。

例4.3 将图4-11的E-R图转换为关系模式并优化。

解 将图4-11的E-R图转换为关系模式如下(下画线为主码)：

考生名册(<u>准考证号</u>，报名单号，身份证号，姓名，性别，年龄，考试科目，考试级别，报名地点，审核人员，考试日期，联系地址，联系电话，单位，所在地区，文化程度，职业)；

成绩单(<u>准考证号</u>，姓名，性别，考试科目，考试级别，成绩，是否合格)；

试题得分清单(<u>准考证号</u>，考试科目，级别，题号，得分)；

合格标准(<u>考试科目</u>，级别，特殊项目，合格标准)；

职工(<u>职工号</u>，部门号，职工名，职务，负责部门，…)；

工资单(<u>职工号</u>，日期，应发工资，扣发工资，实发工资，…)；

工资清单(<u>职工号</u>，日期，岗位工资，职务工资，工龄，奖励工资，医保，房补，罚金，…)；

部门(<u>部门号</u>，职工名，负责人号，…)。

在以上的关系模式中，考生名册与成绩单具有相同的主码(准考证号)，可以将两个关系合并为一个关系考生信息，并去掉冗余的属性。由于成绩单需要为用户显示和打印，因此可以将成绩单设计为用户子模式，即成绩单视图。

对于工资单和工资清单关系模式的主码是一样的，查询、修改的权限也相同，但不宜把它们合并在一起，由于工资单是工资清单的统计信息，因此可以将工资单做成一个存放一个月工资的临时表，而工资清单做成一个基本表。

对于本系统中 E-R 图未体现出来的统计信息表，如按地区、年龄、文化程度、职业、考试级别等进行成绩分类统计和试题难度分析，分别做成一个临时表，称为地区成绩分类统计表、年龄成绩分类统计表、文化程度成绩分类统计表、职业成绩分类统计表、考试级别成绩分类统计表、试题难度分析表。

综上所述，考试中心的关系模式如下：

考生信息(准考证号，报名单号，身份证号，姓名，性别，年龄，考试科目，考试级别，报名地点，审核人员，考试日期，联系地址，联系电话，单位，所在地区，文化程度，职业，成绩，是否合格)；

试题得分清单(准考证号，考试科目，级别，题号，得分)；

合格标准(考试科目，级别，特殊项目，合格标准)；

职工(职工号，部门号，职工名，职务，负责部门，…)；

工资清单(职工号，日期，岗位工资，职务工资，工龄，奖励工资，医保，房补，罚金，…)；

部门(部门号，职工名，负责人号，…)；

临时表(在设计表时创建)如下：

工资单(职工号，日期，应发工资，扣发工资，实发工资，…)；

地区成绩分类统计表(地区，合格人数，合格率)；

年龄成绩分类统计表(年龄段，合格人数，合格率)；

文化程度成绩分类统计表(文化程度，合格人数，合格率)；

职业成绩分类统计表(职业，合格人数，合格率)；

考试级别成绩分类统计表(考试级别，合格人数，合格率)；

试题难度分析表(考试科目，考试级别，合格率)。

教学管理数据库设计实例

4.4.3　教学管理数据库逻辑设计实例

为了使读者更好地理解逻辑数据库的设计过程及方法，掌握后续内容中涉及的教学管理数据库系统数据库，经过需求分析等过程后，给出教学管理数据库关系模式。

1．需求分析

经过与用户进行充分的接触，了解到用户对该系统的功能需求如下：

(1) 给定学生的学号或姓名对学生的基本情况进行查询，基本情况包括学生的年龄、性别、籍贯、所在班级等，并形成统计表；

(2) 给定课名或课号查询课程所使用的教材、课时、上课教室、上课时间、担任课程的教师、选修本课程的学生等情况，并形成统计表(表样式已给出)；

(3) 给定学生姓名或学号查询该学生所选的课程及各门课程的成绩；

(4) 给定教师姓名或教师号查询该教师所担任的所有课程及上课时间安排、使用的教材、课时、上课教室、课后评价等；

(5) 查询给定教学班给定课程或所有课程的平均成绩以及在五个分数级别(不及格、及格、一般、良好、优秀)上，成绩分布情况，并形成统计表；

(6) 查询给定专业、学期的课程安排情况，并形成统计表；

(7) 为每个任课教师生成课表，并进行打印；

(8) 为每个班级生成课表(含班号、专业、人数，执行学期等)，并进行打印；

(9) 为给定班级的每个学生统计给定学期的所有课程的综合成绩，要求按成绩排序，并形成统计表。

2．概念结构设计

通过理解用户的功能需求，发现教务管理系统数据库中存在四个实体，分别是学生、课程、班级和教师。各个实体的属性如图 4-13 所示。其中，学生实体的属性主要有学号、姓名、性别、籍贯、出生日期、班号等，班级实体的属性主要有班号、专业、所属系、人数、教室等，课程实体的属性主要有课号、课程名、教材、所属系、课时等，教师实体的属性主要有教师号、教师名、性别、出生日期、职称等。

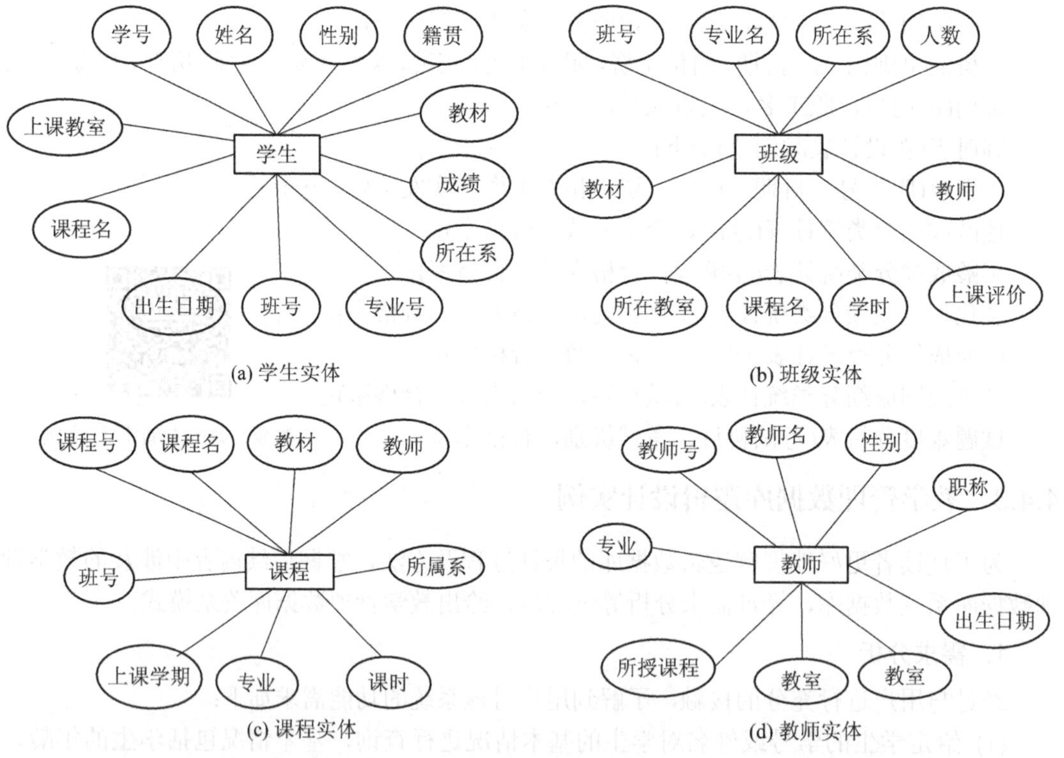

图 4-13　学生、课程、班级和教师实体的属性

这些实体之间的关系：一个学生可以选修多门课程，一门课程可被多名学生选修；一个班级有多个学生，一个学生仅属于一个班级；一门课程由多名教师授课，每个教师可以讲授多门课程，且为多个班授课。

学生选课的分 E-R 图，班级、教师、课程的分 E-R 图分别如图 4-14(a)、(b)所示。

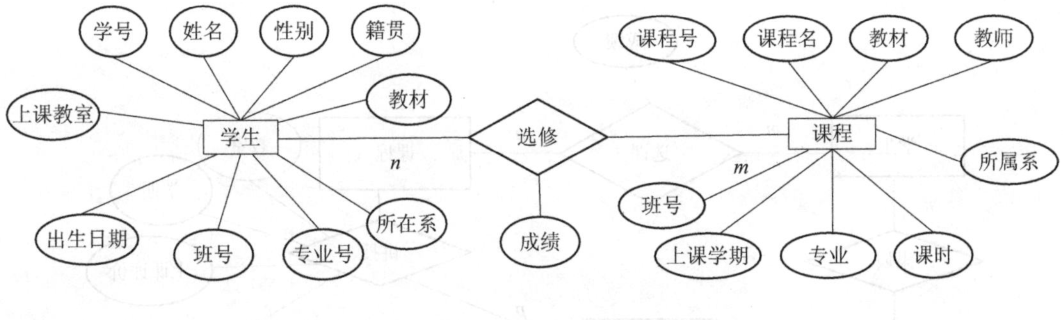

(a) 学生选课分 E-R 图

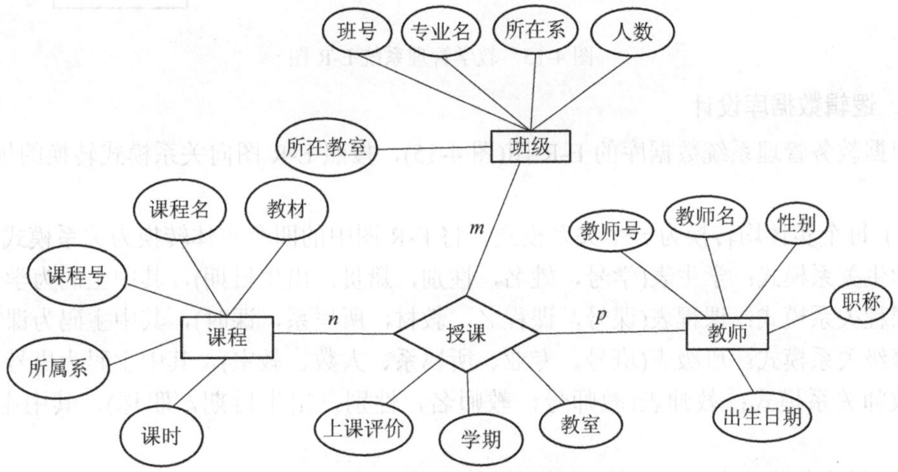

(b) 班级、教师、课程分E-R图

图 4-14　教学管理系统的分 E-R 图

在图 4-14(a)中，由于一个学生可以选修多门课程，一门课程可被多名学生选修，所以学生和课程之间是多对多的关系(称为成绩表)，合并课程名、教材、所属系、上课教室到课程实体中，并将成绩移至多对多的关系上。在图 4-14(b)中，由于一个班级有多个学生，一个学生仅属于一个班级，所以学生与班级之间是多对一的关系，合并专业、所属系上课教室到班级实体中。在班级、教师、课程的分 E-R 图中，由于一门课程由多名教师授课，每个教师可以讲授多门课程，且为多个班授课，所以班级、教师、课程之间是多个实体的多对多的关系(称为授课表)，并将各个实体冗余属性进行归并，使得班级实体中有班号、专业、所属系、人数、教室等属性，课程实体中有课号、课程名、教材、所属系、课时等属性，教师实体中有教师号、教师名、性别、出生日期、职称等属性，并将教室、学期、上课评价等属性移至授课的关系上。

合并教学管理系统的分 E-R 图。由于学生和班级存在着一对多的关系，因此将学生选课分 E-R 图和班级、教师、课程分 E-R 图中的学生和班级通过一对多的关系联系起来，再将冗余的属性进行合并，即将所在系、专业合并到班级实体中，消除 E-R 图中的各种冲突，并进行优化后得到教学管理系统的 E-R 图，如图 4-15 所示。为了 E-R 图更加清晰，图 4-15 中省略了每个实体的属性。

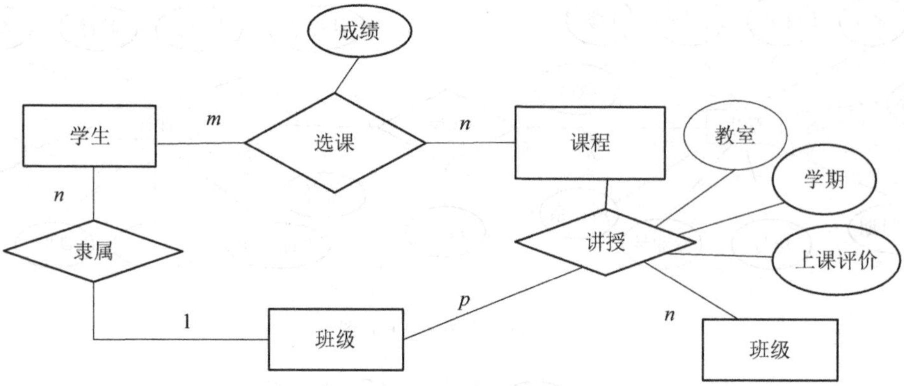

图 4-15 教学管理系统 E-R 图

3. 逻辑数据库设计

根据教务管理系统数据库的 E-R 图(图 4-15)，按照 E-R 图向关系模式转换的规则进行转换。

(1) 每个实体均转换为一个关系模式，将 E-R 图中的四个实体转换为关系模式如下：

学生关系模式：学生表(学号，姓名，性别，籍贯，出生日期)，其中主码为学号。

课程关系模式：课程表(课号，课程名，教材，所属系，课时)，其中主码为课号。

班级关系模式：班级表(班号、专业、所属系、人数、教室)，其中主码为班号。

教师关系模式：教师表(教师号，教师名，性别，出生日期，职称)，其中主码为教师号。

(2) 学生与班级之间一对多联系的转换。对于一对多联系有两种方式向关系模式进行转换，为了方便以后数据表的管理，本系统将联系归并到关联的两个实体的多方，给待归并的多方实体属性集中增加一方实体的码和该联系的属性即可，归并后的多方实体码保持不变。该联系转换是在原来的学生关系模式中增加“班号”属性，即

学生表(学号，姓名，性别，籍贯，出生日期，班号)，其中班号为学生表的外码。

(3) 学生和课程之间多对多联系，以及课程、班级和教师之间多对多联系的转换。将关系模式的名称取联系的名称，关系模式的属性取该联系所关联的两个多方实体的码及联系的属性，关系的码是多方实体的码构成的属性组。

学生和课程之间选课联系转换后的关系模式如下：

成绩表(学号，课号，成绩)，其中主码为学号和课号，而学号和课号又分别是该表的外码。

课程、班级和教师之间讲授联系转换后的关系模式如下：

讲授表(课号，班号，教师号，上课教室，教室，上课评价)，其中主码为课号、班号和教师号，而课号、班号和教师号又分别是该表的外码。

根据规范化理论，以上的关系模式达到 3NF，且符合教学管理系统的要求。教学管理数据库包含的 6 个关系模式(下画线表示主码，灰度底纹表示外码)如下：

学生关系模式：学生表(<u>学号</u>，姓名，性别，籍贯，出生日期，班号)。

课程关系模式：课程表(<u>课号</u>，课程名，教材，所属系，课时)。

班级关系模式：班级表(班号、专业、所属系、人数、教室)。

教师关系模式：教师表(教师号，教师名，性别，出生日期，职称)。

选课关系模式：成绩表(学号，课号，成绩)。

讲授关系模式：讲授表(课号，班号，教师号，上课教室，教室，上课评价)。

4.5　物理结构设计

当数据库逻辑结构设计好之后，就要确定数据库在计算机中的具体存储。数据库在物理设备上的存储结构与存取方法称为数据库的物理结构，它依赖于给定的计算机系统。为一个给定的逻辑数据模型设计一个最适合应用要求的物理结构的过程，就是数据库的物理设计。

4.5.1　物理结构设计步骤

为设计数据库物理结构，设计人员必须充分了解所用 DBMS 的内部特征、数据库的应用环境、数据应用处理的频率和响应时间的要求、外存储设备的特性等内容。

在数据库的物理结构中，数据的基本单位是记录，记录是以文件的形式存储的，一条存储记录对应关系模式中的一条逻辑记录。在文件中还要存储记录的结构，如各字段长度、记录长度等，增加必要的指针及存储特征的描述。

数据库的物理设计是离不开具体的 DBMS 的，不同的 DBMS 对物理文件存取方式的支持是不同的，并且都会作优化处理，这就需要参照具体的 DBMS，根据系统的处理要求和数据的特点来确定物理结构。数据库的物理设计工作过程如图 4-16 所示。

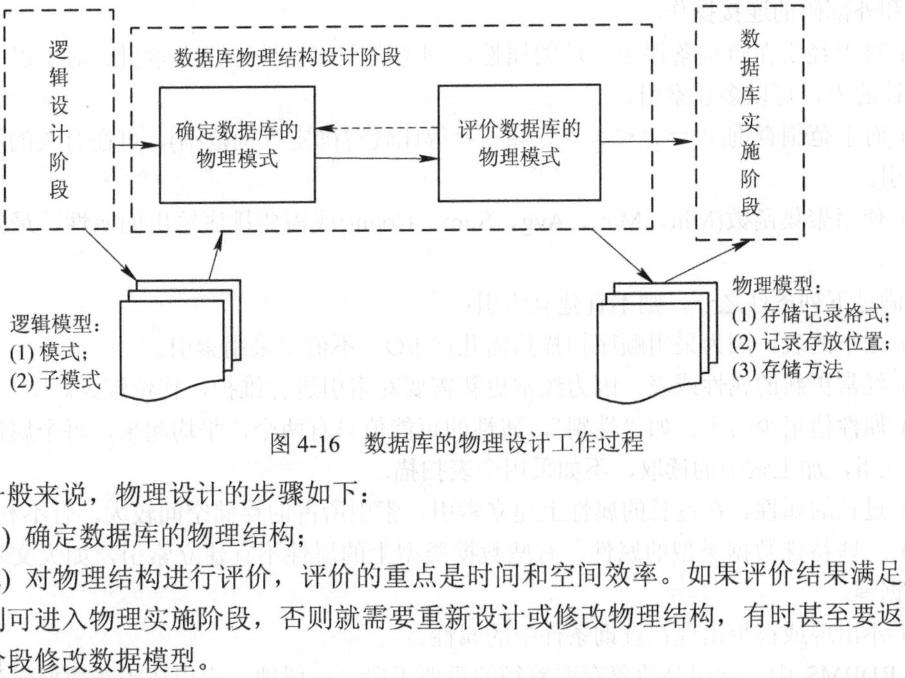

图 4-16　数据库的物理设计工作过程

一般来说，物理设计的步骤如下：

(1) 确定数据库的物理结构；

(2) 对物理结构进行评价，评价的重点是时间和空间效率。如果评价结果满足原设计要求则可进入物理实施阶段，否则就需要重新设计或修改物理结构，有时甚至要返回逻辑设计阶段修改数据模型。

4.5.2 确定数据的物理结构

数据库物理设计的主要内容包括关系模式存取方法的选择(建立存取路径)和设计关系、索引等数据库文件的物理存储结构的确定。在确定数据的物理结构之前，应充分了解数据库查询事务(如要查询的关系、查询条件所涉及的属性、连接条件所涉及的属性、查询的投影属性等)和数据更新事务(如要更新的关系、每个关系上的更新操作的类型、删除和修改操作条件所涉及的属性、修改操作要更改的属性值等)。

1. 确定数据的存取方法

数据库系统是多用户共享的系统，对同一个关系要建立多条存取路径才能满足多用户的多种应用要求。物理设计的第一个任务就是要确定选择哪些存取方法，即建立哪些存取路径。

在 DBMS 中常用存取方法有索引(主要是 B＋树索引)、聚簇(Cluster)和 HASH 方法。

索引是用于提高查询性能的，但它要牺牲额外的存储空间，并且会提高更新维护代价。因此要根据用户需求和应用的需要来合理使用和设计索引。所以正确的索引设计是比较困难的。

1) 索引属性的选择

根据数据库的查询和更新事务的频度，索引属性的选择是指确定对哪些属性列建立索引，对哪些属性列建立组合索引，对哪些索引要设计为唯一索引。选择索引存取方法的一般规则如下：

(1) 关系的主码或外部码一般应建立索引。因为数据进行更新时，系统将对主码和外部码分别作唯一性和参照完整性的检查，建立索引，可以加快系统的此类检查，并且可加速主码和外部码的连接操作。

(2) 对于经常在查询条件中出现的属性，则考虑在该属性上建立索引。对于以查询为主或只读的表，可以多建索引。

(3) 对于范围查询(以＝、＜、＞、≤、≥等比较符确定查询范围)，可在有关的属性上建立索引。

(4) 使用聚集函数(Min、Max、Avg、Sum、Count)或需要排序输出的属性，最好建立索引。

若满足下列条件之一，则不宜建立索引：

(1) 太小的表。因为采用顺序扫描只需几次 I/O，不值得采用索引。

(2) 经常更新的属性或表。因为经常更新需要对索引进行维护，代价较大。

(3) 属性值很少的表。如“性别”，属性的可能值只有两个，平均起来，每个属性值对应一半元组，加上索引的读取，不如采用全表扫描。

(4) 过长的属性。在过长的属性上建立索引，索引所占的存储空间较大，有不利之处。

(5) 一些特殊数据类型的属性。有些数据类型上的属性不宜建立索引，如大文本、多媒体数据等。

(6) 不出现或很少出现在查询条件中的属性。

在 RDBMS 中，索引是改善存取路径的重要手段。一般地，索引还需在数据库运行测试后，再加以调整。使用索引的最大优点是可以减少检索的 CPU 服务时间和 I/O 服务时间，改善检索效率。如果没有索引，系统只能通过顺序扫描寻找相匹配的检索对象，时间开销太大。但是，不能在频繁作存储操作的关系上，建立过多的索引。因为当进行存储操作(增、删、改)时，不仅要对关系本身作存储操作，而且还要增加一定的 CPU 开销，修改各个索引。因此，关系上过多的索引会影响存储操作的性能。

2) *聚簇的选择*

为了提高某个属性(或属性组)的查询速度，把这个或这些属性(聚簇码)上具有相同值的元组集中存放在连续的物理块称为聚簇。大多数关系 DBMS 都提供了聚簇功能。

例如，有一职工关系，现要查询 1970 年出生的职工，假设全部职工元组为 10 000 个，分布在 100 个物理块中。其中，1970 年出生的职工有 100 个。考虑以下几种情况：

(1) 设属性“出生年月”上没有建任何索引，100 个 1970 年出生的职工就分布在 100 个物理块中(这是最极端的情况，但是很有可能)。系统在做此类查询时需要：

① 扫描全表，访问数据需要 100 次 I/O 操作，因为每访问一个物理块需要一次 I/O 操作；

② 对每一个元组比较出生年月的值。

(2) 设属性“出生年月”上建有一普通索引，100 个 1970 年出生的职工就分布在 100 个物理块中。查询时，即使不考虑访问索引的 I/O 次数，访问数据也要 100 次 I/O 操作。

(3) 设属性“出生年月”上建有一聚簇索引，100 个 1970 年出生的职工就分布在 i (i<100，很可能就等于 1)个连续的物理块中，显著地减少了访问磁盘 I/O 的次数。

任何事物都有两面性，聚簇对于某些特定的应用可以明显地提高性能，但对于与聚簇码无关的查询却毫无益处。相反地，当表中数据有插入、删除和修改时，关系中有些元组就要被搬动后重新存储，所以建立聚簇的维护代价是很大的。考虑建立聚簇的情况如下：

① 聚簇码的值相对稳定，没有或很少需要进行修改；

② 表主要用于查询，并且通过聚簇码进行访问或连接是该表的主要应用；

③ 对应每个聚簇码值的平均元组数既不太多，也不太少。

3) *HASH 存取方法的选择*

有些 DBMS 提供了 HASH 存取方法，在关系模型中，如果一个关系的属性主要出现在等连接条件或相等比较选择中，当一个关系的大小可预知且不变，或关系的大小动态改变且 DBMS 提供动态 HASH 存取方法时，那么选择 HASH 存取方法较恰当。

2．确定数据的存储结构

随着网络技术的发展和企业的异地办公，分布式数据库管理系统无论从成本和实用性出发，都是一个很好的选择。确定数据的存放位置和存储结构，要考虑存取时间、存储空间利用率和维护代价对系统的影响，这三者常常是相互矛盾的，因此必须进行权衡，选择一个折中的方案。从企业计算机应用环境出发，确定数据是集中管理还是分布式管理，如果是分布式管理，数据如何分布，有以下几个方面考虑：

(1) 根据不同的应用分布数据。企业的不同部门一般会使用不同的数据，将与部门应用相关的数据存储在相应的场地，使得在不同的场地上处理不同的业务，对于应用多个场地的业务，可以通过网络进行数据处理。

(2) 根据处理要求确定数据的分布。对于不同的处理要求，也会有不同的使用频度和响应时间，对于使用频度高、响应时间短的数据，应存储在高速存储设备中。

(3) 对数据的分布存储必然会导致数据的逻辑结构的变化，要对关系模式作新的调整，回到数据库逻辑设计阶段作必要的修改。

3. 评价物理设计

评价物理设计的内容为对数据库物理设计过程中产生的多种方案进行细致的评价，从中选择一个较优的方案作为数据库的物理结构。

评价方法主要是从定量估算各种方案的存储空间、存取时间和维护代价方面入手，对估算结果进行权衡和比较，选择出一个较优的和合理的物理结构。如果该结构不符合用户的需求，则需要修改设计。

4.6 数据库的实施和维护

数据库在正式投入运行之前，还需要定义模式和子模式的安全性和完整性，完成应用程序和加载程序的设计，数据库系统的试运行，并在试运行中对系统进行评价。如果评价结果不能满足用户的要求，还需要对数据库进行修正，直到用户满意为止。数据库正式投入使用，也并不意味着数据库设计生命周期的结束，而是数据库维护阶段的开始。数据库实施阶段的工作过程如图 4-17 所示。

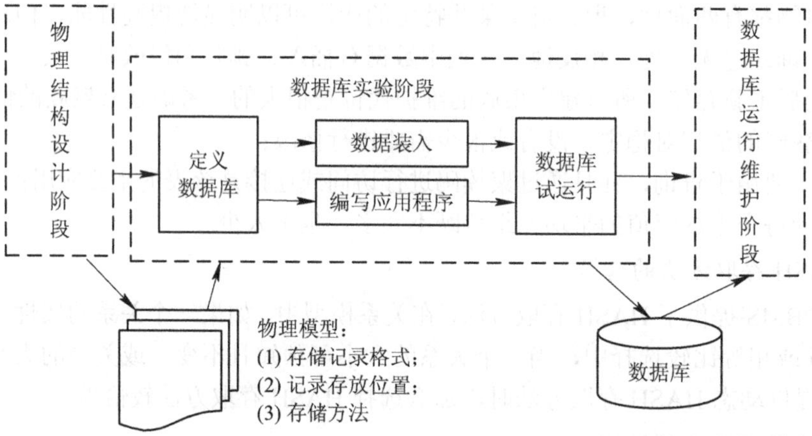

图 4-17 数据库实施阶段的工作过程

4.6.1 数据库实施

根据逻辑和物理设计的结果，在计算机上建立实际的数据库结构，并装入数据，进行试运行和评价的过程，叫作数据库的实施(或实现)。

1. 建立实际的数据库结构

用 DBMS 提供的数据定义语言(DDL)，编写描述逻辑设计和物理设计结果的程序(一般称作数据库脚本程序)，经计算机编译处理和执行后，就生成了实际的数据库结构。所用 DBMS 的产品不同，描述数据库结构的方式也不同。有的 DBMS 提供 DDL，有的提供数据库结构的图形化定义方式，有的两种方法都提供。在定义数据库结构时，应包含以下内容：

(1) 数据库模式、子模式，以及数据库空间等的描述。

(2) 数据库完整性的描述，如对表中列的约束，对表的约束，多个表之间的数据一致性、业务规则的约束等。

(3) 数据库安全性的描述，如合法用户授权、多种存取权限等。

(4) 数据库物理存储参数的描述，如块大小、页面大小(字节数或块数)、数据库的页面数、缓冲区个数、缓冲区大小、用户数等。

2. 数据加载

数据库应用程序的设计应该与数据库设计同时进行。数据库结构建立好后，就可以向数据库中装载数据了。组织数据入库是数据库实施阶段最主要的工作。

数据加载方法分为人工方法和计算机辅助数据入库两种。现有的 DBMS 都提供了数据转换工具辅助数据的入库工作。如果用户原来就使用数据库系统，可以利用新系统的数据转换工具。先将原系统中的表，转换成新系统中相同结构的临时表，然后对临时表中的数据进行处理后插入相应表中。数据加载是一项费时费力的工作。另外，由于还需要对数据库系统进行联合调试，因此大部分加载数据的工作，应在数据库的试运行和评价工作中分批进行。

3. 数据库试运行和评价

当数据库加载了部分必需的数据和应用程序后，就可以对数据库系统进行联合调试，称作数据库的试运行。一般将数据库的试运行和评价结合起来，主要是测试应用程序的功能和测试数据库的运行效率是否达到设计目标，是否为用户所容忍。测试的目的是发现问题，而不是说明系统没有问题。正规的测试一定要有非设计人员的参与。

对于数据库系统的评价比较困难。需要估算不同存取方法的 CPU 服务时间和 I/O 服务时间。为此，一般还是从实际试运行中进行估价，确认其功能和性能是否满足设计要求，对空间占用率和时间响应是否满意等。

最后，由用户直接进行测试，并提出改进意见。测试数据应尽可能地覆盖现实应用的各种情况。数据库设计人员应综合各方的评价和测试意见，返回到前面适当的阶段，对数据库和应用程序进行适当的修改。

4.6.2 数据库运行与维护

数据库试运行和系统验收完成后，便可以交付使用。数据库一旦投入运行，就标志着数据库维护工作的开始。数据库维护工作主要有对数据库的监测和性能改善、故障恢复、数据库的重组和重构。在数据库运行阶段，对数据库的维护主要由 DBA 完成。

1. 对数据库性能的监测和改善

在数据库运行过程中，DBA 必须监督系统运行，对监测数据进行分析，找出改进系统性能的方法。由于数据库的应用环境、物理存储的变化，特别是用户数和数据量的不断增加，数据库系统的运行性能会发生变化。某些数据库结构经过一段时间的使用以后，可能会被破坏。所以，DBA 必须利用系统提供的性能监控和分析工具，经常对数据库的运行、存储空间，以及响应时间进行分析，判断当前系统是否处于最佳的运行状态，如果不是，则需要通过调整某些参数来进一步改进数据库性能。目前的 DBMS 都提供一些系统监控或分析工具。例如，在 SQL Server 中使用 SQL Server Profiler 组件、Transaction-SQL 工具、Query Analyzer 组件等组件都可进行系统监测和分析。

2．数据库的备份及故障恢复

数据库的备份及其故障恢复是系统正式运行后最重要的维护工作之一。DBA 要针对不同的应用要求制定不同的转储计划，并定期对数据库和日志文件进行备份。一旦数据库发生故障，就可以利用数据库备份及日志文件备份，尽快地将数据库恢复到某种一致性状态，减少损失。

3．数据库的安全性、完整性控制

DBA 必须根据用户的实际需要授予不同的操作权限。在数据库运行过程中，由于应用环境的变化，对安全性的要求也会发生变化，DBA 需要根据实际情况修改原有的安全性控制。由于应用环境的变化，数据库的完整性约束条件也会变化，也需要 DBA 不断修正，以满足用户要求。

4．数据库的重组和重构

数据库运行一段时间后，由于记录的增、删、改操作，数据库的物理存储碎片记录链过多，影响数据库的存取效率，因此需要对数据库进行重组和部分重组。数据库的重组是指在不改变数据库逻辑结构和数据库内容的情况下，取出数据库存储文件中的废弃空间，以及碎片空间中的指针链，使数据库记录在物理上紧连。

一般地，数据库重组属于 DBMS 的固有功能。有的 DBMS 系统为了节省空间，每进行一次删除操作后就进行自动重组，这会影响系统的运行速度。更常用的方法是，在后台或所有用户离线以后(如夜间)进行系统重组。

数据库的重构是指，当数据库的逻辑结构不能满足当前数据处理的要求时，需要对数据库的模式和内模式进行修改。由于数据库重构的困难和复杂性，一般都是在迫不得已的情况下才进行的。例如，应用需求发生了变化，需要增加新的应用或实体，取消某些应用或实体。例如，表的增删、表中数据项的增删、数据项类型的变化等。数据库的重构可能涉及数据库的内容、逻辑结构、物理结构的变化，一般应有 DBA、数据库设计人员，以及最终用户共同参与，并做好数据备份的工作。重构数据库后，还需要修改相应的应用程序。并且重构数据库也只是对部分数据库结构进行。一旦应用需求变化太大，需要对全部数据库结构进行重组，说明该数据库系统的生命周期已经结束，需要设计新的数据库应用系统。

小　　结

本章主要讨论了数据库设计的一般方法和步骤。详细介绍了数据库设计经历的需求分析、概念结构设计、逻辑结构设计、物理结构设计、实施以及运行维护六个阶段。在设计的每一个阶段，都指出了同步的数据处理应产生的结果。数据库设计中最重要的两个环节是概念结构设计和逻辑结构设计。

一个好的数据库设计，不仅可以为用户提供所需要的全部信息，而且还可以提供快速、准确、安全的服务，数据库的管理和维护相对也会简单。在基于数据库的应用系统中，数据库是基础，只有成功的数据库设计，才可能有成功的系统；否则，应用程序界面设计得再漂亮，功能设计得再完善，整个系统也是一个失败的系统。

习　　题

一、选择题

1. 在数据库设计中，用 E-R 图来描述信息结构但不涉及信息在计算机中的表示，它是数据库设计的(　　)阶段。

A. 需求分析　　B. 概念设计　　C. 逻辑设计　　D. 物理设计

2. 在数据库设计的需求分析阶段，业务流程一般采用(　　)表示。

A. E-R 模型　　B. 数据流图　　C. 程序结构图　　D. 程序框图

3. E-R 图是数据库设计的工具之一，它适用于建立数据库的()。

A. 逻辑模型　　B. 概念模型　　C. 结构模型　　D. 物理模型

4. 在设计数据库系统的概念结构时，常用的数据抽象方法是(　　)。

A. 合并与优化　　B. 分析和处理　　C. 聚集和概括　　D. 分类和层次

5. 如果采用关系数据库来实现应用，在数据库设计的(　　)阶段将关系模式进行规范化处理。

A. 需求分析　　B. 概念设计　　C. 逻辑设计　　D. 物理设计

6. 在数据库的物理结构中，将具有相同值的元组集中存放在连续的物理块中称为(　　)存储方法。

A. HASH　　B. B^+树索引　　C. 聚簇　　D. 其他

7. 在数据库设计中，当合并局部 E-R 图时，学生在某一局部应用中被当作实体，而另一局部应用中被当作属性，那么称之为(　　)冲突。

A. 属性冲突　　B. 命名冲突　　C. 联系冲突　　D. 结构冲突

8. 在数据库设计中，E-R 模型是进行(　　)的一个主要工具。

A. 需求分析　　B.概念设计　　C. 逻辑设计　　D. 物理设计

9. 在数据库设计中，学生的学号在某一局部应用中被定义为字符型，而另一局部应用中被定义为整型，那么称之为(　　)冲突。

A .属性冲突　　B. 命名冲突　　C. 联系冲突　　D. 结构冲突

10. 下列关于数据库运行和维护的叙述中，(　　)是正确的。

A. 只要数据库正式投入运行，就标志着数据库设计工作的结束

B. 数据库的维护工作就是维护数据库系统的正常运行

C. 数据库的维护工作就是发现错误，修改错误

D. 数据库正式投入运行标志着数据库运行和维护工作的开始

11. 如果采用关系数据库实现应用，在数据库的逻辑设计阶段需将(　　)转换为关系数据模型。

A. E-R 模型　　　　　　　　　　B. 层次模型

12．数据库物理设计完成后，进入数据库实施阶段，下列各项中不属于实施阶段的工作是(　　)。

A. 建立库结构　　　　　　　　　B. 扩充功能

13．从 E-R 模型向关系模型转换时，一个 M∶N 联系转换为关系模式时，该关系模式的关键字是(　　)。

A. M 端实体的关键字

B. N 端实体的关键字

C. M 端实体关键字与 N 端实体关键字组合

D. 重新选取其他属性

二、填空题

1．数据库设计的六个主要阶段是________、________、________、________、________、________。

2．数据库设计中的逻辑设计分为________和________两部分。

3．在数据库设计的需求分析阶段，用户对数据库的要求主要有________和________。

4．数据库设计过程的输入包括________、________、________、________四部分内容。

5．数据库设计过程的输出主要有两部分：一部分是________，其中包括________；另一部分是基于数据库结构和处理要求的应用程序和设计原则。

6．数据字典中通常包括________、________、________、________、________五部分。

7．概念设计的任务分________、________、________三步完成。

8．数据库系统的逻辑设计主要是将________转化为 DBMS 能处理的模式。

9．如果采用关系数据库来实现应用，则在数据库的逻辑设计阶段需将________转化为关系模型。

10．设计概念结构的方法有________、________、________、________四种。

11．逻辑设计的主要步骤有________、________、________、________和________。

三、问答题

1．数据库系统的生存期分成哪几个阶段？数据库结构的设计在生存期中地位如何？

2．什么是数据库设计？数据库设计过程的输入和输出有哪些内容？

3．什么是比较好的数据库设计方法？数据库设计方法学应包括哪些内容？

4．数据库设计的需求分析阶段是如何实现的？目标是什么？

5．数据字典的内容和作用是什么？

6．试述采用 E-R 方法的数据库概念设计的过程。

7．规范化理论对数据库设计有什么指导意义？

8．试述逻辑设计阶段的主要步骤及内容。

9．什么是数据库结构的物理设计？试述其具体步骤。

10．什么是数据库的重新组织？试述其重要性？

四、综合题

1. 某大学实行学分制，学生可根据自己的情况选修课程。每名学生可同时选修多门课程，每门课程可由多位教师讲授，每位教师可讲授多门课程。其不完整的 E-R 图如图 4-18 所示。

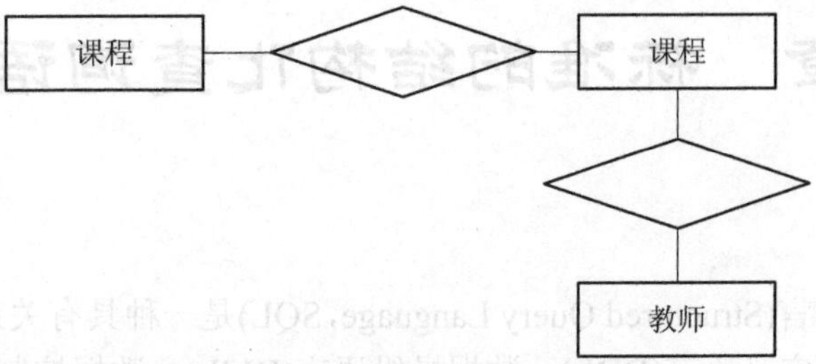

图 4-18　E-R 图

(1) 指出学生与课程的联系类型，并完善 E-R 图；

(2) 指出课程与教师的联系类型，并完善 E-R 图；

(3) 若每名学生有一位教师指导，每个教师指导多名学生，则学生与教师是何联系？

(4) 在原 E-R 图上补画教师与学生的联系，并完善 E-R 图；

(5) 将完善的 E-R 图转换为关系模型。

2. 请设计一个图书馆数据库，此数据库对每个借阅者保持的读者记录包括：读者号、姓名、地址、性别、年龄、单位，对每本书有：书号、书名、作者、出版社，对每本被借出的书有：读者号、借出的日期、应还日期。要求给出 E-R 图，再将其转换为关系模型。

第 5 章　标准的结构化查询语言 SQL

结构化查询语言(Structured Query Language，SQL)是一种具有关系代数与关系演算特点的语言，它集数据定义语言(DDL)、数据操纵语言(DML)、数据控制语言(DCL)于一体，是一种综合的、通用的、功能极强又简洁易学的关系数据库语言。

标准 SQL 已被众多商用 DBMS 产品采用，已成为关系数据库领域中的一种主流语言。与自然语言的方言一样，SQL 存在许多不同的版本。目前，SQL 标准主要有三个：ANSI(美国国家标准机构)SQL；对 ANSI SQL 进行修改后在 1992 年采用的标准称为 SQL-92 或 SQL2；最近的 SQL-99 标准也称 SQL3 标准。SQL-99 从 SQL-92 扩充而来并增加了对象关系特征和许多其他的新功能。另外，各个厂家也提供了不同版本的 SQL，这些版本不仅都包含原始的 ANSI 标准，而且在很大程度上支持 SQL-92 标准，并在 SQL-92 的基础上做了修改和扩展，包括部分 SQL-99 的标准。我国也制定了 SQL 的国家标准 GB12911，它等效于 SQL-89 版本。

SQL 成为国际标准语言以后，各个数据库厂家纷纷推出了支持标准 SQL 的 DBMS，通过扩展 SQL 的功能，形成了不同的数据库管理系统，如 DB2、ORACLE、INFORMIX、SQL Server、INGRES、SYSBASE 等。这就使得大多数数据库均采用 SQL 作为共同的数据库语言和标准接口，使不同数据库系统之间的互操作有了共同的基础，而且对数据库以外的领域也产生了很大影响。

5.1　SQL 概　述

标准的 SQL 语言

SQL 是一种介于关系代数与关系演算之间的语言，具有关系代数和关系演算的双重特点，是集 DDL、DQL、DML、DCL 于一体的数据库查询语言，它的特点如下：

(1) 非过程化。SQL 语言是非过程化语言，一般称为第四代语言，以区别于面向过程的第三代语言。在 SQL 语言中，用户只要提出“做什么”，而不必指明“怎么做”。SQL 语句的操作过程由系统自动完成，这不但大大减轻了用户的负担，而且有利于提高数据独立性。

(2) 两种使用方式，统一的语法结构。SQL 语言有两种使用方式：一种是自含式语言；另一种是嵌入式语言。

自含式语言也称独立式语言，它能够独立地进行编程或使用联机交互方式，用户可以在终端键盘上直接输入 SQL 命令对数据库进行操作。目前，各数据库管理系统厂家为了强化 SQL 语言的编程性能，各自在基本 SQL 语句的基础上进行了程序化语言扩展(增加了控制语句元素)，如目前流行的数据库管理系统 SQL Server 的 T-Transaction 语言，Oracle 的 PL/SQL 语言等均属此类语言。

嵌入式语言不能独立编程，必须嵌入其他高级语言程序中，供程序员设计程序时使用。

在两种不同的使用方式下，SQL 语言的语法结构基本上是一致的。这种以统一的语法结构提供两种不同的使用方式的做法，为用户提供了极大的灵活性与方便性。

(3) 面向集合的操作方式。非关系数据模型采用的是面向记录的操作方式，操作对象是一条记录。而 SQL 语言采用面向集合的操作方式，其操作对象、查找结果可以是元组的集合。

(4) 语句简洁，易学易用。SQL 语言功能极强，但由于其设计巧妙，语句十分简洁，完成数据定义、数据操纵、数据控制的核心功能只用了 9 个动词：CREATE、DROP、ALTER、SELECT、INSERT、UPDATE、DELETE、GRANT 和 REVOKE，如表 5-1 所示。而且 SQL 语言语法简单，接近英语口语，因此其容易使用。

SQL 语言是关系数据库的标准语言，用户可以用它对数据库进行所有操作。

表 5-1　SQL 语言的动词

SQL 功能	动　词
数据定义	CREATE，DROP，ALTER
数据查询	SELECT
数据操纵	INSERT，UPDATE，DELETE
数据控制	GRANT，REVOKE

5.2　SQL 语言组成

数据类型

标准 SQL 语言主要由数据定义语言、数据查询语言、数据操纵语言、数据控制语言四部分组成。

1. 数据定义语言

数据定义语言(Data Definition Language，DDL)主要用于对数据库及数据库中的各种对象进行创建、删除和修改等操作。其中，数据库对象主要有表、默认约束、规则、视图、触发器和存储过程等。

数据定义语言包括的主要 SQL 语句如下：

CREATE：用于创建数据库或数据库对象。

ALTER：用于对数据库或数据库对象进行修改。

DROP：用于删除数据库或数据库对象。

对于不同的数据库对象，这三个 SQL 语句所使用的语法格式是不同的。

2. 数据查询语言

数据查询语言（Data Query Language，DQL）主要用于查询数据库中的数据，是最基本和最常用的部分，主要包括 SELECT 语句。

SELECT：用于从数据库表中检索数据。这是 SQL 中最常用的命令，用于执行各种复杂的查询操作。

3. 数据操纵语言

数据操纵语言(Data Manipulation Language，DML)主要用于对数据库中的数据进行增加、删除和修改操作。数据操纵语言包括的主要 SQL 语句如下:

INSERT：用于将数据插入表或视图中。

UPDATE：用于修改表或视图中的数据，其既可修改表或视图中的一行数据，也可以修改多行或全部数据。

DELETE：用于从表或视图中删除数据，其中可根据条件删除指定的数据。

4. 数据控制语言

数据控制语言(Data Control Language，DCL)主要用于安全管理，如确定哪些用户可以查看或修改数据库中的数据。数据控制语言包括的主要 SQL 语句如下：

GRANT：用于授予权限，可把语句许可或对象许可的权限授予其他用户和角色。

REVOKE：用于收回权限，其功能与 GRANT 相反，但不影响该用户或角色从其他角色中作为成员继承的许可权限。

5.3 MySQL 函数

MySQL 函数是 MySQL 数据库提供的内置函数。此内置函数可以帮助用户更加方便地处理表中的数据。在编写 MySQL 数据库程序时，通常可直接调用系统提供的内置函数来对数据库表进行相关操作。MySQL 中包含了 100 多个函数，大致可分为以下几类:

(1) 聚合函数。如 COUNT( )函数。

(2) 数学函数。如 ABS( )函数、SORT( )函数。

(3) 字符串函数。如 ASCII( )函数、CHAR( )函数。

(4) 日期和时间函数。如 NOW( )函数、YEAR( )函数。

(5) 加密函数。如 ENCODE( )函数、ENCRYPT( )函数。

(6) 控制流程函数。如 IF( )函数、IFNULL( )函数。

(7) 格式化函数。如 FORMAT( )函数。

(8) 类型转换函数。如 CAST( )函数。

(9) 系统信息函数。如 USER( )函数、VERSION( )函数。

本节简单介绍 MySQL 中包含的几类常用函数。MySQL 的内置函数不但可在 SELECT 语句中使用，同样也可以应用在 INSERT、UPDATE 和 DELETE 等语句中。

5.3.1 聚合函数

使用聚合函数可实现根据一组数据求出一个值。聚合函数的结果值只根据选定数据行中非 NULL 的值进行计算，NULL 值则被忽略。这里介绍几个常用的聚合函数。

1. COUNT( )函数

COUNT( )函数对于除“*”以外的任何参数，返回所选择集合中非 NULL 值的行的数目；对于参数“*”则返回所选择集合中所有行的数目，包含 NULL 值的行。没有 WHERE 子句的 COUNT(*)是经过内部优化的，能够快速地返回表中所有的记录总数。

例 5.1　使用 COUNT( )函数统计 t_sudent 表中的记录数。

在 MySQL 命令行客户端输入 SQL 语句如下：

```
mvsql> SELECT   COUNT( *)   FROM   tb_student;
```

执行结果如下：

```
+---------------+
|  count(*)   |
+---------------+
|     10        |
+---------------+
1 row in set <0.00 sec>
```

这个结果显示 tb_student 表中总共有 10 条记录。

2. SUM( )函数

SUM( )函数可以求出表中某个字段取值的总和。

例 5.2　使用 SUM( )函数统计 tb_score 表中分数字段(score)的总和。在 MySQL 命令行客户端输入 SQL 语句如下：

```
mysql> SELECT SUM(score)   FROM   tb_score ;
```

执行结果如下：

```
+---------------+
| SUM(score) |
+---------------+
|     1699      |
+---------------+
1 row in set <0.04 sec>
```

结果显示 score 字段的总和为 1699。

3. AVG( )函数

AVG( )函数可以求出表中某个字段取值的平均值。

例 5.3　使用 AVG( )函数统计 tb_score 表中分数字段(score)的平均值。

在 MySQL 命令行客户端输入 SQL 语句如下：

```
mysql> SELECT   AVG(score)   FROM   tb_score ;
```

执行结果如下：

```
+---------------+
| AVG(score) |
+---------------+
```

```
|    84.9500   |
+---------------+
1 row in set <0.00 sec>
```

结果显示，score 字段的平均值为 84.95。

4. MAX( )函数

MAX( )函数可以求出表中某个字段取值的最大值。

例 5.4 使用 MAX( )函数统计 tb_score 表中分数字段(score)的最大值。

在 MySQL 命令行客户端输入 SQL 语句如下：

```
mysql> SELECT   MAX(score)   FROM   tb_score ;
```

执行结果如下：

```
+---------------+
| MAX(score) |
+---------------+
|    95        |
+---------------+
1 row in set <0.04 sec>
```

结果显示，score 字段的最大值为 95。

5. MIN( )函数

MIN( )函数可以求出表中某个字段取值的最小值。

例 5.5 使用 MIN( )函数统计 tb__score 表中分数字段(score)的最小值。

在 MySQL 命令行客户端输入 SQL 语句如下：

```
mysql> SELECT   MIN(score)   FROM   tb_score ;
```

执行结果如下：

```
+---------------+
| MIN (score) |
+---------------+
|    68        |
+---------------+
1 row in set <0.00 sec>
```

结果显示，score 字段的最小值为 68。

5.3.2 数学函数

数学函数主要用于处理数字，包括整型和浮点型等。这里介绍几个常用的数学函数。

1. ABS( )函数

ABS( )函数可以求出表中某个字段取值的绝对值。

例 5.6 使用 ABS( )函数求 5 和−5 的绝对值。

在 MySQL 命令行客户端输入 SQL 语句如下：

```
mysql> SELECT ABS(5)，ABS(−5);
```

执行结果如下：

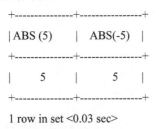

```
+---------------+---------------+
| ABS (5)       |  ABS(-5)      |
+---------------+---------------+
|      5        |      5        |
+---------------+---------------+
1 row in set <0.03 sec>
```

2. FLOOR()函数

FLOOR(x)函数用于返回小于或等于参数 x 的最大整数。

例 5.7　使用 FLOOR( )函数求小于或等于 1.5 及–2 的最大整数。

在 MySQL 命令行客户端输入 SQL 语句如下：

```
mysql> SELECT FLOOR(1.5)，FLOOR(-2);
```

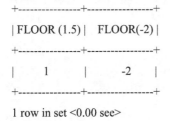

执行结果如下：

```
+----------------+-----------------+
| FLOOR (1.5) |   FLOOR(-2) |
+----------------+-----------------+
|      1         |       -2        |
+----------------+-----------------+
1 row in set <0.00 see>
```

3. RAND( )函数

RAND( )函数用于返回 0～1 之间的随机数。

例 5.8　使用 RAND()函数获取两个随机数。

在 MySQL 命令行客户端输入 SQL 语句如下：

```
mysql> SELECT RAND( )，RAND( );
```

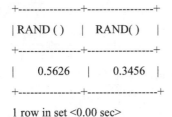

执行结果如下：

```
+----------------+-----------------+
| RAND ( )       |  RAND( )        |
+----------------+-----------------+
|    0.5626      |     0.3456      |
+----------------+-----------------+
1 row in set <0.00 sec>
```

4. TRUNCATE(x，y)函数

truncate(*x*, *y*)函数用于返回 *x* 保留到小数点后 *y* 位的值。

例 5.9　使用 TRUNCATE(*x*, *y*)函数返回 2.123 456 7 小数点后 3 位的值。

在 MySQL 命令行客户端输入 SQL 语句如下：

```
mysql> SELECT TRUNCATE(2.1234567，3);
```

执行结果如下：

```
+-----------------------------------+
```

```
| TRUNCATE(2.1234567，3)   |
+------------------------------------+
|                2.123               |
+------------------------------------+
1 row in set <0.00 sec>
```

5. SQRT(x)函数

SQRT(x)函数用于求参数 x 的平方根。

例 5.10 使用 SQRT(x)函数求 16 和 25 的平方根。

在 MySQL 命令行客户端输入 SQL 语句如下：

```
mysql> SELECT SQRT(16)，SQRT(25);
```

执行结果如下：

```
+---------------+----------------+
| SQRT ( 16)    | SQRT(25 )      |
+---------------+----------------+
|     4         |  5             |
+---------------+----------------+
1 row in set <0.00 sec>
```

5.3.3 字符串函数

字符串函数主要用于处理表中的字符串。这里介绍几个常用的字符串函数。

1. UPPER(s)和 UCASE(s)函数

UPPER(s)函数和 UCASE(s)函数均可用于将字符串 s 中的所有字母变成大写字母。

例 5.11 使用UPPER(s)函数和UCASE(s)函数分别将字符串'hello'中的所有字母变成大写字母。

在 SQL 命令行客户端输入 SQL 语句如下：

```
mysql> SELECT UPPER('hello ')，  UCASE('hello ');
```

执行结果如下：

```
+---------------------+----------------------+
| UPPER (‘hello’)     | UCASE(‘hello’ )      |
+---------------------+----------------------+
|     HELLO           |  HELLO               |
+---------------------+----------------------+
1 row in set <0.00 sec>
```

2. LEFT(*s*, *n*)函数

LEFT(*s*, *n*)函数用于返回字符串 s 的前 *n* 个字符。

例 5.12 使用 LEFT( )函数返回字符串'hello'的前 2 个字符。

在 MySQL 命令行客户端输入 SQL 语句如下：

```
mysql> SELECT   LEFT('hello'，2);
```

执行结果如下：

```
+------------------------------------+
| LEFT('hello'，2)                   |
+------------------------------------+
|  he                                |
+------------------------------------+
1 row in set <0.00 sec>
```

3．SUBSTRING(s, n, len)函数

SUBS TRING(s, n, len)函数用于从字符串 s 的第 *n* 个位置开始获取长度为 len 的字符串。

例 5.13　使用 SUBST RING( )函数返回字符串'hello'中从第 2 个字符开始的 4 个字符。

在 MySQL 命令行客户端输入 SQL 语句如下：

```
mysql> SELECT  SUBSTRING('hello', 2，4);
```

执行结果如下：

```
+------------------------------------+
| SUBSTRING('hello'，2，4)           |
+------------------------------------+
|  ello                              |
+------------------------------------+
1 row in set <0.02 sec>
```

5.3.4　日期和时间函数

日期和时间函数也是 MySQL 中最常用的函数之一，其主要用于对表中的日期和时间数据进行处理。这里介绍几个常用的日期和时间函数。

1．CURDATE( )和 CURRENT__DATE( )函数

CURDATE( )和 CURRENT__DATE( )函数可用于获取当前日期。

例 5.14　使用 CURDATE( )和 CURRENT__DATE( )函数分别获取当前日期。

在 MySQL 命令行客户端输入 SQL 语句如下：

```
mysql> SELECT CURDATE( )，CURRENT_DATE( );
```

执行结果如下：

```
+--------------------+-------------------------+
| CURDATE( )         | CURRENT_DATE( )         |
+--------------------+-------------------------+
|   2024-02-10       | 2024-02-10              |
+--------------------+-------------------------+
1 row in set <0.05 sec>
```

2．CURTIME( )和 CURRENT_TIME( )函数

CURTIME( )和 CURRENT_TIME( )函数可用于获取当前时间。

例 5.15　使用 CURTIME( )和 CURRENT__TIME( )函数分别获取当前时间。

在 MySQL 命令行客户端输入 SQL 语句如下：

mysql> SELECT CURTIME( )，CURRENT_TIME( );

执行结果如下：

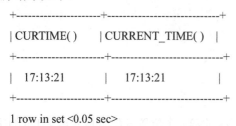

```
+---------------------+----------------------------+
| CURTIME( )      | CURRENT_TIME( )   |
+---------------------+----------------------------+
|   17:13:21          |     17:13:21               |
+---------------------+----------------------------+
1 row in set <0.05 sec>
```

3. NOW( )函数

NOW( )函数可以获取当前日期和时间。CURRENT_TIMESTAMP()、LOCALTIME()、SYS- DATE( )和 LOCALTIMESTAMP( )函数也同样可以获取当前日期和时间。

例 5.16 使用 NOW( )、CURRENT_TIMESTAMP( )、LOCALTIME( )、SYSDATE( )和 LOCAL TIMESTAMP( )函数分别获取当前日期和时间。

在 MySQL 命令行客户端输入 SQL 语句如下：

```
mysql>SELECT
NOW( )，CURRENT_TIMESTAMP( )，LOCALTIME( )，SYSDATE( )，LOCALTIMESTAMP( );
```

执行结果略。

5.3.5 其他函数

MySQL 中除了上述介绍的几类内置函数外，还包含其他很多函数。例如，条件判断函数用于在 SQL 语句中进行条件判断，系统信息函数用于查询 MySQL 数据库的系统信息等。这里介绍几个常用的函数。

1. IF(expr, v1, v2)函数

IF(expr, v1, v2)函数是一种条件判断函数，其表示的是如果表达式 expr 成立，则执行 v1，否则执行 v2。

例 5.17 查询表 tb_score，如果分数字段(score)的值大于 85，则输出“优秀”，否则输出“一般”。

在 MySQL 命令行客户端输入 SQL 语句如下：

mysql>SELECT studentNo，courseNo，score, IF(score>85，'优秀'，'一般')level FROM tb_score;

执行结果略。

2. IFNULL(v1, v2)函数

IFNULL(v1，v2)函数也是一种条件判断函数，其表示的是如果表达式 v1 不为空，则显示 v1 的值，否则显示 v2 的值。

例 5.18 下面使用 IFNULL( )函数进行判断。

在 MySQL 命令行客户端输入 SQL 语句如下：

```
mysql>SELECT  IFNULL(1/0，'空');
```

执行结果如下：

```
+-----------------------------------+
| IFNULL(1/0，'空')                 |
+-----------------------------------+
| 空                                |
+-----------------------------------+
1 row in set <0.00 sec>
```

3. VERSION( )函数

VERSION( )函数是一种系统信息函数，用于获取数据库的版本号。

例 5.19　使用 VERSION( )函数获取当前数据库的版本号。

在 MySQL 命令行客户端输入 SQL 语句如下：

```
mysql> SELECT VERSION( );
```

执行结果如下：

```
+-----------------------------------+
|VERSION( )                         |
+-----------------------------------+
| 5.0.51 b-community-nt-log         |
+-----------------------------------+
1 row in set <0.00 sec>
```

小　　结

标准 SQL 是介于关系代数和关系演算之间的语言，它集数据定义语言(DDL)、数据查询(DQL)、数据操纵语言(DML)、数据控制语言(DCL)于一体，充分体现了关系数据库语言的特点，是一种综合的、通用的、功能极强又简洁易学的关系数据库语言。其中，DDL 负责数据库的定义，提供一种数据定义机制，用来定义数据库的特征或数据的逻辑结构；DQL 负责查询数据库中的数据，是最基本和最常用的部分；DML 负责数据库的操作，提供一种处理数据库操作的机制；DCL 负责控制数据库的完整性和安全性，提供一种检验完整性和保证安全的机制。

本章系统地、详尽地讲解了 SQL 语言的数据定义、数据查询、数据操纵、数据控制语言，SQL 语言的数据查询功能是最丰富，也是最复杂的，读者应勤加练习，才能够灵活运用。

习　　题

一、选择题

SQL 语言又称为________________。

A. 结构化定义语言　B. 结构化控制语言　C. 结构化查询语言　D. 结构化操纵语言

二、编程题

1．请使用 FLOOR(x)函数求小于或等于 5.6 的最大整数。

2．请使用 TRUNCATE(x，y)函数将数字 1.987 528 95 保留到小数点后 4 位。

3．请使用 UPPER( )函数将字符串'welcome'转换成大写形式。

三、简答题

请解释 SQL 语言的组成。

应用篇　MySQL应用实践

第 6 章　MySQL 的安装与配置

数据库技术是计算机科学的重要组成部分，也是信息管理的技术依托，主要用于研究如何向用户提供具有共享性、安全性和可靠性数据的方法。数据库技术解决了计算机信息处理过程中有效地组织和存储海量数据的问题。而大数据的发展更是将数据库技术的应用平台推上一个新的高度。数据库的建设规模、数据信息的存储容量和处理能力已成为衡量一个国家现代化程度的重要标志之一。

具体来说，数据库技术包括数据库系统、SQL 语言、数据库访问技术等。如 MySQL、Oracle、SQL Server 和 DB2 等都是目前常用的数据库管理系统软件。尤其是 MySQL 已经成为目前软件行业市场份额增长最快的数据库软件。

本章主要介绍 MySQL 数据库的基本知识，内容包括 MySQL 概述、安装与配置、服务器启动与关闭、客户端管理工具等。

6.1　MySQL 概述

MySQL 概述

数据库经过几十年的发展，出现了多种类型，根据数据的组织结构不同，主要分为网状数据库、层次数据库、关系型数据库和非关系型数据库四种。目前，最常见的数据库类型主要是关系型数据库和非关系型数据库。

6.1.1　数据库的分类

数据库的分类可以根据多个不同的维度来进行，包括管理数据的模型、应用的环境、存储的架构等。根据数据模型的不同，数据库可以分为关系型数据库、非关系型数据库。

1. 关系型数据库

关系型数据库模型是将复杂的数据结构用较为简单的二元关系(二维表)来表示，如表 6-1 所示。在该类型数据库中，对数据的操作基本上都建立在一个或多个表格上，我们可以采用结构化查询语言(SQL)对数据库进行操作。关系型数据库是目前主流的数据库技术，其中具有代表性的数据库管理系统有 Oracle、DB2、SQL Server、MySQL 等。

表 6-1　关系型数据库的存储方式

学号	姓名	性别	年龄
S013	丁力	男	18
S014	金舟	女	19
S015	李雨凡	女	20
S016	洪亮	男	19

编号	学号	课程	成绩
1	S013	英语	78
2	S013	高数	89
3	S014	高数	64
4	S015	体育	90

2. 非关系型数据库

非关系型数据库(Not Only SQL，NoSQL)泛指非关系型数据库。关系型数据库在超大规模和高并发的 Web 2.0 纯动态网站中已经显得力不从心，并且暴露出了很多难以克服的问题。非关系型数据库的产生就是为了解决大规模数据集合多重数据种类带来的挑战，尤其是大数据应用难题。常见的非关系型数据库管理系统有 MongoDB、Redis、Neo4j 等。

3. 常见的关系型数据库

虽然非关系型数据库的优点很多，但是因为其并不提供 SQL 支持、学习和使用成本较高并且无事务处理功能，所以本书重点讲述关系型数据库。下面我们将简要地介绍常用的关系型数据库管理系统。

(1) Oracle。Oracle 数据库是由美国甲骨文公司开发的世界上第一款支持 SQL 语言的关系型数据库。经过多年的完善与发展，Oracle 数据库已经成为世界上最流行的数据库，它也是甲骨文公司的核心产品。Oracle 数据库具有很好的可移植性。Oracle 能在所有的主流平台上运行，并且性能好、安全性高、风险低；但是它对硬件的要求很高，管理、维护和操作比较复杂而且价格昂贵，因此其一般用于银行、金融、保险等行业的大型数据库中。

(2) DB2。DB2 是 IBM 公司著名的关系型数据库产品。DB2 无论稳定性、安全性、恢复性等都无可挑剔，而且从小规模到大规模的应用都可以使用，但是它用起来非常烦琐，比较适合大型分布式应用系统。

(3) SQL Server。SQL Server 是由 Microsoft 开发和推广的关系型数据库。SQL Server 的功能比较全面、效率高，可以作为中型企业或单位的数据库平台。SQL Server 可以与 Windows 操作系统紧密结合，无论是应用程序开发速度还是系统事务处理运行速度都能得到大幅度提升。但是，SQL Server 只能在 Windows 系统下运行。

(4) MySQL。MySQL 是一种开放源代码的轻量级关系型数据库，MySQL 数据库使用最常用的结构化查询语言(SQL)对数据库进行管理。由于 MySQL 是开放源代码的，因此任何人都可以在 General Public License 的许可下下载并根据个人需要对其缺陷进行修改。由于 MySQL 数据库具有体积小、速度快、成本低、开放源代码等优点，现已被广泛应用于互联网上的中小型网站中，并且大型网站也开始使用 MySQL 数据库，如网易、新浪等。

6.1.2　MySQL 数据库的发展背景

MySQL 数据库起源于 1979 年，最初是由瑞士的 MySQL AB 公司开发的，在 2008 年被 Oracle 公司收购。MySQL 数据库的发展背景主要包括以下几个重要阶段：

(1) MySQL 的早期版本(1994 年—2000 年)。这时的 MySQL 还是一个小型的数据库，主要用于学术研究。

(2) MySQL 4.0 和 4.1 版本(2000 年—2008 年)。这时的 MySQL 已经开始商业化，并且开始被广大开发者所接受。

(3) MySQL 5.0 及以后版本(2008 年至今)。Oracle 收购 MySQL AB 后，发布了 MySQL 5.0 版本，这是 MySQL 历史上的一个重要变迁点，引入了许多新的特性，如存储过程、触发器、视图和事务性复制等。随后，MySQL 逐渐发展成为了一个成熟的关系型数据库系统。

(4) MySQL 8.0 及以后版本(2018 年至今)。MySQL 8.0 版本引入了重要的新特性，如更好的性能、更好的默认设置、新的数据类型、原生 JSON 类型支持、窗口函数等。

本书采用 2020 年 4 月发布的 MySQL 8.0.20 版本编写。

6.1.3 MySQL 数据库的使用优势

MySQL 数据库的应用非常广泛，尤其是在 Web 应用方面。因此，MySQL 数据库的市场份额迅速增长。许多大型网站之所以选择使用 MySQL 数据库来存储数据，主要是因为其具有以下优势。

(1) MySQL 数据库是开放源代码的数据库。任何人都可以获取 MySQL 数据库的源代码，可以修改 MySQL 数据库的缺陷，并以任何目的来使用该数据库。MySQL 数据库作为一款自由的软件，完全继承了自由软件基金会(GNU)的思想，这也保证了 MySQL 数据库是一款可以自由使用的数据库。

(2) MySQL 数据库具有跨平台性。MySQL 不仅可以在 Windows 系列的操作系统上运行，还可以在 UNIX、Linux 和 Mac OS 等操作系统上运行。许多网站都选择 UNIX 和 Linux 作为网站的服务器，因此 MySQL 数据库的跨平台性保证了其在 Web 应用方面的优势。对比而言，Microsoft 公司的 SQL Server 数据库是一款非常优秀的商业数据库，尤其是其可视化平台的操作是一个突出的优势，但 SQL Server 数据库只能用在 Windows 操作系统上。

(3) MySQL 具有价格优势。MySQL 数据库是一款自由软件，社区版本的 MySQL 数据库软件都是免费使用的，即使是需要付费的附加功能，其价格也是很便宜的。相对于 Oracle、SQL Server 和 DB2 这些价格昂贵的商业软件，MySQL 数据库具有绝对的价格优势。

(4) 功能强大、使用方便。MySQL 数据库是一个多用户、多线程的 SQL 数据库服务器，它是 C/S 结构的实现，由一个服务器守护程序 mysqlld 和很多不同的客户程序以及库组成。MySQL 数据库能够快速、有效和安全地处理大量的数据。相对于 Oracle 数据库来说，MySQL 数据库的使用是非常简单的。MySQL 能够快速、有效和安全地处理大量的数据，并达到快速、健壮和易用的目标。

6.1.4 MySQL 的系统特性

MySQL 数据库的市场份额快速增长，源于其自身的优势，其具体优势如下：

(1) 使用 C 和 C++编写，并使用了多种编译器进行测试，保证源代码的可移植性。同时，为 PHP、Java、C、C++、Python、Perl、Eiffel、Ruby 和 Tcl 等多种编程语言提供了应用程序接口 API。

(2) 支持 Windows、Linux、Mac OS、AIX、FreeBSD、HP-UX、NovellNetware、OpenBSD、OS/2 Wrap 和 Solaris 等多种操作系统。

(3) MySQL 支持多线程，能够充分利用 CPU 资源。

(4) 能够自动优化 SQL 查询算法，有效地提高了信息查询速度。

(5) 能够作为一个单独的应用程序应用在客户端-服务器网络环境中，也可以作为一个库嵌入其他软件中。

(6) 提供多种自然语言支持，常见的编码如中文的 GB2312、BIG5 和国际通用转换格式 UTF-8 等都可以用作数据表名和数据列名。

(7) 提供 TCP/IP、ODBC 和 JDBC 等多种数据库连接技术。

(8) 支持多种存储引擎，提供用于管理、检查、优化数据库操作的管理工具。

(9) 具有大型数据库所有常用功能，可以处理拥有亿万条记录级的海量数据。

6.1.5 MySQL 的发行版本

MySQL 数据库版本类型多，对于低于 MySQL 5.0 的版本，官方将不再提供支持。而所有发布的 MySQL 版本(Current Generally Available Release，目前一般可用版本)已经经过严格标准的测试，可以保证其安全可靠地使用。

(1) 根据操作系统的类型来划分，大体上可以分为 Windows 版、UNIX 版、Linux 版和 Mac OS 版。因为 UNIX 和 Linux 操作系统下的版本也有很多，因此不同的 UNIX 和 Linux 版本有对应的 MySQL 版本。如果要下载 MySQL 数据库，必须要了解自己使用的操作系统，然后根据操作系统来下载相应的 MySQL 数据库。

(2) 根据发布顺序来划分，MySQL 数据库可以分为 MySQL 4.0、MySQL 5.0、MySQL 5.1、MySQL 5.7、MySQL 8.0 等系列版本。MySQL 5.7 是目前最常用(GenerallyAvailable，GA)的稳定系列版本，MySQL 8.0 版本于 2018 年发布，是目前最新的 MySQL 版本。MySQL 8.0 有许多新功能，如窗口函数、公共表表达式、CTE、批量数据导入等。此外，MySQL 8.0 还引入了一种新的加密方式“加密文件系统”，可以更好地保护敏感数据。

MySQL 的命名机制由 3 个数字和 1 个后缀组成。例如，MySQL 5.7.17 版本的含义如下：

① 第 1 个数字 5 是主版本号，描述了文件格式，即所有版本的发行版都有相同的文件格式。

② 第 2 个数字 7 是发行级别，主版本号和发行级别组合在一起便构成了发行序列号。

③ 第 3 个数字 17 是该发行系列的版本号，随着每次新发布版本而递增。

(3) 根据 MySQL 数据库的开发情况，可将其分为 Alpha、Beta、Gamma 和 Generally Available 等版本。

Alpha：处于开发阶段的版本，可能会增加新的功能或进行重大修改。

Beta：处理测试阶段的版本，开发已经基本完成，但是没有进行全面的测试。

Gamma：该版本是发行过一段时间的 Beta 版，比 Beta 版要稳定一些。

Generally Available：该版本已经足够稳定，可以在软件开发中应用。有些资料会将该版本称为 Production 版。

(4) 根据 MySQL 数据库用户群体的不同，可将其分为社区版(Community Edition)和企业版(Enterprise)。社区版是自由下载而且是免费开源的，但是没有官方的技术支持。企业版提供了最全面的高级功能、管理工具和技术支持，实现了最高水平的 MySQL 数据库可扩展功能、安全性、可靠性和无故障运行时间。MySQL 可在开发、部署和管理关键业务型 MySQL 应用程序的过程中降低风险、减少成本和减少复杂性。企业版还能够以很高的性价比为企业提供数据仓库应用，支持事务处理，提供完整的提交、回滚、崩溃恢复和行级锁定功能。但是该版本需付费使用，官方提供电话技术支持。

6.2 MySQL 服务器的安装与配置

MySQL 支持所有的主流操作平台，Oracle 公司为不同的操作平台提供了不同的版本，本节主要讲解在 Windows 平台下的安装与配置过程。

1. 下载 MySQL 软件

在安装之前，需要到 MySQL 数据库的官方网站(http://dev.mysql.com/downloads)找到要安装的数据库版本并进行下载，如图 6-1 所示。

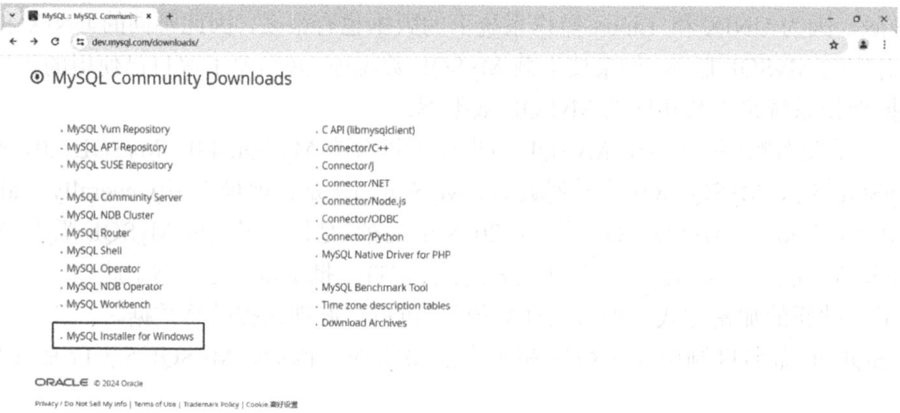

图 6-1 MySQL 官网主页

点击官网主页下方的“MySQL Installer for Windows”选项，进入版本选择界面，如图 6-2 所示。

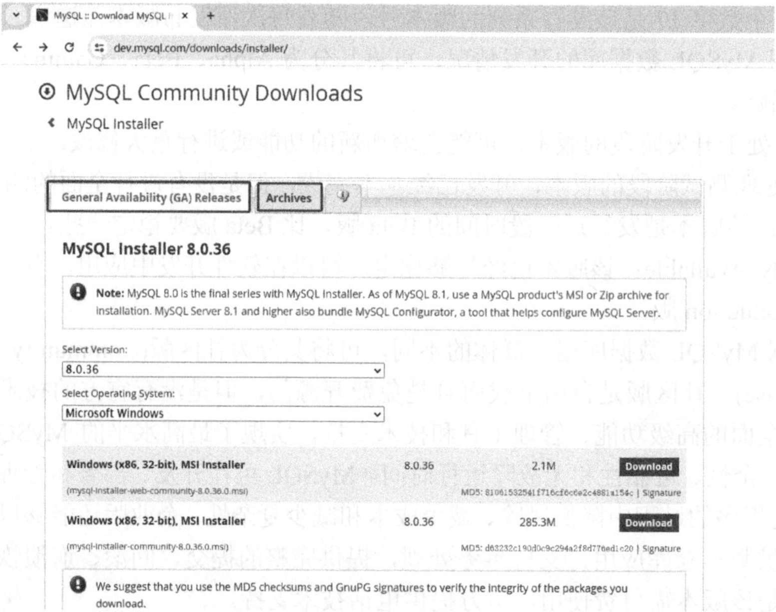

图 6-2 版本选择界面

该界面有“General Availability(GA)Releases”和“Archives”两个选项卡。“General Availability(GA)Releases”意为稳定发行版，下拉列表中包括两个主流版本，分别是 8.0.36 版和 5.7.44 版。“Archives”意为历史版本，下拉列表中包括 1 系列版本、5 系列版本和 8 系列版本。由于本书采用 8.0.20 版本编写，故此处应选择“Archives”选项卡，在下拉列表中选择 8.0.20 版本，进入软件下载界面，并点击“Download”按钮进行下载，如图 6-3 所示。

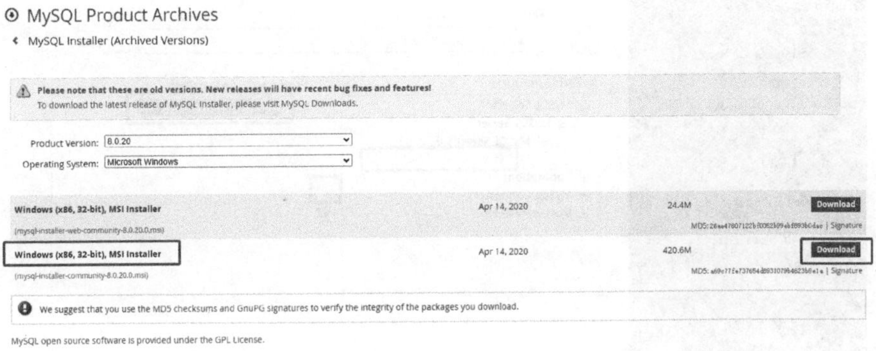

图 6-3　软件下载界面

2. MySQL 的安装与配置

根据下载路径找到下载好的 MySQL 安装程序(mysql-installer-community-8.0.20.0.msi)，安装的具体步骤如下。

(1) 双击安装程序，进入“Choosing a Setup Type(安装类型选择)”界面，其共有 4 种类型：Sever only(服务器)、Client only(客户端)、Full(全部产品)、Custom(客户安装)。此处，选中“Custom”，该类型可以根据用户自己的需求来选择安装需要的功能，然后点击“Next”按钮，如图 6-4 所示。

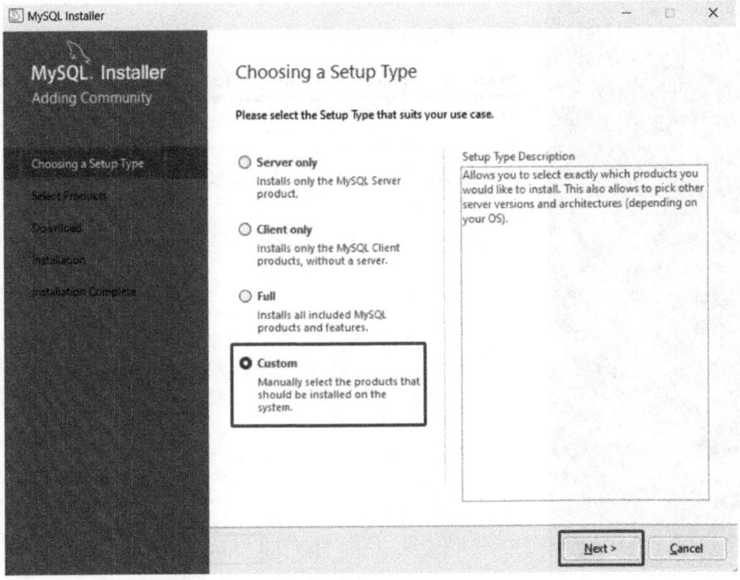

图 6-4　安装类型选择界面

(2) 进入"Select Products(安装功能选择)"界面，如图 6-5 所示，展开第一个节点"MySQL Servers"，找到并点击"MySQL Sever 8.0.20-X64"，之后向右的箭头会变成绿色，点击该绿色的箭头，将选中的产品添加到右边的待安装列表框中，然后点击"Next"按钮。

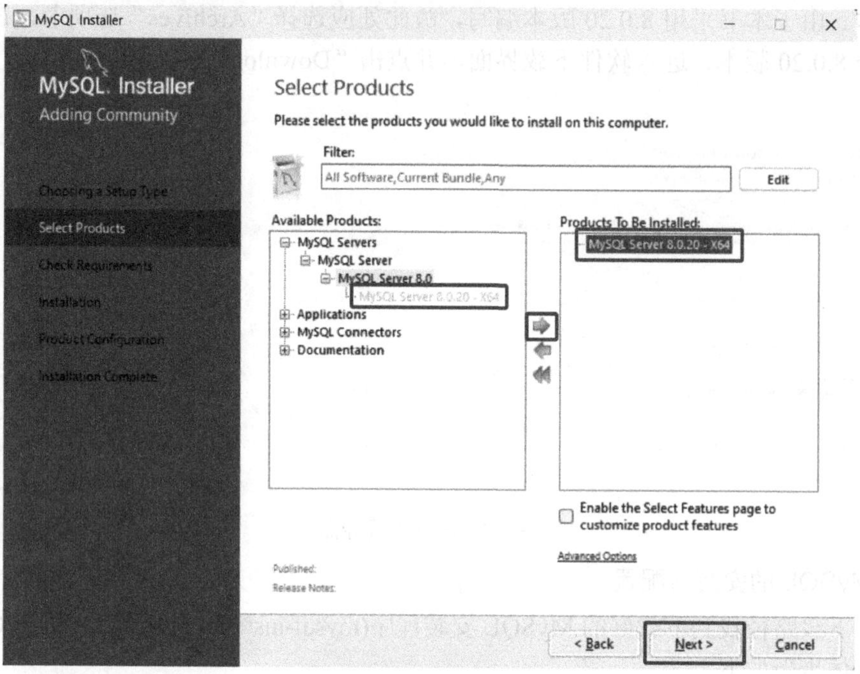

图 6-5 安装功能选择界面

(3) 进入"Check Requirements(检查环境要求)"界面，如图 6-6 所示，点击"Execute"按钮。

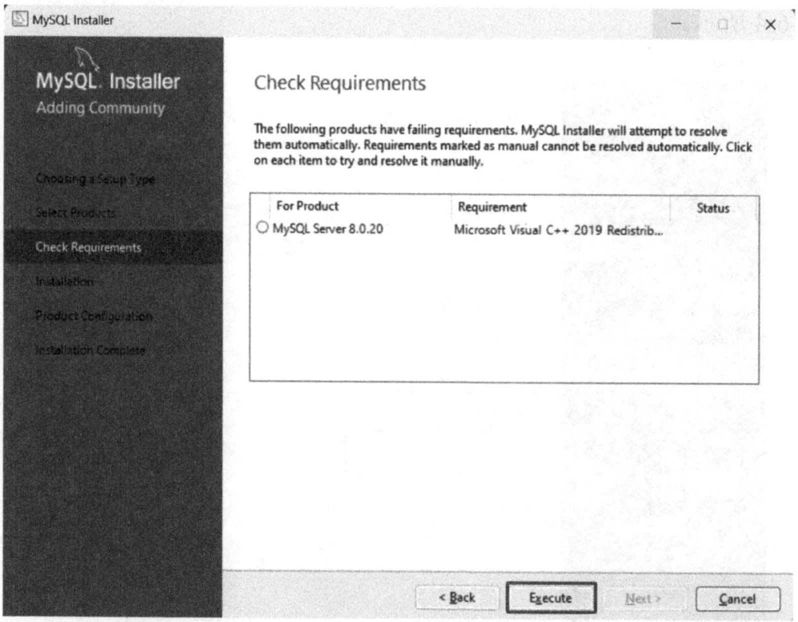

图 6-6 检查环境要求界面

(4) 如果本机缺少某种必要的软件，则会弹出必须要安装的软件的许可界面，如图 6-7 所示，选中“我同意许可条款和条件”，点击“安装”按钮。

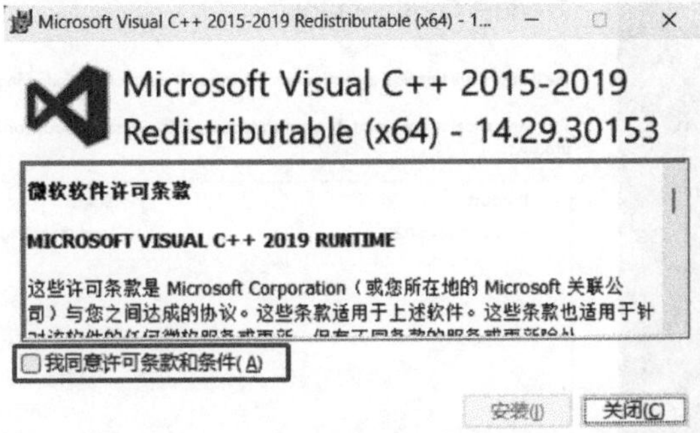

图 6-7　软件安装许可界面

(5) 必要的软件安装结束后，关闭窗口，回到“MySQL Install”界面，点击“Next”按钮。

(6) 进入“Installation(安装)”界面，点击“Execute”按钮进行安装，然后点击“Next”按钮，如图 6-8 所示。

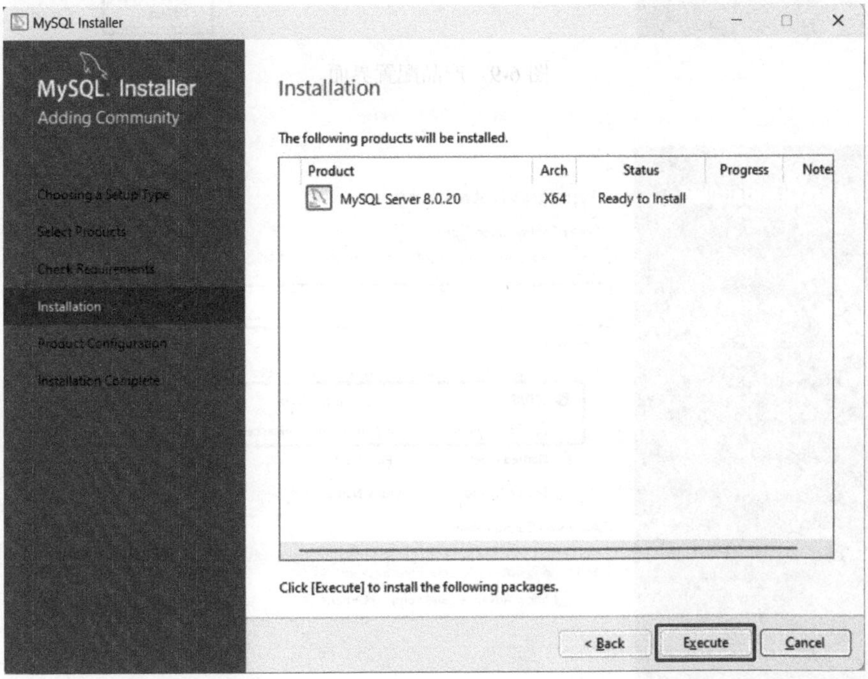

图 6-8　安装界面

(7) 进入“Product Configuration(产品配置)”界面，点击“Next”按钮，如图 6-9 所示。

(8) 进入“Type and Networking(类型及网络参数配置)”界面，进行产品类型和网络配置，“Config Type(服务器配置类型)”选择默认的“Development Computer”，不同的选择将决定系统为 MySQL 服务器分配实例资源的大小，而“Development Computer”是占用内存最少的选项。其余内容保持默认设置即可。然后点击“Next”按钮，如图 6-10 所示。

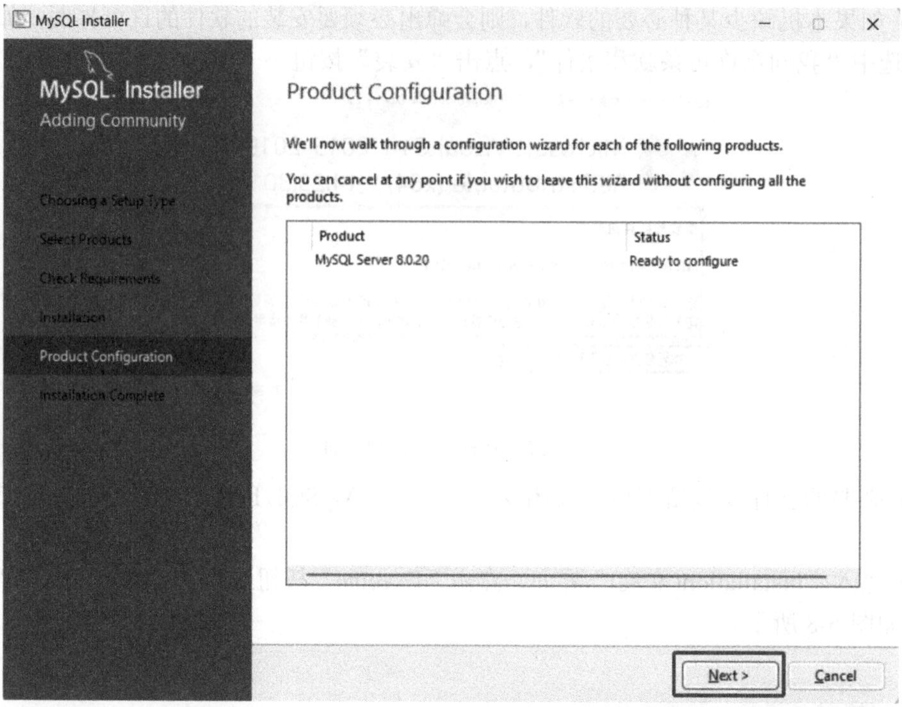

图 6-9　产品配置界面

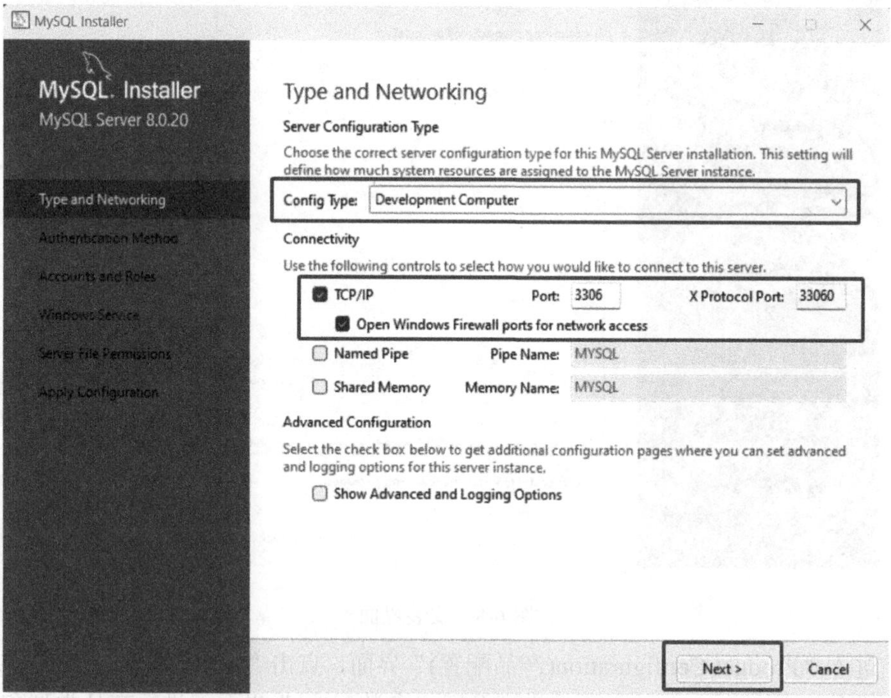

图 6-10　产品类型和网络配置界面

(9) 进入“Authentication Method(身份验证方式配置)”界面，保持默认设置即可，点击“Next”按钮，如图 6-11 所示。

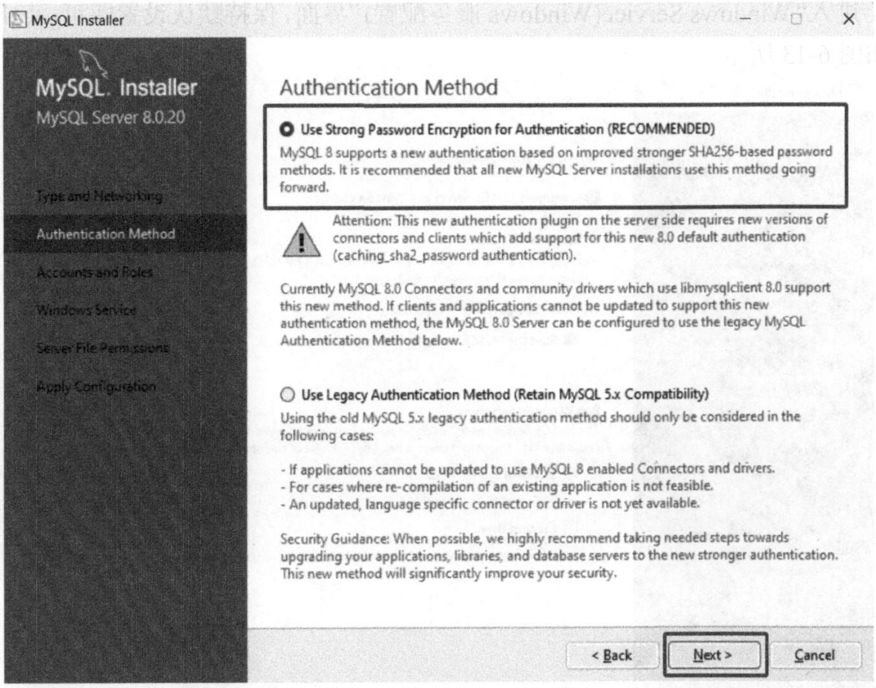

图 6-11　身份验证方式配置界面

(10) 进入“Accounts and Roles(账号和角色配置)”界面，在这里为 MySQL 的超级用户 root 设置密码，该密码非常重要，一定要准确记忆。点击“Next”按钮，如图 6-12 所示。

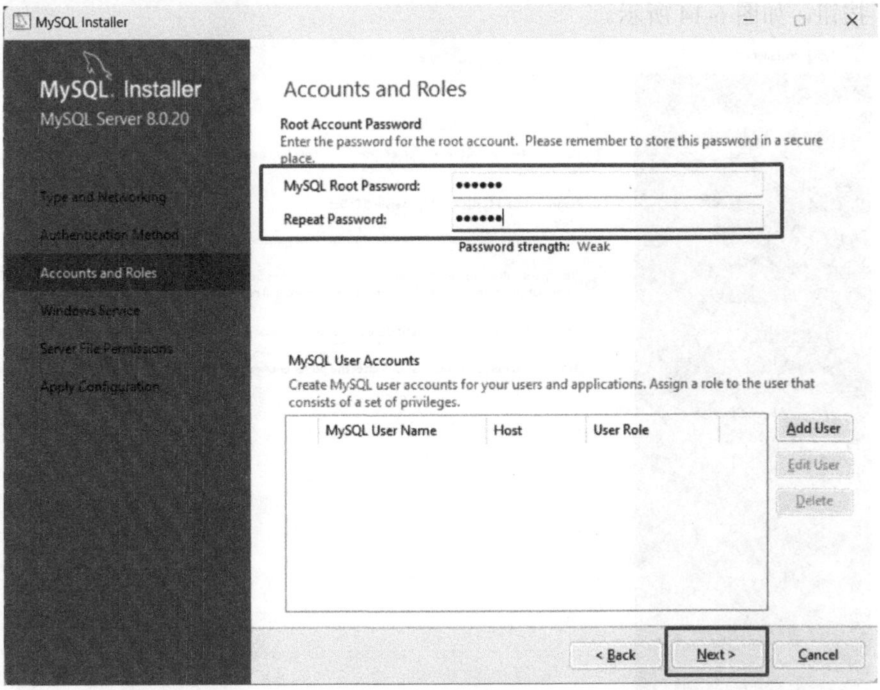

图 6-12　账号和角色配置界面

(11) 进入“Windows Service(Windows 服务配置)”界面，保持默认设置即可，点击“Next”按钮，如图 6-13 所示。

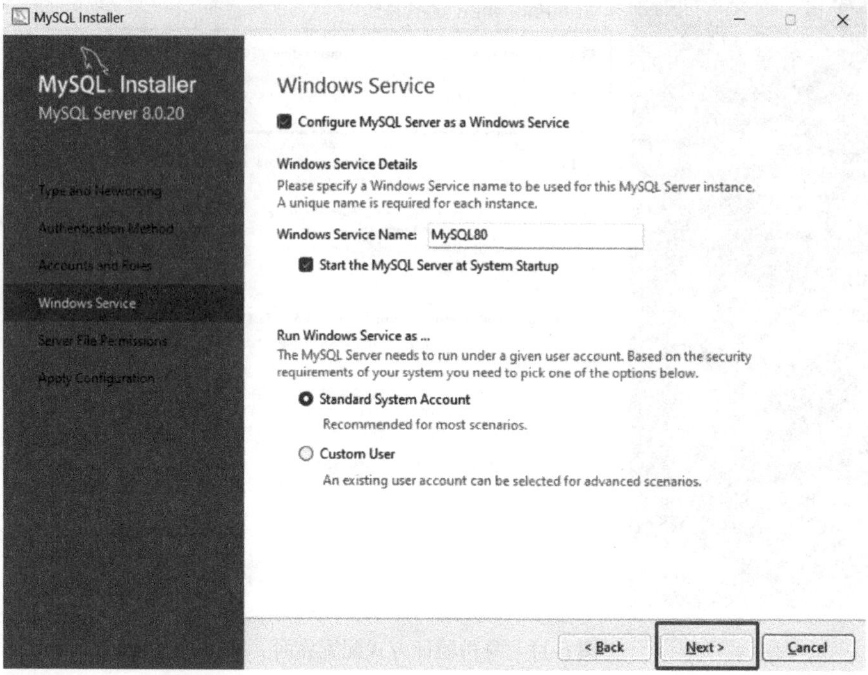

图 6-13　Windows 服务配置界面

(12) 进入“Server File Permissions(文件服务许可)”界面，保持默认设置即可，点击“Next”按钮，如图 6-14 所示。

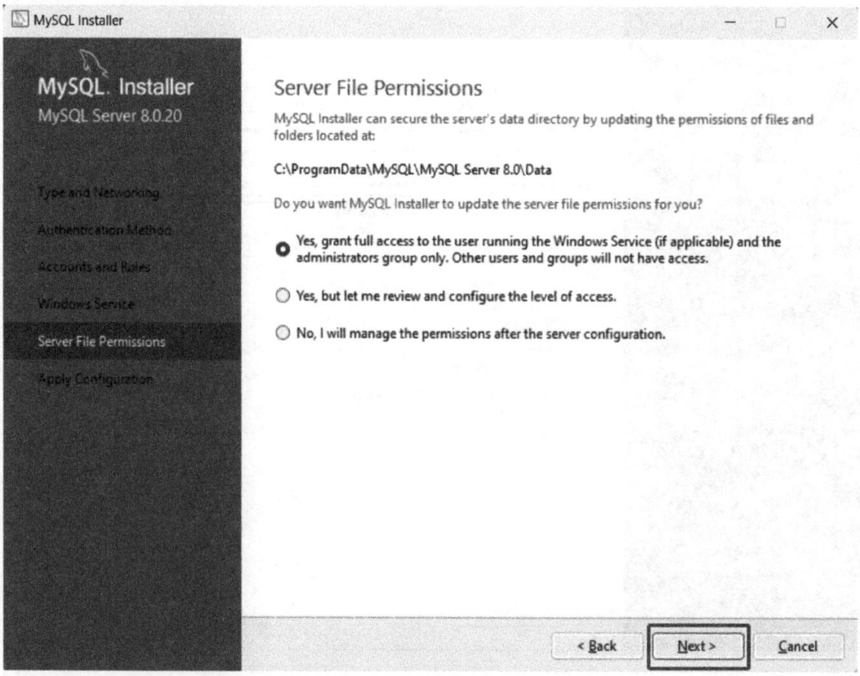

图 6-14　文件服务许可界面

(13) 进入“Apply Configuration(应用配置)”界面，点击“Execute”按钮，如图 6-15 所示，检测完毕后，点击“Finish”按钮。

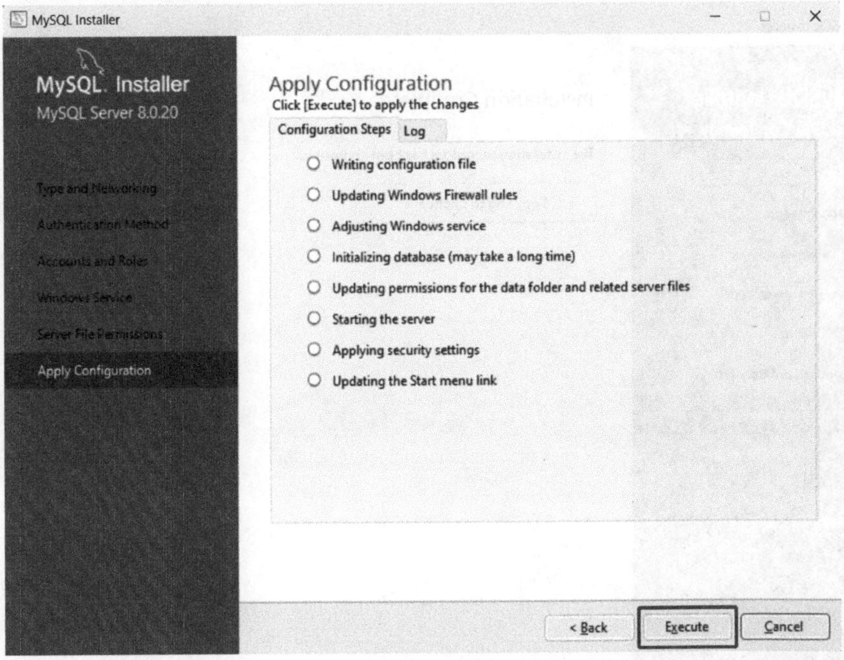

图 6-15　应用配置界面

(14) 进入“Product Configuration(产品配置)”界面，点击“Next”按钮，如图 6-16 所示。

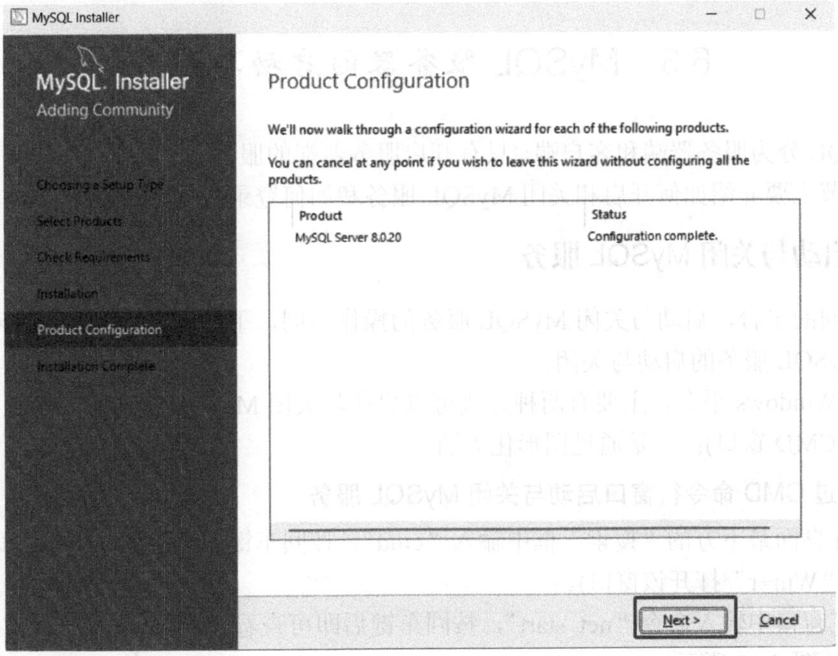

图 6-16　产品配置界面

(15) 进入“Installtion Complete(安装完毕)”界面，点击“Finish”按钮，如图 6-17 所示，到此为止，MySQL 软件的安装与配置就结束了。

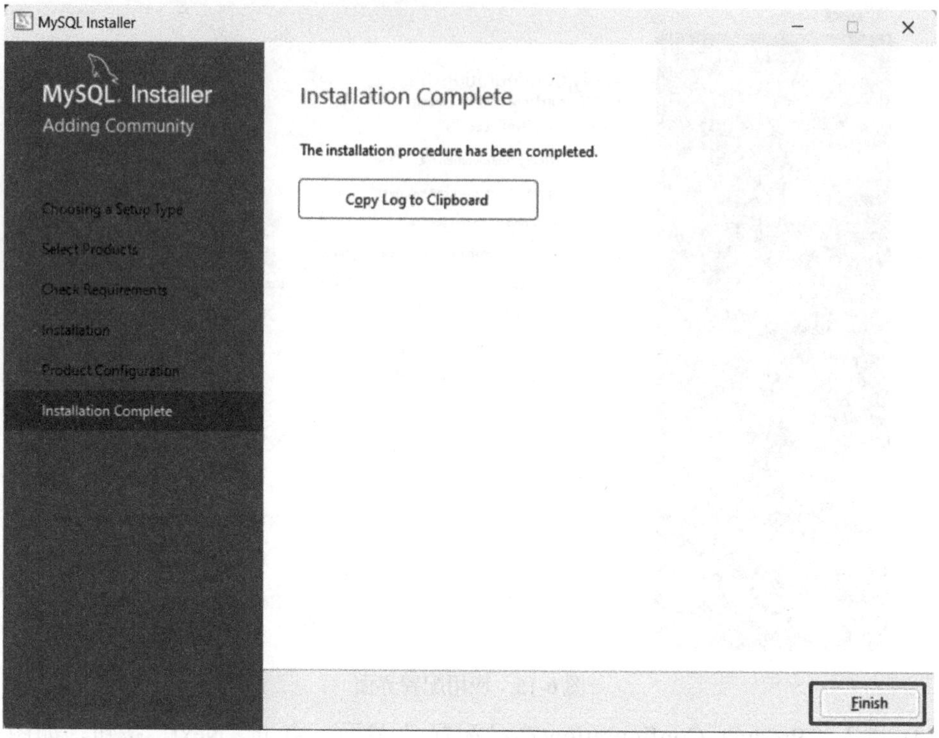

图 6-17 安装完毕界面

6.3 MySQL 服务器的启动与关闭

MySQL 分为服务器端和客户端，只有开启服务器端的服务，才能通过客户端连接到数据库。本节主要介绍如何开启和关闭 MySQL 服务和如何登录数据库。

6.3.1 启动与关闭 MySQL 服务

在不同的平台，启动与关闭 MySQL 服务的操作不同，下面主要针对 Windows 平台详细介绍 MySQL 服务的启动与关闭。

对于 Windows 平台，主要有两种方式可以启动与关闭 MySQL 服务：一是通过命令行操作窗口(CMD 窗口)；二是通过图形化界面。

1. 通过 CMD 命令行窗口启动与关闭 MySQL 服务

(1) 在桌面最下方的“搜索”框中输入“cmd”，按回车键即可进入命令行窗口(或者通过快捷键“Win+r”打开该窗口)。

(2) 在窗口中输入命令“net start”，按回车键后即可查看 Windows 系统目前已经启动的服务，如图 6-18 所示。

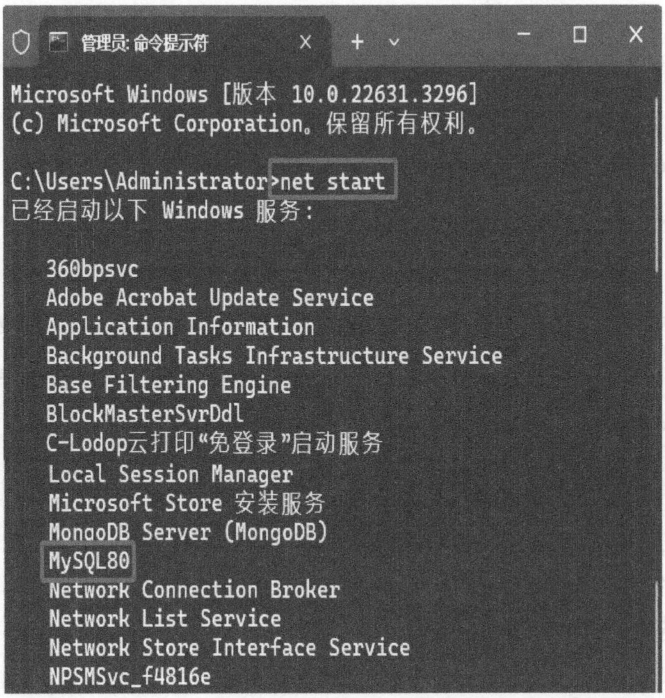

图 6-18　查看 Windows 系统已经开启的服务

如果列表中有“MySQL 80”这一项，说明该服务已经自动启动，如图 6-19 所示，MySQL 服务已经启动成功。如果没有则说明还尚未启动，需要使用命令“net start mysql80”来启动服务，如图 6-19 所示，MySQL 服务已经启动成功。

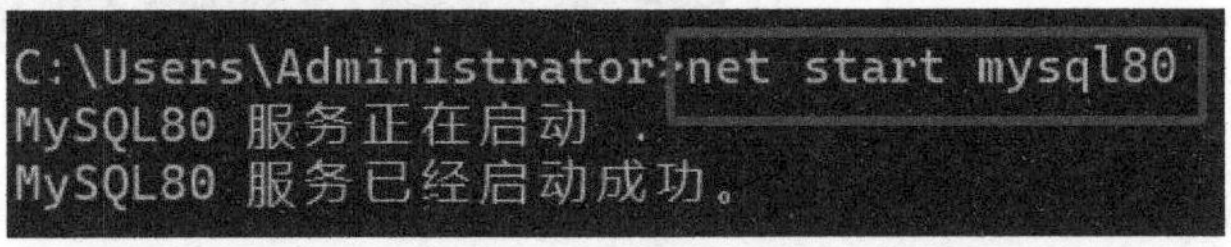

图 6-19　用命令启动 MySQL 服务

(3) 在窗口中输入命令“net stop mysql80”，执行该命令后，即可看到如图 6-20 所示的界面。

图 6-20　用命令关闭 MySQL 服务

2. 通过图形化界面启动与关闭 MySQL 服务

除了使用命令来启动、关闭 MySQL 服务外，还可以使用简便的图形化界面来更加直观地操作。

(1) 打开“控制面板”→“所有控制面板项”→“Windows 工具”→“服务”，进入服务列表窗口，如图 6-21 所示。

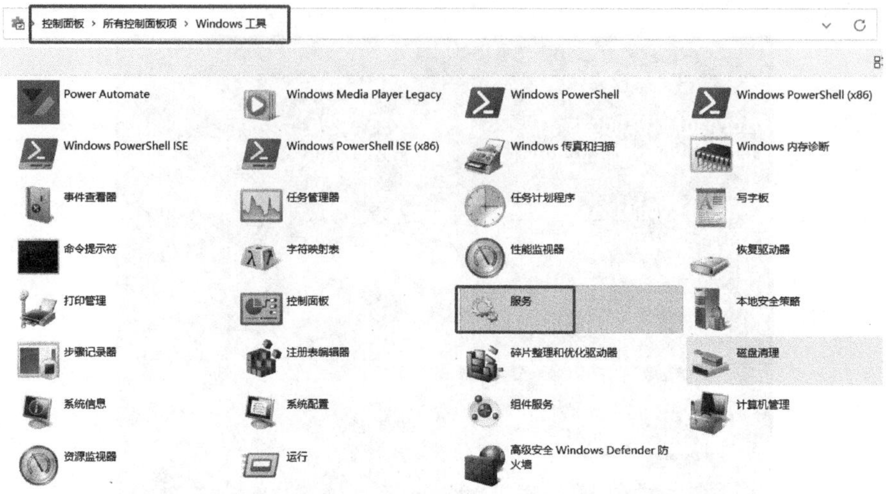

图 6-21　Windows 工具窗口

图 6-22 所示，可以看到名称为“MySQL80”的服务，启动类型为“自动”。选中 MySQL80 服务，点击左侧的“启动此服务”，或者点击鼠标右键选择“启动”选项，则可以启动该服务，此时服务状态更改为“正在运行”。

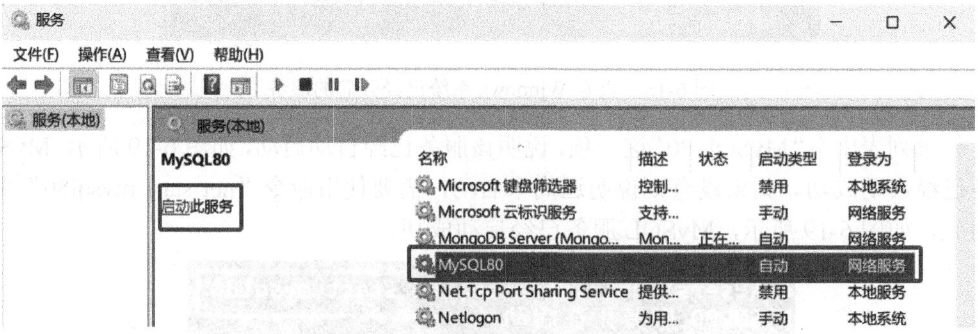

图 6-22　服务窗口启动 MySQL 服务

(2) 启动 MySQL 服务后，可以使用同样的方法来关闭该服务，即点击左侧的“停止此服务”，或者右键选择“停止”选项，如图 6-23 所示。

图 6-23　服务窗口关闭 MySQL 服务

6.3.2　登录与退出 MySQL 数据库

在启动 MySQL 服务后，就可以通过 MySQL 客户端来登录数据库了，具体操作步骤如下。

(1) 点击“开始”菜单→打开“所有应用”→“MySQL”→“MySQL 8.0 Command Line Client”，如图 6-24 所示，便可打开 MySQL 客户端。

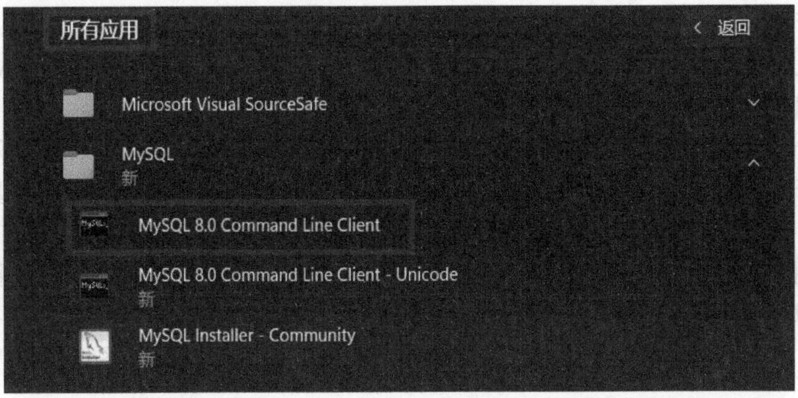

图 6-24　开始菜单打开 MySQL 客户端

该客户端是一种简单的命令行窗口，如图 6-25 所示，打开该窗口后，就会提示用户输入密码，这个密码就是安装时设置的密码。输入正确的密码，按回车键即可登录成功，登录成功后，会在客户端窗口显示 MySQL 版本的相关信息。

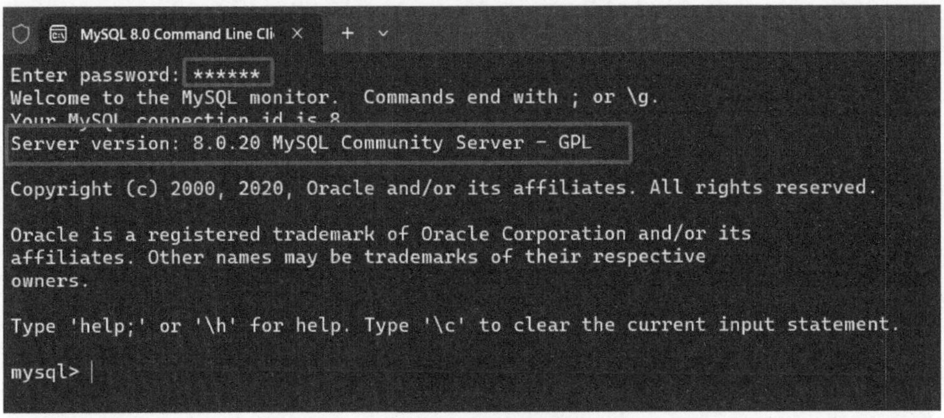

图 6-25　MySQL 客户端登录成功窗口

(2) 登录成功后，可以使用“quit”或“exit”命令退出登录，如图 6-26 所示。

图 6-26　MySQL 客户端退出登录命令

6.4 MySQL 客户端管理工具

MySQL 数据库服务器只提供命令行客户端管理工具，用于数据库的管理与维护，但是需要记住很多复杂的命令，这就导致了学习和使用的不便。所以本节主要介绍可方便操作的图形化管理工具，采用菜单方式进行操作，不需要熟练记忆操作命令。

图形化管理工具非常多，如 MySQL Workbench、phpMyAdmin、Navicat for MySQL 等。这里，我们主要介绍 Navicat for MySQL 图形化管理工具。

Navicat 是一套快速、可靠的数据库管理工具，是专为简化数据库的管理及降低系统管理成本而开发的。它的设计满足数据库管理员、开发人员，以及中小企业的需要。其中，Navicat for MySQL 为 MySQL 量身定做，它可以跟 MySQL 数据库服务器一起工作，使用了极好的图形用户界面(Graphical User Interface，GUI)，并且支持 MySQL 大多数最新的功能，可以用一种更为安全和容易的方式快速、轻松地创建、组织、存取和共享信息，支持中文。本书将以 Navicat 12 for MySQL 为例介绍 MySQL 数据库图形化管理工具的使用方法。

打开链接"https://pan.baidu.com/s/1zuvHolQdjN9JP5TF2wEp_g?pwd=b4mx"下载 Navicat 12 for MySQL 的安装程序，下载后即可安装，安装步骤如下：

(1) 双击安装程序，进入 Navicat 软件的欢迎安装界面，如图 6-27 所示，点击"下一步"按钮。

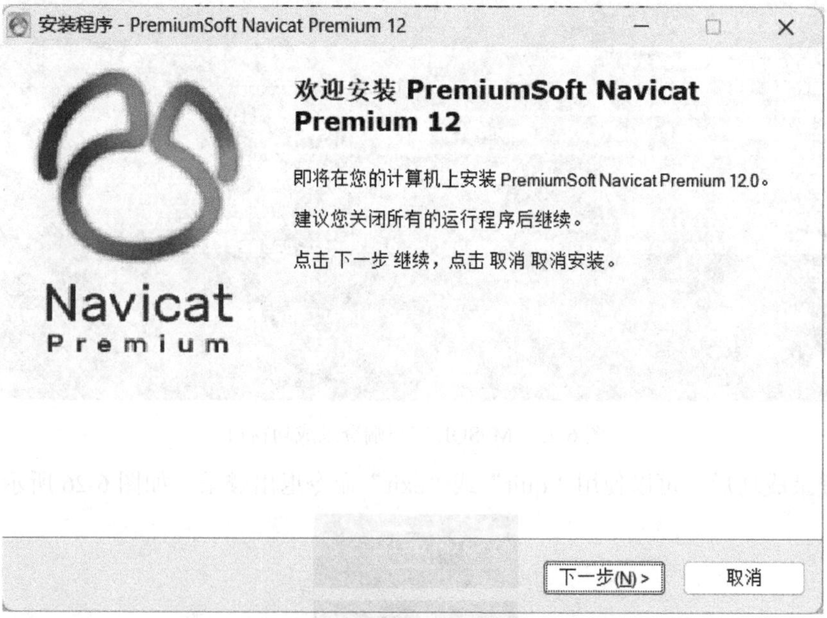

图 6-27 Navicat 欢迎安装界面

(2) 进入许可协议界面，选择"我同意"，点击"下一步"，如图 6-28 所示。

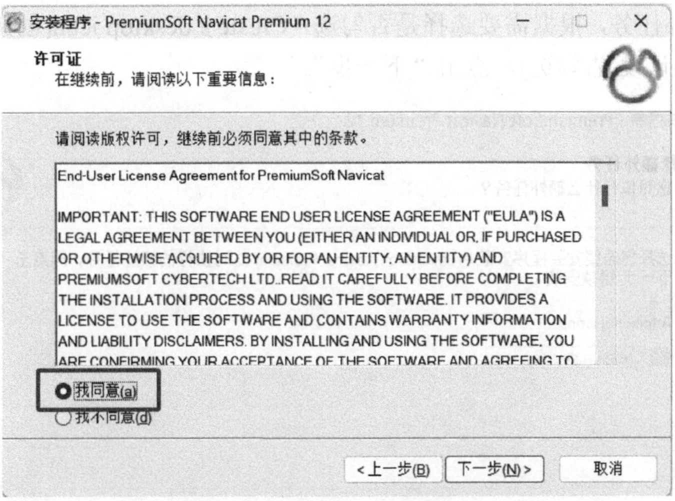

图 6-28　Navicat 许可协议界面

(3) 根据实际需要选择安装路径，如图 6-29 所示为默认路径，点击“下一步”。

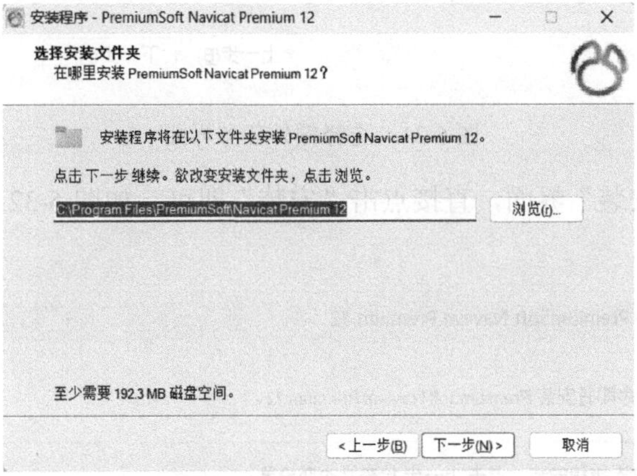

图 6-29　设置安装路径界面

(4) 根据实际需要选择开始目录，如图 6-30 所示为默认目录，点击“下一步”。

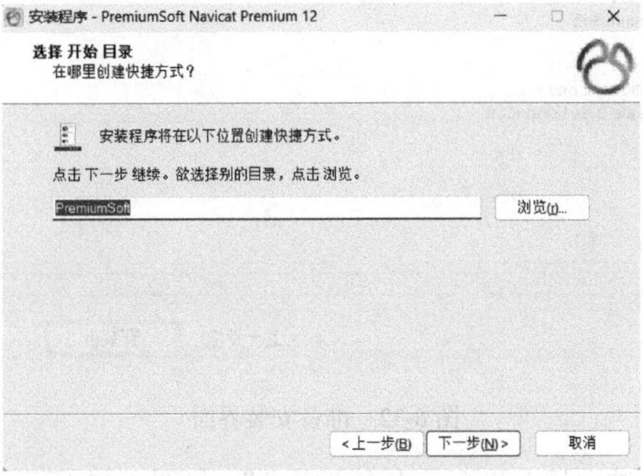

图 6-30　设置开始目录界面

(5) 选择额外任务，根据需要选择是否勾选“Create a desktop icon(创建桌面图标)”，如图 6-31 所示为默认设置(勾选)，点击“下一步”。

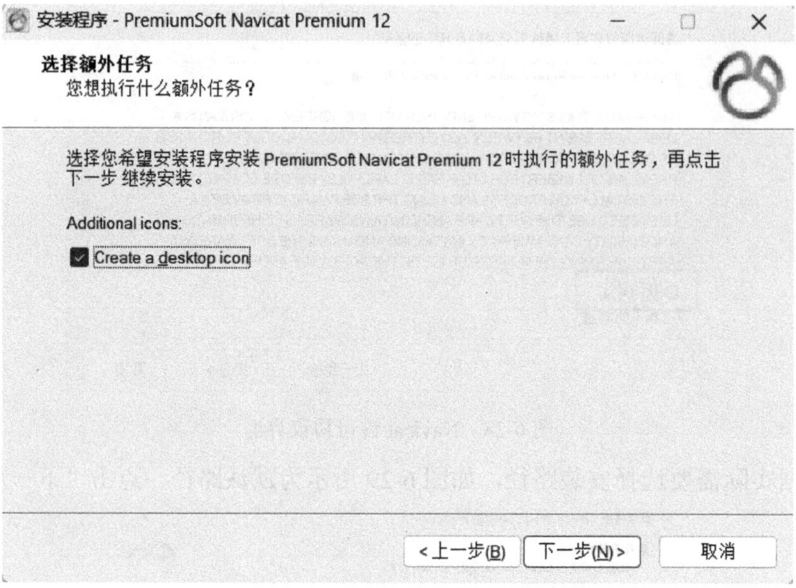

图 6-31　选择额外任务界面

(6) 进入“准备安装”界面，直接点击“安装”即可，如图 6-32 所示。

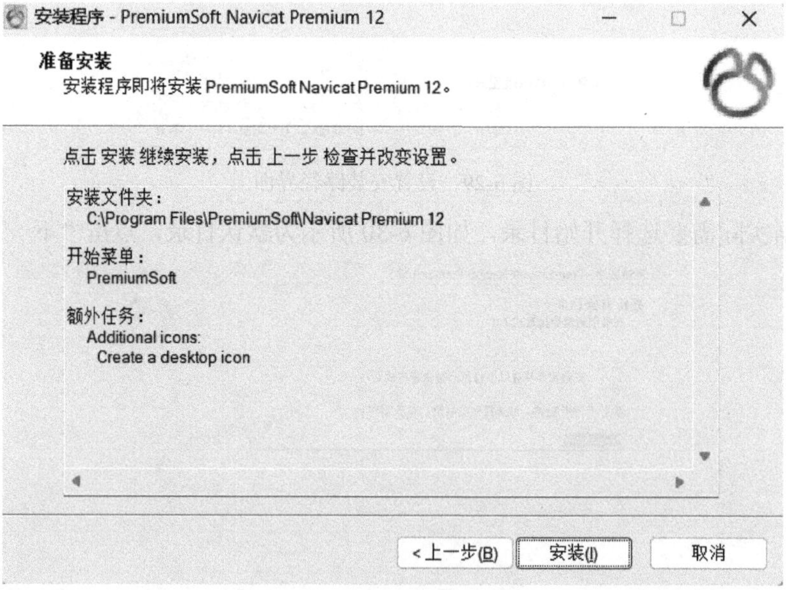

图 6-32　准备安装界面

(7) 进入“完成安装向导”界面，点击“完成”，如图 6-33 所示。

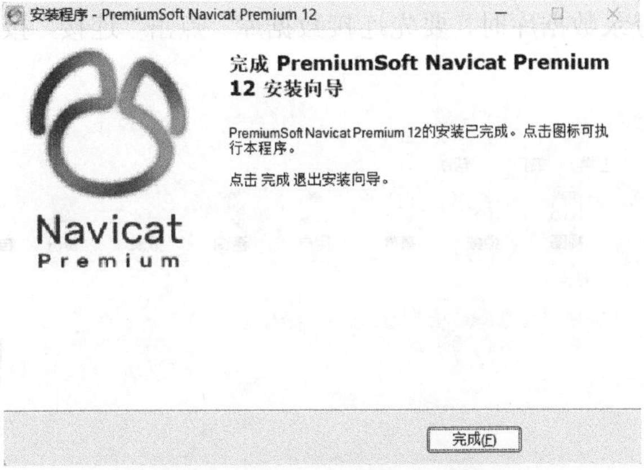

图 6-33　完成安装向导界面

(8) 程序安装完毕后，先不要打开，必须要先注册，再使用。此处，我们采用破解的方法即可。即将相应版本的破解补丁复制粘贴到 Navicat Premium 12 的安装路径下即可(能看到 navicat.exe 的那个目录)，操作方法如图 6-34 所示。

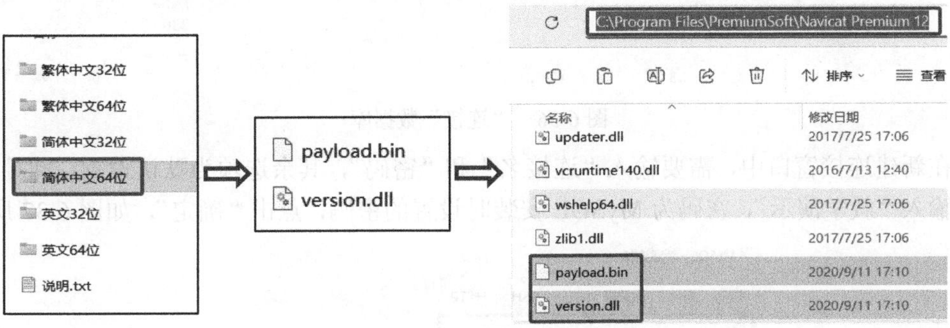

图 6-34　破解 Navicat Premium 12

(9) 程序破解成功后，点击“开始”菜单→“所有应用”→“Navicat Premium12”，打开应用程序，如图 6-35 所示。

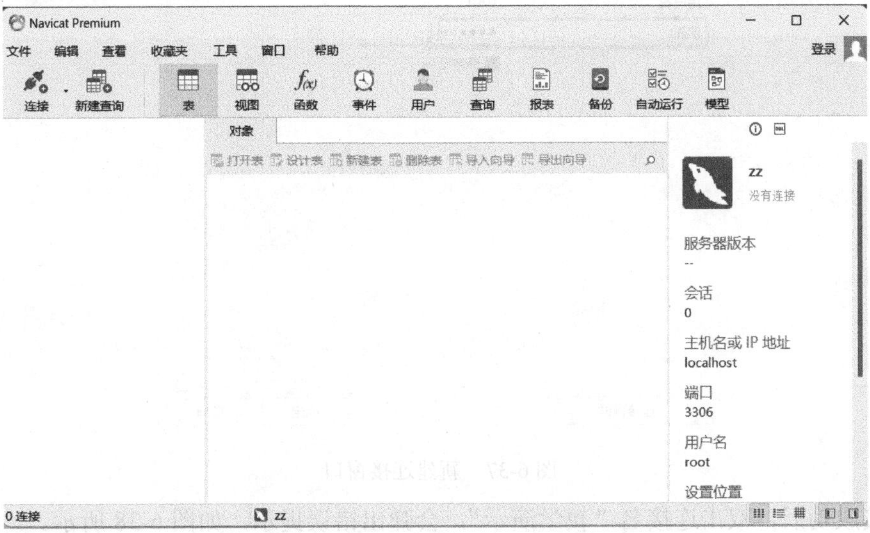

图 6-35　Navicat Premium 12 窗口界面

在使用 Navicat 登录数据库时，要先连接数据库。点击“连接”按钮，选择“MySQL”，如图 6-36 所示。

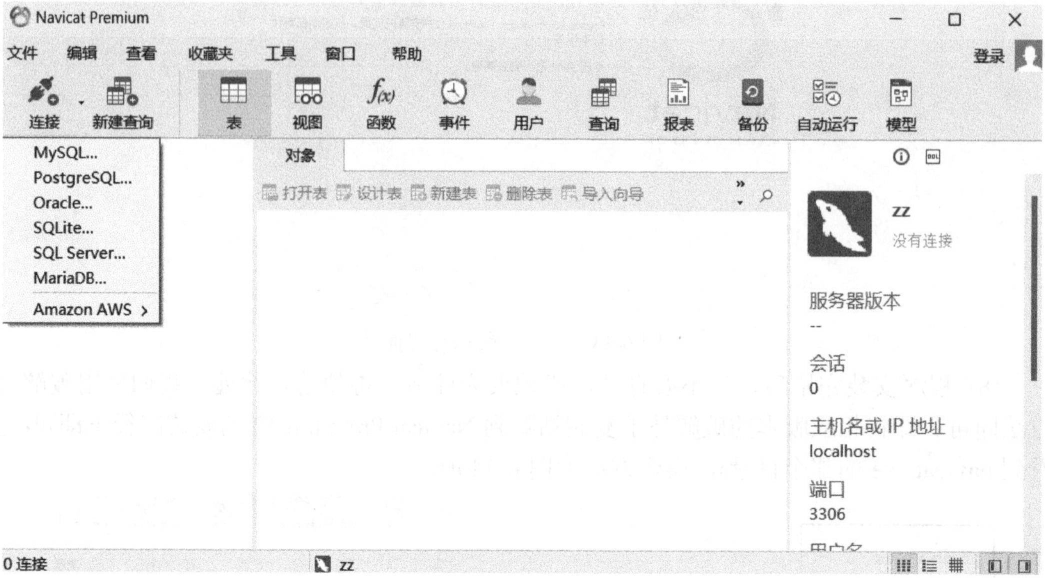

图 6-36 “连接”数据库

在新建连接窗口中，需要输入“连接名”和“密码”，其余选项为默认设置。此处，连接名输入“教学演示”，密码为 MySQL 安装时设置的密码，点击“确定”，如图 6-37 所示。

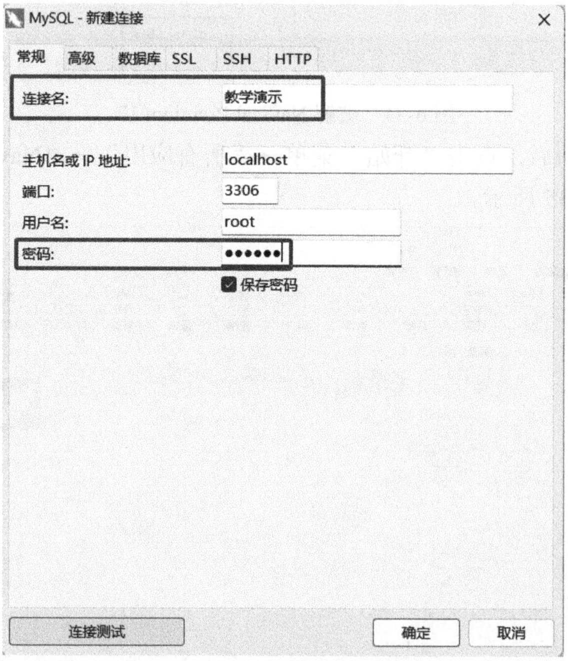

图 6-37 新建连接窗口

连接成功后，双击连接名“教学演示”，会弹出错误提示，如图 6-38 所示。

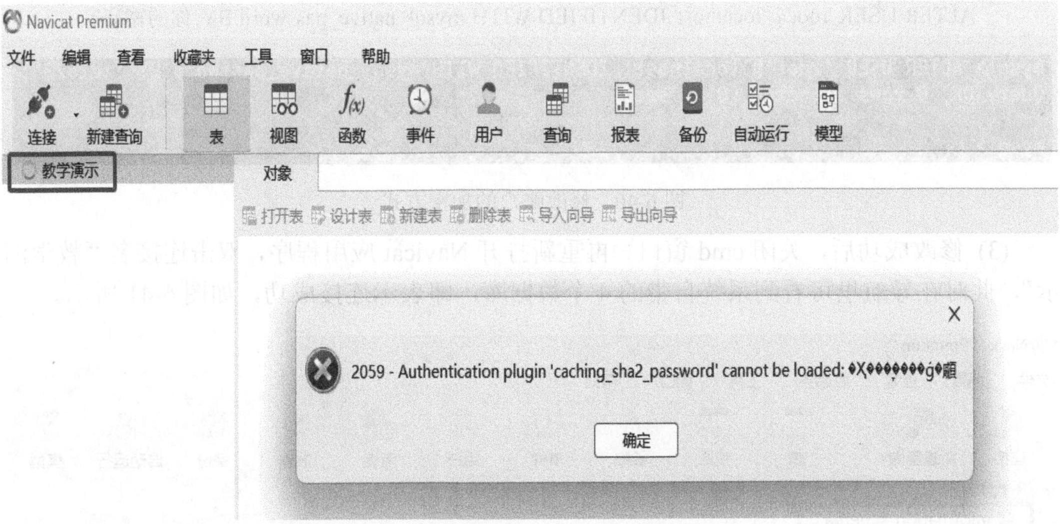

图 6-38　Navicat 连接 MySQL 的错误提示

这个错误出现的原因是在 MySQL 8 之前的版本中加密规则为 mysql_native_password，而在 MySQL 8 以后的版本中加密规则为 caching_sha2_password。解决此问题有两种方法：一种是更新 Navicat 驱动来解决此问题；另一种是将 MySQL 用户登录的加密规则修改为 mysql_native_password。此处，采取第二种方式，具体方法如下：

(1) 以管理员身份运行 cmd 窗口，输入“mysql -u root –p”命令，按回车键，输入密码后，即可进入 MySQL 数据库，如图 6-39 所示。

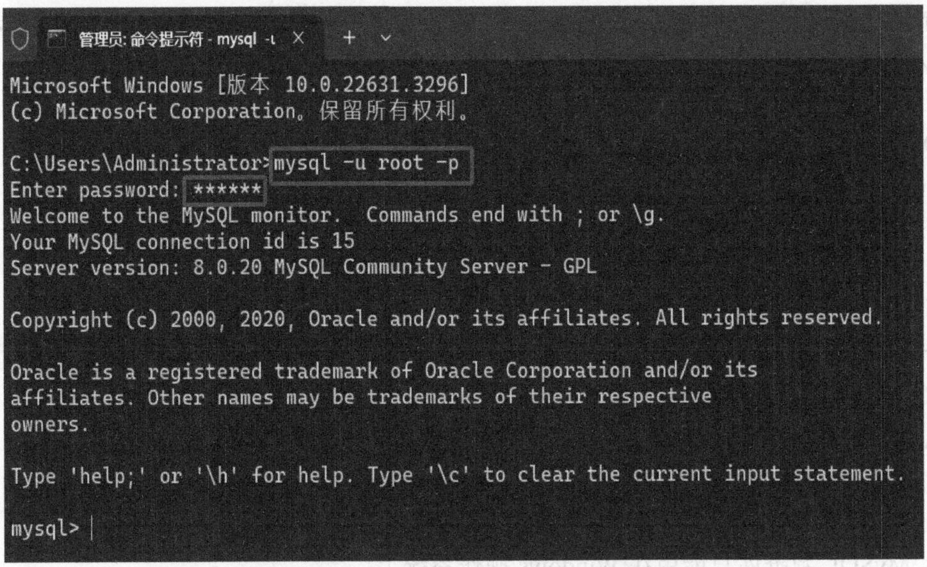

图 6-39　管理员身份进入 MySQL 数据库界面

(2) 输入如下命令，以便修改账户的加密方式为 mysql_native_password。之后出现如图 6-40 所示界面，即为成功。

ALTER USER 'root'@'localhost' IDENTIFIED WITH mysql_native_password BY '你的密码';

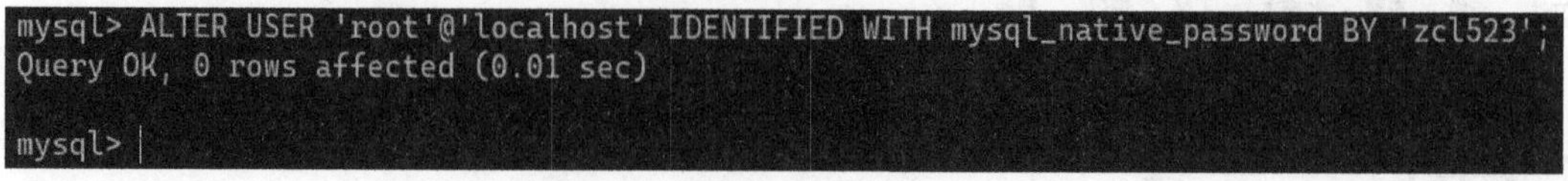

图 6-40 修改账户的加密方式

(3) 修改成功后，关闭 cmd 窗口。再重新打开 Navicat 应用程序，双击连接名“教学演示”，此时在导航里可看到系统自带的 4 个数据库，即表示连接成功，如图 6-41 所示。

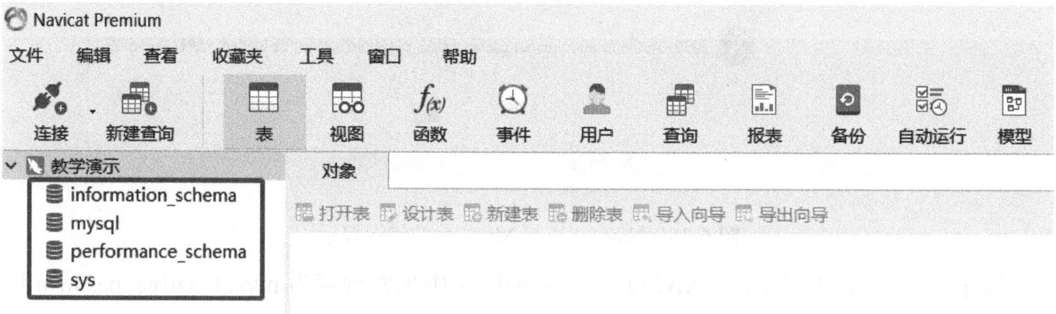

图 6-41 连接成功界面

小 结

本章介绍了数据库的分类，MySQL 数据库的发展背景、使用优势、系统特性、发行版本，以及在 Windows 平台，如何下载 MySQL 安装程序，如何进行 MySQL 的安装与配置，如何启动与关闭 MySQL 服务器，如何下载和安装 MySQL 客户端管理工具 Navicat for MySQL，以及如何进行连接设置。

习 题

一、选择题

1．以下哪个不是常见的关系型数据库(　　)。

A. SQL Server　　B. Oracle　　C.MySQL　　D. MongoDB

2．关于数据库的使用优势，以下叙述不正确的是(　　)。

A. MySQL 数据库是开放源代码的数据库

B. MySQL 数据库只能用在 Windows 操作系统上

C. MySQL 有价格优势

D. 功能强大、使用方便

3．在 cmd 命令窗口中输入(　　)命令，可以关闭 MySQL 数据库服务。

A. net stop mysql80　　B. net start mysql80

C. net stop　　D. net start

4．以下哪些不是 MySQL 图形化管理工具(　　)。

A. phpMyAdmin　　B. Management Studio

C. Navicat for MySQL　　D. MySQL Workbench

二、实战演练

1．登录 MySQL 官网，下载 MySQL 8.0 软件的安装程序。

2．在自己的电脑上安装并配置 MySQL 8.0 服务器。

3．下载并安装 Navicat for MySQL 软件。

4．在 Navicat 中连接 MySQL 数据库。

第7章 数据定义

数据库可以看作一个专门存储数据对象的容器，这里的数据对象包括表、视图、触发器、存储过程等，其中表是最基本的数据对象。在 MySQL 中，必须首先创建好数据库，然后才能创建存放于数据库中的数据对象。本章主要介绍在 MySQL 中通过使用 SQL 语句创建和操作数据库和表的方法。

7.1 定义数据库

定义数据库

安装好 MySQL 后，用户通过 MySQL 客户端工具连接并登录到 MySQL 服务器，就可以开始创建和使用数据库了，其中会涉及数据库的创建、选择、查看、修改和删除等操作。

7.1.1 创建数据库

创建数据库是在系统磁盘上划分一块区域用于数据的存储和管理。MySQL 中创建数据库的基本语法格式如下：

```
create database [if not exists] db_name
[ [default] character set charset_name]
[ [default] collate collation_name];
```

语法说明如下：

(1) 语句中“[ ]”内为可选项。

(2) db_name：数据库名。该数据库名字必须符合操作系统文件夹命名规则，且在 MySQL 中英文是不区分大小写的。

(3) if not exists：在创建数据库前进行判断，只有该数据库目前尚不存在时才执行 create database 操作。用此选项可以避免出现数据库已经存在而再新建的错误。

(4) default：指定默认的数据库字符集和字符集的校对规则。

(5) character set：用于指定数据库字符集(charset)，charset_name 为字符集名称。简体中文字符集名称为 gb2312，MySQL 8 默认的字符集为 utf8mb4。

(6) collate：用于指定字符集的校对规则，collation_name 为校对规则的名称。简体中文字符集的校对规则为 gb2312_chinese_ci，MySQL 8 默认字符集的校对规则为 utf8mb4_0900_ai_ci。

例 7.1 在 MySQL 中创建一个名为 test1 的数据库。

在 MySQL 命令行客户端输入 SQL 语句如下：

```
mysql> create database test1;
```

执行结果如下：

```
Query OK, 1 row affected (0.01 sec)
```

本例只用了最基本的语法结构，即只确定了数据库的文件名，字符集和字符集的校对规则都是默认的。

例 7.2 在 MySQL 中创建一个名为 test2 的数据库，字符集为 gbk。

在 MySQL 命令行客户端输入 SQL 语句如下：

```
mysql> create database test2 default character set gbk;
```

或者

```
mysql> create database test2 character set gbk;
```

执行结果如下：

```
Query OK, 1 row affected (0.01 sec)
```

本例在基本的语法结构基础上，加入了设置字符集的子句，两句代码的区别就是是否含有关键字 default，可以看出 default 关键字为可选项，数据库 test2 的字符集即为代码中定义好的 gbk。

如果再次创建一个名为 test2 的数据库，在 MySQL 命令行客户端输入 SQL 语句如下：

```
mysql> create database test2;
```

执行结果如下：

```
ERROR 1007 (HY000): Can't create database 'test2'; database exists
```

由于在例 7.2 中已经创建了名为 test2 的数据库，所以当再次创建同一文件名的数据库时，系统就会有报错提示“Can’t create database ‘test2’; database exists”，意为 test2 数据库已经存在，不能再创建同名文件了。可是，如果再次创建同名文件时加上“if not exists”子句，就可以避免系统报错。例如，在 MySQL 命令行客户端输入 SQL 语句如下：

```
mysql> create database if not exists test2;
```

执行结果如下：

```
Query OK, 1 row affected, 1 warning (0.00 sec)
```

该结果表示，再次创建同名数据库时，如果添加了“if not exists”子句，系统不会出现报错提示，但会有一个警告，表示该数据库已经存在。

相反地，如果创建数据库时添加了“if not exists”子句，而该数据库名并未有重复情况发生，则运行后的系统提示没有“警告”。例如，在 MySQL 命令行客户端输入 SQL 语句如下：

```
mysql> create database if not exists test3;
```

执行结果如下：

```
Query OK, 1 row affected (0.01 sec)
```

7.1.2 选择与查看数据库

使用 SQL 语句创建好数据库之后，可以选择某个数据库为当前数据库，也可以查看当前可用的数据库列表。

1. 选择数据库

在 MySQL 中，用 create database 语句创建了数据库之后，该数据库不会自动成为当前数据库，必须将其指定为当前数据库之后，才可以对该数据库及其存储的数据对象执行各种操作。那么，可以使用 use 命令将某数据库设为“当前数据库”，或者实现从一个数据库“跳转”到另一个数据库。其语法格式如下：

```
use db_name;
```

例 7.3 选择数据库 test1 作为当前数据库。

在 MySQL 命令行客户端输入 SQL 语句如下：

```
mysql> use test1;
```

执行结果如下：

```
Database changed
```

2. 查看所有数据库

在 MySQL 中，可使用 show databases 语句查看当前可用的数据库列表，其语法格式如下：

```
show databases;
```

例 7.4 查看当前用户(root)可查看的数据库列表。

在 MySQL 命令行客户端输入 SQL 语句如下：

```
mysql> show databases;
```

执行结果如下：

```
+--------------------+
| Database           |
+--------------------+
| information_schema |
| mysql              |
| performance_schema |
| sys                |
| test1              |
| test2              |
| test3              |
+--------------------+
7 rows in set (0.00 sec)
```

使用 show databases 命令，会列出当前用户权限范围内所能查看到的数据库名称。例 7.4 的执行结果所示，数据库列表中包含了本章中创建的数据库 test1、test2、test3，其他四个数据库为 MySQL 安装系统时自动创建的数据库，各数据库的作用如表 7-1 所示。

表 7-1　MySQL 系统自带数据库

数据库名称	数 据 库 作 用
information_schema	提供了访问数据库元数据的方式。其中保存着关于 MySQL 服务器所维护的所有其他数据库的信息，如数据库名、表名、表字段的数据类型与访问权限等
mysql	是 MySQL 的核心数据库。主要负责存储数据库的用户、权限设置、关键字以及 MySQL 自己需要使用的控制和管理信息等。
performance_schema	主要用于收集数据库服务器的性能参数，如提供进程等待的详细信息，包括锁、互斥变量、文件信息等；还可用于保存历史事件的汇总信息，为 MySQL 服务器性能的评判提供依据；可以新增或删除监控事件点，并可以改变 MySQL 服务器的监控周期等。
sys	是 MySQL5.7 新增的系统数据库，其在 MySQL5.7 以上版本中是默认存在的，在 MySQL5.7 以前的版本中可以手动导入。这个数据库通过视图的形式把 information__schema 和 performance__schema 结合起来，可以查询出更加令人容易理解的数据。

3．查看指定数据库

如果想要查看某个指定数据库的信息，则可以使用 show create database 语句，其语法格式如下：

```
show create database db_name;
```

例 7.5　查看数据库 test1 的信息。

在 MySQL 命令行客户端输入 SQL 语句如下：

```
mysql> show create database test1;
```

执行结果如下：

```
+----------+----------------------------------------+----------------------------------------------------
| Database | Create Database                                                                            |
+----------+----------------------------------------+---------------------------------------------------+
| test1    | CREATE DATABASE `test1` /*!40100 DEFAULT CHARACTER SET utf8mb4
COLLATE utf8mb4_0900_ai_ci */ /*!80016 DEFAULT ENCRYPTION='N' */ |
+----------+----------------------------------------+---------------------------------------------------+
1 row in set (0.01 sec)
```

从执行结果可以看到，关于 test1 数据库的一些创建信息如下：

(1) 默认字符集为 utf8mb4，字符集的校对规则为 utf8mb4_0900_ai_ci，默认的加密方式为“否”。

(2) “/*注释内容*/”为 MySQL 支持的一种注释格式，并且 MySQL 对其进行了扩展，即当在注释中使用“!”并加上版本号时，只要 MySQL 的当前版本号等于或大于该版本号，则该注释中的 SQL 语句将被 MySQL 执行。但是这种方式只适用于 MySQL 数据库。

(3) “40100”表示版本号 4.1.00，“80016”表示版本号 8.0.16。

7.1.3　修改数据库

如果在数据库创建成功后，发现数据库的字符集选择有错误，则需要手动更改数据库，其语法格式如下：

```
alter database [db_name]
[[default] character set charset_name]
[[default] collate collation_name];
```

这个语句的语法要素与 create datadase 语句类似，其使用说明如下：

(1) 数据库名称可以被省略，表示修改当前(默认)数据库。

(2) 选项 character set 和 collate 与创建数据库语句相同。

例 7.6 修改已有数据库 test1 的默认字符集和校对规则。

在 MySQL 命令行客户端输入 SQL 语句如下：

```
mysql> alter database test1 default character set gb2312 default collate gb2312_chinese_ci;
```

执行结果如下：

```
Query OK, 1 row affected (0.01 sec)
```

利用 show create 语句查看修改后的 test1：

```
mysql> show create database test1;
```

执行结果如下：

```
+----------+------------------------------------------------------------------------------------------+
| Database | Create Database                                                                          |
+----------+------------------------------------------------------------------------------------------+
| test1    | CREATE DATABASE `test1` /*!40100 DEFAULT CHARACTER SET gb2312 */
/*!80016 DEFAULT ENCRYPTION='N' */ |
+----------+------------------------------------------------------------------------------------------+
1 row in set (0.00 sec)
```

7.1.4 删除数据库

删除数据库是将已创建的数据库文件夹从磁盘空间上清除，数据库中的所有数据也将同时被删除。MySQL 中删除数据库的基本语法格式如下：

```
drop database [if exists] db_name;
```

使用说明如下：

(1) db__name 为指定要删除的数据库名称。

(2) drop database 命令会删除指定的整个数据库，该数据库中的所有表(包括其中的数据)也将被永久删除，使用该语句时 MySQL 不会给出任何提醒确认信息，因而尤其要小心，以免错误删除。另外，对该命令的使用需要用户具有相应的权限。

(3) 当某个数据库被删除之后，该数据库上的用户权限不会自动被删除，为了方便数据库的维护，应手动删除它们。

(4) 可选项 if exists 子句可以避免删除不存在的数据库时出现 MySQL 错误信息。

例 7.7 删除数据库 test3。

在 MySQL 命令行客户端输入 SQL 语句如下：

```
mysql> drop database test3;
```

执行结果如下：

```
Query OK, 0 rows affected (0.01 sec)
```

使用 show databases 查看数据库，其语法如下：

```
mysql> show databases;
```

执行结果如下：

```
+--------------------+
| Database           |
+--------------------+
| information_schema |
| mysql              |
| performance_schema |
| sys                |
| test1              |
| test2              |
+--------------------+
6 rows in set (0.00 sec)
```

由执行结果可以看到，数据库列表中已经没有名称为 test3 的数据库了，MySQL 缺省安装路径下的 test3 文件夹也被删除了。

注意：MySQL 安装后，系统会自动地创建名为 information_schema、performance_schema 和 mysql 等系统数据库，MySQL 把与数据库相关的信息存储在这些系统数据库中，如果删除了这些数据库，MySQL 将不能正常工作。

7.2　定 义 表

定义数据表

数据库成功创建后，就可以在数据库中创建数据表了。数据表是数据库中最重要、最基本的数据对象，是数据存储的基本单位。数据表被定义为字段的集合，数据在表中是按照行和列的格式来存储的，每一行代表一条记录，每一列代表记录中一个字段的取值。创建数据表的过程是定义每个字段的过程，同时也是实施数据完整性约束的过程。

7.2.1　MySQL 支持的数据类型

数据类型(Data Type)是指系统中所允许的数据的类型。数据库中每个字段都应有适当的数据类型，用于限制或允许该字段中存储的数据。例如，如果字段中存储的值为数字，则相应的数据类型应该为数值类型；如果字段中存储的是日期、文本、注释、金额等，则应该分别给它们定义恰当的数据类型。在创建表时必须为表的每个字段指定正确的数据类型及可能的数据长度。

MySQL 常用的数据类型主要有数值类型、日期和时间类型、字符串类型。

1. 数值类型

(1) bit[(m)]：位字段类型。*m* 表示值的位数，范围为 1～64。如果 *m* 被省略，默认为 1。

(2) tinyint[(m)][unsigned][zerofill]：很小的整数。带符号的范围是-128～127，无符号的范围是 0～255。([unsigned]表示无符号，带有该选项的值只能为正数；[zerofill]表示零填充，带有该选项的值可以用 0(而不是空格)来填补输出的值，如果要存储的数据长度不足以显示宽度 *m*，需要配合使用 zerofill 才会填补 0。)

(3) smallint[(m)][unsigned][zerofill]：小的整数。带符号的范围是-32 768～32 767，无符号的范围是 0～65 535。

(4) mediumint[(m)][unsigned][zerofill]：中等大小的整数。带符号的范围是-8 388 608～8 388 607，无符号的范围是 0～16 777 215。

(5) int[(m)][unsigned][zerofill]：普通大小的整数。带符号的范围是-2 147 483 648～2 147 483 647，无符号的范围是 0～4 294 967 295。

(6) integer[(m)][unsigned][zerofill]：同 int。

(7) bigint[(m)][unsigned][zerofill]：大整数。带符号的范围是-9 223 372 036 854 775 808～9 223 372 036 854 775 807，无符号的范围是 0～18 446 744 073 709 551 615。

(8) double[(m,d)][unsigned][zerofill]：普通大小(双精度)浮点数。允许的值是-1.797 693 134 862 315 7E+308～-2.225 073 858 507 201 4E－308、0 和 2.225 073 858 507 201 4E-308～1.797 693 134 862 315 7E+308。这些是理论限制，基于 IEEE 标准。实际的范围根据硬件或操作系统的不同可能稍微小些。*m* 是小数总位数，*d* 是小数点后面的位数。如果 *m* 和 *d* 被省略，根据硬件允许的限制来保存值。双精度浮点数精确到大约 15 位小数。

(9) decimal[(m[,d])][unsigned][zerofill]：压缩的“严格”定点数。*m* 是小数位数(精度)的总数，*d* 是小数点(标度)后面的位数。小数点和(负数的)“-”符号不包括在 *m* 中。如果 *d* 是 0，则值没有小数点或分数部分。decimal 整数最大位数(m)为 65。支持的十进制数的最大位数(*d*)是 30。如果省略 *d*，默认是 0。如果省略 *m*，默认是 10。

(10) dec：同 decimal。

2. 日期和时间类型

(1) date：日期型。支持的范围为'1000-01-01'到'9999-12-31'。MySQL 以'yyyy-mm-dd'格式显示 date 值，但允许使用字符串或数字为 date 列分配值。

(2) datetime：日期和时间的组合。支持的范围是'1000-01-01 00:00:00'到'9999-12-31 23:59:59'。MySQL 以'yyyy-mm-dd hh:mm:ss'格式显示 datetime 值，但允许使用字符串或数字为 datetime 列分配值。

(3) timestamp[(m)]：时间戳。范围是'1970-01-01 00:00:00'到 2037 年。timestamp 列用于 insert 或 update 操作时记录日期和时间。如果不分配一个值，表中的第一个 times-tamp 列自动设置为最近操作的日期和时间，也可以通过分配一个 null 值，将 timestamp 列设置为当前的日期和时间。timestamp 值返回后显示为'yyyy-mm-dd hh:mm:ss'格式的字符串，显示宽度固定为 19 个字符。如果想要获得数字值，应在 timestamp 列添加＋0。

(4) time：时间型。范围是'-838:59:59'到'838:59:59'。MySQL 以'hh:mm:ss'格式显示 time 值，但允许使用字符串或数字为 time 列分配值。

(5) year[(2|4)]：两位或四位格式的年，默认是四位格式。在四位格式中，允许的值是 1901～2155 和 0000。在两位格式中，允许的值是 70～69，表示从 1970 年～2069 年。MySQL

以 yyyy 格式显示 year 值，但允许使用字符串或数字为 year 列分配值。

3．字符串类型

(1) char[(m)]或 character[(m)]：固定长度的字符数据类型，用于保存以文本格式存储的信息。当保存字符串数据时，在右侧填充空格以达到指定的长度。*m* 表示列长度，其范围是 0～255 个字符。

(2) varchar[(m)]：可变长的字符数据类型，用于保存以文本格式存储的信息。*m* 表示最大列长度，其范围是 0～65 535。

(3) tinytext：最大长度为 $255(2^{8-1})$字符的 text 列。

(4) text[(m)]：最大长度为 65 535 (2^{16-1})字符的 text 列。

7.2.2 创建与查看表

在 MySQL 中，数据表创建使用 create table 语句，其基本的语法格式如下：

```
create table table_name (
    字段名 1  数据类型 1 [列级完整性约束条件][默认值],
    字段名 2  数据类型 2 [列级完整性约束条件][默认值],
    ...
    字段名 n  数据类型 n [列级完整性约束条件][默认值]
    [, 表级完整性约束条件]
);
```

语法说明如下：

(1) create table 为创建表的固定语法格式；

(2) table_name 为要创建的表名，该名称不能与数据库的关键字同名，如 create、database、table 等；

(3) 字段名为二维表中每一列的列名；

(4) 数据类型为该字段所存储的数据的类型；

(5) 完整性约束条件为可选项，指的是对字段的某些特殊约束；

(6) 表级完整性约束条件为可选项，指的是某一个字段的特殊约束；

(7) 默认值为可选项，指的是某字段默认的取值。

需要注意的是，不同字段之间的定义使用“，”隔开，但最后一个字段后面没有“，”。

例 7.8　在已有数据库 db_school 中定义学生表 tb_student，其结构如表 7-2 所示。

表 7-2　学生表 tb_student 相关信息

字段名	含义	数据类型
studentno	学号	char(10)
studentname	姓名	varchar(20)
sex	性别	char(2)
birthday	出生日期	date
native	籍贯	varchar(20)
nation	民族	varchar(10)
classno	班级号	char(6)

在 MySQL 命令行客户端输入 SQL 语句如下：

```
mysql> use db_school;
mysql> create table tb_student(
    -> studentno char(10),
    -> studentname varchar(20),
    -> sex char(2),
    -> birthday date,
    -> native varchar(20),
    -> nation varchar(10),
    -> classno char(6)
    -> );
```

执行结果如下：

```
Query OK, 0 rows affected (0.02 sec)
```

执行结果所示，首先使用 use 语句使已有的数据库 db_school 成为当前数据库，再创建学生表 tb_student，结果显示“Query OK”，即学生表成功创建。

创建好数据表之后，可以查看数据表的名称及表结构的定义，以确定表的定义是否正确。

1. 查看表的名称

在 MySQL 中，可以使用 show tables 语句来查看指定数据库中所有数据表的名称，其语法格式如下：

```
show tables;
```

例 7.9 查看数据库 db_school 中所有的表名。

在 MySQL 命令行客户端输入 SQL 语句如下：

```
mysql> show tables;
```

执行结果如下：

```
+---------------------+
| Tables_in_db_school |
+---------------------+
| tb_student          |
+---------------------+
1 row in set (0.01 sec)
```

由执行结果可以看到，该数据库中只有一个数据表 tb_student。

2. 查看表的基本结构

在 MySQL 中，可以使用 describe 语句来查看指定数据表的基本结构，其语法格式如下：

```
describe table_name;
```

语法说明如下：

(1) describe 简写为 desc；

(2) table_name 为要查看的表名。

例 7.10 查看表 tb_student 的基本结构。

在 MySQL 命令行客户端输入 SQL 语句如下：

```
mysql> desc tb_student;
```

执行结果如下：

```
+-------------+-------------+------+-----+---------+-------+
| Field       | Type        | Null | Key | Default | Extra |
+-------------+-------------+------+-----+---------+-------+
| studentno   | char(10)    | YES  |     | NULL    |       |
| studentname | varchar(20) | YES  |     | NULL    |       |
| sex         | char(2)     | YES  |     | NULL    |       |
| birthday    | date        | YES  |     | NULL    |       |
| native      | varchar(20) | YES  |     | NULL    |       |
| nation      | varchar(10) | YES  |     | NULL    |       |
| classno     | char(6)     | YES  |     | NULL    |       |
+-------------+-------------+------+-----+---------+-------+
7 rows in set (0.01 sec)
```

由执行结果可以看到，通过 describe 语句能够看到表的字段(Field)、数据类型及长度(Type)、是否允许空值(Null)、键的设置信息(Key)、默认值(Default)，以及附加信息(Extra)。

3. 查看表的详细结构

在 MySQL 中，可以使用 show create 语句不仅可以查看表的字段、数据类型及长度、是否允许空值等基本结构信息，还可以查看数据库的存储引擎，以及字符集等信息，其语法格式如下：

```
show create table table_name;
```

语法说明如下：

(1) show create table 为查看表详细结构的固定语法；

(2) table_name 为要查看的表名。

例 7.11 查看表 tb_student 的详细结构。

在 MySQL 命令行客户端输入 SQL 语句如下：

```
mysql> show create table tb_student;
```

执行结果如下：

```
+------------+------------------------------------------+
| Table      | Create Table|
+------------+------------------------------------------+
| tb_student | CREATE TABLE 'tb_student' (
  'studentno' char(10) DEFAULT NULL,
  'studentname' varchar(20) DEFAULT NULL,
  'sex' char(2) DEFAULT NULL,
  'birthday' date DEFAULT NULL,
  'native' varchar(20) DEFAULT NULL,
```

```
  'nation' varchar(10) DEFAULT NULL,
  'classno' char(6) DEFAULT NULL
) ENGINE=InnoDB DEFAULT CHARSET=utf8mb4 COLLATE=utf8mb4_0900_ai_ci |
+------------+---------------------------------------------+
1 row in set (0.00 sec)
```

7.2.3 修改与删除表

修改与删除表

表创建完成后，可能会因为某些原因需要对表的名称、字段的名称、字段的数据类型、字段的排列位置等进行修改。一种方法就是直接删除旧表，然后根据新的需求创建新表，但是如果旧表中已经存在大量数据，则会额外增加工作量；另外一种方法是使用 MySQL 中提供的“alter table”语句来修改表的相关定义，即本小节要讲解的内容。

1. 修改表名

表名是用来区分同一个数据库中不同表的依据，因此在同一个数据库中，表名具有唯一性。通过 SQL 语句“alter table”可以实现表名的修改，其语法格式如下：

```
alter table old_table_name rename [to] new_table_name;
```

语法说明如下：

(1) alter table 为修改表的固定语法格式；

(2) old_table_name 为修改前的表名；

(3) new_table_name 为修改后的表名；

(4) to 为可选项，可有可无。

例 7.12 将 tb_student 表的名称修改为 student。

在 MySQL 命令行客户端输入 SQL 语句如下：

```
mysql> alter table tb_student rename student;
```

执行结果如下：

```
Query OK, 0 rows affected (0.02 sec)
```

由执行结果可以看到，表名修改成功，可使用“show tables”语句查看一下当前数据库中的所有表，可以看到该数据库中原本的 tb_student 已经不存在了，变成了“student”。

```
mysql> show tables;
+--------------------+
| Tables_in_db_school |
+--------------------+
| student             |
+--------------------+
1 row in set (0.00 sec)
```

2. 修改字段的数据类型

1) 修改一个字段

在修改字段的数据类型时，需要明确指出要修改的是哪张表的哪个字段，要修改成哪种数据类型。修改字段的 SQL 语句是“alter table”，其语法格式如下：

```
alter table table_name modify column_name new_data_type;
```

语法说明如下：

(1) table_name 为要修改的表名；

(2) modify 为修改字段数据类型用到的关键字；

(3) column_name 为要修改的字段的名称；

(4) new_data_type 为修改后的数据类型。

例 7.13 将 student 表中的 studentno 字段的数据类型由“char(10)”修改为“char(5)”。

在 MySQL 命令行客户端输入 SQL 语句如下：

```
mysql> alter table student modify studentno char(5);
```

执行结果如下：

```
Query OK, 0 rows affected (0.05 sec)
Records: 0  Duplicates: 0  Warnings: 0
```

由执行结果可以看到，字段类型修改成功，可使用“desc”语句查看表的基本结构，原本的 studentno 字段类型变成了“char(5)”。

```
mysql> desc student;
+-------------+-------------+------+-----+---------+-------+
| Field       | Type        | Null | Key | Default | Extra |
+-------------+-------------+------+-----+---------+-------+
| studentno   | char(5)     | YES  |     | NULL    |       |
| studentname | varchar(20) | YES  |     | NULL    |       |
| sex         | char(2)     | YES  |     | NULL    |       |
| birthday    | date        | YES  |     | NULL    |       |
| native      | varchar(20) | YES  |     | NULL    |       |
| nation      | varchar(10) | YES  |     | NULL    |       |
| classno     | char(6)     | YES  |     | NULL    |       |
+-------------+-------------+------+-----+---------+-------+
7 rows in set (0.00 sec)
```

2) 同时修改多个字段

由于有时需要对表中的多个字段的数据类型进行修改，因此使用(1)太过烦琐。可以使用如下的 SQL 语句对多个字段的数据类型同时进行修改，其语法格式如下：

```
alter table table_name modify column1_name new_data_type1, modify column2_name new_data_type2,…, modify columnn_name new_data_typen;
```

语法说明如下：

(1) 每个字段前边都需要“modify”关键字；

(2) 不同字段之间使用“,”隔开；

(3) 最后一个字段没有“,”。

例 7.14 将 student 表中的 studentno 字段的数据类型修改为“char(10)”，将 sex 字段

的数据类型修改为“varchar(1)”。

在 MySQL 命令行客户端输入 SQL 语句如下：

```
mysql> alter table student modify studentno char(10), modify sex varchar(1);
```

执行结果如下：

```
Query OK, 0 rows affected (0.05 sec)
Records: 0  Duplicates: 0  Warnings: 0
```

由执行结果可以看到，多个字段类型修改成功，可使用“desc”语句查看表的基本结构，原本的 studentno 字段类型变成了“char(10)”，sex 字段的数据类型修改为“varchar(1)”。

```
mysql> desc student;
+-------------+-------------+------+-----+---------+-------+
| Field       | Type        | Null | Key | Default | Extra |
+-------------+-------------+------+-----+---------+-------+
| studentno   | char(10)    | YES  |     | NULL    |       |
| studentname | varchar(20) | YES  |     | NULL    |       |
| sex         | varchar(1)  | YES  |     | NULL    |       |
| birthday    | date        | YES  |     | NULL    |       |
| native      | varchar(20) | YES  |     | NULL    |       |
| nation      | varchar(10) | YES  |     | NULL    |       |
| classno     | char(6)     | YES  |     | NULL    |       |
+-------------+-------------+------+-----+---------+-------+
7 rows in set (0.00 sec)
```

3. 修改字段名

1) 只修改字段名

在一张表中，字段名是唯一标识某个属性的，因此字段名在同一张表中也具有唯一性。修改字段名与修改表名类似，其语法格式如下：

```
alter table table_name change old_column_name new_column_name old_data_type;
```

语法说明如下：

(1) change 为修改字段名需要使用的关键字；

(2) old_column_name 为修改前的字段名；

(3) new_column_name 为修改后的字段名；

(4) old_data_type 为字段原有的数据类型。

例 7.15　将 student 表中的 sex 字段的字段名修改为“gender”。

在 MySQL 命令行客户端输入 SQL 语句如下：

```
mysql> alter table student change sex gender varchar(1);
```

执行结果如下：

```
Query OK, 0 rows affected (0.01 sec)
Records: 0  Duplicates: 0  Warnings: 0
```

由执行结果可以看到，修改字段名称修改成功，可使用“desc”语句查看表的基本结构，原本的 sex 字段名变成了“gender”。

```
mysql> desc student;
+-------------+-------------+------+-----+---------+-------+
| Field       | Type        | Null | Key | Default | Extra |
+-------------+-------------+------+-----+---------+-------+
| studentno   | char(10)    | YES  |     | NULL    |       |
| studentname | varchar(20) | YES  |     | NULL    |       |
| gender      | varchar(1)  | YES  |     | NULL    |       |
| birthday    | date        | YES  |     | NULL    |       |
| native      | varchar(20) | YES  |     | NULL    |       |
| nation      | varchar(10) | YES  |     | NULL    |       |
| classno     | char(6)     | YES  |     | NULL    |       |
+-------------+-------------+------+-----+---------+-------+
7 rows in set (0.00 sec)
```

2) 同时修改字段名和数据类型

如果想要在修改字段名的同时修改数据类型，只需要将指定的数据类型修改为新的数据类型即可，其语法格式如下：

```
alter table table_name change old_column_name new_column_name new_data_type;
```

语法说明如下：

(1) change 为修改字段名需要使用的关键字；

(2) old_column_name 为修改前的字段名；

(3) new_column_name 为修改后的字段名；

(4) new_data_type 为修改后的数据类型。

例 7.16　将 student 表中的 gender 字段的字段名修改为“sex”，同时将数据类型修改为“varchar(2)”。

在 MySQL 命令行客户端输入 SQL 语句如下：

```
mysql> alter table student change gender sex varchar(2);
```

执行结果如下：

```
Query OK, 0 rows affected (0.01 sec)
Records: 0  Duplicates: 0  Warnings: 0
```

由执行结果可以看到，成功修改字段名称和类型，可使用“desc”语句查看表的基本结构，原本的字段名 gender 变成了“sex”，字段类型变成了“varchar(2)”。

```
mysql> desc student;
+-------------+-------------+------+-----+---------+-------+
| Field       | Type        | Null | Key | Default | Extra |
+-------------+-------------+------+-----+---------+-------+
| studentno   | char(10)    | YES  |     | NULL    |       |
| studentname | varchar(20) | YES  |     | NULL    |       |
```

```
| sex         | varchar(2)  | YES  |     | NULL    |       |
| birthday    | date        | YES  |     | NULL    |       |
| native      | varchar(20) | YES  |     | NULL    |       |
| nation      | varchar(10) | YES  |     | NULL    |       |
| classno     | char(6)     | YES  |     | NULL    |       |
+-------------+-------------+------+-----+---------+-------+
7 rows in set (0.00 sec)
```

4. 增加字段

对于一个已经存在的表，有时会需要增加一个新的字段。从修改字段的 SQL 语句中不难发现，一个字段包括两个基本部分：字段名和字段的数据类型。增加字段需要指定字段名和字段的数据类型，也可以指定要添加字段的约束条件、添加的位置。其语法格式如下：

```
alter table table_name add column_namel data_type [完整性约束条件] [first | after column_name2];
```

语法说明如下：

(1) alter table 为修改表的固定语法格式；

(2) table_name 为要修改的表的名称；

(3) add 为增加字段用到的关键字；

(4) column_namel 为要添加的字段的名称；

(5) data_type 为要添加的字段的数据类型；

(6) [完整性约束条件]为可选项；

(7) [first | after column_name2]也为可选项，该项的取值决定了字段添加的位置。如果没有该项则默认字段添加到表的最后，如果为"first"则添加到表的第一个位置，如果为"after column_name2"则添加到名为"column_name2"的字段后面。

1) 在表的最后位置添加字段

例 7.17 在 student 表的最后位置添加一个名为"tel"的字段，数据类型为"char(11)"。

在 MySQL 命令行客户端输入 SQL 语句如下：

```
mysql> alter table student add tel char(11);
```

执行结果如下：

```
Query OK, 0 rows affected (0.01 sec)
Records: 0  Duplicates: 0  Warnings: 0
```

由执行结果可以看到，添加字段成功，可使用"desc"语句查看表的基本结构，在表的末尾新增了"tel"字段。

```
mysql> desc student;
+-------------+-------------+------+-----+---------+-------+
| Field       | Type        | Null | Key | Default | Extra |
+-------------+-------------+------+-----+---------+-------+
| studentno   | char(10)    | YES  |     | NULL    |       |
| studentname | varchar(20) | YES  |     | NULL    |       |
| sex         | varchar(2)  | YES  |     | NULL    |       |
```

```
| birthday    | date        | YES  |     | NULL    |       |
| native      | varchar(20) | YES  |     | NULL    |       |
| nation      | varchar(10) | YES  |     | NULL    |       |
| classno     | char(6)     | YES  |     | NULL    |       |
| tel         | char(11)    | YES  |     | NULL    |       |
+-------------+-------------+------+-----+---------+-------+
8 rows in set (0.00 sec)
```

2) 在表的第一个位置添加字段

例 7.18 在 student 表的第一个位置添加一个名为“hobby”的字段，数据类型为“varchar(30)”。

在 MySQL 命令行客户端输入 SQL 语句如下：

```
mysql> alter table student add hobby varchar(30) first;
```

执行结果如下：

```
Query OK, 0 rows affected (0.04 sec)
Records: 0  Duplicates: 0  Warnings: 0
```

由执行结果可以看到，添加字段成功，可使用“desc”语句查看表的基本结构，在表的开头新增了“hobby”字段。

```
mysql> desc student;
+-------------+-------------+------+-----+---------+-------+
| Field       | Type        | Null | Key | Default | Extra |
+-------------+-------------+------+-----+---------+-------+
| hobby       | varchar(30) | YES  |     | NULL    |       |
| studentno   | char(10)    | YES  |     | NULL    |       |
| studentname | varchar(20) | YES  |     | NULL    |       |
| sex         | varchar(2)  | YES  |     | NULL    |       |
| birthday    | date        | YES  |     | NULL    |       |
| native      | varchar(20) | YES  |     | NULL    |       |
| nation      | varchar(10) | YES  |     | NULL    |       |
| classno     | char(6)     | YES  |     | NULL    |       |
| tel         | char(11)    | YES  |     | NULL    |       |
+-------------+-------------+------+-----+---------+-------+
9 rows in set (0.00 sec)
```

3) 在表的指定位置添加字段

例 7.19 在 student 表中“birthday”字段的后面添加一个名为“age”的字段，数据类型为“int(2)”。

在 MySQL 命令行客户端输入 SQL 语句如下：

```
mysql> alter table student add age int(2) after birthday;
```

执行结果如下：

```
Query OK, 0 rows affected, 1 warning (0.03 sec)
Records: 0   Duplicates: 0   Warnings: 1
```

由执行结果可以看到，添加字段成功，可使用“desc”语句查看表的基本结构，在“birthday”字段后面新增了“age”字段。

```
mysql> desc student;
+-------------+-------------+------+-----+---------+-------+
| Field       | Type        | Null | Key | Default | Extra |
+-------------+-------------+------+-----+---------+-------+
| hobby       | varchar(30) | YES  |     | NULL    |       |
| studentno   | char(10)    | YES  |     | NULL    |       |
| studentname | varchar(20) | YES  |     | NULL    |       |
| sex         | varchar(2)  | YES  |     | NULL    |       |
| birthday    | date        | YES  |     | NULL    |       |
| age         | int         | YES  |     | NULL    |       |
| native      | varchar(20) | YES  |     | NULL    |       |
| nation      | varchar(10) | YES  |     | NULL    |       |
| classno     | char(6)     | YES  |     | NULL    |       |
| tel         | char(11)    | YES  |     | NULL    |       |
+-------------+-------------+------+-----+---------+-------+
10 rows in set (0.00 sec)
```

5. 修改字段的排列位置

字段的排列位置虽然不会影响表中数据的存储，但是对表的创建者而言是有一定意义的。表一旦被创建成功，字段的位置也就确定了，如果要修改字段的位置，其语法格式如下：

```
alter table table_name modify column_namel data_type first | after column_name2;
```

语法说明如下：

(1) alter table 为修改表的固定语法格式；

(2) able_name 为要修改的表的名称；

(3) modify 为修改字段用到的关键字；

(4) column_namel 为要移动的字段的名称；

(5) data_type 为要移动的字段的数据类型；

(6) first 表示将字段移动到表的第一个位置；

(7) after column_name2 表示将字段移动到名为 column_name2 的字段后面。

1) 将字段移动到第一个位置

例 7.20 将“studentno”字段移动到表的第一个位置。

在 MySQL 命令行客户端输入 SQL 语句如下：

```
mysql> alter table student modify studentno char(10) first;
```

执行结果如下：

```
Query OK, 0 rows affected (0.03 sec)
Records: 0  Duplicates: 0  Warnings: 0
```

由执行结果可以看到，字段位置移动成功，可使用“desc”语句查看表的基本结构，“studentno”字段被移动到了表的第一个位置。

```
mysql> desc student;
+-------------+-------------+------+-----+---------+-------+
| Field       | Type        | Null | Key | Default | Extra |
+-------------+-------------+------+-----+---------+-------+
| studentno   | char(10)    | YES  |     | NULL    |       |
| hobby       | varchar(30) | YES  |     | NULL    |       |
| studentname | varchar(20) | YES  |     | NULL    |       |
| sex         | varchar(2)  | YES  |     | NULL    |       |
| birthday    | date        | YES  |     | NULL    |       |
| age         | int         | YES  |     | NULL    |       |
| native      | varchar(20) | YES  |     | NULL    |       |
| nation      | varchar(10) | YES  |     | NULL    |       |
| classno     | char(6)     | YES  |     | NULL    |       |
| tel         | char(11)    | YES  |     | NULL    |       |
+-------------+-------------+------+-----+---------+-------+
10 rows in set (0.00 sec)
```

2) 将字段移动到指定位置

例 7.21 将“classno”字段移动到“age”字段的后面。

在 MySQL 命令行客户端输入 SQL 语句如下：

```
mysql> alter table student modify classno char(6) after age;
```

执行结果如下：

```
Query OK, 0 rows affected (0.04 sec)
Records: 0  Duplicates: 0  Warnings: 0
```

由执行结果可以看到，字段位置移动成功，可使用“desc”语句查看表的基本结构，“classno”字段被移动到了“age”字段的后面。

```
mysql> desc student;
+-------------+-------------+------+-----+---------+-------+
| Field       | Type        | Null | Key | Default | Extra |
+-------------+-------------+------+-----+---------+-------+
| studentno   | char(10)    YES  |     | NULL    |       |
| hobby       | varchar(30) | YES  |     | NULL    |       |
| studentname | varchar(20) | YES  |     | NULL    |       |
| sex         | varchar(2)  | YES  |     | NULL    |       |
| birthday    | date        | YES  |     | NULL    |       |
| age         | int         | YES  |     | NULL    |       |
```

```
| classno      | char(6)     | YES  |     | NULL    |       |
| native       | varchar(20) | YES  |     | NULL    |       |
| nation       | varchar(10) | YES  |     | NULL    |       |
| tel          | char(11)    | YES  |     | NULL    |       |
+-------------+------------+------+-----+---------+-------+
10 rows in set (0.00 sec)
```

6. 删除字段

对于表中的字段，不仅要能够对其进行添加、修改、移动等，还应可以将其删除。删除字段时只需要指定表名及要删除的字段名即可。其语法格式如下：

```
alter table table_name drop column_name;
```

语法说明如下：

(1) alter table 为修改表的固定语法格式；

(2) table_name 为要修改的表的名称；

(3) drop 为删除字段用到的关键字；

(4) column_name 为要删除的字段的名称。

例 7.22 删除 student 表中的“tel”字段删掉。

在 MySQL 命令行客户端输入 SQL 语句如下：

```
mysql> alter table student drop tel;
```

执行结果如下：

```
Query OK, 0 rows affected (0.04 sec)
Records: 0  Duplicates: 0  Warnings: 0
```

由执行结果可以看到，字段删除成功，可使用“desc”语句查看表的基本结构，“tel”字段已经没有了。

```
mysql> desc student;
+-------------+------------+------+-----+---------+-------+
| Field        | Type        | Null | Key | Default | Extra |
+-------------+------------+------+-----+---------+-------+
| studentno    | char(10)    | YES  |     | NULL    |       |
| hobby        | varchar(30) | YES  |     | NULL    |       |
| studentname  | varchar(20) | YES  |     | NULL    |       |
| sex          | varchar(2)  | YES  |     | NULL    |       |
| birthday     | date        | YES  |     | NULL    |       |
| age          | int         | YES  |     | NULL    |       |
| classno      | char(6)     | YES  |     | NULL    |       |
| native       | varchar(20) | YES  |     | NULL    |       |
| nation       | varchar(10) | YES  |     | NULL    |       |
+-------------+------------+------+-----+---------+-------+
9 rows in set (0.00 sec)
```

7. 删除表

表的删除操作会将表中的数据一并删除，因此在进行删除操作时需要慎重。在删除表时需要注意的是要删除的表是否与其他表存在关联。如果存在关联，那么被关联的表的删除操作比较复杂，其操作会在后续章节中讲解；如果不存在关联，也就是说，要删除的表是一张独立的表，那么操作比较简单。本节主要介绍的就是如何删除一张独立的、没有与其他表存在关联的表。其语法格式如下：

```
drop table table_name;
```

语法说明如下：

(1) drop table 为删除表的固定语法格式；

(2) table_name 为要删除的表的名称。

例 7.23　删除 student 表。

在 MySQL 命令行客户端输入 SQL 语句如下：

```
mysql> drop table student;
```

执行结果如下：

```
Query OK, 0 rows affected (0.02 sec)
```

由执行结果可以看到，表格删除成功，可使用“show tables”语句查看当前数据库中的所有表，可以看到“Empty set(0.00 sec)”，这意味着该数据库已空(没有任何表)。

```
mysql> show tables;
Empty set (0.00 sec)
```

7.2.4　表的约束

为了防止不符合规范的数据存入数据库，在用户对数据进行插入、修改、删除等操作时，MySQL 数据库管理系统提供了一种机制来检查数据库中的数据是否满足规定的条件，以保证数据库中数据的准确性和一致性，这种机制就是约束。

关系模型中有三类完整性约束，分别是实体完整性、参照完整性和用户自定义的完整性。

(1) 实体完整性规则是指关系的主属性不能取空值，即主键和候选键在关系中所对应的属性都不能取空值。

(2) 参照完整性规则定义的是外键与主键之间的引用规则，即外键的取值为空，或者等于被参照关系中某个主键的值。

(3) 用户自定义的完整性规则反映了某一具体应用所涉及的数据应满足的语义要求。表 7-3 所示就是 MySQL 支持的所有完整性约束及其含义。

约束从作用上可以分为两类：

(1) 表级约束：可以约束表中任意一个或多个字段。

(2) 列级约束：只能约束表的某一个字段。

大家是否还记得，在创建表的 SQL 语句中有一个名为“完整性约束条件”的可选项，也就是说，完整性约束可以在创建表的同时设置，当然还可以在建表后设置。具体如何设置，将在后续的内容中讲解。

表 7-3 MySQL 支持的完整性约束一览表

约束条件类型	约束条件	约束描述
实体完整性约束	Primary Key	主键约束，约束字段的值可以唯一地标识对应的记录
	Unique Key	唯一约束，约束字段的值是唯一的
用户自定义的完整性约束	Notnull Key	非空约束，约束字段的值不能为空
	Default	默认值约束，约束字段的默认值
	Auto_Increment	自动增加约束，约束字段的值自动递增
参照完整性约束	Foreign Key	外键约束，约束表与表之间的关系

1. 主键约束

主键约束(Primary Key，PK)，是数据库中最重要的一种约束，其作用是约束表中的某个字段，唯一标识一条记录。因此，使用主键约束可以快速查找表中的记录，就如人的身份证、学生的学号一样，设置为主键的字段取值不能重复，也不能为空，否则无法唯一标识一条记录。下面主要讲解主键约束的添加和删除操作。

1) 创建表时添加主键约束

主键可以是单个字段，也可以是多个字段的组合。对于单个字段，主键的添加可以使用表级约束，也可以使用列级约束；而对于多个字段，主键的添加只能使用表级约束。

(1) 为单个字段添加主键约束。在创建表的同时使用列级约束为单个字段添加约束，其语法格式如下：

```
create table table_name (
    column_name1 data_type primary key,
    column_name2 data_type,
    …
    );
```

语法说明如下：

① table_name 为新创建的表的名称；

② column_namel 为添加主键的字段名；

③ data_type 为字段的数据类型；

④ primary key 为设置主键所用的关键词。

例 7.24 使用列级约束设置单字段主键约束：创建一个名为“student1”的表，并将表中的 stu_id 字段设置为主键。

在 MySQL 命令行客户端输入 SQL 语句如下：

```
mysql> create table student1(
    -> stu_id char(10) primary key,
    -> stu_name varchar(4),
```

```
    -> stu_sex char(1)
    -> );
```

执行结果如下：

```
Query OK, 0 rows affected (0.04 sec)
```

由执行结果可以看到，表 student1 创建成功，可使用“desc”语句查看表的基本结构，“stu_id”字段的“Null”为“NO”“Key”为“PRI”。

```
mysql> desc student1;
+----------+------------+------+-----+---------+-------+
| Field    | Type       | Null | Key | Default | Extra |
+----------+------------+------+-----+---------+-------+
| stu_id   | char(10)   | NO   | PRI | NULL    |       |
| stu_name | varchar(4) | YES  |     | NULL    |       |
| stu_sex  | char(1)    | YES  |     | NULL    |       |
+----------+------------+------+-----+---------+-------+
3 rows in set (0.00 sec)
```

在创建表的同时使用表级约束为单个字段添加约束，其语法格式如下：

```
create table table_name (
    column_name1 data_type,
    column_name2 data_type,
    …
    [constraint pk_name] primary key(column_name1)
);
```

语法说明如下：

constraint pk_name 为可选项，其中，“constraint”为设置主键约束标识符所用到的关键字，“pk_name”为主键标识符，也就是主键的别名，在一般情况下，使用“约束英文缩写_字段名”的格式，如“pk_stu_id”；“column_name1”为添加主键的字段名。

例 7.25 使用表级约束设置单字段主键约束：创建一个名为“student2”的表，并将表中的 stu_id 字段使用表级约束设置为主键。

在 MySQL 命令行客户端输入 SQL 语句如下：

```
mysql> create table student2(
    -> stu_id char(10),
    -> stu_name varchar(4),
    -> stu_sex char(1),
    -> constraint pk_stu_id primary key(stu_id)
    -> );
```

执行结果如下：

```
Query OK, 0 rows affected (0.02 sec)
```

由执行代码可以看到，表 student2 创建成功，可使用“desc”语句查看表的基本结构，“stu_id”字段的“Null”为“NO”，“Key”为“PRI”。

```
mysql> desc student2;
+----------+-----------+------+-----+---------+-------+
| Field    | Type      | Null | Key | Default | Extra |
+----------+-----------+------+-----+---------+-------+
| stu_id   | char(10)  | NO   | PRI | NULL    |       |
| stu_name | varchar(4)| YES  |     | NULL    |       |
| stu_sex  | char(1)   | YES  |     | NULL    |       |
+----------+-----------+------+-----+---------+-------+
3 rows in set (0.00 sec)
```

(2) 为多个字段添加主键约束。多字段主键的含义是：主键是由多个字段组合而成的。为多个字段添加主键约束只能使用表级约束，其语法格式如下：

```
create table table_name (
    column_name1 data_type,
    column_name2 data_type,
    …
     [constraint pk_name] primary key(column_name1, column_name2,…)
);
```

语法说明如下：

将要设置为主键的多个字段用“,”隔开，然后写入“primary key”语句后面的“( )”内，这样便可设置多字段主键约束。

例 7.26 使用表级约束设置多字段主键约束：创建一个名为“student3”的表，并将其中的“stu_school”和“stu_id”字段设置为主键。

在 MySQL 命令行客户端输入 SQL 语句如下：

```
mysql> create table student3(
    -> stu_school varchar(20),
    -> stu_id char(10),
    -> stu_name varchar(4),
    -> primary key(stu_school, stu_id)
    -> );
```

执行结果如下：

```
Query OK, 0 rows affected (0.02 sec)
```

由执行结果可以看到，表 student3 创建成功，可使用“desc”语句查看表的基本结构，“stu_school”和“stu_id”两个字段的“Null”均为“NO”，“Key”均为“PRI”。

```
mysql> desc student3;
+------------+-------------+------+-----+---------+-------+
| Field      | Type        | Null | Key | Default | Extra |
+------------+-------------+------+-----+---------+-------+
| stu_school | varchar(20) | NO   | PRI | NULL    |       |
| stu_id     | char(10)    | NO   | PRI | NULL    |       |
```

```
| stu_name     | varchar(4)    | YES   |       | NULL     |        |
+------------+-------------+------+-----+---------+-------+
3 rows in set (0.00 sec)
```

2) 在已存在的表中添加主键约束

在开发中有时会遇到这种情况：表已经创建完成，并且存入了大量的数据，但是表中缺少主键约束。此时，就可以使用在已存在的表中添加主键约束的SQL语句了。其语法格式如下：

```
alter table table_name add [constraint pk_name] primary key(column_name1, column_name2,…);
```

语法说明如下：

(1) alter table为修改表的固定语法格式；

(2) table_name为要修改的表名；

(3) add和primary key为添加主键时用到的关键字；

(4) constraint pk_name为可选项，表示主键标识符；

(5) column_name1, column_name2, …为要设置为主键的字段名(可以只设置一个字段，也可以设置多个字段)。

例7.27 使用"alter table"语句在已存在的表中添加主键约束：在已创建好的一个名为"sxt_student"的表中，为"stu_name"和"stu_tel"字段添加主键约束。

首先创建一个新表sxt_student，在MySQL命令行客户端输入SQL语句如下：

```
mysql> create table sxt_student (
    -> stu_name varchar(4),
    -> stu_sex char(1),
    -> stu_tel char(11)
    -> );
```

执行结果如下：

```
Query OK, 0 rows affected (0.02 sec)
```

为"stu_name"和"stu_tel"字段添加主键约束，在MySQL命令行客户端输入SQL语句如下：

```
mysql> alter table sxt_student add primary key(stu_name, stu_tel);
```

执行结果如下：

```
Query OK, 0 rows affected (0.04 sec)
Records: 0  Duplicates: 0  Warnings: 0
```

由执行结果可以看到，主键约束添加成功，可使用"desc"语句查看表的基本结构，"stu_name"和"stu_tel"两个字段的"Null"均为"NO"，"Key"均为"PRI"。

```
mysql> desc sxt_student;
+----------+------------+------+-----+---------+-------+
| Field      | Type          | Null | Key | Default | Extra |
+----------+------------+------+-----+---------+-------+
| stu_name | varchar(4)  | NO    | PRI | NULL     |          |
| stu_sex    | char(1)       | YES  |       | NULL     |          |
```

```
| stu_tel   | char(11)    | NO   | PRI | NULL    |       |
+----------+------------+------+-----+---------+-------+
3 rows in set (0.00 sec)
```

3) 删除主键约束

如果想要删除表中已经存在的主键约束，也要用到“alter table”语句，其语法格式如下：

```
alter table table_name drop primary key;
```

语法说明如下：

(1) drop primary key 为删除主键时用到的关键字；

(2) 此处要注意一点：一个表中的主键只能有一个(多字段情况下，是将多字段的组合作为主键的)，因此不需要指定被删除主键约束的字段名。

例 7.28 使用“alter table”语句删除主键约束：将表 sxt_student 中的主键约束删除。

在 MySQL 命令行客户端输入 SQL 语句如下：

```
mysql> alter table sxt_student drop primary key;
```

执行结果如下：

```
Query OK, 0 rows affected (0.05 sec)
Records: 0  Duplicates: 0  Warnings: 0
```

由执行结果可以看到，主键约束删除成功，可使用“desc”语句查看一下表的基本结构，“stu_name”和“stu_tel”两个字段的“Key”已被删除，但是其仍然保留了非空的特性。在插入数据时，如果插入的 stu_name 和 stu_tel 字段为空，则会提示错误。如果不想保留非空设置，需要自己手动设置(具体方法参看后续小节内容“删除非空约束”)。

```
mysql> desc sxt_student;
+----------+------------+------+-----+---------+-------+
| Field    | Type       | Null | Key | Default | Extra |
+----------+------------+------+-----+---------+-------+
| stu_name | varchar(4) | NO   |     | NULL    |       |
| stu_sex  | char(1)    | YES  |     | NULL    |       |
| stu_tel  | char(11)   | NO   |     | NULL    |       |
+----------+------------+------+-----+---------+-------+
3 rows in set (0.00 sec)
```

2. 唯一约束

唯一约束(Unique Key，UK)比较简单，它规定了一张表中指定的某个字段的值不能重复，即这一字段的每个值都是唯一的。如果想要某个字段的值不重复，那么就可以为该字段添加唯一约束。

无论是单个字段还是多个字段，唯一约束的添加均可以使用列级约束和表级约束，但是表示的含义略有不同，本节将会讲述使用这两种方式添加和删除唯一约束。

1) 创建表时添加唯一约束

(1) 使用列级约束添加唯一约束。使用列级约束添加唯一约束时，可以使用“unique”

关键字，同时为一个或多个字段添加唯一约束，其语法格式如下：

```
create table table_name (
    column_name data_type unique,
    ...
    );
```

语法说明如下：

① table_name 为新创建表的名称；

② column_name 为添加唯一约束的字段名；

③ data_type 为字段的数据类型；

④ unique 为添加唯一约束所用的关键字。

例 7.29　使用列级约束添加唯一约束：创建名为“student4”的表，并为表中“stu_id”和“stu_name”字段添加唯一约束。

在 MySQL 命令行客户端输入 SQL 语句如下：

```
mysql> create table student4(
    -> stu_id char(10) unique,
    -> stu_name varchar(4) unique,
    -> stu_sex char(1)
    -> );
```

执行结果如下：

```
Query OK, 0 rows affected (0.03 sec)
```

由执行结果可以看到，表 student4 创建成功，可使用“desc”语句查看表的基本结构，“stu_id”和“stu_name”字段的“Key”均已设置为“UNI”。

```
mysql> desc student4;
+----------+------------+------+-----+---------+-------+
| Field    | Type       | Null | Key | Default | Extra |
+----------+------------+------+-----+---------+-------+
| stu_id   | char(10)   | YES  | UNI | NULL    |       |
| stu_name | varchar(4) | YES  | UNI | NULL    |       |
| stu_sex  | char(1)    | YES  |     | NULL    |       |
+----------+------------+------+-----+---------+-------+
3 rows in set (0.00 sec)
```

注意：在使用列级约束为多个字段添加唯一约束后，每个字段的值都不能重复。例如：在 student4 表中第一次成功插入的三个字段数据分别为('101', '小红', '女')，如果再次插入的数据为('101', '小明', '男')或者('102', '小红', '女')或者('101', '小红', '男')均会提示错误，插入不成功。也就是说，被唯一约束的字段中(不管是哪个字段)只要有重复的值，那么就会插入失败。

(2) 使用表级约束添加唯一约束。使用表级约束添加唯一约束的语法格式与添加主键约束比较相似，其语法格式如下：

```
create table table_name (
```

```
    column_namel data_type,
    column_name2 data_type,
    …,
    [constraint uk_name] unique(column_name1, column_name2,…)
);
```

语法说明如下：

① constraint uk_name 为可选项；

② constraint 为添加唯一约束标识符所用到的关键字；

③ uk_name 为唯一约束标识符(即约束的别名)；

④ 将要添加唯一约束的多个字段使用“,”隔开，然后写入“unique”语句后面的“( )”内，这样便可以为多个字段的组合添加唯一约束。

例 7.30 使用表级约束添加唯一约束：创建名为“student5”的表，并使用表级约束为表中“stu_id”和“stu_name”字段添加唯一约束。

在 MySQL 命令行客户端输入 SQL 语句如下：

```
mysql> create table student5(
    -> stu_id char(10),
    -> stu_name varchar(4),
    -> stu_sex char(1),
    -> unique(stu_id, stu_name)
    -> );
```

执行结果如下：

```
Query OK, 0 rows affected (0.03 sec)
```

由执行结果可以看到，表 student5 创建成功，可使用“desc”语句查看表的基本结构，“stu_id”字段的“Key”已设置为“MUL”，而“stu_name”字段的“Key”没有任何标识。

```
mysql> desc student5;
+----------+------------+------+-----+---------+-------+
| Field    | Type       | Null | Key | Default | Extra |
+----------+------------+------+-----+---------+-------+
| stu_id   | char(10)   | YES  | MUL | NULL    |       |
| stu_name | varchar(4) | YES  |     | NULL    |       |
| stu_sex  | char(1)    | YES  |     | NULL    |       |
+----------+------------+------+-----+---------+-------+
3 rows in set (0.00 sec)
```

注意：使用表级约束为多个字段添加唯一约束后，实际上是将被约束的多个字段看成是一个组合，只有当组合字段中的值全部重复时，才会提示插入数据失败。例如，在 student5 表中第一次成功插入的三个字段数据分别为('101', '小红', '女')，如果再次插入的数据为('101', '小明', '男')或者('102', '小红', '女')，则数据会成功插入，如果再次插入的数据为('101', '小红', '男')则会提示错误，插入不成功。也就是说，被唯一约束的字段组合中的值都重复时，才会提示错误。

2) 在已存在的表中添加唯一约束

如果表已经创建完成，同样可以为表中的字段添加唯一约束，语法格式如下：

```
alter table table_name add [constraint uk_name] unique (column_namel, column_name2, …);
```

语法说明如下：

(1) alter table 为修改表的固定语法格式；

(2) table_name 为要修改的表名；

(3) add 和 unique 为添加唯一约束时用到的关键字；

(4) constraint uk_name 为可选项，表示可以为唯一约束设置标识符；

(5) column_namel，column_name2，…为要添加唯一约束的字段名。括号内可以只设置一个字段，也可以同时设置多个字段；但是同时设置多个字段时，表示这些字段的组合为唯一约束。

创建一个名为“student6”的表，表中设置三个字段：stu_id、stu_name 和 stu_sex，并且字段没有约束

在 MySQL 命令行客户端输入 SQL 语句如下：

```
mysql> create table student6(
    -> stu_id char(10),
    -> stu_name varchar(4),
    -> stu_sex char(1)
    -> );
```

执行结果如下：

```
Query OK, 0 rows affected (0.02 sec)
```

例 7.31 使用“alter table”语句为单个字段添加唯一约束：为表 student6 中的“stu_id”和“stu_name”字段添加唯一约束。

在 MySQL 命令行客户端输入 SQL 语句如下：

```
mysql> alter table student6 add unique(stu_id);
mysql> alter table student6 add unique(stu_name);
```

执行结果如下：

```
Query OK, 0 rows affected (0.02 sec)
Records: 0    Duplicates: 0    Warnings: 0
```

由执行结果可以看到，已成功在表 student6 中添加唯一约束，可使用“desc”语句查看表的基本结构，“stu_id”和“stu_name”字段的“Key”均已设置为“UNI”。其约束效果与创建表时使用列级约束添加唯一约束相同。

```
mysql> desc student6;
+----------+------------+------+-----+---------+-------+
| Field    | Type       | Null | Key | Default | Extra |
+----------+------------+------+-----+---------+-------+
| stu_id   | char(10)   | YES  | UNI | NULL    |       |
| stu_name | varchar(4) | YES  | UNI | NULL    |       |
| stu_sex  | char(1)    | YES  |     | NULL    |       |
```

```
+----------+------------+------+-----+---------+-------+
3 rows in set (0.00 sec)
```

再创建一个名为“student7”的表，表中设置与表 student6 的初始设置相同，在 MySQL 命令行客户端输入 SQL 语句如下：

```
mysql> create table student7(
    -> stu_id char(10),
    -> stu_name varchar(4),
    -> stu_sex char(1)
    -> );
```

执行结果如下：

```
Query OK, 0 rows affected (0.03 sec)
```

例 7.32 使用“alter table”语句为多个字段的组合添加唯一约束：为表 student7 的组合字段“stu_id”和“stu_name”添加唯一约束。

在 MySQL 命令行客户端输入 SQL 语句如下：

```
mysql> alter table student7 add unique(stu_id, stu_name);
```

执行结果如下：

```
Query OK, 0 rows affected (0.02 sec)
Records: 0  Duplicates: 0  Warnings: 0
```

由执行结果可以看到，已成功在表 student7 中添加唯一约束，可使用“desc”语句查看表的基本结构，“stu_id”字段的“Key”已设置为“MUL”，而“stu_name”字段的“Key”没有任何标识。其约束效果与创建表时使用表级约束为多个字段添加唯一约束的效果相同，即表的唯一约束为多个字段的组合，只有被唯一约束的字段组合中的值都重复时，才会提示错误。

```
mysql> desc student7;
+----------+------------+------+-----+---------+-------+
| Field    | Type       | Null | Key | Default | Extra |
+----------+------------+------+-----+---------+-------+
| stu_id   | char(10)   | YES  | MUL | NULL    |       |
| stu_name | varchar(4) | YES  |     | NULL    |       |
| stu_sex  | char(1)    | YES  |     | NULL    |       |
+----------+------------+------+-----+---------+-------+
3 rows in set (0.00 sec)
```

3) 删除唯一约束

删除唯一约束是使用修改表的“alter table”语句来实现的，其语法格式如下：

```
alter table table_name drop index uk_name;
```

语法说明如下：

(1) drop index 为删除主键时用到的关键字；

(2) uk_name 为唯一约束的标识符(即唯一约束的名称)。

注意：

(1) 单字段为唯一约束时，如果没有指定 uk_name，那么默认 uk_name 是字段名。

(2) 多字段组合为唯一约束时，如果没有指定 uk_name，那么默认 uk_name 是组合中第一个字段的名称。

(3) 如果指定了 uk_name，那么删除时必须使用指定的 uk_name。

例 7.33 使用“alter table”语句删除唯一约束：删除表 student5 的唯一约束。

在 MySQL 命令行客户端输入 SQL 语句如下：

```
mysql> alter table student5 drop index stu_id;
```

执行结果如下：

```
Query OK, 0 rows affected (0.02 sec)
Records: 0  Duplicates: 0  Warnings: 0
```

由执行结果可以看到，已成功删除表 student5 中的唯一约束，可使用“desc”语句查看表的基本结构，可以看到“stu_id”和“stu_name”字段的“Key”均已为空，即唯一约束已经被成功删除。

```
mysql> desc student5;
+----------+------------+------+-----+---------+-------+
| Field    | Type       | Null | Key | Default | Extra |
+----------+------------+------+-----+---------+-------+
| stu_id   | char(10)   | YES  |     | NULL    |       |
| stu_name | varchar(4) | YES  |     | NULL    |       |
| stu_sex  | char(1)    | YES  |     | NULL    |       |
+----------+------------+------+-----+---------+-------+
3 rows in set (0.00 sec)
```

3. 非空约束

非空约束(Notnull Key，NK)规定了一张表中指定的某个字段的值不能为空(Null)。设置了非空约束的字段，在插入的数据为空时，数据库会提示错误，导致数据无法插入。无论是单个字段还是多个字段，非空约束的添加只能使用列级约束(非空约束无表级约束)。本节将会详细讲解非空约束的添加和删除操作。

注意：空字符串“”不是 Null，0 也不是 Null。

1) 创建表时添加非空约束

在创建表时，通过使用“Not Null”关键字来为一个或多个字段添加非空约束，其语法格式如下：

```
create table table_name (
    column_name data_type not null,
    ...
);
```

语法说明如下：

(1) table_name 为新创建的表的名称；

(2) column_name 为添加非空约束的字段名；

(3) data_type 为字段的数据类型；

(4) not null 为添加唯一约束所用的关键字。

例 7.34 创建表时为字段添加非空约束：创建名为 student8 的表，并为表中 stu_id 和 stu_name 字段添加非空约束。

在 MySQL 命令行客户端输入 SQL 语句如下：

```
mysql> create table student8(
    -> stu_id char(10) not null,
    -> stu_name varchar(4) not null,
    -> stu_sex char(1)
    -> );
```

执行结果如下：

```
Query OK, 0 rows affected (0.03 sec)
```

由执行结果可以看到，表 student8 创建成功，可使用“desc”语句查看表的基本结构，“stu_id”和“stu_name”字段的“Null”均已设置为“NO”，即非空约束创建成功。此时如果向表中的 stu_id 字段或 stu_name 字段插入的值为空，则会出现 “Column ‘stu_id’ / ‘stu_id’ cannot be null”的错误。

```
mysql> desc student8;
+----------+------------+------+-----+---------+-------+
| Field    | Type       | Null | Key | Default | Extra |
+----------+------------+------+-----+---------+-------+
| stu_id   | char(10)   | NO   |     | NULL    |       |
| stu_name | varchar(4) | NO   |     | NULL    |       |
| stu_sex  | char(1)    | YES  |     | NULL    |       |
+----------+------------+------+-----+---------+-------+
3 rows in set (0.00 sec)
```

2) *在已存在的表中添加非空约束*

如果想修改已存在表中的一个或多个字段的约束为非空约束，则可以通过修改表的“alter table”语句来实现，其语法格式如下：

```
alter table table_name modify column_name data_type not null;
```

语法说明如下：

(1) alter table 为修改表的固定语法格式；

(2) table_name 为要修改的表名；

(3) modify 为修改字段使用的关键字；

(4) column_name 为要添加非空约束的字段名；

(5) data_type 为该字段的数据类型。

例 7.35 为已存在的表中的字段添加非空约束：为 student8 表中的“stu_sex”字段添加非空约束。

在MySQL命令行客户端输入SQL语句如下：

```
mysql> alter table student8 modify stu_sex varchar(1) not null;
```

执行结果如下：

```
Query OK, 0 rows affected (0.05 sec)
Records: 0  Duplicates: 0  Warnings: 0
```

由执行结果可以看到，字段的非空约束添加成功，可使用“desc”语句查看表的基本结构，可以看到“stu_sex”字段的“Null”已设置为“NO”。

```
mysql> desc student8;
+----------+------------+------+-----+---------+-------+
| Field    | Type       | Null | Key | Default | Extra |
+----------+------------+------+-----+---------+-------+
| stu_id   | char(10)   | NO   |     | NULL    |       |
| stu_name | varchar(4) | NO   |     | NULL    |       |
| stu_sex  | varchar(1) | NO   |     | NULL    |       |
+----------+------------+------+-----+---------+-------+
3 rows in set (0.00 sec)
```

3) 删除非空约束

删除非空约束是使用“alter table”语句来实现的，其语法格式如下：

```
alter table table_name modify column_name data_type [null];
```

语法说明如下：

null为可选项，可写可不写。

注意：删除非空约束的代码思路是执行“修改”操作，使用“modify”关键字来实现，即将某字段的非空约束修改为“可空”，而不是执行“删除”操作。

例7.36 使用“alter table”语句删除非空约束：将表student8中的“stu_sex”字段的非空约束删除。

在MySQL命令行客户端输入SQL语句如下：

```
mysql> alter table student8 modify stu_sex varchar(1) null;
```

执行结果如下：

```
Query OK, 0 rows affected (0.06 sec)
Records: 0  Duplicates: 0  Warnings: 0
```

由执行结果可以看到，字段的非空约束删除成功，可使用“desc”语句查看表的基本结构，“stu_sex”字段的“Null”已由原来的“NO”变为“YES”。

```
mysql> desc student8;
+----------+------------+------+-----+---------+-------+
| Field    | Type       | Null | Key | Default | Extra |
+----------+------------+------+-----+---------+-------+
| stu_id   | char(10)   | NO   |     | NULL    |       |
| stu_name | varchar(4) | NO   |     | NULL    |       |
| stu_sex  | varchar(1) | YES  |     | NULL    |       |
```

```
+----------+------------+------+-----+---------+-------+
3 rows in set (0.00 sec)
```

4. 默认值约束

默认值约束(Default)用来规定字段的默认值。如果某个被设置为默认值约束的字段没有插入具体的值，那么该字段的值将会被默认值填充。默认值约束的设置与非空约束一样，也只能使用列级约束。本节将详细讲述默认值约束的添加和删除操作。

1) 创建表时添加默认值约束

在创建表时，通过使用“default”关键字来为一个或多个字段添加默认值约束，其语法格式如下：

```
create table table_name (
    column_name data_type default value,
    …
);
```

语法说明如下：

(1) table_name 为新创建的表的名称；

(2) column_name 为添加默认值约束的字段名；

(3) data_type 为字段的数据类型；

(4) default 为添加默认值约束所用的关键字；

(5) value 为该字段的默认值。

例 7.37 创建表时为字段添加默认值约束：创建名为“student9”的表，并为表中的 stu_sex 字段添加默认值“男”。

在 MySQL 命令行客户端输入 SQL 语句如下：

```
mysql> create table student9(
    -> stu_id char(10),
    -> stu_name varchar(4),
    -> stu_sex char(1) default '男'
    -> );
```

执行结果如下：

```
Query OK, 0 rows affected (0.03 sec)
```

由执行结果可以看到，表 student9 创建成功，可使用“desc”语句查看表的基本结构，“stu_sex”字段的“Default”值为“男”。此时如果插入一条数据，而数据中只有“stu_id”和“stu_name”字段对应的值，那么当查询表中数据时，会发现该条记录中 stu_sex 字段对应的值自动就是“男”了。

```
mysql> desc student9;
+----------+------------+------+-----+---------+-------+
| Field    | Type       | Null | Key | Default | Extra |
+----------+------------+------+-----+---------+-------+
| stu_id   | char(10)   | YES  |     | NULL    |       |
```

```
| stu_name | varchar(4)  | YES  |     | NULL    |       |
| stu_sex  | char(1)     | YES  |     | 男      |       |
+----------+------------+------+-----+---------+-------+
3 rows in set (0.00 sec)
```

2) 在已创建的表中添加默认值约束

如果想要为一张已存在的表中的某个字段添加默认值约束，用到的仍然是“alter table”语句，其语法格式如下：

```
alter table table_name modify column_name data_type default value;
```

语法说明如下：

(1) alter table 为修改表的固定语法格式；

(2) table_name 为新创建的表的名称；

(3) modify 为修改字段使用的关键字；

(4) column_name 为添加默认值约束的字段名；

(5) data_type 为字段的数据类型；

(6) default 为添加默认值约束所用的关键字；

(7) value 为该字段的默认值。

例 7.38　为已存在的表中的字段添加默认值约束：为表 student9 中的“stu_name”字段属性添加默认值约束，默认值为“学生”。

在 MySQL 命令行客户端输入 SQL 语句如下：

```
mysql> alter table student9 modify stu_name varchar(4) default '学生';
```

执行结果如下：

```
Query OK, 0 rows affected (0.01 sec)
Records: 0  Duplicates: 0  Warnings: 0
```

由执行结果可以看到，默认值创建成功，可使用“desc”语句查看表的基本结构，“stu_name”字段的“Default”值为“学生”。

```
mysql> desc student9;
+----------+------------+------+-----+---------+-------+
| Field    | Type       | Null | Key | Default | Extra |
+----------+------------+------+-----+---------+-------+
| stu_id   | char(10)   | YES  |     | NULL    |       |
| stu_name | varchar(4) | YES  |     | 学生    |       |
| stu_sex  | char(1)    | YES  |     | 男      |       |
+----------+------------+------+-----+---------+-------+
3 rows in set (0.00 sec)
```

3) 删除默认值约束

如果想删除默认值约束，与删除非空约束一样，也要通过修改字段的 SQL 语句来实现，其语法格式如下：

```
alter table table_name modify column_name data_type;
```

例 7.39 使用“alter table”语句删除默认值约束：删除表 student9 中的“stu_name”字段的默认值约束。

在 MySQL 命令行客户端输入 SQL 语句如下：

```
mysql> alter table student9 modify stu_name varchar(4);
```

执行结果如下：

```
Query OK, 0 rows affected (0.01 sec)
Records: 0  Duplicates: 0  Warnings: 0
```

由执行结果可以看到，删除默认值成功，可使用“desc”语句查看表的基本结构，“stu_name”字段的“Default”值已变为“NULL”。

```
mysql> desc student9;
+----------+------------+------+-----+---------+-------+
| Field    | Type       | Null | Key | Default | Extra |
+----------+------------+------+-----+---------+-------+
| stu_id   | char(10)   | YES  |     | NULL    |       |
| stu_name | varchar(4) | YES  |     | NULL    |       |
| stu_sex  | char(1)    | YES  |     | 男      |       |
+----------+------------+------+-----+---------+-------+
3 rows in set (0.00 sec)
```

5. 自增约束

自增约束(Auto_Increment)可以使表中某个字段的值自动增加。一张表中只能有一个自增长字段，并且该字段必须定义了约束(该约束可以是主键约束、唯一约束或外键约束)，如果自增字段没有定义约束，数据库会出现“Incorrect table definition；there can be only one auto column and it must be defined as a key”的错误。

由于自增约束会自动生成唯一的 id，因此自增约束通常会配合主键使用，并且只适用于整数类型。在一般情况下，设置为自增约束字段的值会从 1 开始，每增加一条记录，该字段的值加 1。

1) 创建表时添加自增约束

在创建表时，通过使用“auto_increment”关键字来为字段添加自增约束，其语法格式如下：

```
create table table_name (
    column_name data_type auto_increment,
    …
);
```

语法说明如下：

(1) table_name 为新创建的表的名称；

(2) column_name 为添加自增约束的字段名；

(3) data_type 为字段的数据类型；

(4) auto_increment 为添加自增约束所用的关键字。

例 7.40 创建表时为字段添加自增约束：创建名为“student10”的表，并为表中的“stu_id”主键字段添加自增约束。

在 MySQL 命令行客户端输入 SQL 语句如下：

```
mysql> create table student10(
    -> stu_id int(10) primary key auto_increment,
    -> stu_name varchar(4),
    -> stu_sex char(1)
    -> );
```

执行结果如下：

```
Query OK, 0 rows affected, 1 warning (0.03 sec)
```

由执行结果可以看到，表 student10 创建成功，可使用“desc”语句查看表的基本结构，“stu_id”字段的“Key”值为“PRI”，“Extra”值为“auto_increment”。

```
mysql> desc student10;
+----------+------------+------+-----+---------+----------------+
| Field    | Type       | Null | Key | Default | Extra          |
+----------+------------+------+-----+---------+----------------+
| stu_id   | int        | NO   | PRI | NULL    | auto_increment |
| stu_name | varchar(4) | YES  |     | NULL    |                |
| stu_sex  | char(1)    | YES  |     | NULL    |                |
+----------+------------+------+-----+---------+----------------+
3 rows in set (0.00 sec)
```

2) 在已存在的表中添加自增约束

如果想要为一张已存在的表中的字段(该字段必须有主键约束、唯一约束或者外键约束)添加自增约束，需要用到“alter table”语句来修改表的字段，其语法格式如下：

```
alter table table_name modify column_name data_type auto_increment;
```

语法说明如下：

(1) alter table 为修改表的固定语法格式；

(2) table_name 为要修改的表名；

(3) modify 为修改字段使用的关键字；

(4) column_name 为要添加自增约束的字段名；

(5) data_type 为该字段的数据类型；

(6) auto_increment 为添加自增约束用到的关键字。

首先，创建一个名为“student11”的表，表中设置三个字段：stu_id、stu_name 和 stu_sex，并且“stu_id”字段为 int 型和主键。

在 MySQL 命令行客户端输入 SQL 语句如下：

```
mysql> create table student11(
    -> stu_id int(10) primary key,
    -> stu_name varchar(4),
    -> stu_sex char(1)
```

```
    -> );
```

执行结果如下：

```
Query OK, 0 rows affected, 1 warning (0.03 sec)
```

例 7.41 使用“alter table”语句为字段添加自增约束：为表 student11 中的“stu_id”字段添加自增约束。

在 MySQL 命令行客户端输入 SQL 语句如下：

```
mysql> alter table student11 modify stu_id int(10) auto_increment;
```

执行结果如下：

```
Query OK, 0 rows affected, 1 warning (0.05 sec)
Records: 0  Duplicates: 0  Warnings: 1
```

由执行结果可以看到，已成功在表 student11 中添加自增约束，可使用“desc”语句查看表的基本结构，可以看到“stu_id”字段的“Extra”已设置为“auto_increment”。

```
mysql> desc student11;
+----------+------------+------+-----+---------+----------------+
| Field    | Type       | Null | Key | Default | Extra          |
+----------+------------+------+-----+---------+----------------+
| stu_id   | int        | NO   | PRI | NULL    | auto_increment |
| stu_name | varchar(4) | YES  |     | NULL    |                |
| stu_sex  | char(1)    | YES  |     | NULL    |                |
+----------+------------+------+-----+---------+----------------+
3 rows in set (0.00 sec)
```

3) 删除自增约束

删除自增约束的 SQL 语句与删除默认值约束和非空约束一样，都是通过修改字段的属性来实现的，其语法格式如下：

```
alter table table_name modify column_name data_type;
```

例 7.42 使用“alter table”语句删除自增约束：删除表 student11 中的“stu_id”字段的自增约束。

在 MySQL 命令行客户端输入 SQL 语句如下：

```
mysql> alter table student11 modify stu_id int(10);
```

执行结果如下：

```
Query OK, 0 rows affected, 1 warning (0.05 sec)
Records: 0  Duplicates: 0  Warnings: 1
```

由执行结果可以看到，删除自增约束成功，可使用“desc”语句查看表的基本结构，“stu_id”字段的“Extra”值已为空。

```
mysql> desc student11;
+----------+------------+------+-----+---------+-------+
| Field    | Type       | Null | Key | Default | Extra |
+----------+------------+------+-----+---------+-------+
| stu_id   | int        | NO   | PRI | NULL    |       |
```

```
| stu_name | varchar(4) | YES  |     | NULL    |       |
| stu_sex  | char(1)    | YES  |     | NULL    |       |
+----------+------------+------+-----+---------+-------+
3 rows in set (0.00 sec)
```

6. 外键约束

外键约束(Foreign Key，FK)是用来实现数据库表的参照完整性的。外键约束可以使两张表紧密地结合起来，特别是在进行修改或者删除的级联操作时，会保证数据的完整性。

外键是指表中某个字段的值依赖于另一张表中某个字段的值，而被依赖的字段必须具有主键约束或者唯一约束。被依赖的表通常称之为父表或者主表，设置外键约束的表称为子表或者从表。

例如，如果想要表示学生和班级的关系，首先要有学生表和班级表两张表，然后学生表中有个字段为“stu_clazz”(该字段表示学生所在的班级)，而该字段的取值范围由班级表中的“cla_no”主键字段(该字段表示班级编号)的取值决定。那么班级表为主表，学生表为从表，并且“stu_clazz”字段是学生表的外键。通过“stu_clazz”字段就建立了学生表和班级表的关系。

下面将详细讲解如何在创建表时添加外键约束，如何在已存在的表中添加外键约束，如何删除外键约束，以及如何删除主表。

1) 创建表时添加外键约束

虽然 MySQL 支持使用列级约束的语法来添加外键约束，但这种列级的约束语法添加的外键约束不会生效，MySQL 提供这种列级约束语法仅仅是和标准 SQL 保持良好的兼容性。因此，如果需要使 MySQL 中的外键约束生效，应使用表级约束。

在添加外键约束时，需要使用“foreign key”关键字来指定本表的外键字段，并使用“references”关键字来指定该字段参照的是哪个表，以及参照主表的哪一个字段，其语法格式如下：

```
create table table_name (
    column_name1 data_type,
    column_name2 data_type,
    …
    [constraint fk_name] foreign key(child_column_name) references parent_table_name
(parent_column_name)
);
```

语法说明如下：

(1) constraint fk_name 为可选项，“fk_name”为外键约束名，用来标识外键约束；

(2) foreign key 用来指定表的外键字段；

(3) child_column_name 为创建外键的从表中的字段；

(4) references 用来指定外键字段参照的表；

(5) parent_column_name 为主表中被参照的字段。

首先创建一张主表：班级表 clazz(主表)，“cla_no”为班级编号，主键，“cla_name”为班级名称，“cla_loc”为班级地址。

在 MySQL 命令行客户端输入 SQL 语句如下：

```
mysql> create table clazz(
    -> cla_no int(3) primary key,
    -> cla_name varchar(20),
    -> cla_loc varchar(30)
    -> );
```

执行结果如下：

```
Query OK, 0 rows affected, 1 warning (0.02 sec)
```

例 7.43 创建表时为字段添加外键约束：创建名为“student12”的表(从表)，并为表中的“stu_clazz”主键字段添加外键约束。

在 MySQL 命令行客户端输入 SQL 语句如下：

```
mysql> create table student12(
    -> stu_id int(10) primary key,
    -> stu_name varchar(4),
    -> stu_sex char(1),
    -> stu_clazz int(3),
    -> constraint fk_stu_clazz foreign key(stu_clazz) references clazz(cla_no)
    -> );
```

执行结果如下：

```
Query OK, 0 rows affected, 2 warnings (0.03 sec)
```

由执行结果可以看到，表 student12 创建成功，使用“desc”语句查看表的基本结构，“stu_clazz”字段的“Key”值为“MUL”。

```
mysql> desc student12;
+-----------+------------+------+-----+---------+-------+
| Field     | Type       | Null | Key | Default | Extra |
+-----------+------------+------+-----+---------+-------+
| stu_id    | int        | NO   | PRI | NULL    |       |
| stu_name  | varchar(4) | YES  |     | NULL    |       |
| stu_sex   | char(1)    | YES  |     | NULL    |       |
| stu_clazz | int        | YES  | MUL | NULL    |       |
+-----------+------------+------+-----+---------+-------+
4 rows in set (0.00 sec)
```

再使用“show create table”语句查看该表的详细结构，“KEY 'fk_stu_clazz' ('stu_clazz'), CONSTRAINT 'fk_stu_clazz' FOREIGN KEY ('stu_clazz') REFERENCES 'clazz' ('cla_no')”。这说明表 student12 中的“stu_clazz”字段已经成功添加了外键约束，此时如果为该字段插入的值不在主表 clazz 的“cla_no”字段的取值范围内，则会出现“Cannot add or update a child row: a foreign key constraint fails”的错误。

```
mysql> show create table student12;
```

```
+-----------+------------------------------------------------------------------------------------------------+
| Table     | Create Table |
+-----------+------------------------------------------------------------------------------------------------+
| student12 | CREATE TABLE `student12` (
  `stu_id` int NOT NULL,
  `stu_name` varchar(4) DEFAULT NULL,
  `stu_sex` char(1) DEFAULT NULL,
  `stu_clazz` int DEFAULT NULL,
  PRIMARY KEY (`stu_id`),
  KEY `fk_stu_clazz` (`stu_clazz`),
  CONSTRAINT `fk_stu_clazz` FOREIGN KEY (`stu_clazz`) REFERENCES `clazz` (`cla_no`)
) ENGINE=InnoDB DEFAULT CHARSET=utf8mb4 COLLATE=utf8mb4_0900_ai_ci |
+-----------+------------------------------------------------------------------------------------------------+
1 row in set (0.00 sec)
```

2) 在已存在的表中添加外键约束

在已存在的表中为某字段添加外键约束时，需要使用修改表的“alter table”语句，其语法格式如下：

```
alter table child_table_name add [constraint fk_name] foreign key(child_column_name) references parent_table_name(parent_column_name);
```

语法说明如下：

(1) alter table 为修改表的固定语法格式；

(2) add 为添加约束使用的关键字。

首先，创建一个名为“student13”的表，表中设置三个字段：stu_id、stu_name 和 stu_sex，并且“stu_id”字段为 int 型、主键。

在 MySQL 命令行客户端输入 SQL 语句如下：

```
mysql> create table student13(
    -> stu_id int(10) primary key,
    -> stu_name varchar(4),
    -> stu_sex char(1),
    -> stu_clazz int(3)
    -> );
```

执行结果如下：

```
Query OK, 0 rows affected, 2 warnings (0.02 sec)
```

例 7.44　使用“alter table”语句为字段添加外键约束：为表 student13 中的“stu_clazz”字段添加外键约束。

在 MySQL 命令行客户端输入 SQL 语句如下：

```
mysql> alter table student13 add constraint fk_stu_clazz_1 foreign key(stu_clazz) references clazz(cla_no);
```

执行结果如下：

```
Query OK, 0 rows affected (0.06 sec)
Records: 0  Duplicates: 0  Warnings: 0
```

由执行结果可以看到，外键约束创建成功，直接使用“show create table”语句查看一下该表的详细结构，可以看到“KEY 'fk_stu_clazz_1' ('stu_clazz'), CONSTRAINT 'fk_stu_clazz_1' FOREIGN KEY ('stu_clazz') REFERENCES 'clazz' ('cla_no')”，这说明表student13 中的“stu_clazz”字段已经成功添加了外键约束。

```
mysql> show create table student13;
+-----------+--------------------------------------------------------------------------------------------+
| Table     | Create Table |
+-----------+--------------------------------------------------------------------------------------------+
| student13 | CREATE TABLE `student13` (
  `stu_id` int NOT NULL,
  `stu_name` varchar(4) DEFAULT NULL,
  `stu_sex` char(1) DEFAULT NULL,
  `stu_clazz` int DEFAULT NULL,
  PRIMARY KEY (`stu_id`),
  KEY `fk_stu_clazz_1` (`stu_clazz`),
  CONSTRAINT `fk_stu_clazz_1` FOREIGN KEY (`stu_clazz`) REFERENCES `clazz` (`cla_no`)
) ENGINE=InnoDB DEFAULT CHARSET=utf8mb4 COLLATE=utf8mb4_0900_ai_ci |
+-----------+--------------------------------------------------------------------------------------------+
1 row in set (0.00 sec)
```

3) 删除外键约束

删除外键约束是使用“alter table”语句来实现的，删除时需要指定外键约束名，其语法格式如下：

```
alter table child_table_name drop foreign key fk_name;
```

语法说明如下：

(1) alter table 为修改表的固定语法格式；

(2) child_table_name 为要删除外键约束的从表名；

(3) drop 为删除约束使用的关键字；

(4) fk_name 为要删除的外键约束名。

例 7.45 使用“alter table”语句删除外键约束：删除表 student13 中的“stu_clazz”字段的外键约束。

在 MySQL 命令行客户端输入 SQL 语句如下：

```
mysql> alter table student13 drop foreign key fk_stu_clazz_1;
```

执行结果如下：

```
Query OK, 0 rows affected (0.01 sec)
Records: 0  Duplicates: 0  Warnings: 0
```

由执行结果可以看到，删除外键约束成功，直接使用“show create table”语句查看该表的详细结构，可以看到“CONSTRAINT 'fk_stu_clazz_1' FOREIGN KEY ('stu_clazz') REFERENCES 'clazz' ('cla_no')”消失了，这说明表 student13 中的“stu_clazz”字段已经成功删除了外键约束。

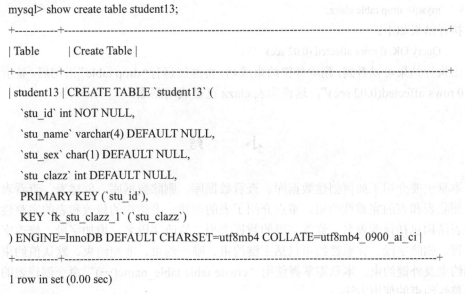

```
mysql> show create table student13;
+-----------+------------------------------------------------------------------------------------------------+
| Table     | Create Table |
+-----------+------------------------------------------------------------------------------------------------+
| student13 | CREATE TABLE `student13` (
  `stu_id` int NOT NULL,
  `stu_name` varchar(4) DEFAULT NULL,
  `stu_sex` char(1) DEFAULT NULL,
  `stu_clazz` int DEFAULT NULL,
  PRIMARY KEY (`stu_id`),
  KEY `fk_stu_clazz_1` (`stu_clazz`)
) ENGINE=InnoDB DEFAULT CHARSET=utf8mb4 COLLATE=utf8mb4_0900_ai_ci |
+-----------+------------------------------------------------------------------------------------------------+
1 row in set (0.00 sec)
```

4) 主表的删除

7.2.3 小节讲解了如何删除表，但当时的表指的是没有被其他表关联的单表。当要删除的表被其他表关联着(即删除的是一张主表)时，如果还是像之前一样删除表，那么则会提示错误。

下面以删除 clazz 表(clazz 表被 student12 表关联着，即 clazz 是主表)为例，直接使用删除表的 SQL 语句来删除 clazz 表，在 MySQL 命令行客户端输入 SQL 语句如下：

```
mysql> drop table clazz;
```

执行结果如下：

```
ERROR 3730 (HY000): Cannot drop table 'clazz' referenced by a foreign key constraint 'fk_stu_clazz'
on table 'student12'.
```

由执行结果可以看到，由于有外键依赖于该表，因此删除失败。如果想要删除成功，有两种方式：

(1) 先删除从表 student12，再删除主表 clazz；

(2) 先删除从表 student12 的外键约束，然后再删除主表 clazz。

方式(1)会影响从表或者其他表中已经存储的数据，而方式(2)则可以保证数据的安全性，所以选择方式(2)。

首先，删除从表 student12 的外键约束(可以使用“show create table”语句查看表的详细结构，其中包含外键约束名)，然后再删除主表 clazz。其 SQL 语句如例 7.46 所示。

例 7.46 先删除从表 student12 中的“stu_clazz”字段的外键约束，再删除主表 clazz。在 MySQL 命令行客户端输入 SQL 语句如下：

```
mysql> alter table student12 drop foreign key fk_stu_clazz;
```

执行结果如下：

```
Query OK, 0 rows affected (0.02 sec)
Records: 0  Duplicates: 0  Warnings: 0
```

再继续输入 SQL 语句如下：

```
mysql> drop table clazz;
```

执行结果如下：

```
Query OK, 0 rows affected (0.02 sec)
```

由执行结果可以看到，删除外键约束成功，再继续运行“drop table”语句后，显示“Query OK, 0 rows affected(0.02 sec)”，这说明表 clazz 已被成功删除。

小　　结

本章主要介绍了如何创建数据库、查看数据库、删除数据库、创建表、查看表、修改表、删除表和表的完整性约束。重点介绍了表的创建、表结构的修改和表的完整性约束。修改表结构包括修改表名、修改字段的数据类型、修改字段名、增加字段、修改字段的排列位置、删除字段。完整性约束包括主键约束、唯一约束、非空约束、默认值约束、自动增加约束及外键约束。本章需掌握使用“create table table_name(…)”命令创建表的方法以及完整性约束的使用方法。

习　　题

一、选择题

1．在 MySQL 中，通常用来指定一个已有数据库作为当前数据库的语句是(　　)。

A. using　　B. used　　C. uses　　D. use

2．下列选项中不是 MySQL 中常用数据类型的是(　　)。

A. int　　B. car　　C. time　　D. char

二、填空题

1．在 MySOL 中，通常使用________值来表示，一个字段没有值或缺值。

2．在 CREATE TABLE 语句中，通常使用_______键来指定主键。

3．MySQL 支持关系模型中_______、________和________三种不同的完整性约束。

三、实战演练

1．建立一张用来存储学生信息的表 student，字段包括：学号、姓名、性别、年龄、入学日期、班级、email。具体要求如下：

(1) 学号(id)，int 型，3 位宽度，主键且从 1 开始自增；

(2) 姓名(name)，varchar 型，4 位宽度，不能为空；

(3) 性别(sex)，varchar 型，1 位宽度，默认值为“男”；

(4) email，varchar 型，40 位宽度，唯一。

(5) 年龄(age)，入学日期(date)，班级(stu_class)这 3 个字段不做要求，自行设置(但要按题干顺序定义)。

2．根据如下要求修改 student 表中字段的数据类型、排列位置等：

(1) 将 id 字段宽度改为 10，email 字段宽度改为 30。

(2) 将 email 字段移动到 sex 字段后面。

(3) 在 dat 字段后面插入一个新字段，联系方式(tel)，字段类型为 varchar(11)。

(4) 删除 age 和 date 字段。

3．建立一张用来存储班级信息的表 class，字段包括：编号、名称、地址。具体要求如下：

(1) 编号(cla_no)，int(3)，为主键；

(2) 名称(cla_name)，varchar(10)，唯一；

(3) 地址(cla_address)，varchar(10)，不能为空；

(4) student 表的班级字段依赖 class 表的编号。

4．删除 class 表。

第 8 章 数据增删改操作

通过前面章节的学习，相信大家对数据库和数据表的基本操作都已经掌握了。其中，数据库是用来存储数据库对象(如数据表、索引、视图等)的，而数据表则是用来存储数据的。如果想要操作数据表中存储的数据，如插入数据、更新数据以及删除数据，就需要使用数据操作语言(DML)：用“insert”语句实现数据的插入，用“update”语句实现数据的更新，用“delete”语句实现数据的删除。本章将针对数据操作语言进行详细讲解。

8.1 数据插入

数据插入

如果要操作数据表中的数据，首先应该确保数据表中存在数据。没有插入数据之前的数据表只是一张空表，需要用户使用“insert”语句向数据表中插入数据。插入数据有 4 种方式：为所有字段插入数据、为指定字段插入数据、同时插入多条数据以及插入查询结果。下面将针对这 4 种插入方式分别进行讲解。

8.1.1 为所有字段插入数据

为所有字段插入数据的 SQL 语句的语法格式如下：

```
insert [into] table_name [(column_name1, column_name2, …)] values|value (value1, value2, …);
```

语法说明如下：

(1) insert 为插入数据用到的关键字；

(2) into 为可选项，与 insert 搭配使用，可写可不写；

(3) table_name 表示要插入数据的表名；

(4) column_name1，column_name2，… 分别表示表中的字段名，表中的字段可写可不写；

(5) values 和 value 二选一，后面跟要插入的字段的值；

(6) value1，value2，…分别表示对应字段的值。

注意：为所有字段插入数据有两种方式：一是在 SQL 语句中列出表中所有的字段；二是在 SQL 语句中省略表中的字段。使用第一种方式时，插入的数据顺序可以调整，只需要与所写 SQL 语句中字段的位置一致，但数据类型和个数要保持一致。使用第二种方式时(即省略表中字段时)，插入的数据必须与表中字段的位置、数据类型、个数保持一致。

首先，在数据库“test2”中创建一张名为“student”的表，在 MySQL 命令行客户端输入 SQL 语句如下：

```
mysql> create table student(
    -> stu_id int(10) primary key auto_increment,
    -> stu_name varchar(3) not null,
    -> stu_age int(2),
    -> stu_sex varchar(1) default '男',
    -> stu_email varchar(30) unique
    -> );
```

执行结果如下：

```
Query OK, 0 rows affected, 2 warnings (0.03 sec)
```

表创建成功后，就可以使用为所有字段插入数据的 SQL 语句为其添加数据，对于字符串类型的数据要用单引号引起来。

例 8.1　为 student 表中的所有字段插入数据。

在 MySQL 命令行客户端输入 SQL 语句如下：

```
mysql> insert into student values(1,'张三',18,'男','zhangsan@163.com');
```

或者

```
mysql> insert into student(stu_id,stu_name,stu_age,stu_sex,stu_email) values(1,'张三',18,'男',
'zhangsan@163.com');
```

执行结果如下：

```
Query OK, 1 row affected (0.01 sec)
```

由执行结果可以看到，代码运行成功，影响了 1 条记录。在插入数据的 SQL 语句执行成功后，为了验证数据是否已经插入，可以使用“select * from student”语句查询表中所有存在的记录。

```
mysql> select * from student;
+--------+----------+---------+---------+------------------+
| stu_id | stu_name | stu_age | stu_sex | stu_email        |
+--------+----------+---------+---------+------------------+
|      1 | 张三     |      18 | 男      | zhangsan@163.com |
+--------+----------+---------+---------+------------------+
1 row in set (0.00 sec)
```

8.1.2　为指定字段插入数据

在实际开发中，有时设置了自动增加约束的字段和设置了默认值的字段不需要插入值，因为 MySQL 会为其插入自增后的数值或在建表时规定的默认值，所以在插入数据时没有必要为所有字段插入数据，只需为指定的部分字段插入数据即可。为指定字段插入新的记录时必须指定字段名，其 SQL 语句的语法格式如下：

```
insert [into] table_name (column_namel, column_name2, …) values|value (value1, value2, …);
```

其中，“column_namel”和“column_name2”分别指定添加数据的字段名；“value1”和“value2”分别表示“column_namel”字段和“column_name2”字段的值。

注意：value 值要和指定字段的顺序、数据类型一一对应，即“valuel”对应

“column_namel”字段，“value2”对应“column_name2”字段。

例 8.2　为 student 表插入一条新的记录，该记录中包含“stu_name”“stu_age”和“stu_email”字段对应的值。

在 MySQL 命令行客户端输入 SQL 语句如下：

```
mysql> insert into student(stu_name,stu_age,stu_email) values('李四',18,'lisi@163.com');
```

执行结果如下：

```
Query OK, 1 row affected (0.01 sec)
```

由执行结果可以看到，代码运行成功，影响了 1 条记录。在插入数据的 SQL 语句执行成功后，为了验证数据是否已经插入，可以使用“select * from student”语句查询表中所有存在的记录，可以看到该表中已有 2 条记录。其中，第 2 条记录就是刚刚插入的新记录，并且由于“stu_id”字段有自增约束，因此该字段插入的值为 2，而“stu_sex”字段有默认值约束，因此该字段插入的值为默认值“男”。

```
mysql> select * from student;
+--------+----------+---------+---------+------------------+
| stu_id | stu_name | stu_age | stu_sex | stu_email        |
+--------+----------+---------+---------+------------------+
|      1 | 张三     |      18 | 男      | zhangsan@163.com |
|      2 | 李四     |      18 | 男      | lisi@163.com     |
+--------+----------+---------+---------+------------------+
2 rows in set (0.00 sec)
```

例 8.3　为 student 表插入一条新的记录，该记录中包含“stu_name”和“stu_age”字段对应的值。

在 MySQL 命令行客户端输入 SQL 语句如下：

```
mysql> insert into student(stu_name,stu_age) values('王五',17);
```

执行结果如下：

```
Query OK, 1 row affected (0.01 sec)
```

由执行结果可以看到，代码运行成功，影响了 1 条记录。用“select * from student”语句查看 student 表的所有记录，可以看到该表中已有 3 条记录。其中，第 3 条记录就是刚刚插入的新记录，并且由于“stu_id”字段有自增约束，因此该字段插入的值为 3，而“stu_sex”字段有默认值约束，因此该字段插入的值为默认值“男”，但是“stu_email”字段的值为“NULL”，也就是说，如果用户没有为字段指定默认值约束，那么系统会将该字段的默认值设置为“NULL”。

```
mysql> select * from student;
+--------+----------+---------+---------+------------------+
| stu_id | stu_name | stu_age | stu_sex | stu_email        |
+--------+----------+---------+---------+------------------+
|      1 | 张三     |      18 | 男      | zhangsan@163.com |
|      2 | 李四     |      18 | 男      | lisi@163.com     |
|      3 | 王五     |      17 | 男      | NULL             |
```

```
+--------+----------+---------+---------+------------------+
3 rows in set (0.00 sec)
```

如果某个字段设置了非空约束(字段的值不允许空值)，但没有设置默认值约束，那么在插入数据时就必须为该字段插入一个非空值，否则系统会提示错误。

例 8.4　为 student 表插入一条新的记录，记录中只有“stu_age”字段对应的值。

在 MySQL 命令行客户端输入 SQL 语句如下：

```
mysql> insert into student(stu_age) values(20);
```

执行结果如下：

```
ERROR 1364 (HY000): Field 'stu_name' doesn't have a default value
```

由执行结果可以看到，代码执行失败。这是因为“stu_name”字段设置了非空约束(not null)，但是插入新记录时却没有设置它的默认值，所以系统会出现“Field 'stu_name' doesn’t have a default value”的错误提示。

8.1.3　使用“set”关键字为字段插入数据

使用“insert”语句为所有或者指定字段插入数据的 SQL 语法还有另外一种形式，具体语法格式如下：

```
insert [into] table_name set column_namel= value1[, column_name2= value2, …];
```

其中，“column_namel”和“column_name2”分别指定添加数据的字段名；“value1”和“value2”分别表示“column_namel”字段和“column_name2”字段的值。在“set”关键字后面使用“column_name＝value”这种“键/值”对的方式指定字段的值，每对之间使用逗号“,”隔开。如果要为所有字段插入数据，则需要列举出所有字段(如有自增约束或默认值约束的字段可不用列出)；如果要为指定字段插入数据，则只需要列举出部分字段即可。

1. 使用“set”关键字为所有字段插入数据

例 8.5　使用“set”关键字为 student 表的所有字段插入数据。

在 MySQL 命令行客户端输入 SQL 语句如下：

```
mysql> insert into student set stu_name='赵六',stu_age=21,stu_email='zhaoliu@163.com';
```

执行结果如下：

```
Query OK, 1 row affected (0.01 sec)
```

由执行结果可以看到，代码运行成功，影响了 1 条记录。用“select * from student”语句查看 student 表的所有记录，可以看到该表中已有 4 条记录。其中，第 4 条记录就是刚刚插入的新记录，并且由于“stu_id”字段有自增约束，因此该字段插入的值为 4，而“stu_sex”字段有默认值约束，因此该字段插入的值为默认值“男”。

```
mysql> select * from student;
+--------+----------+---------+---------+------------------+
| stu_id | stu_name | stu_age | stu_sex | stu_email        |
+--------+----------+---------+---------+------------------+
|      1 | 张三     |      18 | 男      | zhangsan@163.com |
|      2 | 李四     |      18 | 男      | lisi@163.com     |
```

```
|        3 | 王五     |      17 | 男      | NULL              |
|        4 | 赵六     |      21 | 男      | zhaoliu@163.com   |
+--------+----------+---------+---------+-------------------+
4 rows in set (0.00 sec)
```

2. 使用“set”关键字为指定字段插入数据

例 8.6 使用“set”关键字为 student 表的指定字段插入数据。

在 MySQL 命令行客户端输入 SQL 语句如下：

```
mysql> insert into student set stu_name='孙七', stu_email='sunqi@163.com';
```

执行结果如下：

```
Query OK, 1 row affected (0.01 sec)
```

由执行结果可以看到，代码运行成功，影响了 1 条记录。用“select * from student”语句查看 student 表的所有记录，可以看到该表中已有 5 条记录。其中，第 5 条记录就是刚刚插入的新记录，并且由于“stu_id”字段有自增约束，因此该字段插入的值为 5，而“stu_sex”字段有默认值约束，因此该字段插入的值为默认值“男”，而“stu_age”字段没有设置非空约束，所以在没有指定值的情况下，显示为“NULL”。

```
mysql> select * from student;
+--------+----------+---------+---------+-------------------+
| stu_id | stu_name | stu_age | stu_sex | stu_email         |
+--------+----------+---------+---------+-------------------+
|        1 | 张三     |      18 | 男      | zhangsan@163.com |
|        2 | 李四     |      18 | 男      | lisi@163.com      |
|        3 | 王五     |      17 | 男      | NULL              |
|        4 | 赵六     |      21 | 男      | zhaoliu@163.com   |
|        5 | 孙七     |    NULL | 男      | sunqi@163.com     |
+--------+----------+---------+---------+-------------------+
5 rows in set (0.00 sec)
```

8.1.4 同时插入多条数据

在数据表中需要插入大量数据时，如果一条一条地插入记录会相当麻烦，因此 MySQL 中提供了同时插入多条数据的 SQL 语句，其可以实现为所有字段或指定字段同时插入多条数据。

1. 为所有字段同时插入多条数据

为所有字段同时插入多条数据的 SQL 语句的语法格式如下：

```
insert [into] table_name [(column_namel, column_name2, …)]
values|value (value11, value12, …), (value21, value22, …), … ;
```

上述 SQL 语句与为所有字段插入单条数据的语句相比，只是“values|value”后面记录的数目不同，不同的记录之间需要使用逗号“,”隔开。需要注意的是，该语句必须要列举出所有字段，即使有自增约束或默认值约束的字段，也必须指定具体值，否则会提示错误。

例 8.7　为 student 表的所有字段同时插入两条新的记录。

在 MySQL 命令行客户端输入 SQL 语句如下：

```
mysql> insert into student values(6,'周八',18,'女','zhouba@163.com'),(7,'武九',18,'男','wujiu@163.com');
```

执行结果如下：

```
Query OK, 2 rows affected (0.01 sec)
Records: 2  Duplicates: 0  Warnings: 0
```

由执行结果可以看到，代码运行成功，影响了 2 条记录。用“select * from student”语句查看 student 表的所有记录，该表中已有 7 条记录。其中，第 6、7 条记录就是刚刚插入的新记录。

```
mysql> select * from student;
+--------+----------+---------+---------+----------------+
| stu_id | stu_name | stu_age | stu_sex | stu_email      |
+--------+----------+---------+---------+----------------+
|      1 | 张三     |      18 | 男      | zhangsan@163.com |
|      2 | 李四     |      18 | 男      | lisi@163.com   |
|      3 | 王五     |      17 | 男      | NULL           |
|      4 | 赵六     |      21 | 男      | zhaoliu@163.com |
|      5 | 孙七     |    NULL | 男      | sunqi@163.com  |
|      6 | 周八     |      18 | 女      | zhouba@163.com |
|      7 | 武九     |      18 | 男      | wujiu@163.com  |
+--------+----------+---------+---------+----------------+
7 rows in set (0.00 sec)
```

2. 为指定字段同时插入多条数据

为指定字段同时插入多条数据的 SQL 语句的语法格式如下：

```
insert [into] table_name (column_namel, column_name2, …)
values|value (value11, value12, …), (value21, value22, …), … ;
```

上述 SQL 语句与为指定字段插入单条数据的语句相比，只是“values|value”后面记录的数目不同，不同的记录之间需要使用逗号“,”隔开。需要注意的是，该语句不需要列举出所有字段，即有自增约束或默认值约束的字段，系统可以自动生成相应的值。

例 8.8　为 student 表的“stu_name”“stu_age”和“stu_sex”字段同时插入两条新的记录。

在 MySQL 命令行客户端输入 SQL 语句如下：

```
mysql> insert into student(stu_name,stu_age,stu_sex) values('杨十',20,'女'),('胡十一',17,'女');
```

执行结果如下：

```
Query OK, 2 rows affected (0.01 sec)
Records: 2  Duplicates: 0  Warnings: 0
```

由执行结果可以看到，代码运行成功，影响了 2 条记录。用“select * from student”语句查看 student 表的所有记录，可以看到该表中已有 9 条记录。其中，第 8、9 条记录就是刚刚插入的新记录。由于 stu_id 字段有自增约束，因此不用指定值，自动插入了 8 和 9；stu_email 字段可为空，且没有指定值，所以为“NULL”。

```
mysql> select * from student;
+--------+----------+---------+---------+------------------+
| stu_id | stu_name | stu_age | stu_sex | stu_email        |
+--------+----------+---------+---------+------------------+
|      1 | 张三     |      18 | 男      | zhangsan@163.com |
|      2 | 李四     |      18 | 男      | lisi@163.com     |
|      3 | 王五     |      17 | 男      | NULL             |
|      4 | 赵六     |      21 | 男      | zhaoliu@163.com  |
|      5 | 孙七     |    NULL | 男      | sunqi@163.com    |
|      6 | 周八     |      18 | 女      | zhouba@163.com   |
|      7 | 武九     |      18 | 男      | wujiu@163.com    |
|      8 | 杨十     |      20 | 女      | NULL             |
|      9 | 胡十一   |      17 | 女      | NULL             |
+--------+----------+---------+---------+------------------+
9 rows in set (0.00 sec)
```

8.1.5 插入查询结果

在 MySQL 中还可以通过“insert”语句将从一张表中查询到的结果直接插入另一张表中，这样就间接地实现了数据的复制功能。将查询结果插入另一张表中的 SQL 语句的语法格式如下：

```
insert [into] table_name1 (column_namel, column_name2, …)
select (column_namel1, column_name22, …) from table_name2 where_condition;
```

语法说明如下：

(1) table_name1 为插入新数据记录的表名；

(2) column_name1, column_name2, …为字段列表，表示要为哪些字段插入值；

(3) select 为查询语句用到的关键字；

(4) column_name11, column_name22, …也是字段列表，表示要从表中查询哪些字段的值；

(5) table_name2 为要查询的表，即要插入数据的来源；

(6) where_condition 为 where 子句，用来指定查询条件。

注意：column_name1, column_name2, …与 column_name11, column_name22, …字段列表中的数据类型和个数必须保持一致，否则系统会提示错误。对于查询语句在此不必细究，可以等学完后续查询操作后再回过头来复习这节中所讲述的内容。

假设有这样一个需求，将 student 表中性别为“女”的学生信息提取出来存储到另外一张名为“female_student”的表中，此时就可以使用上述的 SQL 语句来实现此功能。

首先，创建一张名为“female_student”的表，在 MySQL 命令行客户端输入 SQL 语句如下：

```
mysql> create table female_student(
    -> stu_id int(10) primary key auto_increment,
    -> stu_name varchar(3) not null,
    -> stu_age int(2),
    -> stu__sex varchar(1) default '女',
    -> stu_email varchar(30) unique
    -> );
```

执行结果如下：

```
Query OK, 0 rows affected, 2 warnings (0.03 sec)
```

由于表中的 stu_sex 字段设置的默认值为“女”，因此只需要查询其他 4 个字段并将查询到的结果插入 female_student 表中即可。

例 8.9　为 female_student 表的指定字段同时插入多条记录。

在 MySQL 命令行客户端输入 SQL 语句如下：

```
mysql> insert into female_student(stu_id,stu_name,stu_age,stu_email) select stu_id,stu_name,stu_age,
stu_email from student where stu_sex='女';
```

执行结果如下：

```
Query OK, 3 rows affected (0.02 sec)
Records: 3    Duplicates: 0    Warnings: 0
```

由执行结果可以看到，代码运行成功，影响了 3 条记录。用“select * from female_student”语句查看 female_student 表的所有记录，可以看到该表中的 3 条性别为“女”的记录已经插入了 female_student 表中。

```
mysql> select * from female_student;
+--------+----------+---------+----------+----------------+
| stu_id | stu_name | stu_age | stu__sex | stu_email      |
+--------+----------+---------+----------+----------------+
|      6 | 周八     |      18 | 女       | zhouba@163.com |
|      8 | 杨十     |      20 | 女       | NULL           |
|      9 | 胡十一   |      17 | 女       | NULL           |
+--------+----------+---------+----------+----------------+
3 rows in set (0.00 sec)
```

数据更新

8.2　数据更新

更新数据可以实现对表中已存在数据的更新，即实现对已存在数据的修改。例如，student 表中某个学生改名或者改邮箱了，此时就需要对表中相应的记录进行更新操作。更新数据需要使用关键字“update”，更新数据时可以选择更新指定记录，也可以选择更新全部记录。

8.2.1 更新指定记录

更新指定记录的前提是根据条件找到指定的记录，所以 SQL 语句需要结合使用“update”和“where”语句，其语法格式如下：

```
update table_name
    set column_namel= value1[, column_name2= value2, ...]
    where_condition;
```

语法说明如下：

(1) update 为更新数据所使用的关键字；

(2) table_name 为要更新数据的表名；

(3) column_name1 和 column_name2 字段分别为要更新的字段；

(4) value1 和 value2 分别为 column_name1 字段和 column_name2 字段要更新的数据；

(5) where_condition 为 where 子句，用来指定更新数据需要满足的条件。

例 8.10 对 student 表中姓名为“张三”的记录进行更新：将该条记录中的“stu_name”字段的值更新为“张大三”，将“stu_email”字段的值更新为“zhangdasan@163.com”。

在 MySQL 命令行客户端输入 SQL 语句如下：

```
mysql> update student set stu_name='张大三',stu_email = 'zhangdasan@163.com' where stu_name='张三';
```

执行结果如下：

```
Query OK, 1 row affected (0.01 sec)
Rows matched: 1  Changed: 1  Warnings: 0
```

由执行结果可以看到，代码运行成功，影响了 1 条记录。用“select * from student”语句查看 student 表的所有记录，可以看到该表中的姓名为“张三”的记录已更新为“张大三”，邮箱已更新为“zhangdasan@163.com”。

```
mysql> select * from student;
+--------+----------+---------+---------+--------------------+
| stu_id | stu_name | stu_age | stu_sex | stu_email          |
+--------+----------+---------+---------+--------------------+
|      1 | 张大三   |      18 | 男      | zhangdasan@163.com |
|      2 | 李四     |      18 | 男      | lisi@163.com       |
|      3 | 王五     |      17 | 男      | NULL               |
|      4 | 赵六     |      21 | 男      | zhaoliu@163.com    |
|      5 | 孙七     |    NULL | 男      | sunqi@163.com      |
|      6 | 周八     |      18 | 女      | zhouba@163.com     |
|      7 | 武九     |      18 | 男      | wujiu@163.com      |
|      8 | 杨十     |      20 | 女      | NULL               |
|      9 | 胡十一   |      17 | 女      | NULL               |
+--------+----------+---------+---------+--------------------+
9 rows in set (0.00 sec)
```

8.2.2　更新全部记录

如果要更新表中全部记录的指定字段，只需要在上述的 SQL 语句中去掉 where 子句即可，其 SQL 语句的语法格式如下：

```
update table_name
    set column_name1= value1[, column_name2= value2, …];
```

例 8.11　对 student 表中的所有记录进行更新：将所有记录的“stu_age”字段的值都更新为 18。

在 MySQL 命令行客户端输入 SQL 语句如下：

```
mysql> update student set stu_age=18;
```

执行结果如下：

```
Query OK, 5 rows affected (0.01 sec)
Rows matched: 9  Changed: 5  Warnings: 0
```

由执行结果可以看到，代码运行成功，影响了 5 条记录。用“select * from student”语句查看 student 表的所有记录，可以看到该表中的“stu_age”字段的记录值已更新为 18。

```
mysql> select * from student;
+--------+----------+---------+---------+-------------------+
| stu_id | stu_name | stu_age | stu_sex | stu_email         |
+--------+----------+---------+---------+-------------------+
|      1 | 张大三   |      18 | 男      | zhangdasan@163.com |
|      2 | 李四     |      18 | 男      | lisi@163.com      |
|      3 | 王五     |      18 | 男      | NULL              |
|      4 | 赵六     |      18 | 男      | zhaoliu@163.com   |
|      5 | 孙七     |      18 | 男      | sunqi@163.com     |
|      6 | 周八     |      18 | 女      | zhouba@163.com    |
|      7 | 武九     |      18 | 男      | wujiu@163.com     |
|      8 | 杨十     |      18 | 女      | NULL              |
|      9 | 胡十一   |      18 | 女      | NULL              |
+--------+----------+---------+---------+-------------------+
9 rows in set (0.00 sec)
```

8.3　数据删除

数据删除

删除数据可以实现对表中已存在数据的删除。例如，student 表中某个学生毕业或者转学了，此时就需要对表中相应的记录进行删除。删除数据需要使用“delete”语句，删除数据时可以选择删除指定的记录，也可以选择删除全部的记录。

8.3.1　删除指定记录

删除指定记录的前提是根据条件找到指定的记录，所以 SQL 语句需要结合使用“delete”

和“where”语句，其语法格式如下：

```
delete from table_name where where_condition;
```

语法说明如下：

(1) delete 为删除数据所使用的关键字；

(2) table_name 为要删除数据的表名；

(3) where where_condition 为 where 子句，用来指定删除数据需要满足的条件。

例 8.12 删除 student 表中“stu_email”字段值为空的记录。

在 MySQL 命令行客户端输入 SQL 语句如下：

mysql> delete from student where stu_email is NULL;

执行结果如下：

```
Query OK, 3 rows affected (0.01 sec)
```

由执行代码可以看到，代码运行成功，影响了 3 条记录。用“select * from student”语句查看 student 表的所有记录，可以看到该表中的“stu_email”字段值为 NULL 的记录均已被删除。

```
mysql> select * from student;
+--------+----------+---------+---------+--------------------+
| stu_id | stu_name | stu_age | stu_sex | stu_email          |
+--------+----------+---------+---------+--------------------+
|      1 | 张大三    |      18 | 男      | zhangdasan@163.com |
|      2 | 李四      |      18 | 男      | lisi@163.com       |
|      4 | 赵六      |      18 | 男      | zhaoliu@163.com    |
|      5 | 孙七      |      18 | 男      | sunqi@163.com      |
|      6 | 周八      |      18 | 女      | zhouba@163.com     |
|      7 | 武九      |      18 | 男      | wujiu@163.com      |
+--------+----------+---------+---------+--------------------+
6 rows in set (0.00 sec)
```

例 8.13 删除 student 表中“stu_id”字段值大于等于 6 的记录。

在 MySQL 命令行客户端输入 SQL 语句如下：

```
mysql> delete from student where stu_id>=6;
```

执行结果如下：

```
Query OK, 2 rows affected (0.00 sec)
```

由执行结果可以看到，代码运行成功，影响了 2 条记录。用“select * from student”语句查看 student 表的所有记录，该表中的“stu_id”字段值大于等于 6 的记录均已被删除。

```
mysql> select * from student;
+--------+----------+---------+---------+--------------------+
| stu_id | stu_name | stu_age | stu_sex | stu_email          |
+--------+----------+---------+---------+--------------------+
|      1 | 张大三    |      18 | 男      | zhangdasan@163.com |
|      2 | 李四      |      18 | 男      | lisi@163.com       |
```

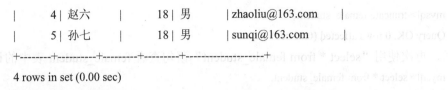

```
|       4 | 赵六     |       18 | 男       | zhaoliu@163.com |
|       5 | 孙七     |       18 | 男       | sunqi@163.com   |
+--------+----------+---------+----------+-----------------+
4 rows in set (0.00 sec)
```

8.3.2 删除全部记录

如果要删除表中的全部记录，只需要在上述删除指定记录的 SQL 语句中去掉 where 子句即可，其 SQL 语句的语法格式如下：

```
delete from table_name;
```

例 8.14　删除 student 表中的所有记录。

在 MySQL 命令行客户端输入 SQL 语句如下：

```
mysql> delete from student;
```

执行结果如下：

```
Query OK, 4 rows affected (0.01 sec)
```

由执行结果可以看到，代码运行成功，影响了 4 条记录。用“select * from student”语句查看 student 表的所有记录，该表中的所有记录均已被删除，该表已空。

```
mysql> select * from student;
Empty set (0.00 sec)
```

8.3.3 使用“truncate”语句删除记录

MySQL 还提供了另一种删除全部记录的操作，该操作使用的语句为“truncate”，其语法格式如下：

```
truncate [table] table_name;
```

语法说明如下：

(1) truncate 为删除全部记录所用到的关键字；

(2) table 为可选项；

(3) table_name 为要删除全部记录的表名。

例 8.15　删除 female_student 表中的所有记录。

首先，使用“select * from female_student”语句查看 female_student 表中的记录：

```
mysql> select * from female_student;
+--------+----------+---------+----------+-----------------+
| stu_id | stu_name | stu_age | stu__sex | stu_email       |
+--------+----------+---------+----------+-----------------+
|       6 | 周八     |       18 | 女       | zhouba@163.com |
|       8 | 杨十     |       20 | 女       | NULL            |
|       9 | 胡十一   |       17 | 女       | NULL            |
+--------+----------+---------+----------+-----------------+
3 rows in set (0.00 sec)
```

然后，输入“truncate”语句删除表中的记录：

```
mysql> truncate female_student;
Query OK, 0 rows affected (0.03 sec)
```

最后，再次使用“select * from female_student”语句查看 female_student 表中的记录。

```
mysql> select * from female_student;
Empty set (0.00 sec)
```

由执行结果可以看到，首先使用“select * from femal_student”语句查看该表的所有记录，可以看到表中共有 3 条记录。接下来，“truncate”语句的运行结果为“Query OK, 0 rows affected (0.03 sec)”，表示运行成功，影响了 0 条记录。再次使用“select * from femal_student”语句查看该表的所有记录，该表中的所有记录均已被删除，该表已空。

从最终的结果来看，虽然使用“truncate”语句和“delete”语句都可以删除表中的全部记录，但是两者还是有很多区别的，如表 8-1 所示。

表 8-1 “delete”语句和“truncate”语句的区别

区　　别	“delete”语句	“truncate”语句
归属语言	数据操作语言(DML)	数据定义语言(DDL)
删除原理	将表中所有的记录一条一条地删除，直到删除完(但这个表依然还在)	保留了表的结构，重新创建了这个表，所有的状态都相当于新表。该方法的效率更高
是否可以回滚	可以	不可以
执行成功后的返回结果	返回已删除的行数	不会返回已删除的行数
原表记录清空后，再次向表中添加新记录时，带有“自增约束”的字段的初始值	从删除前表中该字段的最大值加 1 开始自增	重新从 1 开始自增

例 8.16 为表 student 重新添加记录(之前用“delete”语句清空)。

在 MySQL 命令行客户端输入 SQL 语句如下：

```
mysql> insert into student (stu_name, stu_age, stu_email) values('张小六', 18, 'zhangxiaoliu@163.com'), ('李小四', 17, 'lixiaosi@163.com');
```

执行结果如下：

```
Query OK, 2 rows affected (0.01 sec)
Records: 2  Duplicates: 0  Warnings: 0
```

由执行结果可以看到，代码运行成功，影响了 2 条记录。使用“select * from student”语句查看该表的记录，可以看到该表中已被成功插入 2 条新记录，其中“stu_id”字段值分别为 10 和 11，即顺延了之前的序号(删除记录之前最大的字段值为 9)。

```
mysql> select * from student;
+--------+----------+---------+---------+----------------------+
| stu_id | stu_name | stu_age | stu_sex | stu_email            |
+--------+----------+---------+---------+----------------------+
|     10 | 张小六   |      18 | 男      | zhangxiaoliu@163.com |
|     11 | 李小四   |      17 | 男      | lixiaosi@163.com     |
```

```
+--------+----------+---------+---------+----------------------+
2 rows in set (0.00 sec)
```

例 8.17　为 female_student 表重新添加记录(之前使用“truncate”语句删除)。

在 MySQL 命令行客户端输入 SQL 语句如下：

```
mysql> insert into female_student (stu_name, stu_age, stu_email) values('小花', 20, 'xiaohua@163.com'), ('小红', 18, 'xiaohong@163.com');
```

执行结果如下：

```
Query OK, 2 rows affected (0.01 sec)
Records: 2   Duplicates: 0   Warnings: 0
```

由执行结果可以看到，代码运行成功，影响了 2 条记录。使用“select * from female_student”语句查看该表的记录，该表中已被成功插入 2 条新记录，其中“stu_id”字段值分别为 1 和 2，即重新从 1 开始自增。

```
mysql>  select * from female_student;
+--------+----------+---------+----------+------------------+
| stu_id | stu_name | stu_age | stu__sex | stu_email        |
+--------+----------+---------+----------+------------------+
|      1 | 小花     |      20 | 女       | xiaohua@163.com  |
|      2 | 小红     |      18 | 女       | xiaohong@163.com |
+--------+----------+---------+----------+------------------+
2 rows in set (0.00 sec)
```

小　　结

本章主要介绍了数据操作语言(DML)，包括：用“insert”语句实现插入数据，用“update”语句实现更新数据，用“delete”语句实现删除数据。重点介绍了几种数据插入的方式，其包括为所有字段插入新的数据记录，为指定字段插入新的数据记录，使用“set”关键字为字段插入新的数据记录，为所有字段同时插入多条数据记录，为指定字段同时插入多条数据记录。本章需掌握使用 SQL 命令完成对数据的插入、修改和删除操作。

习　　题

一、选择题

1．下列语句中，表数据的基本操作语句不包括(　　)。

A. create 语句　　B. insert 语句　　C. delete 语句　　D. update 语句

2．下列语句中，可以删除数据的是(　　)。

A. drop 语句　　B. modify 语句　　C. update 语句　　D. truncate 语句

二、填空题

1．在 MySQL 中，可以使用__________或者__________语句，向数据库中一个已有的表中插入一行或多行记录。

2．在 MySQL 中，可以使用____________语句来修改数据表中的记录。

3．在 MySQL 中，可以使用______________或______________语句来删除数据表中的所有记录。

三、实战演练

1．建立一张用来存储学生信息的表 student，字段包括：学号、姓名、性别、年龄、班级、email。具体要求如下：

(1) 学号为主键，且从 1 开始自增；

(2) 姓名不能为空；

(3) 性别默认值为“男”；

(4) Email 唯一。

2．数据表创建成功后，进行如下操作：

(1) 为该表插入数据记录：

no	name	sex	age	class	Email
1	张雷	男	28	mysql101	zhanglei@163.com
2	关玲	女	25	mysql101	guanling@163.com
3	郭飞	男	24	mysql102	guofei@163.com
4	谭云	女	19	mysql102	tanyun@163.com
5	孟强	男	31	mysql103	mengqiang@163.com

(2) 将“孟强”的班级修改为“mysql102”；

(3) 将性别为“女”的学生的班级都改为“mysql103”；

(4) 将性别为“男”的学生的班级都改为“mysql104”；

(5) 删除所有年龄大于 25 的记录。

第9章 数据查询

数据库和数据表成功创建后，就可以针对表中的数据进行各种交互操作了。这些操作可以有效地使用、维护和管理数据库中的表数据。在数据库应用中，最常用的交互操作就是查询，其用途是从数据库的一个或多个表中检索出所要求的数据信息。

在MySQL中，使用SELECT语句可以从数据表或视图中查询满足条件的记录。SELECT语句功能强大、使用灵活，其数学理论基础是关系数据模型中对表对象的一组关系运算，即选择(selection)、投影(projection)和连接(join)。本章主要介绍SELECT语句的语法要素，并重点学习使用SELECT语句对MySQL数据库进行各种查询的方法。

9.1 SELECT语句

SELECT语句概述

使用SELECT语句可以在需要时从数据库中方便快捷地检索、统计或输出数据。该语句的执行过程是从数据库中选取匹配的特定行和列，并将这些数据组织成一个结果集，然后以一张临时表的形式返回。在MySQL中，SELECT语句的语法内容较多，本章主要介绍SELECT语句的一些简单、常用的语法。

SELECT语句的常用语法格式如下：

```
select [all | distinct] 目标列表达式 1 [，目标列表达式 2, …]
from 表名或视图名
[where 条件表达式]

[group by 分组字段名 [having 分组条件表达式]
[order by 被排序字段名 [asc | desc]
[limit [m,] n];
```

语法说明如下：

(1) all | distinct：为可选项，用于指定是否应返回结果集中的重复行。若没有指定这些选项，则默认为 all，即返回 select 操作中所有匹配的行，包括可能存在的重复行；若指定选项 distinct，则会消除结果集中的重复行；

(2) select 子句：用于指定要显示的字段或表达式；

(3) from 子句：用于指定数据来源于哪些表或视图；

(4) where 子句：为可选项，用于指定对记录的过滤条件；

(5) group by 子句：为可选项，用于将查询结果集按指定的字段值分组；

(6) having 子句：为可选项，用于指定分组结果集的过滤条件；

(7) order by 子句：为可选项，用于将查询结果集按指定字段值的升序或降序排序；

(8) limit 子句：为可选项，用于指定查询结果集包含的记录数；

(9) 在 select 语句中，所有可选子句必须依照 select 语句的语法格式所罗列的顺序使用。例如，一个 having 子句必须位于 group by 子句之后，并位于 order by 子句之前；

(10) select 语句既可以完成简单的单表查询，也可以实现复杂的连接查询和嵌套查询。

本章以“教务系统数据库”中的数据表为例，介绍 select 语句的各种用法。各数据表的表结构及表记录如表 9-1～表 9-8 所示。

表 9-1　学生表 tb_student 的表结构

字段名	数据类型	宽度	是否可空	是否主键
studentno	char	10	否	是
studentname	varchar	20	否	
sex	char	2	否	
birthday	date	0		
native	varchar	20		
nation	varchar	10		
classno	char	6		

表 9-2　课程表 tb_course 的表结构

字段名	数据类型	宽度	是否可空	是否主键
courseno	char	6	否	是
coursename	varchar	20	否	
credit	int	0	否	
coursehour	int	0	否	
term	char	2		
priorcourse	char	6		

表 9-3　班级表 tb_class 的表结构

字段名	数据类型	宽度	是否可空	是否主键
classno	char	6	否	是
classname	varchar	20	否	
department	varchar	30	否	
grade	smallint	0		
classnum	tinyint	0		

表 9-4　成绩表 tb_score 的表结构

字段名	数据类型	宽度	是否可空	是否主键
studentno	char	10	否	是
courseno	char	6	否	是
score	float	0		

表 9-5　学生表 tb_student 的表记录

studentno	studentname	sex	birthday	native	nation	classno
2013110101	张晓勇	男	1997/12/11	山西	汉	AC1301
2013110103	王一敏	女	1996/3/25	河北	汉	AC1301
2013110201	江山	女	1996/9/17	内蒙古	锡伯	AC1302
2013110202	李明	男	1996/1/14	广西	壮	AC1302
2013310101	黄菊	女	1995/9/30	北京	汉	IS1301
2013310103	吴昊	男	1995/11/18	河北	汉	IS1301
2014210101	刘涛	男	1997/4/3	湖南	侗	CS1401
2014210102	郭志坚	男	1997/2/21	上海	汉	CS1401
2014310101	王林	男	1996/10/9	河南	汉	IS1401
2014310102	李怡然	女	1996/12/31	辽宁	汉	IS1401

表 9-6　课程表 tb_course 的表记录

courseno	coursename	credit	coursehour	term	priorcourse
11003	管理学	2	32	2	null
11005	会计学	3	48	3	null
21001	计算机基础	3	48	1	null
21002	OFFICE 高级应用	3	48	2	21001
21004	程序设计	4	64	2	21001
21005	数据库	4	64	4	21004
21006	操作系统	4	64	5	21001
31001	管理信息系统	3	48	3	21004
31002	信息系统_分析与设计	2	32	4	31001
31005	项目管理	3	48	5	31001

表 9-7　班级表 tb_class 的表记录

classno	classname	department	grade	classnum
AC1301	会计 13-1 班	会计学院	2013	35
AC1302	会计 13-2 班	会计学院	2013	35
CS1401	计算机 14-1 班	计算机学院	2014	35
IS1301	信息系统 13-1 班	信息学院	2013	0
IS1401	信息系统 14-1 班	信息学院	0	30

表 9-8　成绩表 tb_score 的表记录

studentno	courseno	score
2013110101	11003	90
2013110101	21001	86
2013110103	11003	89
2013110103	21001	88
2013110201	11003	78
2013110201	21001	92
2013110202	11003	82
2013110202	21001	85
2013310101	21004	83
2013310101	31002	68
2013310103	21004	80
2013310103	31002	76
2014210101	21002	93
2014210101	21004	89
2014210102	21002	95
2014210102	21004	88
2014310101	21001	79
2014310101	21004	80
2014310102	21001	91
2014310102	21004	87

9.2　单表查询

单表查询

单表查询是指仅涉及一个表的查询。本节讲解如何使用单表查询的SQL 语法来实现一些查询操作：选择字段、选择指定记录、对查询结果排序、限制查询结果的数量、分组聚合查询。

9.2.1　选择字段

在 select 语句中，“<目标列表达式>”用于指定需要查询的内容，包括字段名、算术表达式、字符串常量、函数和列别名等。使用 select 语句查询表中的指定字段，其语法格式如下：

```
select [all | distinct] 目标列表达式 1 [，目标列表达式 2, …]
from 表名或视图名;
```

1. 查询指定字段

在很多情况下，用户只对数据表中的一部分字段感兴趣，这时可以通过 select 子句指定要查询的字段。若要查询的字段有多个，则各个字段名之间需用逗号分隔。查询结果返回时，结果集中各字段是依照 select 子句中指定字段的次序出的。

例 9.1　查询所有班级的班级编号、所属学院和班级名称。

在 MySQL 命令行客户端输入 SQL 语句如下：

```
mysql> select classno, department, classname from tb_class;
```

执行结果如下：

```
+---------+------------+----------------+
| classno | department | classname      |
+---------+------------+----------------+
| AC1301  | 会计学院    | 会计 13-1 班    |
| AC1302  | 会计学院    | 会计 13-2 班    |
| CS1401  | 计算机学院  | 计算机 14-1 班  |
| IS1301  | 信息学院    | 信息系统 13-1 班 |
| IS1401  | 信息学院    | 信息系统 14-1 班 |
+---------+------------+----------------+
5 rows in set (0.01 sec)
```

该查询的执行过程是：首先从 tb_class 表中依次取出每条记录，然后对每条记录仅选取 classno、department 和 classname 三个字段的值，形成一条新的记录，最后将这些新记录组织为一个结果表输出。命令执行成功后，系统会提示“5 rows in set (0.01sec)”，即有 5 条符合要求的记录被显示出来。

2. 去除重复记录

例 9.2　从班级表 tb_class 中查询出所有的院系名称。

在 MySQL 命令行客户端输入 SQL 语句如下：

```
mysql> select department from tb_class;
```

执行结果如下：

```
+------------+
| department |
+------------+
```

```
| 会计学院   |
| 会计学院   |
| 计算机学院 |
| 信息学院   |
| 信息学院   |
+------------+
5 rows in set (0.00 sec)
```

该查询结果中包含了 2 条重复的记录。如果想要去掉重复记录，必须在 select 子句后面指定关键字 distinct。

在 MySQL 命令行客户端输入 SQL 语句如下：

```
mysql> select distinct department from tb_class;
```

执行结果如下：

```
+------------+
| department |
+------------+
| 会计学院   |
| 计算机学院 |
| 信息学院   |
+------------+
3 rows in set (0.00 sec)
```

该查询结果中，“department”字段中已经没有重复值了。需要注意的是，如果 select 子句中有多个目标列，则关键字 distinct 应用于 select 子句中的所有目标列，而不是它后面的第一个指定列。即只有当两条记录的所有目标列的值都相同时，才认为这两条记录是重复的。

3. 查询所有字段

查询一个表中的所有字段有两种方法：一种方法是在 select 子句后面列出所有的字段名；另一种方法是在 select 子句后面直接使用星号“*”通配符，而不必逐个列出所有列名，此时结果集中各列的次序与这些列在表定义中出现的顺序一致。

例 9.3 查询全体学生的详细信息。

在 MySQL 命令行客户端输入 SQL 语句如下：

```
mysql> select * from tb_student;
```

或者

```
mysql> select studentno, studentname, sex, birthday, native, nation, classno from tb_student;
```

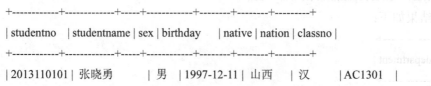

执行结果如下：

```
+------------+-------------+-----+------------+--------+--------+---------+
| studentno  | studentname | sex | birthday   | native | nation | classno |
+------------+-------------+-----+------------+--------+--------+---------+
| 2013110101 | 张晓勇      | 男  | 1997-12-11 | 山西   | 汉     | AC1301  |
```

```
|2013110103| 王一敏    | 女  |1996-03-25| 河北   | 汉   |AC1301
|2013110201| 江山      | 女  |1996-09-17| 内蒙古 | 锡伯 |AC1302   |
|2013110202| 李明      | 男  |1996-01-14| 广西   | 壮   |AC1302
|2013310101| 黄菊      | 女  |1995-09-30| 北京   | 汉   |IS1301   |
|2013310103| 吴昊      | 男  |1995-11-18| 河北   | 汉   |IS1301   |
|2014210101| 刘涛      | 男  |1997-04-03| 湖南   | 侗   |CS1401   |
|2014210102| 郭志坚    | 男  |1997-02-21| 上海   | 汉   |CS1401   |
|2014310101| 王林      | 男  |1996-10-09| 河南   | 汉   |IS1401   |
|2014310102| 李怡然    | 女  |1996-12-31| 辽宁   | 汉   |IS1401   |
+------------+-------------+-----+------------+--------+--------+---------+
10 rows in set (0.00 sec)
```

命令执行成功后，系统会提示“10 rows in set (0.00sec)”，即有 10 条符合要求的记录被显示出来。

4. 查询经过计算的值

Select 子句的“<目标列表达式>”不仅可以是表中的字段名，也可以是表达式，还可以是字符串常量、函数等。

例 9.4 查询全体学生的姓名、性别和年龄。

在 MySQL 命令行客户端输入 SQL 语句如下：

```
mysql> select studentname, sex, year(now())-year(birthday) from tb_student;
```

执行结果如下：

```
+-------------+-----+----------------------------+
| studentname | sex | year(now())-year(birthday) |
+-------------+-----+----------------------------+
| 张晓勇      | 男  |                         27 |
| 王一敏      | 女  |                         28 |
| 江山        | 女  |                         28 |
| 李明        | 男  |                         28 |
| 黄菊        | 女  |                         29 |
| 吴昊        | 男  |                         29 |
| 刘涛        | 男  |                         27 |
| 郭志坚      | 男  |                         27 |
| 王林        | 男  |                         28 |
| 李怡然      | 女  |                         28 |
+-------------+-----+----------------------------+
10 rows in set (0.01 sec)
```

命令执行成功后，可以看到查询结果的第三列显示的名称很长，且不够直观。MySQL 可以通过指定别名来改变查询结果的列标题，这对于含算术表达式、常量、函数名的目标列表达式尤为重要。

5. 定义字段的别名

在系统输出查询结果集中，某些列或所有列的名称时，若希望这些列的名称显示为自定义的列名，则可以在SELECT子句的目标列表达式之后添加AS子句，以此来指定查询结果集中字段的别名。为字段定义别名的语法格式如下：

```
字段名 [as] 字段别名;
```

其中：as为可选项。

例9.5 查询全体学生的姓名、性别和年龄，要求给每个目标列表达式取中文别名。

在MySQL命令行客户端输入SQL语句如下：

```
mysql> select studentname as 姓名, sex 性别, year(now())-year(birthday) 年龄 from tb_student;
```

执行结果如下：

```
+--------+------+------+
| 姓名   | 性别 | 年龄 |
+--------+------+------+
| 张晓勇 | 男   |   27|
| 王一敏 | 女   |   28|
| 江山   | 女   |   28|
| 李明   | 男   |   28|
| 黄菊   | 女   |   29|
| 吴昊   | 男   |   29|
| 刘涛   | 男   |   27|
| 郭志坚 | 男   |   27|
| 王林   | 男   |   28|
| 李怡然 | 女   |   28|
+--------+------+------+
10 rows in set (0.00 sec)
```

命令执行成功后，该查询语句为每个目标列表达式都取了中文别名，这样就增加了查询结果的可读性。

注意：当自定义的别名中含有空格时，必须使用单引号将别名括起来。例如，例9.5中若字段studentname的别名为“姓 名”时，则在MySQL命令行客户端输入SQL语句如下：

```
mysql> select studentname as '姓 名', sex '性 别', year(now( ))-year(birthday) '年 龄' from tb_student;
```

执行结果如下：

```
+--------+-------+-------+
| 姓 名  | 性 别 | 年 龄 |
+--------+-------+-------+
| 张晓勇 | 男    |    27|
| 王一敏 | 女    |    28|
| 江山   | 女    |    28|
```

```
| 李明   | 男    |     28|
| 黄菊   | 女    |     29|
| 吴昊   | 男    |     29|
| 刘涛   | 男    |     27|
| 郭志坚 | 男    |     27|
| 王林   | 男    |     28|
| 李怡然 | 女    |     28|
+--------+-------+-------+
10 rows in set (0.00 sec)
```

另外，字段的别名不允许出现在 where 子句中。

9.2.2　选择指定记录

数据表中包含大量的记录，用户查询时可能只需要查询表中的指定记录，即需要对记录进行过滤。在 select 语句中，可以使用 where 子句指定过滤条件(搜索条件或查询条件)，实现记录的过滤。其语法格式如下：

select 目标列表达式 1，目标列表达式 2，…，目标列表达式 *n*
from 表名或视图名
where 查询条件;

Where 子句常用的查询条件如表 9-9 所示。

表 9-9　常用的查询条件

查询条件	操　作　符
比较	=，<>，! =，<，<=，>，>=，! <，! >，not＋含比较运算符的表达式
确定范围	between and, not between and
确定集合	in, not in
字符匹配	like, not like
空值	is null, is not null
多重条件	and, or

1. 比较大小

比较运算符用于指定目标列表达式的值，当目标列表达式的值符合条件时，返回该条记录。

例 9.6　查询课时大于等于 48 学时的课程名称及其学分。

在 MySQL 命令行客户端输入如下 SQL 语句：

```
mysql> select coursename, credit, coursehour
    -> from tb_course
    -> where coursehour>=48;
```

执行结果如下：

```
+----------------+--------+------------+
| coursename       | credit | coursehour |
+----------------+--------+------------+
| 会计学           |      3 |         48 |
| 计算机基础       |      3 |         48 |
| OFFICE 高级应用  |      3 |         48 |
| 程序设计         |      4 |         64 |
| 数据库           |      4 |         64 |
| 操作系统         |      4 |         64 |
| 管理信息系统     |      3 |         48 |
| 项目管理         |      3 |         48 |
+----------------+--------+------------+
8 rows in set (0.00 sec)
```

命令执行成功后，可以看到，查询结果中所有记录的学时数均大于或等于 48，而学时数小于 48 的课程记录没有被返回。另外，“大于等于”也可以表达为“不小于”，所以该查询也可以使用关键字 NOT 来改写，在 MySQL 命令行客户端输入 SQL 语句如下：

```
mysql> select coursename, credit, coursehour
    -> from tb_course
    -> where not coursehour<48;
```

执行结果如下：

```
+----------------+--------+------------+
| coursename       | credit | coursehour |
+----------------+--------+------------+
| 会计学           |      3 |         48 |
| 计算机基础       |      3 |         48 |
| OFFICE 高级应用  |      3 |         48 |
| 程序设计         |      4 |         64 |
| 数据库           |      4 |         64 |
| 操作系统         |      4 |         64 |
| 管理信息系统     |      3 |         48 |
| 项目管理         |      3 |         48 |
+----------------+--------+------------+
8 rows in set (0.00 sec)
```

例 9.7 查询少数民族学生的姓名、性别、籍贯和民族。

在 MySQL 命令行客户端输入 SQL 语句如下：

```
mysql> select studentname, sex, native, nation
    -> from tb_student
    -> where nation!= '汉';
```

执行结果如下：

```
+-------------+-----+--------+--------+
| studentname | sex | native | nation |
+-------------+-----+--------+--------+
| 江山        | 女  | 内蒙古 | 锡伯   |
| 李明        | 男  | 广西   | 壮     |
| 刘涛        | 男  | 湖南   | 侗     |
+-------------+-----+--------+--------+
3 rows in set (0.00 sec)
```

命令执行成功后，可以看到，查询结果中显示的是非汉族的学生信息，即少数民族学生信息。该查询语句中的符号“!=”可以用“<>”代替，表示“不等于”，当然也可以用not和“=”符号表示，故该查询语句等价于：

```
mysql> select studentname, sex, native, nation from tb_student where not nation='汉';
```

从上例可以看出，比较运算符不仅可以用来把字段值与数字做比较，也可以用来比较字符串。

2. 带between…and关键字的范围查询

当查询的过滤条件被限定在某个取值范围时，可以使用between…and操作符。其语法格式如下：

```
expression [not] between expression1 and expression2
```

其中：表达式expression1的值不能大于表达式expression2的值。当不使用关键字not时，如果表达式expression的值在表达式expressionl 与expression2之间(包括这两个值)，则该条记录即可返回到查询结果中，否则不返回；如果使用关键字not时，其返回值正好相反。

例9.8 查询出生日期在1997年的学生姓名、性别和出生日期。

在MySQL命令行客户端输入SQL语句如下：

```
mysql> select studentname, sex, birthday
    -> from tb_student
    -> where birthday between '1997-01-01' and '1997-12-31';
```

执行结果如下：

```
+-------------+-----+------------+
| studentname | sex | birthday   |
+-------------+-----+------------+
| 张晓勇      | 男  | 1997-12-11 |
| 刘涛        | 男  | 1997-04-03 |
| 郭志坚      | 男  | 1997-02-21 |
+-------------+-----+------------+
3 rows in set (0.01 sec)
```

between…and操作符前还可以加关键字not，表示指定范围之外的值，如果字段值不满足指定的范围，则这些记录被返回。

例 9.9 查询出生日期不在 1997 年的学生姓名、性别和出生日期。

在 MySQL 命令行客户端输入 SQL 语句如下：

```
mysql> select studentname, sex, birthday
    -> from tb_student
    -> where birthday not between '1997-01-01' and '1997-12-31';
```

执行结果如下：

```
+-------------+-----+------------+
| studentname | sex | birthday   |
+-------------+-----+------------+
| 王一敏      | 女  | 1996-03-25 |
| 江山        | 女  | 1996-09-17 |
| 李明        | 男  | 1996-01-14 |
| 黄菊        | 女  | 1995-09-30 |
| 吴昊        | 男  | 1995-11-18 |
| 王林        | 男  | 1996-10-09 |
| 李怡然      | 女  | 1996-12-31 |
+-------------+-----+------------+
7 rows in set (0.00 sec)
```

从例 9.8 和例 9.9 的查询结果可以看出，出生日期在和不在 1997 年的学生、性别和出生日期两者没有交集。

3. 带 in 关键字的集合查询

使用关键字 in 可以用来查找字段值属于指定集合范围内的记录，当要判定的值匹配集合范围内的任意一个值时，会在查询结果中返回该条记录，否则不返回。

注意：尽管关键字 in 可用于范围判定，但其最主要的作用是表达子查询，可参见后续章节“带 in 关键字的子查询”。

例 9.10 查询籍贯是北京、天津和上海的学生信息。

在 MySQL 命令行客户端输入 SQL 语句如下：

```
mysql> select *
    -> from tb_student
    -> where native in('北京', '天津', '上海');
```

执行结果如下：

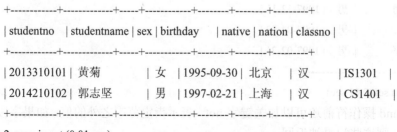

```
+------------+-------------+-----+------------+--------+--------+---------+
| studentno  | studentname | sex | birthday   | native | nation | classno |
+------------+-------------+-----+------------+--------+--------+---------+
| 2013310101 | 黄菊        | 女  | 1995-09-30 | 北京   | 汉     | IS1301  |
| 2014210102 | 郭志坚      | 男  | 1997-02-21 | 上海   | 汉     | CS1401  |
+------------+-------------+-----+------------+--------+--------+---------+
2 rows in set (0.01 sec)
```

还可以使用关键字 not 来查询属性值不属于集合范围内的记录。当要判定的值不匹配集合范围内的任意一个值时，会在查询结果中返回该条记录，否则不返回。

例 9.11 查询籍贯不是北京、天津和上海的学生信息。

在 MySQL 命令行客户端输入 SQL 语句如下：

```
mysql> select *
    -> from tb_student
    -> where native not in('北京', '天津', '上海');
```

执行结果如下：

```
+------------+-------------+-----+------------+--------+--------+---------+
| studentno  | studentname | sex | birthday   | native | nation | classno |
+------------+-------------+-----+------------+--------+--------+---------+
| 2013110101 | 张晓勇      | 男  | 1997-12-11 | 山西   | 汉     | AC1301  |
| 2013110103 | 王一敏      | 女  | 1996-03-25 | 河北   | 汉     | AC1301  |
| 2013110201 | 江山        | 女  | 1996-09-17 | 内蒙古 | 锡伯   | AC1302  |
| 2013110202 | 李明        | 男  | 1996-01-14 | 广西   | 壮     | AC1302  |
| 2013310103 | 吴昊        | 男  | 1995-11-18 | 河北   | 汉     | IS1301  |
| 2014210101 | 刘涛        | 男  | 1997-04-03 | 湖南   | 侗     | CS1401  |
| 2014310101 | 王林        | 男  | 1996-10-09 | 河南   | 汉     | IS1401  |
| 2014310102 | 李怡然      | 女  | 1996-12-31 | 辽宁   | 汉     | IS1401  |
+------------+-------------+-----+------------+--------+--------+---------+
8 rows in set (0.00 sec)
```

4. 带 like 关键字的字符串匹配查询

关键字 like 可以用来进行字符串的匹配，其语法格式如下：

```
[not] like '<匹配串>' [escape'<换码字符>']
```

其含义是查找指定的字段值与“<匹配串>”相匹配的记录。“<匹配串>”可以是一个完整的常字符串，也可以含有通配符。利用通配符可以在不能完全确定比较值的情形下，创建一个用于比较特定数据的搜索模式，并置于关键字 like 后。通配符可以出现在指定字段值的任意位置，并且可以同时使用多个。

MySQL 所支持的常用通配符有两种：“%”和“_”。其中：“%”(百分号)表示任意长度的字符串，甚至包括长度为零的字符；“_”(下划线)表示任意单个字符。能进行匹配运算的字段可以是 char、varchar、text、datetime 等数据类型。

例 9.12 查询学号为 2013110201 的学生的详细情况。

在 MySQL 命令行客户端输入 SQL 语句如下：

```
mysql> select *
    -> from tb_student
    -> where studentno like '2013110201';
```

执行结果如下：

```
+------------+-------------+-----+------------+--------+--------+---------+
```

```
| studentno  | studentname | sex | birthday   | native | nation | classno |
+------------+-------------+-----+------------+--------+--------+---------+
| 2013110201 | 江山        | 女  | 1996-09-17 | 内蒙古 | 锡伯   | AC1302  |
+------------+-------------+-----+------------+--------+--------+---------+
1 row in set (0.00 sec)
```

其中：like 后面的“<匹配串>”为常字符串，不包含通配符，此时 like 可用“＝”代替，相应地，可用“!＝”或“<>”代替 not like。

例 9.13 查询所有姓“王”的学生的学号、姓名和班号。

在 MySQL 命令行客户端输入 SQL 语句如下：

```
mysql> select studentno, studentname, classno
    -> from tb_student
    -> where studentname like '王%';
```

执行结果如下：

```
+------------+-------------+---------+
| studentno  | studentname | classno |
+------------+-------------+---------+
| 2013110103 | 王一敏      | AC1301  |
| 2014310101 | 王林        | IS1401  |
+------------+-------------+---------+
2 rows in set (0.00 sec)
```

该查询返回了姓名以“王”字开头，后面字符长度为任意个数的记录。

例 9.14 查询所有不姓“王”的学生的学号、姓名和班号。

在 MySQL 命令行客户端输入 SQL 语句如下：

```
mysql> select studentno, studentname, classno
    -> from tb_student
    -> where studentname not like '王%';
```

执行结果如下：

```
+------------+-------------+---------+
| studentno  | studentname | classno |
+------------+-------------+---------+
| 2013110101 | 张晓勇      | AC1301  |
| 2013110201 | 江山        | AC1302  |
| 2013110202 | 李明        | AC1302  |
| 2013310101 | 黄菊        | IS1301  |
| 2013310103 | 吴昊        | IS1301  |
| 2014210101 | 刘涛        | CS1401  |
| 2014210102 | 郭志坚      | CS1401  |
| 2014310102 | 李怡然      | IS1401  |
```

```
+------------+-------------+---------+
8 rows in set (0.01 sec)
```

例 9.15 查询所有包含“林”字的学生学号、姓名和班号。

在 MySQL 命令行客户端输入 SQL 语句如下：

```
mysql> select studentno, studentname, classno
    -> from tb_student
    -> where studentname like '%林%';
```

执行结果如下：

```
+------------+-------------+---------+
| studentno  | studentname | classno |
+------------+-------------+---------+
| 2014310101 | 王林        | IS1401  |
+------------+-------------+---------+
1 row in set (0.00 sec)
```

该查询返回了姓“林”或者名字中包含“林”字的记录，只要姓名中包含“林”字，不管前面或后面有多少个字符，都满足查询的条件。

例 9.16 查询姓“王”且姓名长度为三个字的学生学号、姓名和班号。

在 MySQL 命令行客户端输入 SQL 语句如下：

```
mysql> select studentno, studentname, classno
    -> from tb_student
    -> where studentname like '王__';
```

执行结果如下：

```
+------------+-------------+---------+
| studentno  | studentname | classno |
+------------+-------------+---------+
| 2013110103 | 王一敏      | AC1301  |
+------------+-------------+---------+
1 row in set (0.00 sec)
```

为了满足查询条件姓“王”且姓名长度为三个文字，匹配串“王__”中使用了两个下划线通配符。

如果要匹配的字符串本身就含有通配符“%”或“_”，这时就要使用 escape'<换码字符>'短语对通配符进行转义，把通配符“%”或“_”转换成普通字符。

例 9.17 查询课程名称中含有下划线“_”的课程信息。

在 MySQL 命令行客户端输入 SQL 语句如下：

```
mysql> select *
    -> from tb_course
    -> where coursename like '%#_%' escape '#';
```

执行结果如下：

```
+----------+--------------------+--------+------------+------+-------------+
| courseno | coursename         | credit | coursehour | term | priorcourse |
+----------+--------------------+--------+------------+------+-------------+
| 31002    | 信息系统_分析与设计 |      2 |         32 | 4    | 31001       |
+----------+--------------------+--------+------------+------+-------------+
1 row in set (0.00 sec)
```

通常情况下，下划线“_”是一个通配符，这里使用关键字 escape 指定一个转义字符“#”，使<匹配串>中“#”后面的“_”不再是通配符，而是普通意义的“下划线”。即改变“_”原有的特殊作用，使其在匹配串中成为一个普通字符。

注意：MySQL 默认是不区分大小写的，百分号“%”不能匹配空值 null。

5. 带 is null 关键字的空值查询

空值一般表示数据未知、不确定或以后再添加。空值不同于 0，也不同于空字符串。当需要查询某字段内容是否为空值时，可以使用关键字 is null 来实现。

例 9.18 查询缺少先修课的课程信息。

在 MySQL 命令行客户端输入 SQL 语句如下：

```
mysql> select *
    -> from tb_course
    -> where priorcourse is null;
```

执行结果如下：

```
+----------+------------+--------+------------+------+-------------+
| courseno | coursename | credit | coursehour | term | priorcourse |
+----------+------------+--------+------------+------+-------------+
| 11003    | 管理学     |      2 |         32 | 2    | NULL        |
| 11005    | 会计学     |      3 |         48 | 3    | NULL        |
| 21001    | 计算机基础 |      3 |         48 | 1    | NULL        |
+----------+------------+--------+------------+------+-------------+
3 rows in set (0.00 sec)
```

可以看到，所有返回的记录中先修课值均为 NULL。相反地，可以使用 is not null 查找字段值不为空的记录。

例 9.19 查询有先修课的课程信息。

在 MySQL 命令行客户端输入 SQL 语句如下：

```
mysql> select *
    -> from tb_course
    -> where priorcourse is not null;
```

执行结果如下：

```
+----------+--------------------+--------+------------+------+-------------+
| courseno | coursename         | credit | coursehour | term | priorcourse |
+----------+--------------------+--------+------------+------+-------------+
```

```
| 21002    | OFFICE 高级应用       |        3 |         48 | 2    | 21001     |
| 21004    | 程序设计              |        4 |         64 | 2    | 21001     |
| 21006    | 操作系统              |        4 |         64 | 5    | 21001     |
| 21005    | 数据库                |        4 |         64 | 4    | 21004     |
| 31001    | 管理信息系统          |        3 |         48 | 3    | 21004     |
| 31002    | 信息系统_分析与设计   |        2 |         32 | 4    | 31001     |
| 31005    | 项目管理              |        3 |         48 | 5    | 31001     |
+----------+---------------------+--------+-----------+----+-----------+
7 rows in set (0.00 sec)
```

需要注意的是，“is null”不能用“＝null”代替，“is not null”也不能用“!＝null”代替。例如，将例 9.18 中的查询语句修改如下：

```
mysql> select *
    -> from tb_course
    -> where priorcourse = null;
```

执行结果如下：

```
Empty set (0.00 sec)
```

使用“=null”或“!=null”设置查询条件时不会有语法错误，但查询不到结果集，返回空集(Empty set(0.00 sec))。

6. 带 and 或 or 的多条件查询

逻辑运算符 and 和 or 可用来连接多个查询条件。and 表示只有满足所有查询条件的记录才会被返回，or 表示只要满足其中一个查询条件的记录即可被返回。and 的优先级高于 or，也可以使用括号改变优先级。

例 9.20　查询学分大于等于 3 且学时数大于 32 的课程名称、学分和学时数。

在 MySQL 命令行客户端输入 SQL 语句如下：

```
mysql> select coursename, credit, coursehour
    -> from tb_course
    -> where credit>=3 and coursehour>32;
```

执行结果如下：

```
+----------------+--------+------------+
| coursename     | credit | coursehour |
+----------------+--------+------------+
| 会计学         |      3 |         48 |
| 计算机基础     |      3 |         48 |
| OFFICE 高级应用 |      3 |         48 |
| 程序设计       |      4 |         64 |
| 数据库         |      4 |         64 |
| 操作系统       |      4 |         64 |
| 管理信息系统   |      3 |         48 |
```

```
| 项目管理      |        3 |        48 |
+----------------+--------+-----------+
8 rows in set (0.00 sec)
```

例 9.21 查询籍贯是北京或上海的学生的姓名、籍贯和民族。

在 MySQL 命令行客户端输入 SQL 语句如下：

```
mysql> select studentname, native, nation
    -> from tb_student
    -> where native='北京' or native='上海';
```

执行结果如下：

```
+-------------+--------+--------+
| studentname | native | nation |
+-------------+--------+--------+
| 黄菊         | 北京   | 汉      |
| 郭志坚       | 上海   | 汉      |
+-------------+--------+--------+
2 rows in set (0.00 sec)
```

可以看到，or 和 in 可以实现相同的功能。但是使用 in 的查询语句更加简洁明了，并且 in 的执行速度要快于 or。

例 9.22 查询籍贯是北京或湖南的少数民族男生的姓名、籍贯和民族。

在 MySQL 命令行客户端输入 SQL 语句如下：

```
mysql> select studentname, native, nation
    -> from tb_student
    -> where (native='北京' or native='湖南') and nation!= '汉' and sex='男';
```

执行结果如下：

```
+-------------+--------+--------+
| studentname | native | nation |
+-------------+--------+--------+
| 刘涛         | 湖南   | 侗     |
+-------------+--------+--------+
1 row in set (0.00 sec)
```

该查询语句的 where 子句中使用括号改变了 or 的优先级，如果不加括号，查询出的记录会包括北京的学生或湖南的少数民族男生，则与题意不符。

9.2.3 对查询结果排序

单表查询

在 select 语句中，可以使用 order by 子句对查询结果集中的记录按一个或多个字段值的升序或降序排列。关键字 asc 表示按升序排列，关键字 desc 表示按降序排列。其中，默认值为 asc。

例 9.23 查询学生选课成绩大于 85 分的学号、课程号和成绩信息，并将查询结果先按学号升序排列，再按成绩降序排列。

在 MySQL 命令行客户端输入 SQL 语句如下：

```
mysql> select *
    -> from tb_score
    -> where score>85
    -> order by studentno, score desc;
```

执行结果如下：

```
+------------+----------+-------+
| studentno  | courseno | score |
+------------+----------+-------+
| 2013110101 | 11003    |    90 |
| 2013110101 | 21001    |    86 |
| 2013110103 | 11003    |    89 |
| 2013110103 | 21001    |    88 |
| 2013110201 | 21001    |    92 |
| 2014210101 | 21002    |    93 |
| 2014210101 | 21004    |    89 |
| 2014210102 | 21002    |    95 |
| 2014210102 | 21004    |    88 |
| 2014310102 | 21001    |    91 |
| 2014310102 | 21004    |    87 |
+------------+----------+-------+
11 rows in set (0.00 sec)
```

由执行结果可以看到，使用 order by 子句可以同时对多个字段进行不同顺序的排序，多个字段名彼此间用逗号分隔，MySQL 会按照这些字段从左至右所罗列的次序依次进行排序。此例的查询结果先按学号升序排序，学号相同的记录再按成绩降序排序。

注意：当对空值进行排序时，order by 子句会将该空值作为最小值来对待，即若按升序排列结果集，则 order by 子句会将该空值所在的记录置于结果集的最上方；若是使用降序排序，则会将其置于结果集的最下方。

例 9.24　查询学生的姓名、籍贯和民族，并将查询结果按姓名升序排列。

在 MySQL 命令行客户端输入 SQL 语句如下：

```
mysql> select studentname, native, nation
    -> from tb_student
    -> order by studentname;
```

执行结果如下：

```
+-------------+--------+--------+
| studentname | native | nation |
+-------------+--------+--------+
| 刘涛        | 湖南   | 侗     |
| 吴昊        | 河北   | 汉     |
```

```
| 张晓勇      | 山西   | 汉     |
| 李怡然      | 辽宁   | 汉     |
| 李明        | 广西   | 壮     |
| 江山        | 内蒙古 | 锡伯   |
| 王一敏      | 河北   | 汉     |
| 王林        | 河南   | 汉     |
| 郭志坚      | 上海   | 汉     |
| 黄菊        | 北京   | 汉     |
+-------------+--------+--------+
10 rows in set (0.00 sec)
```

由执行结果可以看到，查询出的记录并没有按姓名的拼音顺序升序排序。这是因为 UTF-8 是 MySQL 数据库的默认字符集，而使用该字符集的数据库进行排序时，会出现不按照中文拼音的顺序排序的情况，需要使用 convert( )函数实现将字符集临时改为 gbk，在 MySQL 命令行客户端输入 SQL 语句如下：

```
mysql> select studentname, native, nation
    -> from tb_student
    -> order by convert (studentname using gbk);
```

执行结果如下：

```
+-------------+--------+--------+
| studentname | native | nation |
+-------------+--------+--------+
| 郭志坚      | 上海   | 汉     |
| 黄菊        | 北京   | 汉     |
| 江山        | 内蒙古 | 锡伯   |
| 李明        | 广西   | 壮     |
| 李怡然      | 辽宁   | 汉     |
| 刘涛        | 湖南   | 侗     |
| 王林        | 河南   | 汉     |
| 王一敏      | 河北   | 汉     |
| 吴昊        | 河北   | 汉     |
| 张晓勇      | 山西   | 汉     |
+-------------+--------+--------+
10 rows in set (0.01 sec)
```

由执行结果可以看到，将字符集临时改为 gbk 后，查询结果就可以按照姓名的升序排序了。

9.2.4 限制查询结果的数量

当使用 select 语句返回的结果集中行数有很多时，为了便于用户对查询结果集进行浏览和操作，可以使用 limit 子句来限制 select 语句返回的行数。limit 子句的语法格式如下：

```
limit [位置偏移量,] 行数
```

语法说明如下：

(1) “行数”是必选项，表示需要返回的记录数；

(2) “位置偏移量”是可选项，表示记录从哪一行开始显示。第一条记录的位置偏移量是 0，第二条记录的位置偏移量是 1，以此类推。如果不指定“位置偏移量”，系统将会从表中的第一条记录开始显示。

注意：“行数”必须是非负的整数常量。若指定行数大于实际能返回的行数时，MySQL 将只返回它能返回的数据行。

例 9.25　查询成绩排名第 3 至第 5 的学生学号、课程号和成绩。

在 MySQL 命令行客户端输入 SQL 语句如下：

```
mysql> select studentno, courseno, score
    -> from tb_score
    -> order by score desc
    -> limit 2,3;
```

执行结果如下：

```
+------------+----------+-------+
| studentno  | courseno | score |
+------------+----------+-------+
| 2013110201 | 21001    |    92 |
| 2014310102 | 21001    |    91 |
| 2013110101 | 11003    |    90 |
+------------+----------+-------+
3 rows in set (0.00 sec)
```

该查询语句先使用 order by 子句对成绩进行降序排序，然后使用 limit 子句限制返回的记录数，其中 2 是指“从第三条记录开始显示”，3 是指“一共要返回的记录数”，所以“limit 2, 3”即表示查询结果显示第 3 至第 5 条记录。

需要注意的是，如果 select 语句中既有 order by 子句，又有 limit 子句，则 limit 子句必须位于 order by 子句之后，否则将产生错误消息。

9.3　分组聚合查询

分组聚合查询是通过把聚合函数，如 count( )、sum( )等添加到一个带有 group by 子句的 select 语句中来实现的。

分组聚合查询

9.3.1　使用聚合函数查询

聚合函数是 MySQL 提供的一类系统内置函数，常用于对一组值进行计算，然后返回单个值。使用聚合函数可以对数据进行分析。表 9-10 列出了 MySQL 中常用的聚合函数。

表 9-10　MySQL 中常用的聚合函数

函　数　名	说　　明
count ([distinct | all] *)	统计数据表中的记录数
count ([distinct | all] <列名>)	统计数据表的一列中值的个数
max ([distinct | all] <列名>)	求数据表的一列值中的最大值
min ([distinct | all] <列名>)	求数据表的一列值中的最小值
sum ([distinct | all] <列名>)	计算数据表的一列中值的总和
avg ([distinct | all] <列名>)	计算数据表的一列中值的平均值

其中，如果指定关键字 distinct，则表示在计算时要取消指定列中的重复值；如果不指定 distinct 或指定 all(默认值)，则表示不取消重复值。

注意：除函数 count(*)外，其余聚合函数（包括 count(<列名>))都会忽略空值。

例 9.26　查询学生总人数。

在 MySQL 命令行客户端输入 SQL 语句如下：

```
mysql> select count(*) from tb_student;
```

执行结果如下：

```
+----------+
| count(*) |
+----------+
|       10 |
+----------+
1 row in set (0.01 sec)
```

由执行结果可以看到，函数 count(*)返回 tb_student 表中记录的总行数，但列标题为“count(*)”，为了更直观地表示查询结果，可以给列标题设置别名。在 MySQL 命令行客户端输入 SQL 语句如下：

```
mysql> select count(*) 总人数 from tb_student;
```

执行结果如下：

```
+--------+
| 总人数 |
+--------+
|     10 |
+--------+
1 row in set (0.00 sec)
```

例 9.27　查询选修了课程的学生总人数。

在 MySQL 命令行客户端输入 SQL 语句如下：

```
mysql> select count(distinct studentno) 选修课程人数 from tb_score;
```

执行结果如下：

```
+--------------+
| 选修课程人数 |
+--------------+
|           10 |
+--------------+
1 row in set (0.00 sec)
```

一个学生可以选修多门课程，在 tb_score 表中对应多条记录，为避免重复计算学生人数，必须在 count 函数中使用 distinct 短语。

例 9.28 计算选修课程编号为“21001”的学生平均分。

在 MySQL 命令行客户端输入 SQL 语句如下：

```
mysql> select avg(score) 平均分 from tb_score where courseno='21001';
```

执行结果如下：

```
+-------------------+
| 平均分            |
+-------------------+
| 86.83333333333333 |
+-------------------+
1 row in set (0.00 sec)
```

查询结果中显示的平均分为循环小数，可以用 round( )函数设置小数位数。“round(表达式, *n*)”表示保留 *n* 位小数，*n* 为 0 时表示保留整数。

如果要将平均分保留 2 位小数，在 MySQL 命令行客户端输入 SQL 语句如下：

```
mysql> select round(avg(score),2) 平均分 from tb_score where courseno='21001';
```

执行结果如下：

```
+--------+
| 平均分 |
+--------+
|  86.83 |
+--------+
1 row in set (0.01 sec)
```

例 9.29 计算选修课程编号为“21001”学生的最高分。

在 MySQL 命令行客户端输入 SQL 语句如下：

```
mysql> select max(score) 最高分 from tb_score where courseno='21001';
```

执行结果如下：

```
+--------+
| 最高分 |
+--------+
|     92 |
+--------+
1 row in set (0.00 sec)
```

如果有学生选修课程后没有成绩，即字段score的值为空，在使用sum(score)、avg(score)、max(score)和 min(score)等聚合函数进行计算时，系统都会自动忽略空值。

9.3.2 分组聚合查询

在 select 语句中，允许使用 group by 子句对数据进行分组运算。分组运算的目的是细化聚合函数的作用对象。如果不对查询结果分组，聚合函数作用于整个查询结果，对查询结果分组后，聚合函数分别作用于每个组，查询结果按组聚合输出。group by 子句的语法格式如下：

```
[group by 字段列表] [having <条件表达式>]
```

语法说明如下：

(1) group by 对查询结果按字段列表进行分组，字段值相同的记录分为一组；指定用于分组的字段列表可以是一列，也可以是多个列，彼此间用逗号分隔；

(2) having 短语对分组的结果进行过滤，仅输出满足条件的组。

注意：使用 group by 子句后，select 子句的目标列表达式中只能包含 group by 子句中的字段列表和聚合函数。

例 9.30 查询各个课程号及相应的选课人数。

在 MySQL 命令行客户端输入 SQL 语句如下：

```
mysql> select courseno, count(studentno) 选课人数
    -> from tb_score
    -> group by courseno;
```

执行结果如下：

```
+----------+----------+
| courseno | 选课人数 |
+----------+----------+
| 11003    |        4 |
| 21001    |        6 |
| 21002    |        2 |
| 21004    |        6 |
| 31002    |        2 |
+----------+----------+
5 rows in set (0.00 sec)
```

由执行结果可以看到，该语句对查询结果按 courseno 的值分组，所有 courseno 值相同的记录分为一组，然后对每一组用聚合函数 count 计数，求该组的学生人数。

可以看出，使用 group by courseno 对数据进行分组时，select 子句中最好包含分组字段 courseno，否则 count(studentno)值的实际意义不明确。

对于 group by 子句的使用，需要注意以下几点：

(1) group by 子句中列出的每个字段都必须是检索列或有效的表达式，但不能是聚合函数。如果在 select 语句中使用表达式，则必须在 group by 子句中指定相同的表达式，而且不能使用别名。

(2) 除聚合函数之外，select 子句中的每个列都必须在 group by 子句中给出。

(3) 如果用于分组的列中含有 null 值，则 null 将作为一个单独的分组返回；如果该列中存在多个 null 值，则将这些 null 值所在的记录分为一组。

例 9.31 查询每个学生的选课门数、平均分和最高分。

在 MySQL 命令行客户端输入 SQL 语句如下：

```
mysql> select studentno, count(*) 选课门数, avg(score) 平均分, max(score) 最高分
    -> from tb_score
    -> group by studentno;
```

执行结果如下：

```
+------------+----------+--------+--------+
| studentno  | 选课门数 | 平均分 | 最高分 |
+------------+----------+--------+--------+
| 2013110101 |        2 |     88 |     90 |
| 2013110103 |        2 |   88.5 |     89 |
| 2013110201 |        2 |     85 |     92 |
| 2013110202 |        2 |   83.5 |     85 |
| 2013310101 |        2 |   75.5 |     83 |
| 2013310103 |        2 |     78 |     80 |
| 2014210101 |        2 |     91 |     93 |
| 2014210102 |        2 |   91.5 |     95 |
| 2014310101 |        2 |   79.5 |     80 |
| 2014310102 |        2 |     89 |     91 |
+------------+----------+--------+--------+
10 rows in set (0.00 sec)
```

由执行结果可以看到，查询结果按学号 studentno 分组，将 studentno 值相同的记录作为一组，然后对每组进行计数、求平均值和求最大值。

如果分组后还要求按一定的条件(如平均分大于 80)对每个组进行筛选，最终只输出满足筛选条件的组，则可以使用 having 短语指定筛选条件。

例 9.32 查询平均分在 80 分以上的每个同学的选课门数、平均分和最高分。

在 MySQL 命令行客户端输入 SQL 语句如下：

```
mysql> select studentno, count(*) 选课门数, avg(score) 平均分, max(score) 最高分
    -> from tb_score
    -> group by studentno
    -> having avg(score)>=80;
```

执行结果如下：

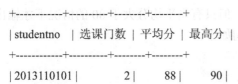

```
+------------+----------+--------+--------+
| studentno  | 选课门数 | 平均分 | 最高分 |
+------------+----------+--------+--------+
| 2013110101 |        2 |     88 |     90 |
```

```
| 2013110103 |         2 |   88.5 |     89 |
| 2013110201 |         2 |     85 |     92 |
| 2013110202 |         2 |   83.5 |     85 |
| 2014210101 |         2 |     91 |     93 |
| 2014210102 |         2 |   91.5 |     95 |
| 2014310102 |         2 |     89 |     91 |
+------------+----------+--------+--------+
7 rows in set (0.00 sec)
```

由执行结果可以看到，例 9.32 是对例 9.31 所得的结果进行筛选，判断平均分是否大于等于 80，如果是则输出该组，否则丢弃该组，不作为输出结果。

例 9.33 查询有 2 门以上(含 2 门)课程成绩大于 88 分的学生学号及(88 分以上的)课程数。

在 MySQL 命令行客户端输入 SQL 语句如下：

```
mysql> select studentno, count(*) 课程数
    -> from tb_score
    -> where score>88
    -> group by studentno
    -> having count(*)>=2;
```

执行结果如下：

```
+------------+--------+
| studentno  | 课程数 |
+------------+--------+
| 2014210101 |      2 |
+------------+--------+
1 row in set (0.00 sec)
```

由执行结果可以看到，该查询语句中既用到了 where 子句指定筛选条件，又用到了 having 子句指定筛选条件。两者的主要区别在于作用对象不同：where 子句作用于基本表或视图，主要用于过滤基本表或视图中的数据行，从中选择满足条件的记录；having 子句作用于分组后的每个组，主要用于过滤分组，从中选择满足条件的组，即 having 子句是基于分组的聚合值而不是特定行的值来过滤数据。

此外，having 子句中的条件可以包含聚合函数，而 where 子句中则不可以；where 子句在数据分组前进行过滤，having 子句则在数据分组后进行过滤。因此，where 子句排除的行不包含在分组中，这就可能改变聚合值，从而影响 having 子句基于这些值过滤掉的分组。

如果一条 select 语句拥有一个 having 子句而没有 group by 子句，则会把表中的所有记录都分在一个组中。

例 9.34 查询所有学生选课的平均分，但只有当平均分大于 80 的情况下才输出。

在 MySQL 命令行客户端输入 SQL 语句如下：

```
mysql> select avg(score) 平均分
    -> from tb_score
```

```
-> having avg(score)>=80;
```

执行结果如下：

```
+--------+
| 平均分 |
+--------+
|  84.95 |
+--------+
1 row in set (0.00 sec)
```

由执行结果可以看到，所有学生选课的平均分为 84.95 分，所以查询结果显示“1 row in set(0.00 sec)”，如果将题目中的输出条件改为 85 分，查询结果将为空集。

9.4　多表查询

连接查询

前面介绍的都是针对一张表进行的查询操作，即单表查询，但是在实际开发中往往需要针对两张甚至更多张数据表进行操作，而多张表之间需要使用主键和外键关联在一起，然后使用连接查询来查询多张表中满足要求的数据记录。

当相互关联的多张表中存在意义相同的字段时，可以利用这些相同字段对多张表进行连接查询。连接查询主要分为交叉连接查询、自然连接查询、内连接查询和外连接查询四种。

MySQL 4.1 以后版本提供了另外一种多表查询的方式，即子查询。当进行查询的条件是另外一个 select 语句查询的结果时，就会用到子查询。另外，还可以把来自多个 select 语句的结果组合到一个结果集中，这种查询称为联合查询。

本节将详细讲解交叉连接查询、内连接查询、外连接查询、子查询及联合查询。

9.4.1　交叉连接查询

交叉连接(cross join)又称笛卡尔积，即把一张表的每一行与另一张表的每一行连接起来，返回两张表的每一行相连接后所有可能的搭配结果，其连接的结果会产生一些没有意义的记录，所以这种查询实际很少使用。交叉连接查询所对应的 SQL 语句的语法结构如下：

```
select * from table_name1 cross join table_name2;
```

语法说明如下：

- table_name1 和 table_name2 为进行交叉连接的两个表的名字。

例 9.35　查询学生表与成绩表的交叉连接。

在 MySQL 命令行客户端输入 SQL 语句如下：

```
mysql> select * from tb_student cross join tb_score;
```

交叉连接查询返回的结果集的记录行数等于其所连接的两张表记录行数的乘积，列数等于两张表的列数和。例如，tb_student 表有 10 条记录，tb_score 表有 20 条记录，这两个表交叉连接后结果集的记录行数将是 $10 \times 20 = 200$ 条；tb_student 表有 7 列字段，tb_score 表有 3 个字段，这两个表交叉连接后结果集的列数将是 $7 + 3 = 10$ 列。

由此可见，倘若所关联的两张表的记录行数和列数有很多时，交叉连接的查询结果集会非常庞大，且查询执行时间非常长，甚至有可能会因为返回的数据过多而造成系统的停滞不前。因此，对于存在大量数据的表，应该避免使用交叉连接。同时，也可以在 FROM 子句的交叉连接后面，使用 WHERE 子句设置过滤条件，或使用 limit 子句设置显示查询结果的数量，从而减少返回的结果集。此处，由于例 9.35 的结果集为 200 行 × 10 列，因此不作显示。

9.4.2 内连接

内连接(inner join)通过在查询中设置连接条件来移除交叉连接查询结果集中某些数据行。具体而言，内连接就是使用比较运算符进行表间某(些)字段值的比较操作，并将与连接条件相匹配的数据行组成新的记录，其目的是消除交叉连接中某些没有意义的数据行。也就是说，在内连接查询中，只有满足条件的记录才能出现在结果集中。

内连接所对应的 SQL 语句有两种表示形式：

(1) 使用 inner join 的显式语法结构如下：

```
select column1，column2，…，columnn
from table_name1 inner join table_name2
on 连接条件
[where 过滤条件];
```

(2) 使用 where 子句定义连接条件的隐式语法结构如下：

```
select column1，column2，…，columnn
from table_name1, table_name2
where 连接条件 [and 过滤条件];
```

语法说明如下：

(1) column1，column2，…，columnn 为需要检索的列的名称或列的别名；

(2) table_name1 和 table_name2 为进行内连接的两个表的名字。

上述两种表示形式的差别在于：使用 inner join 连接后，from 子句中的 on 子句可用来设置连接表的连接条件，而其他过滤条件则可以在 select 语句中的 where 子句中指定；而使用 where 子句定义连接条件的形式，表与表之间的连接条件和查询时的过滤条件均在 where 子句中指定。

1. 等值与非等值连接

连接查询中用来连接两个表的条件称为连接条件，一般格式如下：

```
[table_name1.] column1 <比较运算符> [table_name2.] column2
```

其中，比较运算符主要有：= 、 > 、 < 、 >= 、 <= 、 != 或 <>。当比较运算符为“=”时表示等值连接，使用其他运算符为非等值连接。

连接条件中的字段名称为连接字段，连接条件中的各连接字段类型必须是可比的，但不一定是要相同的。

例 9.36 查询每个学生选修课程的情况。

在 MySQL 命令行客户端输入 SQL 语句如下：

```
mysql> select tb_student.*, tb_score.*
```

```
        -> from tb_student, tb_score
        -> where tb_student. studentno=tb_score.studentno;
```

或者

```
mysql> select tb_student.*, tb_score.*
        -> from tb_student inner join tb_score
        -> on tb_student. studentno=tb_score.studentno;
```

执行结果如下：

```
+------------+-------------+-----+------------+--------+--------+---------+------------+----------+-------+
| studentno  | studentname | sex | birthday   | native | nation | classno | studentno  | courseno | score |
+------------+-------------+-----+------------+--------+--------+---------+------------+----------+-------+
| 2013110101 | 张晓勇      | 男  | 1997-12-11 | 山西   | 汉     | AC1301  | 2013110101 | 11003    |    90 |
| 2013110101 | 张晓勇      | 男  | 1997-12-11 | 山西   | 汉     | AC1301  | 2013110101 | 21001    |    86 |
| 2013110103 | 王一敏      | 女  | 1996-03-25 | 河北   | 汉     | AC1301  | 2013110103 | 11003    |    89 |
| 2013110103 | 王一敏      | 女  | 1996-03-25 | 河北   | 汉     | AC1301  | 2013110103 | 21001    |    88 |
| 2013110201 | 江山        | 女  | 1996-09-17 | 内蒙古 | 锡伯   | AC1302  | 2013110201 | 11003    |    78 |
| 2013110201 | 江山        | 女  | 1996-09-17 | 内蒙古 | 锡伯   | AC1302  | 2013110201 | 21001    |    92 |
| 2013110202 | 李明        | 男  | 1996-01-14 | 广西   | 壮     | AC1302  | 2013110202 | 11003    |    82 |
| 2013110202 | 李明        | 男  | 1996-01-14 | 广西   | 壮     | AC1302  | 2013110202 | 21001    |    85 |
| 2013310101 | 黄菊        | 女  | 1995-09-30 | 北京   | 汉     | IS1301  | 2013310101 | 21004    |    83 |
| 2013310101 | 黄菊        | 女  | 1995-09-30 | 北京   | 汉     | IS1301  | 2013310101 | 31002    |    68 |
| 2013310103 | 吴昊        | 男  | 1995-11-18 | 河北   | 汉     | IS1301  | 2013310103 | 21004    |    80 |
| 2013310103 | 吴昊        | 男  | 1995-11-18 | 河北   | 汉     | IS1301  | 2013310103 | 31002    |    76 |
| 2014210101 | 刘涛        | 男  | 1997-04-03 | 湖南   | 侗     | CS1401  | 2014210101 | 21002    |    93 |
| 2014210101 | 刘涛        | 男  | 1997-04-03 | 湖南   | 侗     | CS1401  | 2014210101 | 21004    |    89 |
| 2014210102 | 郭志坚      | 男  | 1997-02-21 | 上海   | 汉     | CS1401  | 2014210102 | 21002    |    95 |
| 2014210102 | 郭志坚      | 男  | 1997-02-21 | 上海   | 汉     | CS1401  | 2014210102 | 21004    |    88 |
| 2014310101 | 王林        | 男  | 1996-10-09 | 河南   | 汉     | IS1401  | 2014310101 | 21001    |    79 |
| 2014310101 | 王林        | 男  | 1996-10-09 | 河南   | 汉     | IS1401  | 2014310101 | 21004    |    80 |
| 2014310102 | 李怡然      | 女  | 1996-12-31 | 辽宁   | 汉     | IS1401  | 2014310102 | 21001    |    91 |
| 2014310102 | 李怡然      | 女  | 1996-12-31 | 辽宁   | 汉     | IS1401  | 2014310102 | 21004    |    87 |
+------------+-------------+-----+------------+--------+--------+---------+------------+----------+-------+
20 rows in set (0.00 sec)
```

由此可见，使用 where 子句定义连接条件比较简单明了，而 inner join 连接是 SQL 的标准规范，使用 inner join 连接能够确保不会忘记连接条件。

例 9.37 查询会计学院全体同学的学号、姓名、籍贯、班级编号和所在班级名称。

在 MySQL 命令行客户端输入 SQL 语句如下：

```
mysql> select studentno, studentname, native, tb_student.classno, classname
        -> from tb_student, tb_class
        -> where tb_student.classno=tb_class.classno and department='会计学院';
```

或者

```
mysql> select studentno, studentname, native, tb_student.classno, classname
    -> from tb_student join tb_class
    -> on tb_student.classno=tb_class.classno
    -> where department='会计学院';
```

执行结果如下：

```
+------------+-------------+--------+---------+------------+
| studentno  | studentname | native | classno | classname  |
+------------+-------------+--------+---------+------------+
| 2013110101 | 张晓勇      | 山西   | AC1301  | 会计 13-1 班 |
| 2013110103 | 王一敏      | 河北   | AC1301  | 会计 13-1 班 |
| 2013110201 | 江山        | 内蒙古 | AC1302  | 会计 13-2 班 |
| 2013110202 | 李明        | 广西   | AC1302  | 会计 13-2 班 |
+------------+-------------+--------+---------+------------+
4 rows in set (0.00 sec)
```

由于内连接是系统默认的表连接，因此在 from 子句中可以省略关键字 inner，而只用关键字 join 连接表。

查询语句中“tb_student.classno=tb_class.classno”为连接条件，“department='会计学院'”为筛选条件。在连接操作中，如果 select 子句涉及多个表的相同字段名(如 classno)，必须在相同的字段名前加上表名(如 tb_student)加以区分。

例 9.38 查询选修了课程名称为“程序设计”的学生学号、姓名和成绩。

在 MySQL 命令行客户端输入 SQL 语句如下：

```
mysql> select a.studentno, studentname,score
    -> from tb_student as a,tb_course b,tb_score c
    -> where a.studentno=c.studentno and b.courseno=c.courseno and coursename
='程序设计';
```

或者

```
mysql> select a.studentno, studentname,score
    -> from tb_student as a join tb_course b join tb_score c
    -> on a.studentno =c.studentno and b.courseno=c.courseno
    -> where coursename='程序设计';
```

由此可见，使用 inner join 实现多个表的内连接时，需要在 from 子句的多个表之间连续使用 inner join 或 join。

执行结果如下：

```
+------------+-------------+-------+
| studentno  | studentname | score |
+------------+-------------+-------+
| 2013310101 | 黄菊        |    83 |
| 2013310103 | 吴昊        |    80 |
```

```
| 2014210101 | 刘涛      |    89 |
| 2014210102 | 郭志坚    |    88 |
| 2014310101 | 王林      |    80 |
| 2014310102 | 李怡然    |    87 |
+------------+----------+-------+
6 rows in set (0.00 sec)
```

该查询为参与连接的表都取了别名，将表 tb_student、tb_course 和 tb_score 依次取别名 a、b 和 c，并在相同的字段名前加上表的别名。

当表的名称很长或需要多次使用相同的表时，可以为表指定别名，用别名代表原来的表名。为表取别名的基本语法格式如下：

```
表名 [as] 表别名
```

其中：关键字 as 为可选项。

注意：如果在 from 子句中指定了表别名，那么它所在的 select 语句的其他子句都必须使用表别名来代替原来的表名。当同一个表在 select 语句中多次被使用时，必须用表别名加以区分。

2. 自连接

若某个表与自身进行连接，称为自表连接或自身连接，简称自连接。使用自连接时，需要为表指定多个不同的别名，且对所有查询字段的引用均必须使用表别名限定，否则 select 操作会失败。

例 9.39 查询与“数据库”这门课学分相同的课程信息。

在 MySQL 命令行客户端输入 SQL 语句如下：

```
mysql> select c1.*
    -> from tb_course c1, tb_course c2
    -> where c1. credit=c2.credit and c2.coursename='数据库';
```

或者

```
mysql> select c1.*
    -> from tb_course c1 join tb_course c2
    -> on c1.credit=c2.credit
    -> where c2.coursename='数据库';
```

执行结果如下：

```
+----------+------------+--------+------------+------+-------------+
| courseno | coursename | credit | coursehour | term | priorcourse |
+----------+------------+--------+------------+------+-------------+
| 21004    | 程序设计   |      4 |         64 | 2    | 21001       |
| 21005    | 数据库     |      4 |         64 | 4    | 21004       |
| 21006    | 操作系统   |      4 |         64 | 5    | 21001       |
+----------+------------+--------+------------+------+-------------+
3 rows in set (0.00 sec)
```

由此可见，查询结果中仍然包含“数据库”这门课。若要去掉这条记录，只需在上述

select 语句的 where 子句中增加一个条件“c1.coursename!= '数据库'”即可。

在 MySQL 命令行客户端输入 SQL 语句如下：

```
mysql> select c1.*
    -> from tb_course c1, tb_course c2
    -> where c1. credit=c2.credit and c2.coursename='数据库' and c1.coursename!= '数据库';
```

执行结果如下所示：

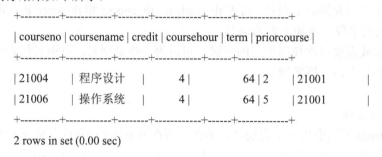

```
+----------+------------+--------+------------+------+-------------+
| courseno | coursename | credit | coursehour | term | priorcourse |
+----------+------------+--------+------------+------+-------------+
| 21004    | 程序设计   |      4 |         64 | 2    | 21001       |
| 21006    | 操作系统   |      4 |         64 | 5    | 21001       |
+----------+------------+--------+------------+------+-------------+
2 rows in set (0.00 sec)
```

9.4.3 外连接

连接查询是要查询多个表中相关联的行，内连接查询只返回查询结果集合中符合查询条件(过滤条件)和连接条件的行。有时候，查询结果也需要显示不满足连接条件的记录，即返回查询结果集中不仅包含符合连接条件的行，而且还包括两个连接表中不符合连接条件的行。

外连接首先将连接的两张表分为基表和参考表，然后再以基表为依据返回满足和不满足连接条件的记录，就好像是在参考表中增加了一条全部由空值组成的“万能行”，它可以和基表中所有不满足连接条件的记录进行连接。

外连接根据连接表的顺序，可分为左外连接和右外连接两种。

1．左外连接

左外连接，也称作左连接(left outer join 或 left join)，用于返回该关键字左边表(基表)的所有记录，并用这些记录与该关键字右边表(参考表)中的记录进行匹配，如果左表的某些记录在右表中没有匹配的记录，就和右表中的“万能行”连接，即右表对应的字段值均被设置为空值 null。

例 9.40 使用左外连接查询所有学生及其选修课程的情况，包括没有选修课程的学生，要求显示学号、姓名、性别、班号、选修的课程号和成绩。

首先，在 MySQL 命令行客户端输入 SQL 语句如下，往学生表中插入一条记录：

```
mysql> insert into tb_student values('2024310102', '王盟', '男', '2006-01-18', '北京', '满', 'IS1301');
    Query OK, 1 row affected (0.01 sec)
```

成功添加后，意味着基表中有了一个新的学生记录，但是该生没有选修任何课程。

在 MySQL 命令行客户端输入 SQL 语句如下，进行左连接查询：

```
mysql> select a.studentno, studentname, sex, classno,courseno,score
    -> from tb_student a left outer join tb_score b
```

```
-> on a.studentno= b.studentno;
```

执行结果如下：

```
+------------+-------------+-----+---------+----------+-------+
| studentno  | studentname | sex | classno | courseno | score |
+------------+-------------+-----+---------+----------+-------+
| 2013110101 | 张晓勇      | 男  | AC1301  | 11003    |    90 |
| 2013110101 | 张晓勇      | 男  | AC1301  | 21001    |    86 |
| 2013110103 | 王一敏      | 女  | AC1301  | 11003    |    89 |
| 2013110103 | 王一敏      | 女  | AC1301  | 21001    |    88 |
| 2013110201 | 江山        | 女  | AC1302  | 11003    |    78 |
| 2013110201 | 江山        | 女  | AC1302  | 21001    |    92 |
| 2013110202 | 李明        | 男  | AC1302  | 11003    |    82 |
| 2013110202 | 李明        | 男  | AC1302  | 21001    |    85 |
| 2013310101 | 黄菊        | 女  | IS1301  | 21004    |    83 |
| 2013310101 | 黄菊        | 女  | IS1301  | 31002    |    68 |
| 2013310103 | 吴昊        | 男  | IS1301  | 21004    |    80 |
| 2013310103 | 吴昊        | 男  | IS1301  | 31002    |    76 |
| 2014210101 | 刘涛        | 男  | CS1401  | 21002    |    93 |
| 2014210101 | 刘涛        | 男  | CS1401  | 21004    |    89 |
| 2014210102 | 郭志坚      | 男  | CS1401  | 21002    |    95 |
| 2014210102 | 郭志坚      | 男  | CS1401  | 21004    |    88 |
| 2014310101 | 王林        | 男  | IS1401  | 21001    |    79 |
| 2014310101 | 王林        | 男  | IS1401  | 21004    |    80 |
| 2014310102 | 李怡然      | 女  | IS1401  | 21001    |    91 |
| 2014310102 | 李怡然      | 女  | IS1401  | 21004    |    87 |
| 2024310102 | 王盟        | 男  | IS1301  | NULL     |  NULL |
+------------+-------------+-----+---------+----------+-------+
21 rows in set (0.00 sec)
```

由于刚插入的学号为“2024310102”的学生还没来得及选课，因此相应记录中的课程号和成绩的值均为 null。

2．右外连接

右外连接也称右连接(right outer join 或 right join)，以右表为基表，其连接方法与左外连接完全一样，即返回右表的所有记录，并用这些记录与左边表(参考表)中的记录进行匹配，如果右表的某些记录在左表中没有匹配的记录，左表对应的字段值均被设置为空值 null。

例 9.41 使用右外连接查询所有学生及其选修课程的情况，包括没有选修课程的学生，要求显示学号、姓名、性别、班号、选修的课程号和成绩。

在 MySQL 命令行客户端输入 SQL 语句如下：

```
mysql> select courseno,score, b.studentno,studentname,sex, classno
    -> from tb_score a right outer join tb_student b
    -> on a.studentno=b.studentno;
```

执行结果如下：

```
+----------+-------+------------+-------------+-----+---------+
| courseno | score | studentno  | studentname | sex | classno |
+----------+-------+------------+-------------+-----+---------+
| 11003    |    90 | 2013110101 | 张晓勇      | 男  | AC1301  |
| 21001    |    86 | 2013110101 | 张晓勇      | 男  | AC1301  |
| 11003    |    89 | 2013110103 | 王一敏      | 女  | AC1301  |
| 21001    |    88 | 2013110103 | 王一敏      | 女  | AC1301  |
| 11003    |    78 | 2013110201 | 江山        | 女  | AC1302  |
| 21001    |    92 | 2013110201 | 江山        | 女  | AC1302  |
| 11003    |    82 | 2013110202 | 李明        | 男  | AC1302  |
| 21001    |    85 | 2013110202 | 李明        | 男  | AC1302  |
| 21004    |    83 | 2013310101 | 黄菊        | 女  | IS1301  |
| 31002    |    68 | 2013310101 | 黄菊        | 女  | IS1301  |
| 21004    |    80 | 2013310103 | 吴昊        | 男  | IS1301  |
| 31002    |    76 | 2013310103 | 吴昊        | 男  | IS1301  |
| 21002    |    93 | 2014210101 | 刘涛        | 男  | CS1401  |
| 21004    |    89 | 2014210101 | 刘涛        | 男  | CS1401  |
| 21002    |    95 | 2014210102 | 郭志坚      | 男  | CS1401  |
| 21004    |    88 | 2014210102 | 郭志坚      | 男  | CS1401  |
| 21001    |    79 | 2014310101 | 王林        | 男  | IS1401  |
| 21004    |    80 | 2014310101 | 王林        | 男  | IS1401  |
| 21001    |    91 | 2014310102 | 李怡然      | 女  | IS1401  |
| 21004    |    87 | 2014310102 | 李怡然      | 女  | IS1401  |
| NULL     |  NULL | 2024310102 | 王盟        | 男  | IS1301  |
+----------+-------+------------+-------------+-----+---------+
21 rows in set (0.00 sec)
```

比较例 9.40 和例 9.41 可以发现，它们都是以 tb_student 为基表，两者的查询结果集完全相同。外连接可以在两张连接表没有任何匹配记录的情况下仍返回记录。对两张表分别使用内连接和外连接查询时所返回的结果有可能完全相同，但实质上这两类连接的操作语义是不同的，它们的差别在于外连接一定会返回结果集，无论该记录能否在另外一张表中找出相匹配的记录。

对于表连接需要注意的是，上述各种连接方式的用途不一样，在实际构建查询时，灵活地运用这些连接方式将有助于更有效地检索出所期望的目标数据信息。并且为获取相同的目标数据信息，可使用的连接方式不唯一，甚至还可以使用子查询的方式。

9.4.4 子查询

子查询也称嵌套查询，是将一个查询语句嵌套在另一个查询语句的 where 子句或 having 短语中，前者被称为内层查询或子查询，后者被称为外层查询或父查询。在整个 select 语句中，先计算子查询，然后将子查询的结果作为父查询的过滤条件。嵌套查询可以用多个简单查询构成一个复杂的查询，从而增强 SQL 的查询能力。

子查询

1. 带 in 关键字的子查询

带 in 关键字的子查询是最常用的一类子查询，用于判定一个给定值是否存在于子查询的结果集中。使用 in 关键字进行子查询时，内层查询语句仅仅返回一个数据列，其值将提供给外层查询进行比较操作。

例 9.42 查询选修了课程的学生姓名。

在学生表 tb_student 中，将学号出现在成绩表 tb_score 中(表明该学生选修了课程)的学生姓名查询出来。

在 MySQL 命令行客户端输入 SQL 语句如下：

```
mysql> select studentname
    -> from tb_student
    -> where tb_student.studentno in(select distinct tb_score.studentno from tb_score);
```

上述查询过程分步执行如下：

首先，执行内层子查询，从 tb_score 表中查询出学生的学号 studentno，查询结果如下：

```
mysql> select distinct tb_score.studentno from tb_score;
+------------+
| studentno  |
+------------+
| 2013110101 |
| 2013110103 |
| 2013110201 |
| 2013110202 |
| 2013310101 |
| 2013310103 |
| 2014210101 |
| 2014210102 |
| 2014310101 |
| 2014310102 |
+------------+
10 rows in set (0.00 sec)
```

然后，执行外层查询，在 tb_student 表中查询上述学号对应的姓名，等同于执行查询：

```
mysql> select studentname from tb_student
```

```
    -> where tb_student.studentno in ('2013110101', '2013110103' , '2013110201',
'2013110202','2013310101','2013310103' , '2014210101' , '2014210102' , '2014310101' ,
'2014310102');
+-------------+
| studentname |
+-------------+
| 张晓勇      |
| 王一敏      |
| 江山        |
| 李明        |
| 黄菊        |
| 吴昊        |
| 刘涛        |
| 郭志坚      |
| 王林        |
| 李怡然      |
+-------------+
10 rows in set (0.00 sec)
```

这个例子说明，在处理这类子查询时，MySQL 实际上执行了两个操作，即先执行内层查询，再执行外层查询，内层查询的结果作为外层查询的比较条件。

这个例子也可以用连接查询来改写如下：

```
mysql> select distinct studentname
    -> from tb_student, tb_score
    -> where tb_student.studentno=tb_score.studentno;
```

select 语句也可以使用 not in 关键字的子查询来判定一个给定值不属于子查询的结果集。

例 9.43 查询没有选修过课程的学生姓名。

在 MySQL 命令行客户端输入 SQL 语句如下：

```
mysql> select studentname from tb_student
    -> where tb_student.studentno not in (select distinct tb_score.studentno from tb_score);
```

执行结果如下：

```
+-------------+
| studentname |
+-------------+
| 王盟        |
+-------------+
1 row in set (0.00 sec)
```

注意：这类表示否定的查询不能用连接查询来改写。

2. 带比较运算符的子查询

带比较运算符的子查询是指父查询与子查询之间用比较运算符进行连接。当用户能确切知道内层查询返回的是单值时，可以用<、<=、>、>=、=、< >、!=等比较运算符构造子查询。

例 9.44 查询计算机 14-1 班所有学生的学号、姓名。

在 MySQL 命令行客户端输入 SQL 语句如下：

```
mysql> select studentno, studentname from tb_student
    -> where classno=(select classno from tb_class where classname='计算机 14-1 班');
```

该查询首先执行内层查询，查找出“计算机 14-1 班”的班号：

```
mysql> select classno from tb_class where classname='计算机 14-1 班';
+---------+
| classno |
+---------+
| CS1401  |
+---------+
1 row in set (0.00 sec)
```

然后执行外层查询，在学生表中查找班号等于“CS1401”的学生：

```
mysql> select studentno, studentname from tb_student where classno='CS1401';
+------------+-------------+
| studentno  | studentname |
+------------+-------------+
| 2014210101 | 刘涛        |
| 2014210102 | 郭志坚      |
+------------+-------------+
2 rows in set (0.00 sec)
```

这类查询都可以用连接查询来改写，在 MySQL 命令行客户端输入 SQL 语句如下：

```
mysql> select studentno,studentname
    -> from tb_student,tb_class
    -> where tb_student.classno=tb_class.classno and classname='计算机 14-1 班';
```

例 9.45 查询与“李明”在同一个班学习的学生学号、姓名和班号。

在 MySQL 命令行客户端输入 SQL 语句如下：

```
mysql> select studentno, studentname, classno from tb_student s1
    -> where classno=(select classno from tb_student s2 where studentname='李明')and
studentname != '李明';
```

执行结果如下：

```
+------------+-------------+---------+
| studentno  | studentname | classno |
+------------+-------------+---------+
| 2013110201 | 江山        | AC1302  |
```

```
+------------+-------------+---------+
1 row in set (0.00 sec)
```

由此可见，查询语句的最后一个条件表达式“studentname != '李明'”是为了从结果集中去掉李明本人。这其实也是一个自连接查询，可以用连接查询来改写，在 MySQL 命令行客户端输入 SQL 语句如下：

```
mysql> select s1.studentno, s1.studentname, s1.classno
    -> from tb_student s1,tb_student s2
    -> where s1.classno=s2.classno and s2.studentname='李明' and s1.studentname != '李明';
```

比较运算符还可以与 all、some 和 any 关键字一起构造子查询。all、some 和 any 用于指定对比较运算的限制：all 用于指定表达式需要与子查询结果集中的每个值都进行比较，当表达式与每个值都满足比较关系时，会返回 true，否则返回 false；some 和 any 是同义词，表示表达式与子查询结果集中的某个值满足比较关系时，就返回 true，否则返回 false。

例 9.46 查询男生中比某个女生出生年份晚的学生姓名和出生年份。

在 MySQL 命令行客户端输入 SQL 语句如下：

```
mysql> select studentname, year(birthday) from tb_student
    -> where sex='男' and year(birthday)>any(select year(birthday) from tb_student where sex='女');
```

执行此查询时，首先处理内层查询，找出所有女生的出生年份如下：

```
mysql> select year(birthday) from tb_student where sex='女';
+----------------+
| year(birthday) |
+----------------+
|           1996 |
|           1996 |
|           1995 |
|           1996 |
+----------------+
4 rows in set (0.00 sec)
```

然后处理外层查询，查找出生年份比 1996 或 1995 晚的男生。最后的查询结果如下：

```
+-------------+----------------+
| studentname | year(birthday) |
+-------------+----------------+
| 张晓勇      |           1997 |
| 李明        |           1996 |
| 刘涛        |           1997 |
| 郭志坚      |           1997 |
| 王林        |           1996 |
| 王盟        |           2006 |
+-------------+----------------+
6 rows in set (0.00 sec)
```

例 9.47 查询男生中比所有女生出生年份晚的学生姓名和出生年份。

在 MySQL 命令行客户端输入 SQL 语句如下：

```
mysql> select studentname, year(birthday)
    -> from tb_student
    -> where sex='男' and year(birthday)>all(select year(birthday) from tb_student where sex='女');
```

执行该查询时，先查询出女生的出生年份：

```
mysql> select year(birthday) from tb_student where sex='女';
+----------------+
| year(birthday) |
+----------------+
|           1996 |
|           1996 |
|           1995 |
|           1996 |
+----------------+
4 rows in set (0.00 sec)
```

然后处理外层查询，查找出生年份比 1996 和 1995 都晚的男生。最后的查询结果如下：

```
+-------------+----------------+
| studentname | year(birthday) |
+-------------+----------------+
| 张晓勇      |           1997 |
| 刘涛        |           1997 |
| 郭志坚      |           1997 |
| 王盟        |           2006 |
+-------------+----------------+
4 rows in set (0.00 sec)
```

比较运算符与 all、some 和 any 构造的子查询也可以通过聚合函数来实现。用聚合函数实现子查询通常比直接用 any 或 all 查询效率要高，因为使用聚合函数能够减少比较次数。any 或 all 与聚合函数的对应关系如下：

表 9-11 any/all 与聚合函数的对应关系

	=	!=	<	<=	>	>=
any	in	--	<max	<=max	>min	>=min
all	--	not in	<min	<=min	>max	>=max

把例 9.46 用聚合函数改写，在 MySQL 命令行客户端输入 SQL 语句如下：

```
mysql> select studentname, year(birthday) from tb_student
    -> where sex='男' and year(birthday)>(select min(year(birthday)) from tb_student where sex='女');
+-------------+----------------+
```

```
| studentname | year(birthday) |
+-------------+----------------+
| 张晓勇      |           1997 |
| 李明        |           1996 |
| 刘涛        |           1997 |
| 郭志坚      |           1997 |
| 王林        |           1996 |
| 王盟        |           2006 |
+-------------+----------------+
6 rows in set (0.00 sec)
```

例 9.47 也可以用聚合函数改写，在 MySQL 命令行客户端输入 SQL 语句如下：

```
mysql> select studentname, year(birthday) from tb_student
    -> where sex='男' and year(birthday)>(select max(year(birthday)) from tb_student where sex='女');
+-------------+----------------+
| studentname | year(birthday) |
+-------------+----------------+
| 张晓勇      |           1997 |
| 刘涛        |           1997 |
| 郭志坚      |           1997 |
| 王盟        |           2006 |
+-------------+----------------+
4 rows in set (0.00 sec)
```

3. 带 exists 关键字的子查询

使用关键字 exists 构造子查询时，系统对子查询进行运算以判断它是否返回结果集。如果子查询的结果集不为空，则 exists 返回的结果为 true，此时外层查询语句将进行查询；如果子查询的结果集为空，则 exists 返回的结果为 false，此时外层查询语句将不进行查询。

由于带 exists 的子查询只返回 true 或 false，内层查询的 select 子句给出字段名没有实际意义，因此其目标列表达式通常都用星号“*”。

例 9.48 查询选修了课程号为“31002”的学生姓名。

在 MySQL 命令行客户端输入 SQL 语句如下：

```
mysql> select studentname from tb_student a
    -> where exists(select * from tb_score b where a.studentno=b.studentno and courseno=
'31002');
+-------------+
| studentname |
+-------------+
| 黄菊        |
| 吴昊        |
+-------------+
```

```
2 rows in set (0.00 sec)
```

与关键字 in 构造子查询不同的是，外层的 where 子句中关键字 exists 前面没有指定内层查询结果集与外层查询的比较条件，故使用关键字 exists 构造子查询时内层的 where 子句中需要指定连接条件，即 a.studentno=b.studentno。该查询等价于用 in 构造的子查询 SQL 语句如下：

```
mysql> select studentname from tb_student where studentno in
    -> (select studentno from tb_score where courseno='31002');
```

与关键字 exists 相对应的是 not exists。not exists 与 exists 使用方法相同，返回的结果相反，即如果子查询的结果集为空，则 not exists 返回的结果为 true；子查询的结果集不为空，则 not exists 返回的结果为 false。

例 9.49 查询没有选修课程号为“31002”的学生姓名。

在 MySQL 命令行客户端输入 SQL 语句如下：

```
mysql> select studentname from tb_student a
    -> where not exists(select * from tb_score b where a.studentno=b.studentno and courseno='31002');
```

执行结果如下：

```
+-------------+
| studentname |
+-------------+
| 张晓勇      |
| 王一敏      |
| 江山        |
| 李明        |
| 刘涛        |
| 郭志坚      |
| 王林        |
| 李怡然      |
| 王盟        |
+-------------+
9 rows in set (0.00 sec)
```

比较例 9.48 和例 9.49 可知，两者没有交集。该查询等价于用 not in 构造的子查询如下：

```
mysql> select studentname from tb_student where studentno not in
    -> (select studentno from tb_score where courseno='31002');
```

9.4.5 联合查询(union)

使用 union 关键字可以把来自多个 select 语句的结果组合到一个结果集中，这种查询方式称为并运算或联合查询。合并时，多个 select 子句中对应的字段数和数据类型必须相同。其语法格式如下：

联合查询

```
select -from-where
union [all]
```

```
select -from-where
[…union [all]
select -from-where]
```

其中，不使用关键字 all，在执行上述语句的时候去掉重复的记录，所有返回的行都是唯一的；使用关键字 all 的作用是不去掉重复的记录，也不对结果进行自动排序。

例 9.50 使用 union 查询选修了“管理学”或“计算机基础”的学生学号。

在 MySQL 命令行客户端输入 SQL 语句如下：

```
mysql> select studentno from tb_score, tb_course
    -> where tb_score.courseno=tb_course.courseno and coursename='管理学'
    -> union
    -> select studentno from tb_score, tb_course
    -> where tb_score.courseno=tb_course.courseno and coursename='计算机基础';
```

执行结果如下：

```
+------------+
| studentno  |
+------------+
| 2013110101 |
| 2013110103 |
| 2013110201 |
| 2013110202 |
| 2014310101 |
| 2014310102 |
+------------+
6 rows in set (0.00 sec)
```

union 将多个 select 语句的结果组成一个结果集合。每个 select 语句的结果如下：

```
mysql> select studentno from tb_score, tb_course
    -> where tb_score.courseno=tb_course.courseno and coursename='管理学';
```

执行结果如下：

```
+------------+
| studentno  |
+------------+
| 2013110101 |
| 2013110103 |
| 2013110201 |
| 2013110202 |
+------------+
4 rows in set (0.00 sec)
mysql> select studentno from tb_score, tb_course
    -> where tb_score.courseno=tb_course.courseno and coursename='计算机基础';
```

执行结果如下：

```
+------------+
| studentno  |
+------------+
| 2013110101 |
| 2013110103 |
| 2013110201 |
| 2013110202 |
| 2014310101 |
| 2014310102 |
+------------+
6 rows in set (0.00 sec)
```

由结果可以看到，第 2 个结果集包含了第 1 个，使用 union 执行完毕后把输出结果组合成一个集合，并删除了重复的记录。该查询语句等价如下语句：

```
mysql> select distinct studentno from tb_score,tb_course
    -> where tb_score.courseno=tb_course.courseno
    -> and (coursename='管理学' or coursename='计算机基础');
```

例 9.51 使用 union all 查询选修了“管理学”或“计算机基础”的学生学号。

在 MySQL 命令行客户端输入 SQL 语句如下：

```
mysql> select studentno from tb_score, tb_course
    -> where tb_score.courseno=tb_course.courseno and coursename='管理学'
    -> union all
    -> select studentno from tb_score, tb_course
    -> where tb_score.courseno=tb_course.courseno and coursename='计算机基础';
```

执行结果如下：

```
+------------+
| studentno  |
+------------+
| 2013110101 |
| 2013110103 |
| 2013110201 |
| 2013110202 |
| 2013110101 |
| 2013110103 |
| 2013110201 |
| 2013110202 |
| 2014310101 |
| 2014310102 |
+------------+
```

```
10 rows in set (0.00 sec)
```

由结果可以看到，这里的记录数等于两条 select 语句返回的记录数之和，没有去除重复的记录。该查询语句等价如下语句：

```
mysql> select studentno from tb_score,tb_course
    -> where tb_score.courseno=tb_course.courseno
    -> and (coursename='管理学' or coursename='计算机基础');
```

使用 union 语句时需要注意以下几点：

(1) union 语句必须由两条或两条以上的 select 语句组成，且彼此间用关键字 union 分隔。

(2) union 语句中的每个 select 子句必须包含相同的列、表达式或聚合函数。

(3) 每个 select 子句中对应的目标列的数据类型必须兼容。目标列的数据类型不必完全相同，但必须是 MySQL 可以隐含转换的类型。例如，不同的数值类型或不同的日期类型。

(4) 第一个 select 子句中的目标列名称会被作为 union 语句结果集的列名称。

(5) 联合查询中只能使用一条 order by 子句或 limit 子句，且它们必须置于最后一条 select 语句之后。

使用 union 语句的联合查询是标准 SQL 直接支持的集合操作，相当于集合操作中的并运算。MySQL 的当前版本只支持并运算，交运算和差运算只能用子查询来实现。

例 9.52 查询同时选修了“计算机基础”和“管理学”的学生学号。

在 MySQL 命令行客户端输入 SQL 语句如下：

```
mysql> select studentno from tb_score,tb_course
    -> where tb_score.courseno=tb_course.courseno and coursename='计算机基础'
    -> and studentno in(select studentno from tb_score,tb_course
    -> where tb_score.courseno=tb_course.courseno and coursename='管理学');
```

执行结果如下：

```
+------------+
| studentno  |
+------------+
| 2013110101 |
| 2013110103 |
| 2013110201 |
| 2013110202 |
+------------+
4 rows in set (0.00 sec)
```

例 9.53 查询选修了“计算机基础”但没有选修“管理学”的学生学号。

在 MySQL 命令行客户端输入 SQL 语句如下：

```
mysql> select studentno from tb_score,tb_course
    -> where tb_score.courseno=tb_course.courseno and coursename='计算机基础'
    -> and studentno not in(select studentno from tb_score,tb_course
    -> where tb_score.courseno=tb_course.courseno and coursename='管理学');
```

执行结果如下：

```
+------------+
| studentno  |
+------------+
| 2014310101 |
| 2014310102 |
+------------+
2 rows in set (0.00 sec)
```

小　结

本章主要讲解了查询的基本语法格式，并重点介绍了简单查询、条件查询、可排序查询、分组聚合查询、连接查询、子查询、联合查询的语法。其中，简单查询包括：查询所有字段、查询指定字段、去除重复记录的查询、使用算术运算符的查询、使用字段别名的查询以及设置数据显示格式的查询。对查询结果排序使用的是“order by”子句，可以按照一个或多个字段进行排序。条件查询包括：使用比较运算符的查询、使用“[not] between… and…”的范围查询、使用“[not] in”的指定集合查询、使用“is [not] null”的空值查询、使用“[not] like”的模糊查询、使用“and”的多条件查询以及使用“or”的多条件查询。分组聚合查询使用的是“group by”子句和统计函数。连接查询主要分为交叉连接查询、自然连接查询、内连接查询和外连接查询。子查询分为带 in 的子查询、带比较运算符的子查询、带 exists 的子查询。本章应重点掌握条件查询、分组聚合查询、内连接查询、子查询的使用。查询是数据库的难点及重点。

习　题

一、选择题

1. 在 MySQL 中，要进行数据的检索、输出操作，通常所使用的语句是(　　)。

A. select　　B. insert　　C. delete　　D. update

2、在 SELECT 语句中，要将结果集中的数据行根据选择列的值进行逻辑分组，以便实现对每个组的聚集计算，可以使用的子句是(　　)。

A. limit　　B. group by　　C. where　　D. order by

二、填空题

1. select 语句的执行过程是从数据库中选取匹配的特定______和______，并将这些数据组织成一个结果集，然后以一张______的形式返回。

2. 当使用 select 语句返回的结果集中行数很多时，为了便于用户对查询结果集的浏览和操作，可以使用________________________子句来限制被 select 语句返回的记录数。

三、实战演练

给定供应商供应零件的数据库 db_sp，其中包含供应商表 s、零件表 p 和供应情况表 sp，表结构如下：

供应商 s(sno，sname，status，city)，各字段的含义依次为供应商编号、供应商名称、状态和所在城市，其中 status 为整型，其他均为字符型。

零件 p(pno，pname，color，weight)，各字段的含义依次为零件编号、零件名称、颜色和重量，其中 weight 为浮点型，其他均为字符型。

供应 sp(sno，pno，jno，qty)，各字段的含义依次为供应商编号、零件编号和供应量。其中：qty 为整型；其他均为字符型。

各数据表的记录如下：

供应商表 s

sno	sname	status	city
s1	Smith	20	London
s2	Jones	10	Paris
s3	Blake	30	Paris
s4	Clark	20	London
s5	Adams	30	Athens
s6	Brown	null	New York

零件表 p

pno	pname	color	weight
p1	Nut	red	12
p2	Bolt	green	17
p3	Screw	blue	17
p4	Screw	red	14
p5	Cam	blue	12
p6	Cog	red	19

供应情况表 sp

sno	pno	qty	sno	pno	qty
s1	p1	200	s3	p3	200
s1	p4	700	s3	p4	500
s1	p5	400	s4	p2	300
s2	p1	200	s4	p5	300
s2	p2	200	s5	p1	100
s2	p3	500	s5	p6	200
s2	p4	600	s5	p2	100
s2	p5	400	s5	p3	200
s2	p6	800	s5	p5	400

请使用 select 语句完成如下查询。

1．查询供应零件号为 p1 的供应商号码。
2．查询供货量在 300～500 之间的所有供货情况。
3．查询供应红色零件的供应商号码和供应商名称。
4．查询重量在 15 以下，paris 供应商供应的零件代码和零件名。
5．查询由 london 供应商供应的零件名称。
6．查询不供应红色零件的供应商名称。
7．查询供应商 s3 没有供应的零件名称。
8．查询供应零件代码为 p1 和 p2 两种零件的供应商名称。
9．查询与零件名 nut 颜色相同的零件代码和零件名称。
10．查询供应了全部零件的供应商名称。

第 10 章　索　　引

索引(Index)是数据库技术中的重要概念和技术，也是 MySQL 的一个数据库对象。对于任何 DBMS，索引是查询优化的最主要方式。当数据量非常大时，如果没有合适的索引，数据库的查询性能会急剧下降。因此，建立索引的目的就是加快数据库检索的速度。本章主要介绍索引的基本概念、特点，以及在 MySQL 中通过使用 SQL 语句创建、查看和删除索引的方法。

10.1　索引概述

索引概述及操作

10.1.1　索引的概念

在介绍索引的概念之前，大家先思考这样两个问题：

(1) 如何在字典中查找指定偏旁的汉字？

(2) 如何在一本书中查找某章节的内容？

对于这两个问题大家都不陌生，在字典中查找指定偏旁的汉字时，首先查询目录中指定偏旁的位置，再查询指定笔画的汉字，最后根据目录中提供的页码找到这个汉字；在书中查找某章节内容时，首先在目录中查询该章节所对应的页码，再根据页码快速找到要查询的章节内容。

在数据库中可以建立类似目录的数据库对象，实现数据的快速查询，这就是索引。索引是将表中的一个或者多个字段的值按照特定的结构进行排序然后存储。需要注意的是，索引有自己专门的存储空间，与表独立存放。

10.1.2　使用索引的原因

如果没有索引，在查找某条记录时，MySQL 必须从表的第一条记录开始，然后通读整个表直到找到相关的记录。表越大，查找记录所耗费的时间就越多。如果有索引，那么 MySQL 就可以快速定位目标记录所在的位置，而不必去浏览表中的每一条记录，其效率远远超过没有索引时的搜索效率。

具体而言，索引访问是首先搜索索引值，再根据索引值与记录的关系访问数据表中的记录行。例如，对学生表的姓名字段建立索引，即按照表中姓名字段的数据进行索引排序(升序或降序)，并为其建立指向学生表中记录所在位置的“指针”。图 10-1 所示，索引表中的字段 stu_name 称为索引项或索引字段，该列各字段值称为索引值。比如当查询姓名为“李明”的学生信息时，首先在索引项中找到“李明”(stu_name 字段按升序排序)，然后按照索引值与学生表之间的对应关系，直接找到数据表中“李明”所对应的全部数据记录。

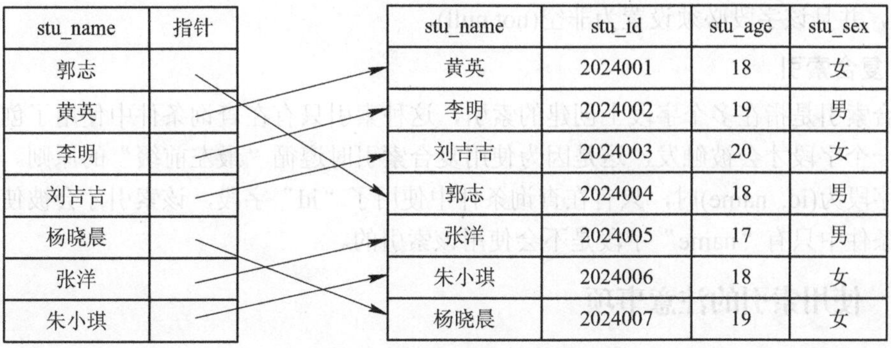
stu_name
指针
郭志
黄英
李明
刘吉吉
杨晓晨
张洋
朱小琪
stu_name
stu_id
stu_age
stu_sex
黄英
2024001
18
女
李明
2024002
19
男
刘吉吉
2024003
20
女
郭志
2024004
18
男
张洋
2024005
17
男
朱小琪
2024006
18
女
杨晓晨
2024007
19
女

图 10-1　索引与数据表的对照关系

10.1.3　索引的分类

从逻辑角度来分析，可以将索引分为普通索引、唯一索引、主键索引、全文索引、空间索引和复合索引。

1．普通索引

普通索引是最基本的索引，它没有任何限制。创建索引的字段可以是任意数据类型，字段的值可以为空，也可以重复。例如，创建索引的字段为学生姓名，但是姓名有重名的可能，所以同一个姓名在学生表中可能出现多次。

2．唯一索引

如果能确定某个字段的值是唯一的，那么在为这个字段创建索引时就可以使用关键字 unique 把它定义为唯一索引。创建唯一索引的好处：简化了 MySQL 对索引的管理工作，唯一索引也因此而变得更有效率；MySQL 会在有新记录插入数据表时，自动检查新记录中该字段的值是否已经在某个记录的该字段中出现过，如果已经出现，MySQL 将拒绝插入这条新记录。也就是说，唯一索引可以保证数据记录的唯一性。

事实上，在许多场合，人们创建唯一索引往往不是为了提高访问速度，而只是为了避免出现重复数据。

3．主键索引

主键索引是为主键字段设置的索引，是一种特殊的唯一索引。主键索引与唯一索引的区别在于：前者在定义时使用的关键字是 primary key，而后者使用的是 unique；前者定义索引的字段的值不允许有空值，而后者允许。

4．全文索引

全文索引适用于在一大串文本中进行查找，并且创建该类型索引的字段的数据类型必须是 char、varchar 或者 text。在 MySQL 5.7 版本之前，全文索引只支持英文检索，因为它使用空格来作为分词的分隔符，对于中文而言，使用空格是不合适的；从 MySQL 5.7 版本开始，内置了支持中文分词的 ngram 全文检索插件。

5．空间索引

设置为空间索引字段的数据类型必须是空间数据类型，如 geometry、point、linestring、polygon，并且该字段必须设置为非空(not null)。

6．复合索引

复合索引是指在多个字段上创建的索引，这种索引只有在查询条件中使用了创建索引时的第一个字段才会被触发，这是因为使用复合索引时遵循“最左前缀”的原则。例如，当索引字段为(id, name)时，只有在查询条件中使用了“id”字段，该索引才会被使用，如果查询条件中只有“name”字段是不会使用该索引的。

10.1.4 使用索引的注意事项

虽然使用索引可以提升数据的查询效率，但是在使用时要注意以下几点：

(1) 索引数据会占用大量的存储空间。

(2) 索引可以改善检索操作的性能，但会降低数据的插入、修改和删除性能。在执行这些操作时，DBMS 必须动态地更新索引。

(3) 限制表中索引的数目。索引越多，在修改表时对索引做出修改的工作量就越大。

(4) 并非所有数据都适合于索引。唯一性不好的数据从索引得到的好处并不多。

(5) 索引用于数据过滤和数据排序。如果经常以某种特定的顺序排序数据，则该数据可能是索引的备选。

(6) 可以在索引中定义多个字段(如“省＋城市”)，这样的索引只在以“省＋城市”的顺序排序时有用。如果只想按城市排序，则这种索引没有用处。

10.2 创建并查看索引

索引的创建有以下两种方式：

(1) 自动创建索引。当在表中定义一个 primary key 或者 unique 约束条件时，MySQL 数据库会自动创建一个对应的主键索引或者唯一索引。

(2) 手动创建索引。用户可以在创建表时创建索引，也可以为已存在的表添加索引。

下面介绍 MySQL 自动创建索引的情况。

首先创建一个数据库 test3，然后在该数据库中创建一张名为“student1”的表，将表中的“stu_id”字段设置为主键约束，“stu_name”字段设置为唯一约束。在 MySQL 命令行客户端输入的 SQL 语句及执行结果如下：

```
mysql> create database test3;
Query OK, 1 row affected (0.01 sec)
mysql> use test3;
Database changed
mysql> create table student1(
```

```
    ->        stu_id int(10) primary key,
    ->        stu_name varchar(3) unique,
    ->        stu_sex varchar(1));
Query OK, 0 rows affected, 1 warning (0.02 sec)
```

在表 student1 创建成功后，可以使用“show index from”语句查看表的索引，在 MySQL 命令行客户端输入 SQL 语句如下：

```
mysql> show index from student1;
```

执行结果如下：

```
+----------+------------+----------+--------------+-------------+-----------+-------------+------
+-----------+---------+---------------+---------+------------+
| Table     | Non_unique | Key_name | Seq_in_index | Column_name | Collation | Cardinality |
Sub_part | Packed | Null | Index_type | Comment | Index_comment | Visible | Expression |
+----------+------------+----------+--------------+-------------+-----------+-------------+------
+-----------+---------+---------------+---------+------------+
| student1 |            0 | PRIMARY  |            1 | stu_id      | A         |           0 |
NULL |    NULL |     | BTREE      |         |               | YES     | NULL       |
| student1 |            0 | stu_name |            1 | stu_name    | A         |           0 |
NULL |    NULL | YES | BTREE      |         |               | YES     | NULL       |
+----------+------------+----------+--------------+-------------+-----------+-------------+------
+-----------+---------+---------------+---------+------------+
2 rows in set (0.02 sec)
```

由执行结果可以看到，student1 表中包含两个索引，索引名(Key_name)分别为“PRIMARY”和“stu_name”,“PRIMARY”为主键索引,“stu_name”为唯一索引。被设置为索引的列分别为“stu_id 和“stu_name”。

在 10.2.1 小节中将详细讲解手动创建索引的方式。

10.2.1 在创建表时创建索引

在创建表时可以直接手动创建不同类型的索引，下面将详细介绍普通索引、唯一索引、主键索引、全文索引、空间索引和复合索引的手动创建。

1. 普通索引的创建

普通索引的创建最简单，其 SQL 语句的语法格式如下：

```
create table table_name(
        column_namel date_type,
        column_name2 date_type,
        …,
        index | key [index_name] [index_type] (column_name [(length)] [asc | desc]));
```

语法说明如下：

(1) table_name 为新创建的表名称；

(2) index 或者 key 为创建索引所用到的关键字；

(3) index_name 为可选项，表示创建索引的名称；

(4) index_type 为可选项，表示索引的类型，其取值为 using btree | hash；

(5) column_name 为添加索引的字段名；

(6) (length)为可选项，表示索引的长度；

(7) asc 和 desc 为可选项，分别表示升序和降序。

例 10.1 在创建表时创建普通索引：创建一个名为 student2 的数据表，并为表中的 stu_id 字段建立普通索引。

在 MySQL 命令行客户端输入 SQL 语句如下：

```
mysql> create table student2(
    -> stu_id int(10),
    -> stu_name varchar(3),
    -> index(stu_id));
```

执行结果如下：

```
Query OK, 0 rows affected, 1 warning (0.03 sec)
```

在创建普通索引的 SQL 语句执行成功后，使用 show index from 语句查看表的索引，执行结果中显示，在表 student2 中已经创建了索引名为 stu_id 的普通索引，并且默认的索引类型为“BTREE”(表的默认引擎为 InnoDB，该引擎下的索引的默认存储结构为 B-Tree)。

```
mysql> show index from student2;
+----------+------------+----------+--------------+-------------+-----------+-------------+----------+--------+------
+------------+---------+--------------+---------+------------+
| Table    | Non_unique | Key_name | Seq_in_index | Column_name | Collation | Cardinality |
Sub_part | Packed | Null | Index_type | Comment | Index_comment | Visible | Expression |
+----------+------------+----------+--------------+-------------+-----------+-------------+----------+--------+------
+------------+---------+--------------+---------+------------+
| student2 |          1 | stu_id   |            1 | stu_id      | A         |           0 |
NULL |    NULL | YES  | BTREE      |         |               |
| YES     | NULL       |
+----------+------------+----------+--------------+-------------+-----------+-------------+----------+--------+------
+------------+---------+--------------+---------+------------+
1 row in set (0.01 sec)
```

2. 唯一索引的创建

唯一索引的创建需要使用关键字 unique，其 SQL 语句的语法格式如下：

```
create table table_name(
    column_namel date_type,
    column_name2 date_type,
    …,
    unique [index | key] [index_name] [index_type] (column_name [(length)] [asc | desc]));
```

语法说明如下：

(1) unique 为创建唯一索引所用的关键字；

(2) windex 或者 key 为可选项；

(3) 其他与创建普通索引相同。

例 10.2　在创建表时创建唯一索引：创建一个名为 student3 的数据表，并为表中的 stu_id 字段建立唯一索引。

在 MySQL 命令行客户端输入 SQL 语句如下：

```
mysql> create table student3(
    -> stu_id int(10),
    -> stu_name varchar(3),
    -> unique index(stu_id));
```

执行结果如下：

```
Query OK, 0 rows affected, 1 warning (0.02 sec)
```

在创建唯一索引的 SQL 语句执行成功后，使用 show index from 语句查看表的索引，执行结果中显示，在表 student3 中已经创建了索引名为 stu_id 的唯一索引，"Non_unique"列的值为"0"表示唯一，其值为"1"则表示不唯一。

```
mysql> show index from student3;
+----------+------------+----------+--------------+-------------+-----------+-------------+------
+-----------+---------+----------+-------------+---------+------------+
| Table    | Non_unique | Key_name | Seq_in_index | Column_name | Collation | Cardinality |
Sub_part | Packed | Null | Index_type | Comment | Index_comment | Visible | Expression |
+----------+------------+----------+--------------+-------------+-----------+-------------+------
+-----------+---------+----------+-------------+---------+------------+
| student3 |          0 | stu_id   |            1 | stu_id      | A         |           0 |
NULL |     NULL | YES   | BTREE          |        |
| YES      | NULL         |
+----------+------------+----------+--------------+-------------+-----------+-------------+------
+-----------+---------+----------+-------------+---------+------------+
1 row in set (0.01 sec)
```

3. 主键索引的创建

主键索引的创建需要使用关键字 primary key，其 SQL 语句的语法格式如下：

```
create table table_name (
    column_namel date_type,
    column_name2 date_type,
    …,
    primary key [index | key] [index_name] [index_type] (column_name [(length)] [asc | desc]));
```

语法说明如下：

(1) primary key 为创建主键索引所用的关键字；

(2) 其他与创建唯一索引相同。

例 10.3 在创建表时创建主键索引：创建一个名为 student4 的数据表，并为表中的 stu_id 字段建立主键索引，降序排列。

在 MySQL 命令行客户端输入 SQL 语句如下：

```
mysql> create table student4(
    -> stu_id int(10),
    -> stu_name varchar(3),
    -> primary key (stu_id desc));
```

执行结果如下：

```
Query OK, 0 rows affected, 1 warning (0.02 sec)
```

在创建主键索引的 SQL 语句执行成功后，使用 show index from 语句查看表的索引，执行结果中显示，在表 student4 中已经创建了索引名为"primary"的主键索引，索引字段为"stu_id"，该字段非空且唯一。"Collation"列的值为"D"表示降序，其值为"A"表示升序。

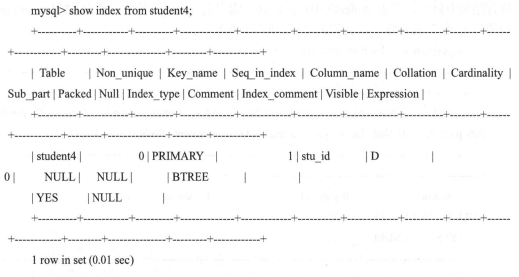

```
mysql> show index from student4;
+----------+------------+----------+--------------+-------------+-----------+-------------+----------+--------+------
+------------+---------+---------------+---------+------------+
| Table    | Non_unique | Key_name | Seq_in_index | Column_name | Collation | Cardinality |
Sub_part | Packed | Null | Index_type | Comment | Index_comment | Visible | Expression |
+----------+------------+----------+--------------+-------------+-----------+-------------+----------+--------+------
+------------+---------+---------------+---------+------------+
| student4 |          0 | PRIMARY  |            1 | stu_id      | D         |
0 |     NULL |   NULL |      | BTREE      |         |               |
| YES     | NULL       |
+----------+------------+----------+--------------+-------------+-----------+-------------+----------+--------+------
+------------+---------+---------------+---------+------------+
1 row in set (0.01 sec)
```

4. 全文索引的创建

创建全文索引时需要注意，索引字段的数据类型必须是 char、varchar 或 text，否则会提示错误。全文索引的创建需要使用关键字"fulltext"，其 SQL 语句的语法格式如下：

```
create table table_name (
    column_namel date_type,
    column_name2 date_type,
    …,
    fulltext [index | key] [index_name] [index_type] (column_name [(length)] [asc | desc]));
```

语法说明如下：

(1) fulltext 为创建全文索引所用的关键字；

(2) 其他与创建唯一索引相同。

例 10.4　在创建表时创建全文索引：创建一个名为 student5 的数据表，并为表中的 stu_info 字段建立全文索引。

在 MySQL 命令行客户端输入 SQL 语句如下：

```
mysql> create table student5(
    -> stu_id int(10),
    -> stu_name varchar(3),
    -> stu_info varchar(100),
    -> fulltext index(stu_info));
```

执行结果如下：

```
Query OK, 0 rows affected, 1 warning (0.15 sec)
```

在创建全文索引的 SQL 语句执行成功后，使用 show index from 语句查看表的索引，执行结果中显示，在表 student5 中已经创建了索引名为“stu_info”的全文索引，索引字段为“stu_info”。“Index_type”列的值为“FULL TEXT”。

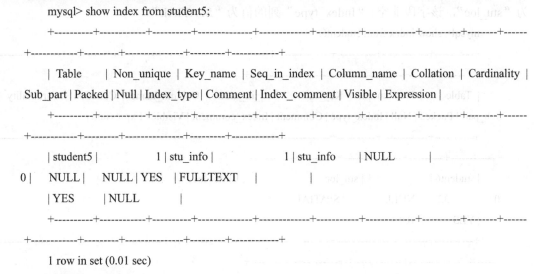

```
mysql> show index from student5;
+----------+------------+----------+--------------+-------------+-----------+-------------+------
+------------+---------+--------------+---------+------------+
| Table    | Non_unique | Key_name | Seq_in_index | Column_name | Collation | Cardinality |
Sub_part | Packed | Null | Index_type | Comment | Index_comment | Visible | Expression |
+----------+------------+----------+--------------+-------------+-----------+-------------+------
+------------+---------+--------------+---------+------------+
| student5 |          1 | stu_info |            1 | stu_info    | NULL      |
0 | NULL | NULL | YES | FULLTEXT |          |           |
| YES | NULL |
+----------+------------+----------+--------------+-------------+-----------+-------------+------
+------------+---------+--------------+---------+------------+
1 row in set (0.01 sec)
```

5. 空间索引的创建

在创建空间索引时需要注意，索引字段的数据类型必须是空间数据类型，如 geometry、point、linestring、polygon，并且该字段必须设置为非空，否则会出现“All parts of a SPATIAL index must be NOT NULL”的错误提示。空间索引的创建需要使用关键字“spatial”，其 SQL 语句的语法格式如下：

```
create table table_name (
    column_namel date_type,
    column_name2 date_type,
    …,
    spatial [index | key] [index_name] [index_type] (column_name [(length)] [asc | desc]));
```

语法说明如下：

(1) spatial 为创建空间索引所用的关键字；

(2) 其他与创建唯一索引相同。

例 10.5 在创建表时创建空间索引：创建一个名为 student6 的数据表，并为表中的 stu_loc 字段建立空间索引。

在 MySQL 命令行客户端输入 SQL 语句如下：

```
mysql> create table student6(
    -> stu_id int(10),
    -> stu_name varchar(3),
    -> stu_loc point not null,
    -> spatial index(stu_loc));
```

执行结果如下：

```
Query OK, 0 rows affected, 2 warnings (0.02 sec)
```

在创建空间索引的 SQL 语句执行成功后，使用 show index from 语句查看表的索引，执行结果中显示，在表 student6 中已经创建了索引名为“stu_loc”的空间索引，索引字段为“stu_loc”，该字段非空。“Index_type”列的值为“SPATIAL”。

```
mysql> show index from student6;
+----------+------------+----------+--------------+-------------+-----------+-------------+----------+--------+------
+------------+---------+--------------+---------+------------+
| Table    | Non_unique | Key_name | Seq_in_index | Column_name | Collation | Cardinality |
Sub_part | Packed | Null | Index_type | Comment | Index_comment | Visible | Expression |
+----------+------------+----------+--------------+-------------+-----------+-------------+----------+--------+------
+------------+---------+--------------+---------+------------+
| student6 |            1 | stu_loc  |            1 | stu_loc     | A         |
0 |         32 |   NULL |      | SPATIAL    |         |              |
| YES     | NULL       |
+----------+------------+----------+--------------+-------------+-----------+-------------+----------+--------+------
+------------+---------+--------------+---------+------------+
1 row in set (0.01 sec)
```

6. 复合索引的创建

复合索引的创建需要指定多个字段，多个字段的组合是一个索引。这种复合索引可以是普通索引、唯一索引、主键索引、全文索引或者空间索引。下面以普通索引为例进行介绍，其 SQL 语句的语法格式如下：

```
create table table_name (
    column_namel date_type,
    column_name2 date_type,
    …,
    index | key [index_name] [index_type] (column_namel [(length)] [asc | desc]), column_name2
[(length)] [asc | desc], …));
```

例 10.6 在创建表时创建复合索引：创建一个名为 student7 的数据表，并为表中的

stu_id 和 stu_name 字段建立复合索引。

在 MySQL 命令行客户端输入 SQL 语句如下：

```
mysql> create table student7(
    -> stu_id int(10),
    -> stu_name varchar(3),
    -> index(stu_id, stu_name));
```

执行结果如下：

```
Query OK, 0 rows affected, 1 warning (0.03 sec)
```

在创建复合索引的 SQL 语句执行成功后，使用 show index from 语句查看表的索引，执行结果中显示，在表 student7 中已经创建了索引名为“stu_id”的复合索引，索引字段为“stu_id”和“stu_name”。

```
mysql> show index from student7;
+----------+------------+----------+--------------+-------------+-----------+-------------+----------+--------+------
+------------+---------+---------------+---------+------------+
| Table    | Non_unique | Key_name | Seq_in_index | Column_name | Collation | Cardinality |
Sub_part | Packed | Null | Index_type | Comment | Index_comment | Visible | Expression |
+----------+------------+----------+--------------+-------------+-----------+-------------+----------+--------+------
+------------+---------+---------------+---------+------------+
| student7 |          1 | stu_id   |            1 | stu_id      | A         |
0 |     NULL |   NULL | YES  | BTREE      |         |
| YES     | NULL       |
| student7 |          1 | stu_id   |            2 | stu_name    | A         |
0 |     NULL |   NULL | YES  | BTREE      |         |
| YES     | NULL       |
+----------+------------+----------+--------------+-------------+-----------+-------------+----------+--------+------
+------------+---------+---------------+---------+------------+
2 rows in set (0.01 sec)
```

10.2.2　为已存在的表创建索引

为已存在的表创建索引时，可以选择使用 create index 或 alter table 语句，本小节将详细讲述如何使用这两种方式创建各种类型的索引。

1. 使用“create index”语句创建索引

使用“create index”语句为已存在的表创建索引，其 SQL 语句的语法格式如下：

```
create [unique | fulltext | spatial] index index_name [index_type] on table_name (
    column_name1 [(length)] [asc | desc]), column_name2 [(length)] [asc | desc], …);
```

语法说明如下：

(1) create index 为创建索引用到的关键字；

(2) unique | fulltext | spatial 为可选项，表示创建的是唯一索引、全文索引还是空间索引；

(3) index_name 为创建索引的名称；
(4) index_type 为可选项，表示索引的类型；
(5) on table_name 表示在名为 table_name 的表上创建索引；
(6) column_name1 和 column_name2 分别为添加索引的字段名；
(7) (length)为可选项，表示索引的长度；
(8) asc 和 desc 为可选项，分别表示升序和降序排列；
(9) 主键索引不能使用 create index 语句创建，但可以使用 alter table 语句创建。

下面使用该 SQL 语法，分别为已存在的表创建普通索引、唯一索引、全文索引、空间索引和复合索引。

1) 创建普通索引

例 10.7 使用 create index 语句为已存在的表创建普通索引：创建一个名为 student8 的数据表(创建表时没有创建索引)，然后使用 create index 语句为表中的 stu_id 字段建立普通索引。

在 MySQL 命令行客户端输入 SQL 语句如下：

```
mysql> create table student8(
    -> stu_id int(10),
    -> stu_name varchar(3));
mysql> create index index_id on student8(stu_id);
```

执行结果如下：

```
Query OK, 0 rows affected (0.01 sec)
Records: 0   Duplicates: 0   Warnings: 0
```

在创建普通索引的 SQL 语句执行成功后，使用 show index from 语句查看表的索引，执行结果中显示，在表 student8 中已经创建了索引名为 index_id 的普通索引。

```
mysql>   show index from student8;
+----------+------------+----------+--------------+-------------+-----------+-------------+----------+--------+------
+------------+---------+---------------+---------+------------+
| Table      | Non_unique | Key_name | Seq_in_index | Column_name | Collation | Cardinality |
Sub_part | Packed | Null | Index_type | Comment | Index_comment | Visible | Expression |
+----------+------------+----------+--------------+-------------+-----------+-------------+----------+--------+------
+------------+---------+---------------+---------+------------+
| student8 |            1 | index_id |            1 | stu_id      | A         |
0 |      NULL |    NULL | YES   | BTREE       |         |
| YES     | NULL |
+----------+------------+----------+--------------+-------------+-----------+-------------+----------+--------+------
+------------+---------+---------------+---------+------------+
1 row in set (0.00 sec)
```

2) 创建唯一索引

例 10.8 使用 create index 语句为已存在的表创建唯一索引：创建一个名为 student9 的

数据表(表中无索引)，然后使用 create index 语句为表中的 stu_id 字段建立唯一索引。

在 MySQL 命令行客户端输入 SQL 语句如下：

```
mysql> create table student9(
    -> stu_id int(10),
    -> stu_name varchar(3));
mysql> create unique index index_id on student9(stu_id);
```

执行结果如下：

```
Query OK, 0 rows affected (0.02 sec)
Records: 0  Duplicates: 0  Warnings: 0
```

在创建唯一索引的 SQL 语句执行成功后，使用 show index from 语句查看表的索引，执行结果中显示，在表 student9 中已经创建了索引名为 index_id 的唯一索引，“Non_unique”栏中的值为 0。

```
mysql> show index from student9;
+----------+------------+----------+--------------+-------------+-----------+-------------+----------+--------+------
+------------+---------+---------------+---------+------------+
| Table    | Non_unique | Key_name | Seq_in_index | Column_name | Collation | Cardinality |
Sub_part | Packed | Null | Index_type | Comment | Index_comment | Visible | Expression |
+----------+------------+----------+--------------+-------------+-----------+-------------+----------+--------+------
+------------+---------+---------------+---------+------------+
| student9 |          0 | index_id |            1 | stu_id      | A         |
0 |     NULL |   NULL | YES  | BTREE      |         |               |
| YES      | NULL       |
+----------+------------+----------+--------------+-------------+-----------+-------------+----------+--------+------
+------------+---------+---------------+---------+------------+
1 row in set (0.00 sec)
```

3) 创建全文索引

例 10.9 使用 create index 语句为已存在的表创建全文索引：创建一个名为 student10 的数据表(表中无索引)，然后使用 create index 语句为表中的 stu_info 字段建立全文索引。

在 MySQL 命令行客户端输入 SQL 语句如下：

```
mysql> create table student10(
    -> stu_id int(10),
    -> stu_name varchar(3),
    -> stu_info varchar(100));
mysql> create fulltext index index_info on student10(stu_info);
```

执行结果如下：

```
Query OK, 0 rows affected, 1 warning (0.16 sec)
Records: 0  Duplicates: 0  Warnings: 1
```

在创建全文索引的 SQL 语句执行成功后，使用 show index from 语句查看表的索引，执行结果显示，在表 student10 中已经创建了索引名为 index_info 的全文索引，“Index_type”栏中的值为“FULLTEXT”。

```
mysql> show index from student10;
+-----------+-----------+-----------+-------------+-------------+----------+------------+----------+--------+------+------------+---------+--------------+---------+------------+
| Table | Non_unique | Key_name | Seq_in_index | Column_name | Collation | Cardinality | Sub_part | Packed | Null | Index_type | Comment | Index_comment | Visible | Expression |
+-----------+-----------+-----------+-------------+-------------+----------+------------+----------+--------+------+------------+---------+--------------+---------+------------+
| student10 | 1 | index_info | 1 | stu_info | NULL | 0 | NULL | NULL | YES | FULLTEXT | | | YES | NULL |
+-----------+-----------+-----------+-------------+-------------+----------+------------+----------+--------+------+------------+---------+--------------+---------+------------+
1 row in set (0.01 sec)
```

4) 创建空间索引

例 10.10 使用 create index 语句为已存在的表创建空间索引：创建一个名为 student11 的数据表(表中无索引)，然后使用 create index 语句为表中的 stu_loc 字段建立空间索引。

在 MySQL 命令行客户端输入 SQL 语句如下：

```
mysql> create table student11(
    -> stu_id int(10),
    -> stu_name varchar(3),
    -> stu_loc point not null);
mysql> create spatial index index_loc on student11(stu_loc);
```

执行结果如下：

```
Query OK, 0 rows affected, 1 warning (0.03 sec)
Records: 0  Duplicates: 0  Warnings: 1
```

在创建空间索引的 SQL 语句执行成功后，使用 show index from 语句查看表的索引，执行结果显示，在表 student11 中已经创建了索引名为 index_loc 的空间索引，“Index_type”栏中的值为“SPATIAL”，并且“Non_unique”栏中的值为“1”，即不能为空。

```
mysql> show index from student11;
+-----------+-----------+-----------+-------------+-------------+----------+------------+----------+--------+------+------------+---------+--------------+---------+------------+
| Table | Non_unique | Key_name | Seq_in_index | Column_name | Collation | Cardinality | Sub_part | Packed | Null | Index_type | Comment | Index_comment | Visible | Expression |
+-----------+-----------+-----------+-------------+-------------+----------+------------+----------+--------+------+------------+---------+--------------+---------+------------+
| student11 | 1 | index_loc | 1 | stu_loc | A | 0 | 32 | NULL | | SPATIAL | | |
```

```
|YES       |NULL        |
+-----------+------------+-----------+--------------+-------------+-----------+------------+----------+--------+-----
-+------------+---------+--------------+---------+------------+
1 row in set (0.00 sec)
```

5) 创建复合索引

例 10.11　使用 create index 语句为已存在的表创建复合索引：创建一个名为 student12 的数据表(表中无索引)，然后使用 create index 语句为表中的 stu_id 和 stu_name 字段的组合建立复合索引。

在 MySQL 命令行客户端输入 SQL 语句如下：

```
mysql> create table student12(
    -> stu_id int(10),
    -> stu_name varchar(3));
mysql> create index index_id on student12(stu_id, stu_name);
```

执行结果如下：

```
Query OK, 0 rows affected (0.02 sec)
Records: 0  Duplicates: 0  Warnings: 0
```

在创建复合索引的 SQL 语句执行成功后，使用 show index from 语句查看表的索引，执行结果显示，在表 student12 中已经创建了索引名为 index_id 的复合索引，该索引的字段为“stu_id”和“stu_name”字段。

```
mysql> show index from student12;
+-----------+------------+----------+--------------+-------------+-----------+------------+----------+--------+-----
-+------------+---------+--------------+---------+------------+
| Table     | Non_unique | Key_name | Seq_in_index | Column_name | Collation | Cardinality |
Sub_part | Packed | Null | Index_type | Comment | Index_comment | Visible | Expression |
+-----------+------------+----------+--------------+-------------+-----------+------------+----------+--------+-----
-+------------+---------+--------------+---------+------------+
| student12 |          1 | index_id |            1 | stu_id      | A         |
0 |     NULL |     NULL | YES  | BTREE      |         |
 | YES      | NULL       |
| student12 |          1 | index_id |            2 | stu_name    | A         |
0 |     NULL |     NULL | YES  | BTREE      |         |
 | YES      | NULL       |
+-----------+------------+----------+--------------+-------------+-----------+------------+----------+--------+-----
-+------------+---------+--------------+---------+------------+
2 rows in set (0.01 sec)
```

2. 使用“alter table”语句创建索引

使用“alter table”语句为已存在的表创建索引，其 SQL 语句的语法格式如下：

```
alter table table_name
```

add index | key [index_name] [index_type] (column_name1 [(length)] [asc | desc]), column_name2 [(length)] [asc | desc], …);

| add unique [index | key] [index_name] [index_type] (column_name1 [(length)] [asc | desc]), column_name2 [(length)] [asc | desc], …);

| add primary key [index_type] (column_name1 [(length)] [asc | desc]), column_name2 [(length)] [asc | desc], …);

| add [fulltext | spatial] [index | key] [index_name] (column_name1 [(length)] [asc | desc]), column_name2 [(length)] [asc | desc], …);

以上列举了各种索引创建的 SQL 语法格式，不同的索引类型在使用“alter table”语句创建时，细节上略有不同。

下面按照上述 SQL 语法，分别为已存在的表创建普通索引、唯一索引、主键索引、全文索引、空间索引和复合索引。

1) 创建普通索引

例 10.12 使用 alter table 语句为已存在的表创建普通索引：创建一个名为 student13 的数据表(表中无索引)，然后使用 alter table 语句为表中的 stu_id 字段建立普通索引。

在 MySQL 命令行客户端输入 SQL 语句如下：

```
mysql> create table student13(
    -> stu_id int(10),
    -> stu_name varchar(3));
mysql> alter table student13 add index index_id (stu_id);
```

执行结果如下：

```
Query OK, 0 rows affected (0.02 sec)
Records: 0  Duplicates: 0  Warnings: 0
```

在创建普通索引的 SQL 语句执行成功后，使用 show index from 语句查看表的索引，执行结果显示，在表 student13 中已经创建了索引名为 index_id 的普通索引，索引字段为“stu_id”。

```
mysql> show index from student13;
+-----------+------------+----------+--------------+-------------+-----------+-------------+----------+--------+------
-+------------+---------+---------------+---------+------------+
| Table     | Non_unique | Key_name | Seq_in_index | Column_name | Collation | Cardinality | Sub_part | Packed | Null | Index_type | Comment | Index_comment | Visible | Expression |
+-----------+------------+----------+--------------+-------------+-----------+-------------+----------+--------+------
-+------------+---------+---------------+---------+------------+
| student13 |          1 | index_id |            1 | stu_id      | A         |
0 |     NULL |   NULL | YES  | BTREE      |         |
 | YES     | NULL       |
+-----------+------------+----------+--------------+-------------+-----------+-------------+----------+--------+------
-+------------+---------+---------------+---------+------------+
1 row in set (0.01 sec)
```

2) 创建唯一索引

例 10.13 使用 alter table 语句为已存在的表创建唯一索引：创建一个名为 student14 的数据表(表中无索引)，然后使用 alter table 语句为表中的 stu_id 字段建立唯一索引。

在 MySQL 命令行客户端输入 SQL 语句如下：

```
mysql> create table student14(
    -> stu_id int(10),
    -> stu_name varchar(3));
mysql> alter table student14 add unique index index_id (stu_id);
```

执行结果如下：

```
Query OK, 0 rows affected (0.02 sec)
Records: 0  Duplicates: 0  Warnings: 0
```

在创建唯一索引的 SQL 语句执行成功后，使用 show index from 语句查看表的索引，执行结果显示，在表 student14 中已经创建了索引名为 index_id 的唯一索引，“Non_unique”栏中的值为 0。

```
mysql>  show index from student14;
+-----------+------------+----------+--------------+-------------+-----------+-------------+-----
-+------------+---------+--------------+---------+------------+
| Table      | Non_unique | Key_name | Seq_in_index | Column_name | Collation | Cardinality |
Sub_part | Packed | Null | Index_type | Comment | Index_comment | Visible | Expression |
+-----------+------------+----------+--------------+-------------+-----------+-------------+-----
-+------------+---------+--------------+---------+------------+
| student14 |          0 | index_id |            1 | stu_id      | A         |
0 |     NULL |    NULL | YES   | BTREE       |         |
  | YES      | NULL       |
+-----------+------------+----------+--------------+-------------+-----------+-------------+-----
-+------------+---------+--------------+---------+------------+
1 row in set (0.01 sec)
```

3) 创建主键索引

例 10.14 使用 alter table 语句为已存在的表创建主键索引：创建一个名为 student15 的数据表(表中无索引)，然后使用 alter table 语句为表中的 stu_id 字段建立主键索引。

在 MySQL 命令行客户端输入 SQL 语句如下：

```
mysql> create table student15(
    -> stu_id int(10),
    -> stu_name varchar(3));
mysql> alter table student15 add primary key(stu_id);
```

执行结果如下：

```
Query OK, 0 rows affected (0.04 sec)
Records: 0  Duplicates: 0  Warnings: 0
```

在创建主键索引的 SQL 语句执行成功后，使用 show index from 语句查看表的索引，执行结果显示，在表 student15 中已经创建了索引名为 primary 的主键索引，该索引名为系统默认，即使用户指定了其他的索引名也不会生效。

```
mysql> show index from student15;
+-----------+------------+----------+--------------+-------------+-----------+-------------+----------+--------+------
-+------------+---------+--------------+---------+------------+
| Table      | Non_unique | Key_name | Seq_in_index | Column_name | Collation | Cardinality |
Sub_part | Packed | Null | Index_type | Comment | Index_comment | Visible | Expression |
+-----------+------------+----------+--------------+-------------+-----------+-------------+----------+--------+------
-+------------+---------+--------------+---------+------------+
| student15 |          0 | PRIMARY  |            1 | stu_id      | A         |
0 |     NULL |   NULL |      | BTREE      |         |               
  | YES     | NULL       |
+-----------+------------+----------+--------------+-------------+-----------+-------------+----------+--------+------
-+------------+---------+--------------+---------+------------+
1 row in set (0.01 sec)
```

4) 创建全文索引

例 10.15 使用 alter table 语句为已存在的表创建全文索引：创建一个名为 student16 的数据表(表中无索引)，然后使用 alter table 语句为表中的 stu_info 字段建立全文索引。

在 MySQL 命令行客户端输入 SQL 语句如下：

```
mysql> create table student16(
    -> stu_id int(10),
    -> stu_name varchar(3),
    -> stu_info varchar(100));
mysql> alter table student16 add fulltext index index_info (stu_info);
```

执行结果如下：

```
Query OK, 0 rows affected, 1 warning (0.17 sec)
Records: 0  Duplicates: 0  Warnings: 1
```

在创建全文索引的 SQL 语句执行成功后，使用 show index from 语句查看表的索引，执行结果显示，在表 student16 中已经创建了索引名为 index_info 的全文索引，“Index_type”栏中的值为“FULLTEXT”。

```
mysql> show index from student16;
+-----------+------------+------------+--------------+-------------+-----------+-------------+----------+--------+---
---+------------+---------+--------------+---------+------------+
| Table      | Non_unique | Key_name    | Seq_in_index | Column_name | Collation | Cardinality |
Sub_part | Packed | Null | Index_type | Comment | Index_comment | Visible | Expression |
+-----------+------------+------------+--------------+-------------+-----------+-------------+----------+--------+---
---+------------+---------+--------------+---------+------------+
| student16 |          1 | index_info |            1 | stu_info    | NULL      |
```

```
0 |        NULL |     NULL | YES    | FULLTEXT      |              |
     | YES       | NULL           |
+-----------+------------+------------+--------------+-------------+-----------+------------+----------+--------+---
---+------------+--------+--------------+---------+------------+
1 row in set (0.01 sec)
```

5) 创建空间索引

例 10.16 使用 alter table 语句为已存在的表创建空间索引：创建一个名为 student17 的数据表(表中无索引)，然后使用 alter table 语句为表中的 stu_loc 字段建立空间索引。

在 MySQL 命令行客户端输入 SQL 语句如下：

```
mysql> create table student17(
    -> stu_id int(10),
    -> stu_name varchar(3),
    -> stu_loc point not null);
mysql> alter table student17 add spatial index index_loc (stu_loc);
```

执行结果如下：

```
Query OK, 0 rows affected, 1 warning (0.02 sec)
Records: 0   Duplicates: 0   Warnings: 1
```

在创建空间索引的 SQL 语句执行成功后，使用 show index from 语句查看表的索引，执行结果显示，在表 student17 中已经创建了索引名为 index_loc 的空间索引，“Index_type”栏中的值为“SPATIAL”，并且“Non_unique”栏中的值为“1”，即不能为空。

```
mysql> show index from student17;
+-----------+------------+-----------+--------------+-------------+-----------+-------------+----------+--------+----
--+------------+---------+--------------+---------+------------+
| Table       | Non_unique | Key_name   | Seq_in_index | Column_name | Collation | Cardinality |
Sub_part | Packed | Null | Index_type | Comment | Index_comment | Visible | Expression |
+-----------+------------+-----------+--------------+-------------+-----------+-------------+----------+--------+----
--+------------+---------+--------------+---------+------------+
| student17 |              1 | index_loc |        1 | stu_loc      | A           |
0 |        32 |    NULL |        | SPATIAL      |              |
     | YES      | NULL          |
+-----------+------------+-----------+--------------+-------------+-----------+-------------+----------+--------+----
--+------------+---------+--------------+---------+------------+
1 row in set (0.01 sec)
```

6) 创建复合索引

例 10.17 使用 alter table 语句为已存在的表创建复合索引：创建一个名为 student18 的数据表(表中无索引)，然后使用 alter table 语句为表中的 stu_id 和 stu_name 字段的组合建立复合索引。

在 MySQL 命令行客户端输入 SQL 语句如下：

```
mysql> create table student18(
    -> stu_id int(10),
    -> stu_name varchar(3));
mysql> alter table student18 add index index_id (stu_id, stu_name);
```

执行结果如下：

```
Query OK, 0 rows affected (0.02 sec)
Records: 0  Duplicates: 0  Warnings: 0
```

在创建复合索引的 SQL 语句执行成功后，使用 show index from 语句查看表的索引，执行结果显示，在表 student18 中已经创建了索引名为 index_id 的复合索引，该索引的字段为“stu_id”和“stu_name”字段。

```
mysql> show index from student18;
+-----------+------------+----------+--------------+-------------+-----------+-------------+----------+--------+------
-+------------+---------+---------------+---------+------------+
| Table     | Non_unique | Key_name | Seq_in_index | Column_name | Collation | Cardinality |
Sub_part | Packed | Null | Index_type | Comment | Index_comment | Visible | Expression |
+-----------+------------+----------+--------------+-------------+-----------+-------------+----------+--------+------
-+------------+---------+---------------+---------+------------+
| student18 |          1 | index_id |            1 | stu_id      | A         |
0 |     NULL |   NULL | YES  | BTREE      |         |               |
  | YES     | NULL       |
| student18 |          1 | index_id |            2 | stu_name    | A         |
0 |     NULL |   NULL | YES  | BTREE      |         |               |
  | YES     | NULL       |
+-----------+------------+----------+--------------+-------------+-----------+-------------+----------+--------+------
-+------------+---------+---------------+---------+------------+
2 rows in set (0.01 sec)
```

10.3 删除索引

索引虽然能够提升数据的查询效率，但是索引数据会占用大量的存储空间，降低数据插入、修改和删除时的性能。因此，对于已经没有用的索引要及时删除。本节讲述两种删除索引的方式：使用 alter table 语句删除索引和使用 drop index 语句删除索引。

10.3.1 使用 alter table 语句删除索引

使用 alter table 语句删除索引的 SQL 语句需要指定索引的名称，其语法格式如下：

```
alter table table_name drop index | key index_name;
```

语法说明如下：

(1) table_name 为要删除索引的表名；

(2) drop index | key 为删除索引所用的关键字；

(3) index_name 为要删除索引的名称。

例 10.18　使用 alter table 语句删除索引：删除 student17 表中的空间索引，该空间索引名为“index_loc”(可以使用“show index from”语句查看表的索引)。

输入语句和运行结果分别如图 10-2(a)、(b)所示。

alter table student17 drop index index_loc;

(a)

```
mysql> alter table student17 drop index index_loc;
Query OK, 0 rows affected (0.02 sec)
Records: 0  Duplicates: 0  Warnings: 0

mysql> show index from student17;
Empty set (0.00 sec)
```

(b)

图 10-2　例 10.18 代码及运行结果

图 10-2 中，在删除索引的 SQL 语句执行成功后，使用 show index from 语句查看表的索引，执行结果显示“Empty set(0.00 sec)”，即表 student17 中的索引已经清空。

注意：使用 alter table table_name drop index | key index_name 语法格式的 SQL 语句并不能删除主键索引，如果要删除主键索引，需要使用 alter table table_name drop primary key 语句。

10.3.2　使用 drop index 语句删除索引

使用 drop index 语句删除索引的 SQL 语句同样需要指定索引的名称，其语法格式如下：

drop index index_name on table_name;

语法说明如下：

(1) drop index 为删除索引所用的关键字；

(2 index_name 为要删除索引的名称；

(3 table_name 为要删除索引的表名。

例 10.19　用 drop index 语句删除索引：删除 student18 表中的复合索引，该复合索引名为“index_id”。

输入语句和运行结果分别如图 10-3(a)、(b)所示。

drop index index_id on student18;

(a)

```
mysql> drop index index_id on student18;
Query OK, 0 rows affected (0.02 sec)
Records: 0  Duplicates: 0  Warnings: 0

mysql> show index from student18;
Empty set (0.00 sec)
```

(b)

图 10-3　例 10.19 代码及运行结果

图 10-3 中，在删除索引的 SQL 语句执行成功后，使用 show index from 语句查看表的索引，执行结果中显示“Empty set(0.00 sec)”，即表 student18 中的索引已经清空。

小 结

本章介绍了索引的概念、使用索引的原因、索引的特点以及索引的分类，其中包括普通索引、唯一索引、主键索引、全文索引、空间索引和复合索引。本章重点介绍了对索引的基本操作，需掌握如何使用“create index”语句创建索引，以及如何使用“drop index”语句删除索引。

习 题

一、选择题

1．建立索引的主要目的是(　　)。

A. 节省存储空间　　B. 提高安全性

C. 提高查询速度　　D. 提高数据更新的速度

2．以下不属于 MySQL 的索引类型是(　　)。

A. 主键索引　　B. 唯一性索引　　C. 全文索引　　D. 非空值索引

3．能够在已存在的表中建立索引的语句是(　　)。

A. create tabel　　B. alter table　　C. update table　　D. reindex table

二、简答题

1．简述索引的概念及作用。

2．简述 MySQL 中索引的分类及其特点。

3．简述在 MySQL 中创建、查看和删除索引的 SQL 语句。

4．简述使用索引应注意的问题。

三、实战演练

1．建立一张用来存储学生信息的 student 表，字段包括：学号、姓名、性别、居住地址(point 类型)、自我介绍(varchar 类型)。具体要求如下：

(1) 为学号创建主键索引；

(2) 为姓名创建唯一索引；

(3) 为居住地址创建空间索引；

(4) 为自我介绍创建全文索引。

2．在题 1 中建立 student 表的基础上使用“alter table”语句删除唯一索引，使用“drop index”语句删除空间索引。

第11章 视 图

在关系型数据库管理系统中，视图(View)是一个数据库对象，它为用户提供了一个定制化的数据视角。视图在多个层面优化数据库操作，包括但不限于简化复杂查询、增强数据安全性，以及为应用程序提供数据抽象层。与物理存储的实际表不同，视图不存储实际的数据，而是保存了用于生成数据的 SQL 查询。每当查询视图时，数据库管理系统会执行该查询，并返回结果集，就像查询一个实际的表一样。视图可以被看作是基于 SQL 查询的虚拟表。它们并不在物理存储中占用空间，而是根据定义它们的查询动态生成数据。这种特性使得视图非常灵活，可以轻松地根据业务需求进行定制。视图可以从一个或多个表中提取数据，并且可以包含联接、聚合函数、筛选条件等复杂的 SQL 逻辑。

11.1 视图概述

视图概述及操作

视图是从一个、多个表或者视图中导出的表，它也包含一系列带有名称的数据列和若干条数据行。然而，视图不同于数据库中真实存在的表，其区别如下：

(1) 视图不是数据库中真实的表，而是一张虚拟表，其结构和数据是建立在对数据库中真实表的查询基础上的。

(2) 视图的内容是由存储在数据库中进行查询操作的 SQL 语句来定义的，它的列数据与行数据均来自定义视图的查询所引用的真实表(基础表、基表或源表)或者是基于真实表的计算值，并且这些数据是在引用视图时动态生成的。

(3) 视图不是以数据集的形式存储在数据库中，它所对应的数据实际上是存储在视图所引用的真实表(基础表)中。

(4) 视图是用来查看存储在别处数据的一种设施，其自身并不存储数据。

尽管视图与数据库中的表存在着本质上的不同，但视图一经定义后，可以如同使用表一样，对视图进行查询，以及受限的修改、删除和更新等操作。并且，使用视图的优点如下：

(1) 集中分散数据。当用户所需的数据分散在数据库的多个表中时，通过定义视图可以将这些数据集中在一起，以方便用户对分散数据的集中查询与处理。

(2) 简化查询语句。定义视图可为用户屏蔽数据库的复杂性，使其不必详细了解数据库中复杂的表结构和表连接，因而能简化用户对数据库的查询语句。例如，即使是底层数据库表发生了更改，也不会影响上层用户对数据库的正常使用，只需数据库编程人员重新定义视图的内容即可。这也正是使用外模式，以及模式和外模式之间映射的目的。实际上，视图的查询定义就是模式和外模式之同的映射关系。这样一来，依据数据外模式编写的应用程序就不用修改，从而保证了数据与程序的逻辑独立性。

(3) 重用 SQL 语句。视图提供的是一种对查询操作的封装，它本身不包含数据，其所呈现的数据是数据视图的定义从基础表中检索出来的，若基础表中的数据被新增或更改，视图所呈现的是更新后的数据。因此，通过定义视图，编写完所需查询后，可以方便地重用该视图，而不必了解它的具体查询细节。

(4) 简化复杂性。视图可以隐藏底层数据的复杂性，只展示用户需要的信息。

(5) 安全性。通过视图，可以限制用户对敏感数据的访问，只暴露必要的部分。

(6) 逻辑独立性。如果基础表的结构发生变化，只需要修改视图定义，而不需要修改所有引用该表的应用程序代码。

(7) 数据抽象。视图提供了一种抽象层，使得应用程序与底层数据结构的细节解耦。

11.2 视图操作

视图操作主要包括创建、删除、查看、修改，以及查询和更新视图中的数据。这些操作都需要通过特定的 SQL 语句来实现。

11.2.1 创建与删除视图

在 MySQL 中，创建视图使用 CREATE VIEW 语句。以下是一个示例，其语法格式如下：

```
CREATE [OR REPLACE] VIEW EmployeeView AS
SELECT EmployeeID， FirstName， LastName， Department
FROM Employees
WHERE Department = 'IT'
[WITH [CASCADED | LOCAL] CHECK OPTION]
```

主要语法说明如下：

(1) OR REPLACE：可选项，用于指定 OR REPLACE 子句。该语句用于替换数据库中已有的同名视图，但需要在该视图上具有 DROP 权限。

(2) VIEW-NAME：指定视图的名称。该名称在数据库中必须是唯一的，不能与其他表或视图同名。

(3) SELECT：用于指定创建视图的 SELECT 语句。这个 SELECT 语句给出了视图的定义，它可用于查询多个基础表或源视图。对于 SELECT 语句的指定，存在以下限制：

① 定义视图的用户除了要求被授子 CREATEVIEW 的权限外，还必领被授予可以操作视图所涉及的基础表或其他视图的相关权限。例如，由 SELECT 语句选择的每一列上的某些权限。

② SELECT 语句不能包含 FROM 子句中的子查询。

③ SELECT 语句不能引用系统变量或用户变量。

④ SELECT 语句不能引用预处理语句参数。

⑤ 在 SELECT 语句中引用的表或视图必须存在。但是创建完视图后，可以删除视图定义中所引用的基础表或源视图。若想检查视图定义是否存在这类问题，可使用 CHECK TABLE 语句。

⑥ 若 SELECT 语句中所引用的不是当前数据库的基础表或源视图时，需在该表或视图前加上数据库的名称作为限定前级。

⑦ 对于 SELECT 执行效果未定义。例如，如果在视图定义中包含了 LIMIT 子句，而 SELECT 语句也使用了自己的 LIMIT 子句，那么 MySQL 对使用哪一个 LIMIT 语句未做定义。

(4) WITH CHECK OPTION：这个可选子句用于指定在可更新视图上所进行的修改都需要符合 select_statement 中所指定的限制条件，这样可以确保数据修改后仍可以通过视图看到修改后的数据。当视图是根据另一个视图定义时，WITH CHECK OPTION 给出两个参数，即 CASCADED 和 LOCAL，它们决定检查测试的范围。其中，关键字 CASCADED 为选项默认值，它会对所有视图进行检查，而关键字 LOCAL 则使 CHECK OPTION 只对定义的视图进行检查。

例 11.1 在数据库 db_school 中创建视图 v_student，要求该视图包含客户信息表 tb_student 中所有男生的信息，并且要求保证今后对该视图数据的修改都必须符合学生性别为男性这个条件。

在 MySQL 的命令行客户端输入 SQL 语句如下(可创建所需视图 v_student)：

```
CREATE OR REPLACE VIEW db_school.v_student
AS
SELECT * FROM db_school.tb_student WHERE sex='男'
WITH CHECK OPTION;
```

执行结果如下：

```
Query OK, 0 rows affected (0.05 sec)
```

例 11.2 在数据库 db_school 中创建视图 db_school.V_score_avg，要求该视图包含表 tb_score 中所有学生的学号和平均成绩，并按学号 studentNo 进行排序。

在命令行客户端输入 SQL 语句如下(可创建所需视图 db_score.v_score_avg)：

```
CREATE VIEW db_school.v_score_avg(studentNo,score_avg)
AS
SELECT studentNo,AVG(score) FROM tb_score
GROUP BY studentNo;
```

执行结果如下：

```
Query OK, 0 rows affected (0.03 sec)
```

例 11.3 举例针对 11.2.1 小节中 SELECT 语句的规则 ①～⑦，需要涵盖规则中的几个，也可以举一个产生错误的例子。

针对数据库 db_school 中的表 tb_score 创建视图 view7_score，要求该视图包含表平均成绩和子查询，然后使用更新视图语句进行操作。

在命令行客户端输入 SQL 语句如下(可创建所需视图 db_score.v_score_avgs)：

```
CREATE VIEW view7_score
```

```
AS
SELECT * FROM tb_score
WHERE score>(select score from tb_score where studentno=2013110303);
DELETE FROM view7_score where studentno=2013110101;
```

执行结果如下：

```
ERROR 1288 (HY000): The target table view7_score of the DELETE is not updatable
```

结合视图创建失败的原因可知，在创建视图时不能在 FROM 子句中使用子查询。

例 11.4 举例说明 WITH CHECK OPTION 中的内容。

针对数据库 db_school 中的表 tb_score，使用 WITH CHECK OPTION 子句创建视图 v_score，要求该视图包含表 tb_score 中所有 score<90 的学生学号、课程号和成绩信息；v_score_local 和分别使用 WITH LOCAL CHECK OPTION、WITH CASCADED CHECK OPTION 子句创建视图 score_cascaded，要求该视图包含表 tb_score 中所 score>80 的学生学号、课程号和成绩信息。

在命令行客户端输入 SQL 语句如下(可创建所需视图 v_score、v_score_local、v_score_cascaded)：

```
CREATE VIEW v_score
AS
SELECT * FROM db_school.tb_score WHERE score<90
WITH CHECK OPTION;
```

执行结果如下：

```
Query OK, 0 rows affected (0.02 sec)
CREATE VIEW v_score_local
AS
SELECT * FROM db_school.v_score WHERE score>80
WITH LOCAL CHECK OPTION;
```

执行结果如下：

```
Query OK, 0 rows affected (0.02 sec)
CREATE VIEW v_score_cascaded
AS
SELECT * FROM db_school.v_score WHERE score>80
WITH CASCADED CHECK OPTION;
```

执行结果如下：

```
Query OK, 0 rows affected (0.01 sec)
```

此处视图 v_score_local 和 v_score_cascaded 是根据视图 v_score 定义的。视图 v_score_local 具有 LOCAL 检查选项，因此仅会针对其自身检查对插入项进行测试；视图 v_score_cascaded 含有 CASCADED 检查选项，因此不仅会针对它自已的检查对插入项进行测试，也会针对基本视图 v_score 的检查对插入项进行测试。通过下列插入语句可以清楚地分辨彼此之间的差异：

```
INSERT INTO db_school.v_score_local VALUES('2013110101','21005',90);
```

NSERT INTO db_school.v_score_cascaded VALUES('2013110101', '21005',90);

执行结果如下：

ERROR 1369 (HY000):CHECK OPTION failed 'v_score_cascaded'

在 MySQL 5.5 版本中，可以使用 DROP VIEW 语句来删除视图，其语法格式如下：

```
DROP VIEW [IF EXISTS]
view_name [,view_name]...
```

语法说明如下：

(1) view_name：指定要删除的视图名。使用 DROP VIEW 语句可以一次删除多个视图，但必须在每个视图上都拥有 DROP 权限。

(2) IF EXISTS：可选项，用于防止因删除不存在的视图而出错。若在 DROP VIEW 语句中没有给出该关键字，则当指定的视图不存在时系统会发生错误。

例 11.5　删除数据库 db_school 中的视图 v_student。

在命令行客户端输入 SQL 语句如下(可删除视图 v_student)：

```
DROP VIEW [IF EXISTS] db_school.v_student;
```

11.2.2　查看与修改视图

查看视图的定义通常可以通过查询系统或信息模式视图来实现。在 MySQL 中，可以使用查询来查看视图的创建语句如下：

```
SHOW CREATE VIEW view1_student;
```

这将返回创建 view1_student 视图时使用的 SQL 语句，如图 11-1 所示。

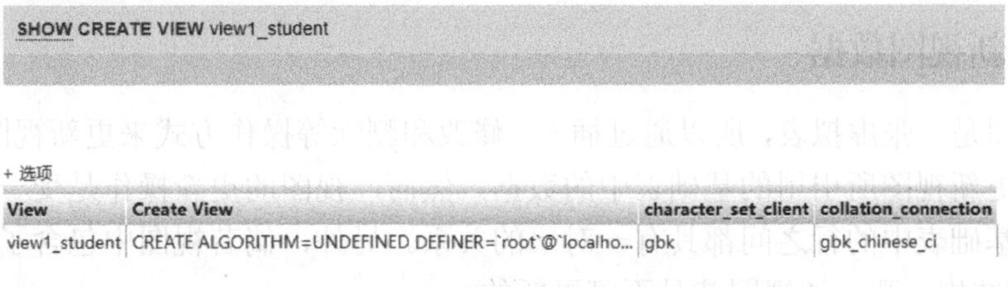

图 11-1　创建视图的 SQL 语句

修改视图通常意味着重新定义视图。由于大多数数据库系统不允许直接修改视图的内部结构，因此需要重新执行 CREATE VIEW 语句(如果数据库支持，可以使用 CREATE OR REPLACE VIEW 语句)，或者先删除旧视图，然后创建一个新的视图。

例 11.6　使用 CREATE OR REPLACE VIEW 语句修改视图的示例：

```
CREATE OR REPLACE VIEW EmployeeView AS
SELECT  EmployeeID,  FirstName,  LastName,  Salary
FROM  Employees
WHERE Salary > 50000;
```

此语句将重新定义 EmployeeView 视图，包含了薪水超过 50 000 的所有员工的 EmployeeID、FirstName、LastName 和 Salary 列。

在 MySQL 5.5 版本中，可以使用 ALTER VIEW 语句来对已有视图的定义(结构)进行修改，其语法格式如下：

```
ALTER VIEW view_name[(column_list)]
AS SELECT_statement
[WITH [CASCADED | LOCAL] CHECK OPTION]
```

ALTER VIEW 语句的语法与 CREATE VIEW 类似，这里不再叙述。

注意：对于 ALTER VIEW 语句的使用，需要用户具有针对视图的 CREATE VIEW 和 DROP 权限，以及由 SELECT 语句选择的每一列上的某些权限。

例 11.7 使用 ALTER VIEW 语句修改数据库 db_school 中的视图 v_student 的定义，要求该视图包含学生表 tb_student 中性别为“男”、民族为“汉”的学生的学号、姓名和所属班级，并且要求保证今后对该视图数据的修改都必须符合学生性别为“男”、民族为“汉”这些条件。

在命令行客户端输入 SQL 语句如下(可修改视图 v_student 的定义)：

```
ALTER VIEW db_school.v_student (studentNo,studentName,classNo)
AS
 SELECT studentNo,studentName,classNo FROM db_school.tb_student
WHERE sex='男' AND nation='汉'   WITH CHECK OPTION;
```

执行结果如下：

```
Query OK, 0 rows affected (0.02 sec)
```

修改视图的定义也可以通过先使用 DROP VIEW 语句，再使用 CREATE VIEW 语句的过程来实现，还可以直接使用 CREATE OR REPLACE VIEW 语句来实现。若使用 CREATE OR REPLACE VIEW 语句，则当修改的视图不存在时，该语句会创建一个新的视图，而当修改的视图存在时，该语句会替换原有视图，重新构造一个修改后的视图定义。

11.2.3 更新视图数据

由于视图是一张虚拟表，所以通过插入、修改和删除等操作方式来更新视图中的数据，实质上是在更新视图所引用的基础表中的数据。然而，视图的更新操作是受一定限制的，并非所有的基础表中的行之间都具有一对一的关系。另外，倘若视图中包含了下述任何一种 SQL 语句结构，那么该视图就是不可更新的。

(1) 聚合函数。

(2) DISTINCT 关键字。

(3) GROUP BY 子句。

(4) ORDER BY 子句。

(5) HAVING 子句。

(6) UNION 运算符。

(7) 位于选择列表中的子查询。

(8) FROM 子句中包含多个表。

(9) SELECT 语句中引用了不可更新视图。

(10) WHERE 子句中的子查询，引用 FROM 子句中的表。

以下是一个更新视图数据的示例：

```
UPDATE EmployeeView
SET Salary = Salary * 1.10
```

```
WHERE EmployeeID = 1;
```

这条语句将尝试更新 EmployeeView 视图中 EmployeeID 为 1 的员工的薪水，将其增加 10%。

1．使用 INSERT 语句通过视图向基础表插入数据

例 11.9 在数据库 db_school 中，向视图 view1_student 中插入下面一条记录：

(2013110888, 'Tom', '女', '汉')。

这里，插入数据可使用 INSERT 语句在 MySQL 的命令行客户端输入 SQL 语句如下：

```
insert into view1_student values (2013110888, 'Tom', '女', '汉');
```

然后使用下列语句就可以查看视图 v_student 中插入新的数据后的内容：

```
select * from view1_student where studentno=2013110888;
```

WITH CHECK OPTION 子句会在更新数据时，检查新数据是否符合视图定义中 WHERE 子句的条件，并且 WITH CHECK OPTION 子句只能和可更新视图一起使用。若插入的新数据不符合 WHERE 子句的条件，则数据插入操作无法成功，因而此时视图的数据插入操作受限。另外，当视图所依赖的基础表有多个时，也不能向该视图插入数据，这是因为 MySQL 不能正确地确定而要被更新的基础表。

2．使用 DELETE 语句通过视图删除基础表的数据

例 11.10 删除视图 v_student 中姓名为“Tom”的学生信息。

使用 DELETE 语句删除指定数据，在 MySQL 的命令行客户端输入 SQL 语句如下：

```
DELETE FROM view1_student where studentname='Tom';
```

注意：对于依赖多个基础表的视图，不能使用 DELETE 语句。

11.2.4 查询视图数据

查询视图数据与查询普通表数据非常相似，使用标准的 SELECT 语句即可。例如：

```
SELECT * FROM EmployeeView;
```

这条语句将返回 EmployeeView 视图中的所有数据。由于视图是基于 SQL 查询的，因此查询视图时可能会涉及到基础表中的复杂连接和计算。数据库管理系统将负责执行这些操作，并将结果集返回给用户。

视图一经定义后，就可以如同查询数据库中的表一样，对视图进行数据查询，这也是对视图使用最多的一种操作。视图用于查询检索，主要体现在这样一些应用：

(1) 利用视图简化复杂的表连接。

(2) 使用视图重新格式化检索出的数据。

(3) 使用视图过滤不想要的数据。

小 结

视图是关系型数据库中的强大工具之一。它们为用户提供了一个定制化的、简化的数据访问层面，同时保留了底层数据的完整性和安全性。通过视图，开发人员可以更加灵活地组织和管理数据，以满足不断变化的业务需求。

需要注意的是，视图并不是万能的。在使用视图时，需要权衡其带来的便利性和可能引入的性能开销。由于视图是基于查询的虚拟表，因此查询视图时可能需要执行额外的查询操作来获取数据。特别是在处理大量数据时，这可能会导致查询性能的下降。因此，在设计数据库系统时，需要仔细考虑何时使用视图以及如何使用视图来优化性能。

此外，还需要注意视图与基础表之间的依赖关系。如果基础表的结构或数据发生变化，可能会影响视图的正确性和有效性。因此，在修改基础表时，需要谨慎考虑对视图的影响，并及时更新或重新定义视图以确保数据的准确性和一致性。最后，需要强调的是，视图只是数据库设计中的一部分。要构建一个高效、可靠的数据库系统，还需要考虑其他方面的问题，如索引设计、存储优化、事务管理等。只有在综合考虑各种因素的基础上，才能构建出满足业务需求并且具有良好性能的数据库系统。

习　　题

一、选择题

1．在 MySQL 中，视图(View)是基于____的虚拟表。

A. MySQL 语句　　B. 实际数据　　C. 基本表　　D. 查询结果

2．下列关于视图的描述中，错误的是____。

A. 视图是一个虚拟表，其内容由查询定义

B. 视图中的数据可以进行更新操作

C. 通过视图可以修改基本表中的数据

D. 视图仅是一个查询语句的保存，在 MySQL 中不占用物理存储空间

二、填空题

1. 在 MySQL 中，创建视图的语句是______________。

2. 如果一个视图是基于多个基本表的，那么对这个视图进行更新操作时需要注意________问题。

三、编程题

1. 假设有一个名为 students 的表，包含 id, name, age, grade 等字段，请编写 MySQL 语句创建一个只显示年龄大于等于 18 岁学生的视图。

2. 创建一个名为 view_average_grade 的视图，显示每个年级的平均成绩。

3. 假设有 orders 和 customers 两个表，它们通过 customer_id 字段相关联。请编写 MySQL 语句创建一个视图，显示每个客户的订单数量和总金额。

4. 编写一个 MySQL 语句来更新上述 view_average_grade 视图中的平均成绩，将平均成绩低于 60 的年级的平均成绩提高 10 分(假设这样的操作在 MySQL 中是合理的，并且视图支持更新操作)。

四、简答题

1. 简述视图在 MySQL 中的作用及其在实际应用中的好处。

2. 在 MySQL 中，视图和基本表有什么区别？请至少列举三点。

3. 在什么情况下在 MySQL 中不宜使用视图？请给出你的理由。

第 12 章 触 发 器

本章主要学习什么是触发器、为何要使用触发器以及怎样使用触发器。其中，重点介绍创建和使用触发器的语法。触发器是自 MySQL 5.0 版本开始支持的一种过程式数据库对象，因此本章的内容适用于 MySQL 5.0 或之后的版本。

12.1 触发器概述

触发器概述及操作

触发器(Trigger)是数据库管理系统(DBMS)中一种强大的工具，用于在数据库表中自动执行一系列操作。这些操作是作为对特定事件的响应而触发的，如插入、更新或删除操作。触发器允许我们定义在数据修改之前或之后自动执行的复杂业务规则，从而保持数据的完整性、实现自动化任务，以及执行其他必要的操作。

触发器的工作原理是，当与触发器相关联的表发生指定的事件时，DBMS 会自动调用并执行触发器中定义的语句或操作。这些操作可以是对其他表的查询、插入、更新或删除，也可以是调用存储过程、发送电子邮件、记录日志等。

触发器具有 MySQL 语句在需要时才被执行的特点，即某条(某些)MySQL 语句在特定事件发生时自动执行。例如：

(1) 每当增加一个客户到数据库的客户基本信息表时，都检查其电话号码的格式是否正确。

(2) 每当客户订购一个产品时，都从产品库存量中减去订购的数量。

(3) 每当删除客户基本信息表中一个客户的全部基本信息数据时，该客户所订购的未完成订单信息也会被自动删除。

(4) 无论何时删除一行数据，都会在数据库的存档表中保留一个副本。

触发器与表的关系十分密切，用于保护表中的数据。当有操作影响到触发器所保护的数据时，触发器就会自动执行，保障数据库中数据的完整性，以及多个表之间数据的一致性。

12.2 触发器的操作

在本节，我们将详细介绍如何创建、删除和使用触发器。具体而言，触发器就是 MySQL 响应 INSERT、UPDATE 和 DELETE 语句而自动执行的一条 MySQL 语句(或位于 BEGIN

和 END 语句之间的一组 MySQL 语句)。需要注意的是，其他 MySQL 语句是不支持触发器的。

12.2.1 创建与删除触发器

1. 创建触发器

创建触发器通常使用 SQL 的 CREATE TRIGGER 语句。创建触发器的基本语法如下：

```
CREATE TRIGGER trigger_name
trigger_time trigger_event ON table_name
FOR EACH ROW
BEGIN                    -- 触发器逻辑代码
END;
```

其中：trigger_name 是触发器的名称；trigger_time 指定触发器的时间，可以是 BEFORE 或 AFTER；trigger_event 指定触发的事件，可以是 INSERT、UPDATE 或 DELETE；table_name 是触发器所关联的表名；FOR EACH ROW 表示触发器会对每一行数据执行；在 BEGIN 和 END 之间编写触发器的逻辑代码，这些代码将在触发器被触发时执行。

例 12.1 展示如何在 MySQL 中创建一个触发器，该触发器在向某个表插入新数据之前检查某个字段的值，其语法如下：

```
mysql> CREATE TRIGGER check_value_before_insert
BEFORE INSERT ON my_table
FOR EACH ROW
BEGIN
IF NEW.column_name IS NULL THEN
SIGNAL SQLSTATE '45000' SET MESSAGE_TEXT = 'column_name cannot be NULL';
END IF
END;
```

执行结果如下：

```
Query OK, 0 rows affected, 1 warning (0.01 sec)
```

在这个示例中，我们创建了一个名为 check_value_before_insert 的触发器，在向 my_table 表插入新数据之前检查 column_name 字段的值。如果值为 NULL，则触发一个错误。

2. 删除触发器

删除触发器使用 DROP TRIGGER 语句。删除触发器的基本语法如下：

```
DROP TRIGGER IF EXISTS [schema_name]trigger_name;
```

(1) IF EXISTS：可选项，用于避免在没有触发器的情况下删除触发器。

(2) schema_name：可选项，用于指定触发器所在的数据库的名称。若没有指定，则为当前默认数据库。

(3) trigger_name：要删除的触发器名称。

(4) DROP TRIGGER 语句需要 SUPER 权限。

注意：当删除一个表的同时也会自动地删除该表上的触发器。另外，触发器不能更新或覆盖，如果要修改一个触发器，必须先删除它，然后再重新创建。

例 12.2 删除数据库 db_school 中的触发器 tb_student_insert_trigger。

在 MySQL 命令行客户端输入如下 SQL 语句即可删除该触发器：

```
mvsql> DROP TRIGGER IF EXISTS db_school.tb_student_insert_trigger;
```

执行结果如下：

```
Query OK, 0 rows affected, 1 warning (0.01 sec)
```

12.2.2 使用触发器

使用触发器时，通常不需要直接调用。相反地，当与触发器相关联的表发生指定的事件时，触发器会自动执行。可以通过执行会触发这些事件的 SQL 语句来间接“使用”触发器。MySQL 所支持的触发器有三种：INSERT 触发器、DELETE 触发器和 UPDATE 触发器。

1．INSERT 触发器

INSERT 触发器可在 INSERT 语句执行之前或之后执行。使用该触发器时，需要注意以下几点：

(1) 在 INSERT 触发器代码内可引用一个名为 NEW(不区分大小写)的虚拟表来访问被插入的行。

(2) 在 BEFORE INSERT 触发器中，NEW 中的值也可以被更新，即允许更改被插入的值(只要具有对应的操作权限)。

(3) 对于 AUTO_INCREMENT 列，NEW 在 INSERT 执行之前包含的是 0 值，在 INSERT 执行之后将包含新的自动生成值。

例 12.3 在数据库 db_school 的表 tb_student 中重新创建触发器 tb_student_insert_ trigger，用于每次向表 tb_student 中插入一行数据时将学生变量 str 的值设置为新插入学生的学号。

首先，在 MySQL 命令行客户端输入 SQL 语句如下：

```
CREATE TRIGGER db_school.tb_student_insert_trigger AFTER INSERT
```

然后，在 MySQL 命令行客户端使用 INSERT 语句向表 tb_student 中插入一行数据如下：

```
INSERT INTO db_school.tb_student
VALUES('2013110101', 张晓勇', '男', '1997-12-11', '山西', '汉', 'AC1301');
```

最后，验证触发器，在 MySQL 命令行客户端输入 SQL 语句如下：

```
SELECT @str;
```

2．DELETE 触发器

DELETE 触发器可在 DELETE 语句执行之前或之后执行。使用该触发器时，需要注意如下几点：

(1) 在 DELETE 触发器代码内，可以引用一个名为 OLD(不区分大小写)的虚拟表来访问被删除的行。

(2) OLD 中的值全部是只读的，不能被更新。

3．UPDATE 触发器

UPDATE 触发器在 UPDATE 语句执行之前或之后执行。使用该触发器时，需要注意如下几点：

(1) 在 UPDATE 触发器代码内，可以引用一个名为 OLD(不区分大小写)的虚拟表访问以前(UPDATE 语句执行前)的值，也可以引用一个名为 NEW(不区分大小写)的虚拟表访问更新的值。

(2) 在 BEFORE UPDATE 触发器中，NEW 中的值可能也被更新，即允许更改将要用于 UPDATE 语句中的值(只要具有对应的操作权限)。

(3) OLD 中的值全部是只读的，不能被更新。

(4) 当触发器涉及对表自身的更新操作时，只能使用 BEFORE UPDATE 触发器，而 AFTER UPDATE 触发器将不被允许。

例 12.4 在数据库 db_school 的表 tb_student 中创建一个触发器 tb_student_update_trigger，用于每次更新表 tb_student 时将该表中 nation 列的值设置为 native 列的值。

首先，在 MySQL 命令行客户端输入 SQL 语句如下：

```
CREATE TRIGGER db_school.tb_student_update_trigger BEFORE UPDATE
ON db_school.tb_student FOR EACH ROW
SET NEW.nation=OLD. Native;
```

然后，在 MySQL 命令行客户端使用 UPDATE 语句更新表 tb_student 中学生名为“张晓勇”的 nation 列的值为“壮”：

```
UPDATE db_school.tb_student SET nation＝'壮'
 WHERE studentName＝'张晓勇';
```

小　　结

如果在 BEFORE 或 AFTER 触发程序的执行过程中出现错误，将导致调用触发程序的整个语句的失败。

本章重点介绍了触发器的创建与使用方法，还对触发器的使用做进一步的说明：

与其他 DBMS 相比，目前 MySQL 5.0.2 版本所支持的触发器还比较初级。未来的 MySQL 版本中有一些改进和增强触发器支持的计划。

创建触发器可能需要特殊的安全访问权限，但是触发器的执行是自动的。也就是说，如果 INSERT、DELETE 和 UPDATE 语句能够执行，则相关的触发器也能够执行。

应该多用触发器来保证数据的一致性、完整性和正确性。例如，使用 BEFORE 触发程序进行数据的验证和净化，这样可保证插入表的数据确实是所需要的正确数据，而且这种操作对用户是透明的。

触发器有一种十分有意义的使用模式——创建审计跟踪，也就是可使用触发器把表的更改状态，以及之前和之后的状态记录到另外一张数据表中。

习　　题

一、选择题

1. 触发器(Trigger)在数据库中主要用于____。

A. 实现数据的完整性约束

B. 提高数据查询速度

C. 存储大量数据

D. 优化数据库性能

2. 在关系型数据库中，触发器是____。

A. 一个存储数据的表

B. 一种数据库管理系统

C. 在数据修改时自动执行的特殊类型的存储过程

D. 一种用于数据备份的机制

二、填空题

1. 在数据库中，触发器可以在数据被________、________或________时自动执行。

2. 触发器可以帮助我们维护数据库的________和________。

三、编程题

1. 编写一个 MySQL 触发器，在 students 表中插入新记录时，自动在 student_logs 表中记录插入操作的时间、插入的学生 ID 以及操作类型('INSERT')。

2. 创建一个触发器，当 orders 表中的订单状态从'PENDING'更新为 'COMPLETED'时，在 order_history 表中插入一条记录，包含订单 ID、更新时间和更新后的状态。

3. 编写一个触发器，当在 employees 表中删除员工记录时，将该员工的记录转移到 deleted_employees 表中。

4. 创建一个触发器，每次在 products 表中添加新产品时，自动检查库存量是否低于预设的警戒值，如果低于警戒值，则在 inventory_alerts 表中插入一条警告信息。

四、简答题

1. 简述触发器的作用及其在实际应用中的优点。

2. 触发器有哪些类型？请分别说明它们的作用。

3. 在设计触发器时，应该注意哪些问题才可以避免潜在的问题和错误？

第 13 章　存储过程与存储函数

存储过程和存储函数是 MySQL 5.0 版本之后开始支持的过程式数据库对象。它们作为数据库存储的重要功能，可以有效提高数据库的处理速度，同时也可以提高数据库编程的灵活性。本章主要介绍有关存储过程与存储函数的基础知识。

存储过程概述及操作

13.1 存储过程

前面章节介绍的大多数 MySQL 语句都是针对一个或多个表使用的单条语句，而在数据库的实际操作中，并非所有操作都这么简单，经常是一个完整的操作需要多条语句处理多个表才能完成。例如，为了处理某个商品的订单，需要核对以保证库存中有相应的商品，此时就需要多条 SQL 语句针对几个数据表完成这个处理要求，而存储过程就可以有效地完成这个数据库的操作。

存储过程是一组为了完成某个特定功能的 SQL 语句集，其实质上就是一段存放在数据库中的代码，它可以由声明式的 SQL 语句(如 CREATE、UPDATE 和 SELECT 等语句)和过程式 SQL 语句(如 IF-THEN-ELSE 控制结构语句)组成。这组语句集经过编译后会存储在数据库中，用户只需通过指定存储过程的名字并给定参数(如果该存储过程带有参数)，即可随时调用并执行它，而不必重新编译，因此这种通过定义一段程序存放在数据库中的方式，可加大数据库操作语句的执行效率。而前面介绍的各条 MySQL 数据库操作语句(SQL 语句)在其执行过程中，需要先编译，然后再执行。尽管这个过程会由 DBMS 自动完成，且对 SQL 语句的使用者透明，但这种每次操作之前都需要预先编译，就成了数据库操作语句执行效率的一个瓶颈问题。

一个存储过程是一个可编程的函数，同时可看作是在数据库编程中对面向对象方法的模拟，它允许控制数据的访问方式。因而，当希望在不同的应用程序或平台上执行相同的特定功能时，存储过程尤为重要，通常具有的优点如下：

(1) 可增强 SQL 语言的功能和灵活性。存储过程可以用流程控制语句编写，有很强的灵活性，可以完成复杂的判断和较复杂的运算。

(2) 良好的封装性。存储过程被创建后，可以在程序中被多次调用，而不必重新编写该存储过程的 SQL 语句，并且数据库专业人员可以随时对存储过程进行修改，而不会影响到调用它的应用程序源代码。

(3) 高性能。存储过程执行一次后，其执行规划就驻留在高速缓冲存储器中，在以后的操作中，只需从高速缓冲存储器中调用已编译好的二进制代码执行即可，从而提高了系统性能。

(4) 可减少网络流量。由于存储过程是在服务器端运行的，且执行速度快，那么当在客户计算机上调用该存储过程时，网络中传送的只是该调用语句，从而可降低网络负载。

(5) 存储过程可作为一种安全机制来确保数据库的安全性和数据的完整性。使用存储过程可以完成所有数据库的操作，并可通过编程方式控制这些数据库操作对数据库信息访问的权限。

13.1.1　创建存储过程

创建存储过程是为了在数据库中定义一个可重复使用的代码块。这个代码块可以包含一系列的 SQL 语句，用于执行特定的任务，如数据查询、数据插入、数据更新或数据删除等。存储过程可以接收输入参数、输出参数，或者两者都有，从而使其更加灵活和可定制。通过创建存储过程，我们可以将复杂的业务逻辑封装起来，提高代码的可读性和可维护性，并减少网络传输的数据量。

在创建存储过程时，我们需要为其指定一个唯一的名称，并定义其参数列表(如果有的话)。参数列表包括参数名称、数据类型和参数方向(输入、输出或输入/输出)。此外，我们还可以指定存储过程的特性，如访问权限、执行策略等。

创建存储过程的语句使用 CREATE PROCEDURE 关键字开始，后面跟着存储过程的名称和参数列表。然后，使用 BEGIN 和 END 关键字来标记存储过程的开始和结束。在这两个关键字之间，我们编写具体的 SQL 语句来实现存储过程的逻辑。

```
CREATE
PROCEDURE sp_name([proc_parameter[,…]])
[characteristic…]routine_body
```

其中，proc_parameter 的格式如下：

```
[IN|OUT|INOUT]param_name_type
```

type 的格式如下：

```
Any valid MySQL data type
```

characteristic 的格式如下：

```
COMMENT `string`
ILANGUAGE SQL
|[NOT] DETERMINISTIC
CONTAINS SQLINO SQLIREADS SQL DATAIMODIFIES SQL DATA
ISQL SECURITY {DEFINER|INVOKER}
```

routine_body 的格式如下：

```
Valid SQL routine statement
```

主要语法说明如下：

(1) sp_name：存储过程的名称，默认在当前数据库中创建。需要在特定数据库中创建存储过程时，则要在名称前面加上数据库的名称，即 db_name.sp_name 的格式。需要注意的是，这个名称应当尽量避免与 MySQL 的内置函数相同的名称，否则会发生错误。

(2) proc_parameter：存储过程的参数列表。其中：param_name 为参数名；type 为参数的类型(可以是任何有效的 MySQL 数据类型)。当有多个参数时，参数列表中彼此间用逗号分隔。存储过程可以没有参数(此时存储过程的名称后仍需加上一对括号)，也可以有 1 个或多个参数。MySQL 存储过程支持三种类型的参数，即输入参数、输出参数和输入/输出参数，分别用 IN、OUT 和 INOUT 三个关键字标识。其中：输入参数是使数据可以传递给一个存储过程；输出参数用于存储过程需要返回一个操作结果的情形；而输入/输出参数既可以充当输入参数也可以充当输出参数。需要注意的是，参数的取名不要与数据表的列名相同，否则尽管不会返回出错消息，但是存储过程中的 SQL 语句会将参数名看作是列名，从而引发不可预知的结果。

(3) characteristic：存储过程的某些特征设定，介绍如下：

① COMMENT 'string：用于对存储过程的描述。其中：string 为描述内容；COMMI ENT 为关键字。这个描述信息可以用 SHOW CREATE PROCEDURE 语句来显示。

② LANGUAGE SQL：指明编写这个存储过程的语言为 SQL 语言。目前，MySQL 存储过程还不能用外部编程语言来编写，也就是说，这个选项可以不指定。今后，MySQL 将会对其扩展，最有可能第一个被支持的语言是 PHP。

③ DETERMINISTIC：如若设置为 DETERMINISTIC，表示存储过程对同样的输入参数产生相同的结果；若设置为 NOT DETERMINISTIC，则表示会产生不确定的结果。默认为 NOT DETERMINISTIC。

④ CONTAINS SQLINO SQLIREADS SQL DATAI MODIFIES SQL DATA:CONTAINS SQL 表示存储过程包含读数据的语句，但不包含写数据的语句；MODIFIES SQL DATA 表示存储过程包含写数据的语句。若没有明确给定，则默认为 CONTAINS SQL。

存储过程可以以定义者(DEFINER)的许可来执行，也可以使用调用者(INVOKER)的许可来执行。没有明确指定执行许可，则默认为 DEFINER。

(4) routine_body：存储过程的主体部分，也称为存储过程体，其包含了在过程调用的时候必须执行的 SQL 语句。这个部分是以关键字 BEGIN 开始，以关键字 END 结束。如若存储过程体中只有一条 SQL 语句时，可以省略 BEGIN-END 标志。另外，在存储过程体中，BEGIN-END 复合语句还可以嵌套使用。

在存储过程的创建中，经常会用到一个十分重要的 MySQL 命令，即 DELIMITER 命令。特别是对于通过命令行的方式来操作 MySQL 数据库的使用者，更是要学会使用该命令。

在 MySQL 中，服务器处理 SQL 语句默认是以分号作为语句结束标志。然而，在创建存储过程时，存储过程体中可能包含多条 SQL 语句，这些 SQL 语句如果仍以分号作为语句结束符，那么 MySQL 服务器在处理时会以遇到的第一条 SQL 语句结尾处的分号作为整个程序的结束符，而不再去处理存储过程体中后面的 SQL 语句，这样显然不行。为解决这个问题，通常可使用 DE.LIMITER 命令，将 MySQL 语句的结束标志临时修改为其他符号，从而使得 MySQL 服务器可以完整地处理存储过程体中所有的 SQL 语句。

下面是一个具体的案例，展示了如何创建一个用于插入学生信息的存储过程：

例 13.1 假设我们有一个名为 students 的学生信息表，包含 name(姓名)、age(年龄)和 gender(性别)三个字段。现在，我们需要创建一个存储过程 InsertStudent，用于向该表中插入新的学生记录。

```
mvsql> DELIMITER //
CREATE PROCEDURE InsertStudent(
    IN student_name VARCHAR(50),
    IN student_age INT,
    IN student_gender CHAR(1)
)
BEGIN
    INSERT INTO students (name, age, gender)
    VALUES (student_name, student_age, student_gender);
END //
-- 恢复 DELIMITER 为默认的分号
DELIMITER ;
```

在上述案例中，使用了 CREATE PROCEDURE 语句来创建名为 InsertStudent 的存储过程。该存储过程接受三个输入参数：student_name(学生姓名)、student_age(学生年龄)和 student_gender(学生性别)。在存储过程的主体中，我们使用 INSERT INTO 语句将传递进来的参数值插入 students 表的相应字段中。

通过执行上述创建存储过程的语句，我们就在数据库中定义了一个可重复使用的代码块，用于插入学生信息。以后，只需要调用这个存储过程，并传递相应的参数值，就可以完成学生信息的插入操作。

13.1.2 存储过程体

存储过程体是存储过程的核心部分，它包含了执行特定任务的一系列 SQL 语句。在存储过程体中，我们可以编写复杂的逻辑结构，如条件判断、循环控制、错误处理等，以满足各种业务需求。

在定义存储过程体时，我们通常使用 BEGIN 和 END 关键字来标记其开始和结束。在这两个关键字之间，我们按照特定的语法规则编写 SQL 语句，以实现所需的功能。存储过程体中的 SQL 语句可以是数据操作语句(如 SELECT、INSERT、UPDATE、DELETE 等)，也可以是流程控制语句(如 IF、CASE、WHILE 等)。

1. 局部变量

在存储过程体中可以声明局部变量，用来存储存储过程体中的临时结果。在 MySQL 5.5 版本中，可以使用 DECLARE 语句来声明局部变量，并且同时还可以对该局部变量赋予一个初始值，其语法格式如下：

```
DECLARE var_name[, …]type[DEFAULT value]
```

语法说明如下：

(1) var_name：用于指定局部变量的名称。

(2) type：用于声明局部变量的数据类型。

(3) DEFAULT 子句：用于为局部变量指定一个默认值。若没有指定，则默认为 NULL。

例 13.2 声明一个整型局部变量 sno。

在存储过程中可使用如下语句来实现：

```
mysql> DECLARE sno CHAR(10);
```

使用说明：

(1) 局部变量只能在存储过程体的 BEGIN…END 语句块中声明。

(2) 局部变量必须在存储过程体的开头处声明。

(3) 局部变量的作用范围仅限于声明它的 BEGIN…END 语句块，其他语句块中的语句不可以使用它。

(4) 局部变量不同于用户变量，两者的区别：局部变量声明时，在其前面没有使用“@”符号，并且它只能被声明它的 BEGIN…END 语句块中的语句所使用；而用户变量在声明时，会在其名称前面使用“@”符号，同时已声明的用户变量存在于整个会话之中。

2．SET 语句

在 MySQL 5.5 版本中，可以使用 SET 语句为局部变量赋值，其语法格式如下：

```
SET var_name=expr[,var_name=expr]…
```

例 13.3 为例 13.2 中声明的局部变量 sno 赋予一个字符串“2013110101”。

在存储过程中可使用如下语句来实现：

```
mysql> SET sno='2013110101';
```

3．SELECT…INTO 语句

在 MySQL 5.5 版本中，可以使用 SELECT…INTO 语句把选定列的值直接存储到局部变量中，其语法格式如下：

SELECT col_name[,…]INTO var_name[,…] table_expr

语法说明如下：

(1) col_name：用于指定列名。

(2) var_name：用于指定要赋值的变量名。

(3) table_expr：表示 SELECT 语句中的 FROM 子句及后面的语法部分。

注意：存储过程体中的 SELECT…INTO 语句返回的结果集只能有一行数据。

4．流程控制语句

在 MySQL 5.5 版本中，可以在存储过程体中使用以下两类用于控制语句流程的过程式 SQL 语句。

1) 条件判断语句

常用的条件判断语句有 IF-THEN-ELSE 语句和 CASE 语句。其中，IF-THEN-ELSE 语句可以根据不同的条件执行不同的操作，其语法格式如下：

```
IF search_condition THEN statement_list
[ELSEIF search_condition THEN statement_list
[ELSE statement_list]
END IF
```

语法及使用说明如下：

(1) search_condition：用于指定判断条件。

(2) statement_list：用于表示包含了一条或多条的 SQL 语句。

(3) 只有当判断条件 search_condition 为真时，才会执行相应的 SQL 语句。

(4) IF-THEN-ELSE 语句不同于系统内置函数 IF()。

CASE 语句在存储过程中的使用有两种语法格式，具体如下：

```
CASE case_value
WHEN when_value THEN statement_list
[WHEN when_value THEN statement_list]…
[ELSE statement_list]
END CASE
```

语法格式中的 case_value 用于指定要被判断的值或表达式的 WHEN-THEN 语句块。其中，每一个 WHEN-THEN 随后紧跟的是一个与 case_value 进行比较的值 when_value。倘若比较的结果为真，则执行对应的 THEN 子句中的 statement_list，即一系列 SQL 语句。若所有 WHEN-THEN 语句块中的 when_value 都无法与 case_value 匹配，则会执行 ELSE 子句中指定的语句。CASE 语句以关键字 END CASE 作为结束。

2) 循环语句

常用的循环语句有 WHILE 语句、REPEAT 语句和 LOOP 语句。其中，WHILE 语句的语法格式如下：

```
[begin_label:] WHILE search_condition DO
    Statement_list
END WHILE [end_label]
```

WHILE 语句的语法说明如下：

(1) WHILE 语句首先判断条件 search_condition 是否为真，若为真，则执行 statement_list 中的语句，然后再次进行判断，若仍然为真则继续循环，直至条件判断为假时结束循环。

(2) begin_label 和 end_label 是 WHILE 语句的标注，且必须使用相同的名字，并成对出现。

REPEAT 语句的语法格式如下：

```
[begin_label:] REPEAT
    Statement_list
UNTIL search_condition
END REPEAT [end_label]
```

REPEAT 语句的语法说明如下：

REPEAT 语句首先执行 statement_list 中的语句，然后判断条件 search_condition 是否为真，若为真则结束循环，若为假则继续循环。

REPEAT 也可以使用 begin_label 和 end_label 进行标注。REPEAT 与 WHIIE 语句的区别在于：REPEAT 语句先执行语句，后进行判断；而 WHILE 语句是先判断，若条件为真时才执行语句。

LOOP 语句的语法格式如下：

```
[begin_label:] LOOP
    statement_list
```

```
END LOOP [end_label]
```

LOOP 语句的语法说明如下：

(1) LOOP 语句允许重复执行某个特定语句或语句块，实现一个简单的循环构造，其中 statement_list 用于指定需要重复执行的语句。

(2) begin_label 和 end_label 是 LOOP 语句的标注，且必须使用相同的名字，并成对出现。

(3) 在循环体 statement_list 中的语句会一直重复执行，直至循环使用 LEAVE 语句退出。其中，LEAVE 语句的语法格式为 LEAVE label，这里的 label 是 LOOP 语句中所标注的自定义名字。

另外，循环语句中还可以使用 ITERATE 语句，但它只能出现在循环语句的 LOOP、REPEAT 和 WHILE 子句中，用于表示退出当前循环，且重新开始一个循环。其语法格式是 ITERATE label，这里的 label 同样是循环语句中自定义的标注名字。ITERATE 语句与 LEAVE 语句的区别在于：LEAVE 语句是结束整个循环，而 ITERATE 语句只是退出当前循环，然后开始一个新的循环。

5．游标

在 MySQL 中，一条 SELECT…INTO 语句成功执行后，会返回带有值的一行数据，这行数据可以被读取到存储过程中进行处理。然而，在使用 SELECT 语句进行数据检索时，若该语句被成功执行，则会返回一组称为结果集的数据行，该结果集中可能拥有多行数据，这些数据无法直接被一行一行地处理，此时就需要使用游标。游标是一个被 SELECT 语句检索出来的结果集。在存储了游标后，应用程序或用户就可以根据需要滚动或浏览其中的数据。

在目前版本的 MySQL 中，若要使用游标，需要注意以下几点：

(1) MySQL 对游标的支持是从 MySQL 5.0 版本开始的，之前的 MySQL 版本无法使用游标。

(2) 游标只能用于存储过程或存储函数中，不能单独在查询操作中使用。

(3) 在存储过程或存储函数中可以定义多个游标，但是在一个 BEGIN…END 语句块中每一个游标的名字必须是唯一的。

(4) 游标不是一条 SELECT 语句，是被 SELECT 语句检索出来的结果集。

例 13.4 存储过程体的示例，该存储过程根据传入的学生年龄判断其是否成年，并将结果插入相应的结果表中。

```
CREATE PROCEDURE JudgeStudentAge(
IN student_name VARCHAR(50),
IN student_age INT
)
BEGIN
DECLARE is_adult BOOLEAN;
SET is_adult = (student_age >= 18);
IF is_adult THEN
INSERT INTO adult_students (name， age) VALUES (student_name， student_age);
ELSE
```

```
INSERT INTO minor_students (name， age) VALUES (student_name， student_age);
END IF
END;
```

13.1.3 调用存储过程

创建好存储过程后，可以使用 CALL 语句在程序、触发器或者其他存储过程中调用它，其语法格式如下：

```
CALL sp_name([parameter[,…]])
CALL sp_name()
```

语法说明如下：

(1) sp_name：指定被调用的存储过程的名称。如果要调用某个特定数据库的存储过程，则需要在前面加上该数据库的名称，并使用“·”作为分隔符，即“数据库名·存储过程名”。这样做可以确保即使存在多个数据库中名称相同的存储过程，也能准确地调用到指定数据库的存储过程。

(2) parameter：指定调用存储过程所要使用的参数。调用语句中参数的个数必须等于存储过程的参数个数。

(3) 当调用没有参数的存储过程时，使用 CALL sp_name()语句与使用 CALL sp_ name 语句是相同的。

例 13.5 调用创建的 InsertStudent 存储过程，插入一条学生记录。

```
CALL InsertStudent('张三'，20，'M');
```

13.1.4 删除存储过程

存储过程在被创建后，会被保存在服务器上以供使用，直至被删除。在 MySQL 5.5 版本中，可以使用 DROP PROCEDURE 语句删除数据库中已创建的存储过程，其语法格式如下：

```
DROP PROCEDURE FUNCTION[IF EXISTS] sp_name
```

语法说明如下：

(1) sp_name：指定要删除的存储过程的名称。注意，它后面没有参数列表，也没有括号。在删除之前，必须确认该存储过程没有任何依赖关系，否则会导致其他与之关联的存储过程无法运行。

(2) IF EXISTS：指定这个关键字，用于防止因删除不存在的存储过程而引发的错误。

例 13.6 删除数据库 db_school 中的存储过程 sp_update_sex。

在 MySQL 命令行客户端输入 SQL 语句如下：

```
DROP PROCEDURE sp_update_sex;
```

即可实现删除操作。

13.2 存储函数

在 MySQL 中，存在一种与存储过程十分相似的过程式数据库对象——存储函数。它与存储过程一样，都是由 SQL 语句和过程式语句组成的代码片段，并且可以被应用程序和其他 SQL 语句调用。但是，存储函数与存储过程之间的区别如下：

(1) 存储函数不能拥有输出参数。这是因为存储函数自身就是输出参数，而存储过程可以拥有输出参数。

(2) 可以直接对存储函数进行调用，且不需要使用 CALL 语句；而对存储过程的调用，需要使用 CALL 语句。

(3) 存储函数中必须包含一条 RETURN 语句，而这条特殊的 SQL 语句不允许包含于存储过程中。

13.2.1 创建存储函数

在 MySQL 5.5 版本中，可以使用 CREATE FUNCTION 语句创建存储函数，其语法格式如下：

```
CREATE
FUNCTION sp_name([func_parameter[,…]])
RETURNS type
routine_body
```

其中：func_parameter 的格式为 Parame_name_type；type 的格式为 Any valid MySQL data type；routine_body 的格式为 Valid SQL routine statement。

由于 CREATE FUNCTION 语句与前面 CREATE PROCEDURE 语句的语法大致相同，因此这里仅对两者有区别的语法说明如下：

(1) sp_name：用于指定存储函数的名称。注意，存储函数不能与存储过程具有相同的名称。

(2) func_parameter：用于指定存储函数的参数。这里的参数只有名称和类型，不能指定关键字 IN、OUT 和 INOUT。

(3) RETURNS 子句：用于声明存储函数返回值的数据类型。其中，type 用于指定返回值的数据类型。

(4) routine_body：存储函数的主体部分，也称存储函数体。所有在存储过程中使用的 SQL 语句，存储函数体中还必须包含一个 RETURN value 语句，其中 value 用于指定存储函数的返回值。

例 13.7 创建一个存储函数 CalculateTotalScore，用于计算学生的总分。

```
CREATE FUNCTION CalculateTotalScore(
student_id INT
) RETURNS INT
BEGIN
DECLARE total_score INT;
SELECT SUM(score) INTO total_score FROM scores WHERE student_id = student_id;
RETURN total_score;
END;
```

注意：在实际应用中，应确保参数名和表字段名不冲突，或者使用别名来区分。

13.2.2　调用存储函数

成功创建存储函数后，就可以如同调用系统内置函数一样，使用关键字 SELECT 对其进行调用。

例 13.8　调用 CalculateTotalScore 存储函数，计算指定学生的总分。

```
SELECT CalculateTotalScore(1) AS total_score;
```

13.2.3　删除存储函数

当存储函数不再被需要时，我们可以使用 DROP FUNCTION 语句删除它。删除存储函数的语法与删除存储过程的语法类似，需要指定要删除的存储函数的名称。

例 13.9　删除 CalculateTotalScore 存储函数。

```
DROP FUNCTION CalculateTotalScore;
```

小　　结

本章介绍了存储过程和存储函数的概念、创建方法、调用方式以及删除操作。通过创建存储过程和存储函数，我们可以将复杂的业务逻辑地封装起来，这样可以提高代码的可读性和可维护性，并减少网络传输的数据量。同时，存储过程和存储函数也可以提高数据库的执行效率，因为它们是预编译的，可以在需要时重复调用，而不需要每次都重新解析和执行 SQL 语句。

习　　题

一、编程题

1. 创建一个存储过程，该存储过程接收一个整数参数，并输出从 1 到这个整数的所有数字的和。

2. 编写一个存储函数，该函数接收一个字符串参数，并返回该字符串的长度。

3. 创建一个存储函数，该函数根据传入的员工 ID，返回该员工的姓名和职位(假设数据存储在 employees 表中)。

二、简答题

1. 请解释什么是存储过程。
2. 请列举使用存储过程的益处。
3. 请简述游标在存储过程中的作用。
4. 请简述存储过程与存储函数的区别。

第 14 章　访问控制与安全管理

数据库服务器通常包含有关键的数据，这些数据的安全性和完整性可通过访问控制来维护，用户对他们的数据有适当的访问权，既不能多也不能少。因此，MySQL 的访问控制实际上就是为用户提供且仅供他们所需的访问权。本章主要介绍支持 MySQL 访问控制的用户账号与权限管理。

14.1　用 户 管 理

用户管理

MySQL 的用户账号及其相关的信息都存储在一个名为 mysql 的 MySQL 数据库中，这个数据库里有一个名为 user 的数据表，它包含了所有的用户账号，并且它用一个名为 user 的列存储用户的登录名。这里，可以使用 SQL 语句查看 MySQL 数据库的使用者账号。SQL 语句如下：

```
Select user from mysql.user;
```

一个新安装的系统只有一个名为 root 的用户。这个用户是在成功安装 MySQL 服务器后由系统创建的，并且被赋予了操作和管理 MySQL 的所有权限。因此，root 用户拥有对整个 MySQL 服务器完全控制的权限。

在对 MySQL 的日常管理和实际操作中，为了避免其他用户冒名使用 root 账号操控数据库，通常需要创建一系列具备适当权限的账号，而尽可能地不用或少用 root 账号登录系统，以此保护数据的安全访问。

14.1.1　创建与删除用户

在数据库管理系统中，用户管理是一项关键任务，它涉及用户的创建、删除，以及相关信息的管理。创建新用户时，通常需要指定用户名、密码，以及其他可能的用户属性，如默认角色、所属组等。删除用户时，需要确保相关数据的完整性和安全性，通常需要删除用户所拥有的所有对象和权限。

可以使用 CREATE USER 语句来创建一个或多个 MySQL 账户，并设置相应的口令，其语法如下：

```
CREATE USER user_specification
[,user_specification]…
```

其中，user_specification 的格式如下：

```
user
[IDENTIFIED BY[PASSWORD]'password'IDENTIFIED WITH auth_plugin[AS 'auth_string']
```

语法说明如下：

(1) user：指定创建的用户账号，其格式为 user name@host_name。其中，user_name 是用户名；host_name 为主机名，即用户连接 MySQL 时所在主机的名字。如果在创建的过程中，只给出了账户中的用户名，而没指定主机名，则主机名会被默认为是“%”，表示一组主机。

(2) IDENTIFIED BY 子句：用于指定用户账号对应的口令，若该用户账号无口令，则可省略此句。

(3) 可选项 PASSWORD：用于指定散列口令，即若使用明文设置口令，则需忽略 PASSWORD 关键字；如果不想以明文设置口令，且知道 PASSWORD( )函数返回给密码的散列值，则可以在此口令设置语句中指定此散列值，但需要加上关键字 PASSWORD。

(4) password：指定用户账号的口令，在 IDENTIFIED BY 关键字或 PASSWORD 关键字之后。给定的口令值可以是只由字母和数字组成的明文，也可以是通过 PASSWORD( ) 函数得到的散列值。

(5) IDENTIFIED WITH 子句：用于指定验证用户账号的认证插件。

例 14.1　在 MySQL 数据库中，可以使用 CREATE USER 语句来创建新用户，并使用 DROP USER 语句来删除用户。CREATE USER 语句如下：

```
mysql> CREATE USER 'newuser'@'localhost' IDENTIFIED BY 'password';
```

为了删除一个或多个用户账号以及相关的权限，可以使用 DROP USER 语句，其语法格式为

```
DROP USER user[,user]…
```

使用说明如下：

(1) DROP USER 语句可用于删除一个或多个 MySQL 账户，并消除其权限。

(2) 要使用 DROP USER 语句，必须拥有 MySQL 中 mysql 数据库的 DELETE 权限或全局 CREATE USER 权限。

(3) 在 DROP USER 语句的使用中，如果没有明确地给出账户的主机名，则该主机名会被默认为是%。

(4) 用户的删除不会影响到他们之前所创建的表、索引或其他数据库对象，这是因为 MySQL 并没有记录是谁创建了这些对象。

例 14.2　删除用户名为 lisi 的用户。

在 MySQL 的命令行客户端输入 SQL 语句如下：

```
mysql> DROP USER lisi;
```

执行结果如下：

```
ERROR 1396(HY000):Operation DROP USER failed for 'lisi'@%
```

可以看到，该语句不能成功执行，并给出了一个错误提示。原因是在 DROP USER 语句中只给出了用户名 lisi，没有明确给出该账号的主机名，系统则默认这个用户账号是 lisi@%，而该账户不存在，所以语句执行出错。只需在 MySQL 的命令行客户端重新输入下面 SQL 语句即可成功执行，SQL 语句如下：

```
DROP USER lisi@localhost;
```

14.1.2 修改用户账号

修改用户账号通常包括更改用户的名称、所属组、默认角色等属性。这些修改可能影响到用户的权限和访问控制，因此在进行修改时需要谨慎操作，并确保修改后的账号设置不会破坏数据库的安全性和完整性。

其语法格式如下：

```
RENAME USER old_user TO new_user[,old_user TO new_user]…
```

语法说明如下：

(1) old_user：系统中已经存在的 MySQL 用户账号。

(2) new_user：新的 MySQL 用户账号。

14.1.3 修改用户口令

定期修改用户口令是维护数据库安全的重要措施之一。通过修改口令，可以减小账户被盗用或滥用的风险。在修改口令时，应确保新口令的复杂性和保密性，避免使用容易被猜测或破解的口令。

可以使用 SET PASSWORD 语句修改一个用户的登录口令，其语法格式如下：

```
SET PASSWORD[FOR user]=
{
PASSWORD('new_password') l'encrypted password'
}
```

语法说明如下：

(1) FOR 子句：指定欲修改口令的用户。该子句为可选项。

(2) PASSWORD('new_password')：表示使用函数 PASSWORD() 设置新口令 new_password，即新口令必须传递到函数 PASSWORD( )中进行加密。

(3) encrypted password：表示已被函数 PASSWORD( )加密的口令值。

例 14.3 将前面例子中用户 wangwu 的口令修改成明文“hello”对应的散列值。

首先，在 MySQL 的命令行客户端输入下面的 SQL 语句，得到“hello”所对应的 PASSWORD( )函数返回的散列值。

```
mysql> SELECT PASSWORD('hello');
PASSWORD ('hello')
I*6B4F89A54E2D27ECD7E8DA05B4AB8FD9D1D8B119:
```

接着，使用 SET PASSWORD 语句修改用户 wangwu 的口令为“hello”对应的散列值：

```
mysql>SET PASSWORD FOR 'wangwu'@'localhost'
=* 6B4F89A54E2D27ECD7E8DA05B4AB8FD9D1D8B119;
```

SET PASSWORD 语句的使用说明如下：

(1) 在 SET PASSWORD 语句中，若不加上 FOR 子句，则表示修改当前用户的口令；若加上 FOR 子句，则表示修改账户为 user 的用户口令，其中 user 的格式必须是'user_name'@'host_name'的格式，否则语句执行会出现错误。

(2) 在 SET PASSWORD 语句中，只能使用选项 PASSWORD(new_password')和 encrypted password 中的一项，且必须使用其中的某一项。

14.2 账户权限管理

权限表

成功创建用户账号后，需要为该用户分配适当的访问权限。新创建的用户账号没有访问句就可以查看前面新创建用户 zhangsan 的如下授权表：

```
SHOW GRANTS FOR 'zhangsan'@'localhost';
Grants for zhangsan@localhost
I GRANT USAGE ON *.* TO'zhangsan'@'localhost'
```

根据语句执行后的输出结果，可以看到用户 zhangsan 仅有一个权限 USAGE ON *.*，这表示该用户对任何数据库和任何表都没有权限。

14.2.1 权限的授予

权限管理

在数据库管理系统中，权限的授予是控制用户对数据库对象(如表、视图、存储过程等)的访问和操作的重要手段。通过授予权限，可以确保用户只能访问其被授权的资源，并执行其被授权的操作。

新建的 MySQL 用户必须被授权，可以使用 GRANT 语句来实现，其常用的语法格式如下：

```
GRANT
priv_type[(column_list)][,priv_type[columnist]]]…
ON[object_type]priv_level
TO user_specification[,user_specification]…
[REQUIRE|NONE| ssl_option[[AND]ssl_option]…}]
[WITH with_option…]
```

其中，object_type 的格式如下：

```
TABLE |FUNCTION|PROCEDUCE
```

语法说明如下：

(1) priv_type：用于指定权限的名称，如 SELECT、UPDATE、DELETE 等数据库操作。

(2) 可选项 column_list：用于指定权限要授予给表中哪些具体的列。

(3) ON 子句：用于指定权限授予的对象和级别，如可在 ON 关键字后面给出要授予权限的数据库名或表名等。

(4) 可选项 object_type：用于指定权限授予的对象类型，包括表、函数和存储过程，分别用关键字 TABLE、FUNCTION 和 PROCEDURE 标识。

(5) priv_level：用于指定权限的级别。可以授予的权限有如下几组：

① 列权限，其与表中的一个具体列相关。例如，可以使用 UPDATE 语句更新表 tb_student 中 studentName 列的值的权限。

② 表权限，其与一个具体表中的所有数据相关。例如，可以使用 SELECT 语句查询

表 tb_student 的所有数据的权限。

③ 数据库权限，其与一个具体的数据库中的所有表相关。例如，可以在已有的数据库 db_school 中创建新表的权限。

④ 用户权限，其与 MySQL 中所有的数据库相关。例如，可以删除已有的数据库或者创建一个新的数据库的权限。

对应地，在 GRANT 语句中可用于指定权限级别的值有如下几类格式：

① *：表示当前数据库中的所有表。

② *.*：表示所有数据库中的所有表。

③ db_name.*：表示某个数据库中的所有表，db_name 指定数据库名。

④ db_name.tbl_name：表示某个数据库中的某个表或视图，db_name 指定数据库名，tbl_name 指定表名或视图名。

⑤ tb_name：表示某个表或视图，tb_name 指定表名或视图名。

⑥ db_name.routine_name：表示某个数据库中的某个存储过程或函数，routine_name 指定存储过程名或函数名。

(6) TO 子句：用来设定用户的口令，以及指定被授予权限的用户 user。若在 TO 子句中给系统中存在的用户指定口令，则新密码会将原密码覆盖；如果权限被授予给一个不存在的用户，MySQL 就会自动执行一条 CREATE USER 语句来创建这个用户，但同时必须为该用户指定口令。由此可见，GRANT 语句亦可以用于创建用户账号。

user_specification：TO 子句中的具体描述部分，其与 CREATE USER 语句中的 user_specifi-cation 部分一样。

• WITH 子句：GRANT 语句的最后可以使用 WITH 子句，其为可选项，用于实现权限的转移或限制。

例 14.4 授予用户 zhangsan 在数据库 db_s school 的表 tb_student 上拥有对列 studentNo 和列 studentName 的 SELECT 权限。

使用 root 登录 MySQL 服务器，并在 MySQL 的命令行客户端输入 SQL 语句如下：

```
mysql> GRANT SELECT(studentNo,studentName) ON db_school.tb_student
TO 'zhangsan'@'localhost';
```

这条权限授予语句成功执行后，使用用户 zhangsan 的账户登录 SQL 服务器，可以使用 SE.LECT 语句来查看表 customers 中列 cust_id 和列 cust_name 的数据，而且目前仅能执行这项操作，如果执行其他的数据库操作，则会出现错误，例如：

```
mysql>select *from db_school.tb_student;
ERROR 1142(42000):SELECT command denied to user 'zhangsan'@'localhost' for table 'tb
```

例 14.5 当前系统中不存在用户 liming 和用户 huang，要求创建这两个用户，并设置对应的系统登录口令，同时授予他们在数据库 db_school 的表 tb_student 上拥有 SELECT 和 UPDATE 的权限。

使用 root 登录 MySQL 服务器，并在 MySQL 的命令行客户端输入 SQL 语句如下：

```
mysql>GRANT SELECT,UPDATE
ON db_school.tb_student
TO 'liming'@'localhost' IDENTIFIED BY '123',
```

```
'huang'@'localhost'IDENTIFIED BY '789';
```

语句成功执行后，即可分别使用 liming 和 huang 的账户登录 MySQL 服务器，验证这两个用户是否具有了对表 tb_student 可以执行 SELECT 和 UPDATE 操作的权限。

例 14.6 授予系统中已存在用户 wangwu 可以在数据库 db_school 中执行所有数据库操作的权限。

使用 root 登录 MySQL 服务器，并在 MySQL 的命令行客户端输入如下 SQL 语句即可：

```
mysql>GRANT ALL
ON db_school.*
TO 'wangwu'@'localhost';
```

例 14.7 授予系统中已存在用户 wangwu 拥有创建用户的权限。

使用 root 登录 MySQL 服务器，并在 MySQL 的命令行客户端输入如下 SQL 语句即可：

```
mysql>GRANT CREATE USER
ON*.*
TO 'wangwu'@'localhost';
```

GRANT 语句中 priv_type 的使用说明如下：

(1) 授予表权限时，priv_type 可以指定的值如下：

① SELECT：授予用户可以使用 SELECT 语句访问特定表的权限。

② INSERT：授予用户可以使用 INSERT 语句向一个特定表中添加数据行的权限。

③ DELETE：授予用户可以使用 DELETE 语句从一个特定表中删除数据行的权限。

④ UPDATE：授予用户可以使用 UPDATE 语句修改特定数据表中值的权限。

⑤ REFERENCES：授予用户可以创建一个外键来参照特定数据表的权限。

⑥ CREATE：授予用户可以使用特定的名字创建一个数据表的权限。

⑦ ALTER：授予用户可以使用 ALTER TABLE 语句修改数据表的权限。

⑧ INDEX：授予用户可以在表上定义索引的权限。

⑨ DROP：授予用户可以删除数据表的权限。

⑩ ALL 或 ALL PRIVILEGES：表示所有的权限名。

(2) 授予列权限时，priv_type 的值只能指定为 SELECT、INSERT 和 UPDATE，同时权限的后面需要加上列名列表 column_list。

(3) 授予数据库权限时，priv_type 可以指定的值如下：

① SELECT：授予用户可以使用 SELECT 语句访问特定数据库中所有表和视图的权限。

② INSERT：授予用户可以使用 INSERT 语句向特定数据库中所有表添加数据行的权限。

③ DELETE：授予用户可以使用 DELETE 语句删除特定数据库中所有表的数据行的权限。

④ UPDATE：授予用户可以使用 UPDATE 语句更新特定数据库中所有数据表的值的权限。

⑤ REFERENCES：授予用户可以创建指向特定的数据库中的表外键的权限。

⑥ CREATE：授予用户可以使用 CREATE TABLE 语句在特定数据库中创建新表的权限。

⑦ ALTER：授予用户可以使用 ALTER TABLE 语句修改特定数据库中所有数据表的

权限。

⑧ INDEX：授予用户可以在特定数据库中的所有数据表上定义和删除索引的权限。

⑨ DROP：授予用户可以删除特定数据库中所有表和视图的权限。

⑩ CREATE TEMPORARY TABLES：授予用户可以在特定数据库中创建临时表的权限。

⑪ CREATE VIEW：授予用户可以在特定数据库中创建新的视图的权限。

⑫ SHOW VIEW：授予用户可以查看特定数据库中已有视图的视图定义的权限。

⑬ CREATE ROUTINE：授予用户可以为特定的数据库创建存储过程和存储函数等权限。

⑭ ALTER ROUTINE：授予用户可以更新和删除数据库中已有的存储过程和存储函数等权限。

⑮ EXECUTE ROUTINE：授予用户可以调用特定数据库的存储过程和存储函数的权限。

⑯ LOCK TABLES：授予用户可以锁定特定数据库的已有数据表的权限。

⑰ ALL 或 ALL PRIVILEGES：表示以上所有的权限。

(4) 最有效率的权限是用户权限。授予用户权限时，priv_type 除了可以指定为授予数据库权限时的所有值之外，还可以是下面这些值：

① CREATE USER：授予用户可以创建和删除新用户的权限。

② SHOW DATABASES：授予用户可以使用 SHOW DATABASES 语句查看所有已有的数据库的定义的权限。

14.2.2 权限的转移与限制

权限的转移通常发生在用户之间需要共享或委托权限的情况下。通过权限转移，一个用户可以将自己的部分或全部权限转移给另一个用户。而权限的限制则是对已授予的权限进行进一步的约束和细化，以确保用户只能在规定的范围内行使权限。

注意：不是所有的数据库系统都直接支持权限的转移功能，这可能需要通过角色或其他机制来实现。

权限的转移与限制可以通过在 GRANT 语句中使用 WITH 子句来实现。

1. 转移权限

如果将 WITH 子句指定为 WITH GRANT OPTION，则表示 TO 子句中所指定的所有用户都具有把自己所拥有的权限授予其他用户的权利，而无论那些其他用户是否拥有该权限。

例 14.8 授予当前系统中一个不存在的用户 zhou 在数据库 db_school 的表 tb_student 上拥有 SELECT 和 UPDATE 的权限，并允许其可以将自身的这个权限授予其他用户。

首先，使用 root 登录 MySQL 服务器，并在 MySQL 的命令行客户端输入 SQL 语句如下：

```
mysql> GRANT SELECT,UPDATE
ON db_school.tb_student
TO 'zhou'@'localhost' IDENTIFIED BY '123'
WITH GRANT OPTION;
```

这条语句成功执行之后，会在系统中创建一个新的用户账号 zhou，其口令为“123”。以该账户登录 MySQL 服务器即可根据需要将其自身的权限授予其他指定的用户。

2. 限制权限

如果 WITH 子句中 WITH 关键字后面紧跟的是 MAX_QUERIES_PER_HOUR count、MAX UPDATES_PER_HOUR count、MAX_CONNECTIONS_PER_HOUR count 或 MAX_USER_CONNECTIONS count 中的某一项，则该 GRANT 语句可用于限制权限。其中，MAX_QUERIES_PER HOUR count 表示限制每小时可以查询数据库的次数；MAX_UPDATES_PER_HOUR count 表示限制每小时可以修改数据库的次数；MAX_CONNECTIONS_PER_HOUR count 表示限制每小时可以连接数据库的次数；MAX_USER_CONNECTIONS count 表示限制同时连接 MySQL 的最大用户数。此处，count 用于设置一个数值，对于前三个指定，count 如果为 0 则表示不起限制作用。

例 14.9　授予系统中的用户 huang 在数据库 db_school 的表 tb_student 每小时只能处理一条 DELETE 语句的权限。

使用 root 登录 MySQL 服务器，并在 MySQL 的命令行客户端输入如下 SQL 语句即可：

```
mysql>GRANT DELETE
        ON db_school.tb_student
        TO 'huang'@'localhost'
        WITH MAX_QUERIES_PER_HOUR 1;
```

14.2.3　权限的撤销

当用户不再需要某些权限时，或者出于安全考虑需要收回已授予的权限时，就需要进行权限的撤销操作。权限的撤销应谨慎进行，以确保不会意外地中断用户的正常操作或破坏数据的完整性。

当要撤销一个用户的权限，而又不希望将该用户从系统中删除时，可以使用 REVOKE 语句来实现，其常用的语法格式如下：

```
REVOKE priv_type[(column_list)][,priv_type[(column_list)]]…
ON[object_type]priv_level
FROM user[,user]…
```

使用说明如下：

(1) REVOKE 语句和 GRANT 语句的语法格式相似，但具有相反的效果。

(2) 第一种语法格式用于回收某些特定的权限。

(3) 第二种语法格式用于回收特定用户的所有权限。

(4) 要使用 REVOKE 语句，必须拥有 mysql 数据库的全局 CREATE USER 权限或 UPDATE 权限。

小　　结

本章介绍了数据库访问控制与安全管理中的用户管理和账户权限管理两个重要方面。

通过创建、删除、修改用户和授予、转移、限制、撤销权限等操作，可以有效地控制用户对数据库的访问和操作行为，从而确保数据库的安全性和完整性。在实际应用中，应根据具体的业务需求和安全策略来制定合理的用户管理和权限管理方案。

习 题

一、选择题

1. 在数据库安全管理中，以下哪项不是实现数据库安全性的主要技术和方法？

A. 存取控制技术　　B. 视图技术

C. 出入机房登记和加锁　　D. 审计技术

2. SQL 中的视图主要提高了数据库系统的什么属性？

A. 完整性　　B. 并发控制　　C. 安全性　　D. 隔离性

二、填空题

1. 在数据库安全性控制中，常用的方法包括用户标识和鉴别、__________、视图机制、__________等。

2. 授权的数据对象的__________，授权子系统就越灵活。

三、编程题

1. 编写一个 SQL 语句，为特定用户(如'Alice')授予对某个数据库表(如 'Employees')的查询权限。

2. 编写 SQL 语句，撤销上述用户('Alice')对 'Employees' 表的查询权限。

3. 创建一个视图，使得某个用户组(如 'Managers')只能看到 'Employees' 表中薪资高于 50000 的员工信息。

4. 假设有一个敏感信息表 'SensitiveData'，请编写 SQL 语句确保只有特定用户(如 'Admin')有对此表的全部权限，其他用户无任何权限。

四、简答题

1. 简述数据库安全性的基本含义。

2. 什么是访问控制？它在数据库安全管理中起什么作用？

3. 简述实现数据库安全性控制的常用方法和技术。

第 15 章　数据备份与恢复

数据库作为存储数据资源的容器，它的安全性与完整性是用户最为关注的。为了防止意外事件造成原数据的丢失，将因故障事件造成的风险降到最低，需要制度化地定期对数据库进行备份，这样当意外与故障发生时，可以利用备份资源快速地找回历史数据，避免更大的损失。MySQL 数据库管理系统提供了完备的数据备份与恢复的方法，本章就数据安全问题产生的类别、数据备份方法与数据恢复的方法分别予以介绍。

15.1　数据备份

数据备份

所谓备份，就是将数据库中的数据导出生成副本，包括日志及配置文件等数据，在需要的时候，使数据库能够快速地恢复到最近时间点的数据状态，确保数据的完整性和可恢复性。

根据是否能够继续提供服务，备份类型可分为热备份(在线备份)、温备份和冷备份(离线备份)。热备份在数据库运行的过程中进行，在不影响数据库操作的情况下获取数据库信息；温备份也在数据运行的过程中进行，但可能对数据有影响，如需要加全局锁保证数据的一致性；冷备份则需要停止数据库服务，从而复制备份数据库的物理文件。

按照备份后文件的内容，备份可分为逻辑备份和物理备份。逻辑备份的是可读的文本文件，如 SQL 脚本，这种方式适合数据库的迁移、升级，以及少量数据的备份，因为涉及了文件的转换，所以恢复时间可能较长；物理备份则是复制数据库的目录，它比逻辑备份方法更快，输出也更加紧凑。

按照备份数据库的内容，备份可分为完全备份、增量备份和差异备份。完全备份是在给定时间点上对数据库的所有数据进行完整的备份，增量备份只备份自上次完全备份或增量备份以来更改的数据，差异备份只备份上一次完全备份后的更新数据。

常用的备份工具有 mysqldump、mysqlhotcopy，以及第三方工具如 Percona XtraBackup 等。mysqldump 是逻辑备份工具，备份速度较慢，适用于小型数据库；mysqlhotcopy 仅适用于备份 MyISAM 和 ARCHIVE 表；Percona XtraBackup 是免费的 MySQL 热备份软件，提供快速的备份和恢复功能。

15.1.1　mysqldump

Mysqldump 是 MySQL 提供的一个非常有用的逻辑备份工具，它位于...\mysql\bin 路径下，通过 mysqldump 命令，可以将数据库备份成一个文本文件，该文件中包含了多个 CREATE 和 INSERT 语句，这些语句可用于重新创建表和插入数据，它支持备份整个数据库或数据库中的特定表，支持温备份、完全备份和部分备份，对于 InnoDB 引擎支持热备份，还可以选择性地备份数据或只备份结构。mysqldump 备份通常用于数据量较小的情况，如数据库记录数为千条记录。它的基本语法如下：

```
mysqldump [选项] [数据库名] [表名] > 导出文件.sql
```

这个命令可以备份一张或多张表，可以备份一个或多个完整的数据库，还可以备份整个 MysQL 服务器。常用的选项如下：

(1) -u 用户名, --user=用户名：连接 MySQL 服务器的用户名。

(2) -p, --password[=密码]：连接 MySQL 服务器的密码。如果使用 -p 后面不跟密码，程序就会提示输入密码。

(3) -h 主机名, --host=主机名：MySQL 服务器的主机名或 IP 地址，默认是 localhost。

(4) -P 端口, --port=端口：MySQL 服务器的端口号，默认是 3306。

(5) --databases 数据库 1 数据库 2…：可以同时备份多个数据库。

(6) --all-databases：备份所有数据库。

(7) --tables 表 1 表 2…：备份指定数据库中的特定表。

(8) --single-transaction：对于支持事务的存储引擎(如 InnoDB)，在开始导出前启动一个新的事务，这样可以确保导出数据的一致性，而无须锁定所有表。

(9) --lock-all-tables：在开始导出前锁定所有表，适合 MyISAM 这样的非事务性存储引擎，以确保数据的一致性，但会阻塞其他写操作。

(10) --result-file=文件名 或者直接使用 > 重定向：指定备份文件的名称和路径。

(11) --skip-add-drop-table：在导出的 SQL 脚本中不包含 DROP TABLE 语句。

(12) --no-create-info：只导出数据，不导出表结构。

(13) --opt：这是一个组合选项，包含了几个优化导出操作的选项，如启用快速添加索引、禁用存储过程和触发器的导出等，默认情况下启用。

(14) --dump-slave[=N]：用于复制环境，当 N=1 时，将主服务器的 binlog 位置和文件名追加到导出数据的文件中，当 N=2 时，则在 CHANGE MASTER 前加上注释。

注意：使用 mysqldump 命令应在 MySQL 数据库之外，而不是登录之后。如以下的几个实例，均是在 cmd 命令窗内的 MySQL 的 bin 路径下(如已经设置了环境变量则可以直接在 cmd 命令窗口下使用 mysqldump 命令)。

例 15.1 备份数据库 mybatis 中的一个表 student 到 D:\dataBackup\backup1 目录下,文件名为 student.sql。

执行命令如下：

```
mysqldump -u root -p mybatis student > d:\dataBackup\backup1\student.sql
```

执行效果如图 15-1 所示。

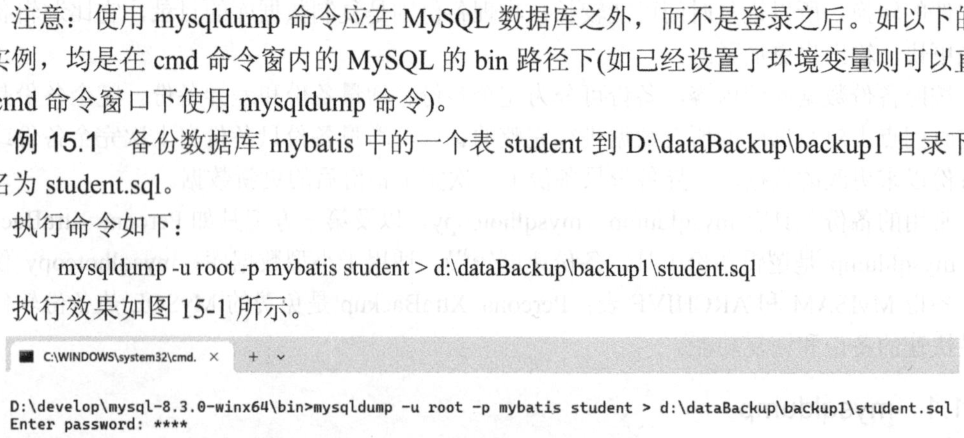
C:\WINDOWS\system32\cmd.
D:\develop\mysql-8.3.0-winx64\bin>mysqldump -u root -p mybatis student > d:\dataBackup\backup1\student.sql
Enter password: ****

图 15-1 mysqldump 备份一张表

执行完命令后，在相应的目录下会有一个名为 student.sql 的脚本文件，如图 15-2 所示。文件中含有创建表 student 及插入全部数据的 SQL 语句。

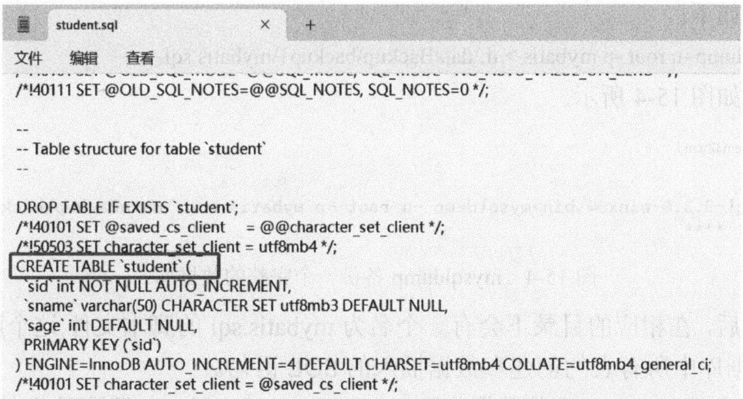

```
student.sql
文件  编辑  查看
/*!40111 SET @OLD_SQL_NOTES=@@SQL_NOTES, SQL_NOTES=0 */;

--
-- Table structure for table `student`
--

DROP TABLE IF EXISTS `student`;
/*!40101 SET @saved_cs_client     = @@character_set_client */;
/*!50503 SET character_set_client = utf8mb4 */;
CREATE TABLE `student` (
  `sid` int NOT NULL AUTO_INCREMENT,
  `sname` varchar(50) CHARACTER SET utf8mb3 DEFAULT NULL,
  `sage` int DEFAULT NULL,
  PRIMARY KEY (`sid`)
) ENGINE=InnoDB AUTO_INCREMENT=4 DEFAULT CHARSET=utf8mb4 COLLATE=utf8mb4_general_ci;
/*!40101 SET character_set_client = @saved_cs_client */;
```

图 15-2　mysqldump 备份一张表后的文件

例 15.2　备份 mybatis 中的 student 表与 user 表到 D:\dataBackup\backup1 目录下，文件名为 stuAndUser.sql。

执行命令如下：

```
mysqldump -u root -p mybatis student user > d:\dataBackup\backup1\stuAndUser.sql
```

执行效果如图 15-2 所示。

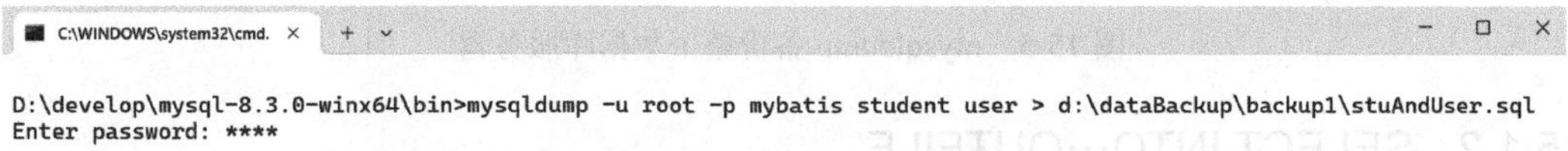

```
C:\WINDOWS\system32\cmd.
D:\develop\mysql-8.3.0-winx64\bin>mysqldump -u root -p mybatis student user > d:\dataBackup\backup1\stuAndUser.sql
Enter password: ****
```

图 15-2　mysqldump 备份多张表

执行完毕后，在相应的目录下会有一个名为 stuAndUser.sql 的脚本文件，如图 15-3 所示。这个脚本文件中含有创建表 student、表 user，以及两张表插入全部数据的 SQL 语句。

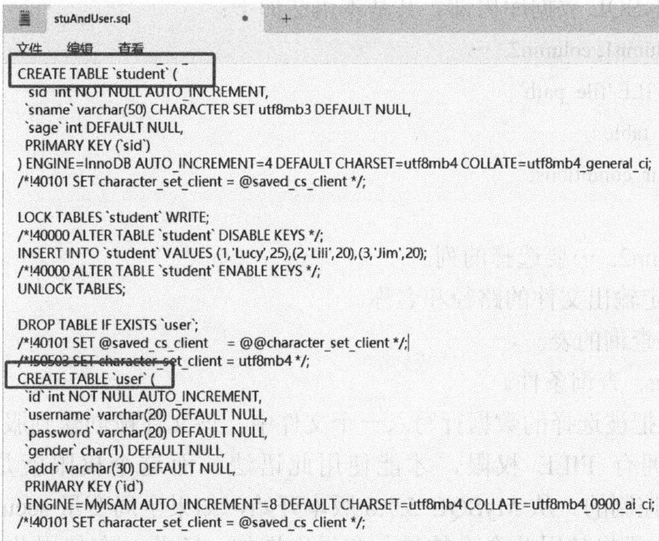

```
stuAndUser.sql
文件  编辑  查看
CREATE TABLE `student` (
  `sid` int NOT NULL AUTO_INCREMENT,
  `sname` varchar(50) CHARACTER SET utf8mb3 DEFAULT NULL,
  `sage` int DEFAULT NULL,
  PRIMARY KEY (`sid`)
) ENGINE=InnoDB AUTO_INCREMENT=4 DEFAULT CHARSET=utf8mb4 COLLATE=utf8mb4_general_ci;
/*!40101 SET character_set_client = @saved_cs_client */;

LOCK TABLES `student` WRITE;
/*!40000 ALTER TABLE `student` DISABLE KEYS */;
INSERT INTO `student` VALUES (1,'Lucy',25),(2,'Lili',20),(3,'Jim',20);
/*!40000 ALTER TABLE `student` ENABLE KEYS */;
UNLOCK TABLES;

DROP TABLE IF EXISTS `user`;
/*!40101 SET @saved_cs_client     = @@character_set_client */;
/*!50503 SET character_set_client = utf8mb4 */;
CREATE TABLE `user` (
  `id` int NOT NULL AUTO_INCREMENT,
  `username` varchar(20) DEFAULT NULL,
  `password` varchar(20) DEFAULT NULL,
  `gender` char(1) DEFAULT NULL,
  `addr` varchar(30) DEFAULT NULL,
  PRIMARY KEY (`id`)
) ENGINE=MyISAM AUTO_INCREMENT=8 DEFAULT CHARSET=utf8mb4 COLLATE=utf8mb4_0900_ai_ci;
/*!40101 SET character_set_client = @saved_cs_client */;
```

图 15-3　mysqldump 备份多张表后的文件

例 15.3　备份数据库名为 mybatis 的完整数据库到 D:\dataBackup\backup1 目录下,文件名为 mybatis.sql。

执行命令如下：

```
mysqldump -u root -p mybatis > d:\dataBackup\backup1\mybatis.sql
```

执行效果如图 15-4 所示。

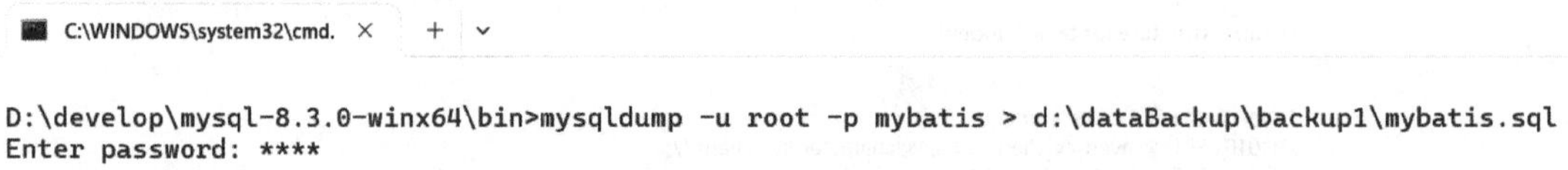
C:\WINDOWS\system32\cmd.
D:\develop\mysql-8.3.0-winx64\bin>mysqldump -u root -p mybatis > d:\dataBackup\backup1\mybatis.sql
Enter password: ****

图 15-4　mysqldump 备份一个完整的数据库

执行完毕后，在相应的目录下会有一个名为 mybatis.sql 的脚本文件,这个脚本文件中含有 mybatis 数据库中所有表的创建和数据插入的 SQL 语句。

例 15.4　备份 mybatis 完整数据库到 D:\dataBackup\backup1 目录下,文件名为 all.sql。

执行命令如下：

```
mysqldump -uroot -p --all-databases > d:\dataBackup\backup1\all.sql
```

执行完毕后，整个数据库服务器中所有的数据会备份到 all.sql 脚本中，如图 15-5 所示。

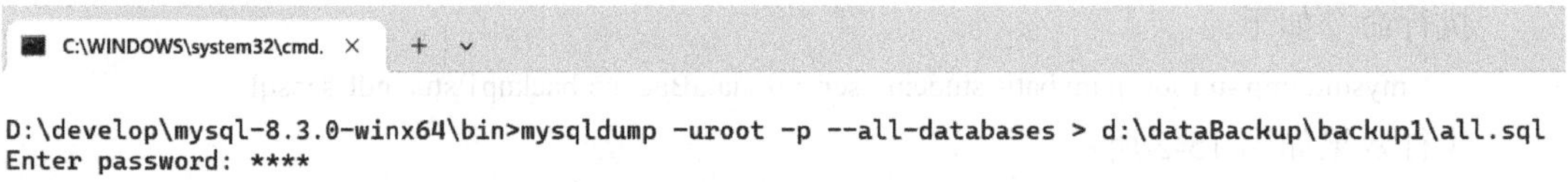
C:\WINDOWS\system32\cmd.
D:\develop\mysql-8.3.0-winx64\bin>mysqldump -uroot -p --all-databases > d:\dataBackup\backup1\all.sql
Enter password: ****

图 15-5　mysqldump 备份整个数据库服务器

15.1.2　SELECT INTO…OUTFILE

MySQL 中可以使用 SELECT…INTO OUTFILE 语句导出数据到文本文件上。与 mysqldump 不同的是 SELECT INTO…OUTFILE 语句只能导出数据的内容而不包括表结构，而且它的执行在 MySQL 数据库内部。其基本语法如下：

```
SELECT column1, column2, …
INTO OUTFILE 'file_path'
FROM your_table
WHERE your_conditions;
```

参数说明：

column1, column2, …要选择的列。

'file_path': 指定输出文件的路径和名称。

your_table: 要查询的表。

your_conditions: 查询条件。

这个命令可以把被选择的数据行写入一个文件中。该文件被创建到服务器主机上，因此在使用前必须拥有 FILE 权限，才能使用此语法。而这个权限就是通过全局变量 secure_file_priv 来控制的。从 MySQL 5.7.6 版本开始，如果全局变量 secure_file_priv 设置为 NULL，则服务器将禁用此命令的导入和导出操作。因此，在使用此命令之前，先在 performance_schema 数据库下查看全局变量 secure_file_priv，执行命令如下：

```
mysql> show variables like '%secure_file%';
+------------------+-------+
| Variable_name    | Value |
+------------------+-------+
| secure_file_priv | NULL  |
+------------------+-------+
1 row in set, 1 warning (0.01 sec)
```

如果此变量值为 NULL，则需要修改 MySQL 的配置文件，此文件一般在 MySQL 的安装路径下，与…\bin 同级，后缀为.ini，添加时需注意路径的符号，如图 15-6 所示。

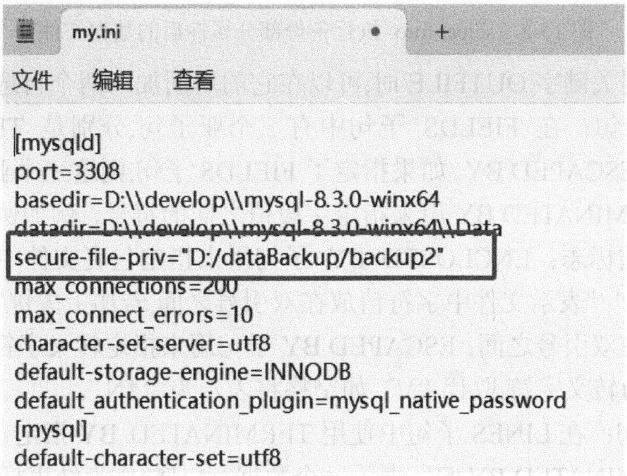

图 15-6　MySQL 配置文件中添加 secure_file_priv 属性值

修改之后，重启 MySQL 服务，再次查看系统变量，发现语句已经修改，如下面语句所示。此时，可以进行数据的备份操作。

```
mysql> show variables like '%secure_file%';
+------------------+-----------------------+
| Variable_name    | Value                 |
+------------------+-----------------------+
| secure_file_priv | D:\dataBackup\backup2\ |
+------------------+-----------------------+
1 row in set, 1 warning (0.01 sec)
```

例 15.5　备份 mybatis 数据库中 student 表的 sidg 与 sname 属性到 D:\dataBackup\backup2 目录下，文件名为 student.txt,属性列之间用逗号分隔，数据行之间用换行分隔。

执行语句如图 15-7 所示。其中，fields terminated by ',' lines terminated by '\n'表示导出的数据中属性之间用逗号分隔，一行数据结束后换行。

```
mysql> select sid,sname into outfile 'D:/dataBackup/backup2/student.sql' fields terminated
 by ',' lines terminated by '\n' from mybatis.student;
Query OK, 3 rows affected (0.00 sec)
```

图 15-7　select into 备份部分属性值

执行成功后，在相应的目录下，会有对应的数据备份文件，如图 15-8 所示。

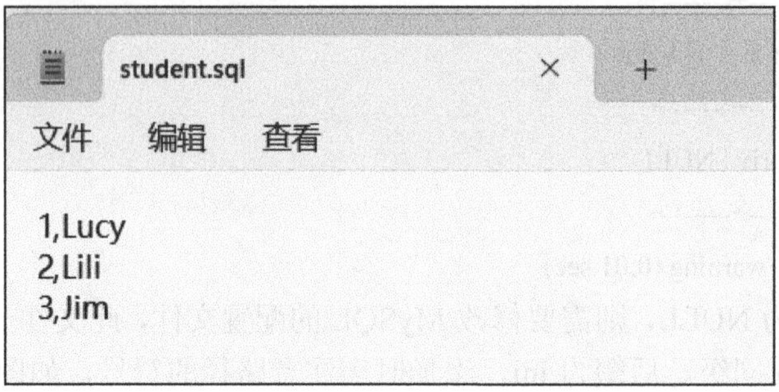

图 15-8 select into 执行备份部分属性后的数据文件

导出语句中使用关键字 OUTFILE 时,可以在它的后面加入两个自选的子句如下：

(1) FIELDS 子句：在 FIELDS 子句中有三个亚子句,分别是 TERMINATED BY、ENCLOSED BY 和 ESCAPED BY。如果指定了 FIELDS 子句,则这三个亚子句中至少要求指定一个。其中，TERMINATED BY 用来指定字段值之间的符号，例如例 15.5 中指定逗号作为两个字段值之间的标志；ENCLOSED BY 子句用来指定包裹文件中字符值的符号,例如“ENCLOSED BY " " ”表示文件中字符值放在双引号之间,若加上关键字 OPTIONALLY 则表示所有的值都放在双引号之间；ESCAPED BY 子句用来指定转义字符，例如,“ESCAPED BY '*'”将*”指定为转义字符,取代“\”,如空格将表示为“*N”。

(2) LINES 子句：在 LINES 子句中使用 TERMINATED BY 指定一个数据行结束的标志,如“LINES TERMINATED BY '$'”表示一个数据行以"$"作为结束标志。

如果 FIELDS 和 LINES 子句都不指定,则默认声明的子句如下：

```
FIELDS TERMINATED BY '\t' ENCLOSED BY "ESCAPED BY '\\'
LINES TERMINATED BY '\n'
```

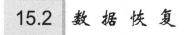

15.2 数 据 恢 复

数据恢复

MySQL 数据恢复主要依靠事先的备份，以及特定的恢复技术，下面介绍一些常见的数据恢复方法及说明。

15.2.1 mysql 命令导入

使用 mysql 命令导入语法格式如下：

```
mysql -u your_username -p -h your_host -P your_port -D your_database < 数据库文件.sql
```

其中，your_username、your_host、your_port、your_database 分别为 MySQL 用户名、主机、端口和数据库名。

例 15.6 将 d:\dataBackup\backup1 目录下的 student.sql 备份文件导入数据库 backup1 当中。

执行语句如下：

```
mysql -u root -p -P 3308 -D backup1 < d:\dataBackup\backup1\student.sql
```

注意：

(1) 恢复操作是在数据库之外。

(2) 如果 SQL 文件包含创建数据库的语句，要确保在执行导入之前当前的数据库服务器中不存在同名的数据库。如果 SQL 文件中不包含创建数据库的语句，就要确保在执行导入之前当前的数据库服务器中已经存在同名的数据库，如本例中的 backup1 数据库。

(3) 如果导入的文件中包含创建表的语句，就要确保目标库中表不存在，以免导入数据时发生冲突。

执行效果如图 15-9 所示。

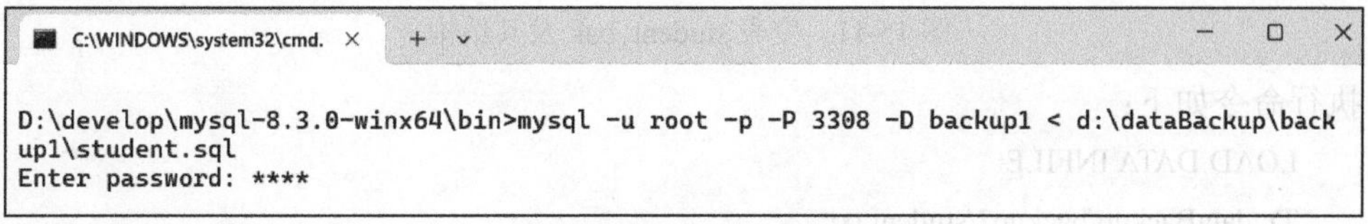

图 15-9　mysql 命令恢复数据

15.2.2　load data 命令导入

在 MySQL 中，LOAD DATA INFILE 命令是一种批量导入数据到表中的高效方式，它从文本文件中读取数据并插入表中，其速度远超使用多条 INSERT 语句。使用 LOAD DATA 时要注意表结构已经存在，从备份文件中恢复的只是数据。使用 LOAD DATA INFILE 命令的一些示例如下。

例 15.7　LOAD DATA LOCAL INFILE 'student.txt' INTO TABLE student_bak;

此语句将从当前目录中读取文件 student.txt，将该文件中的数据插入当前数据库的 student_bak 表中。如果指定 LOCAL 关键词，则表明从客户主机上按路径读取文件；如果没有指定，则文件在服务器上按路径读取文件。在 LOAD DATA 语句中需要指出列值的分隔符和行尾标记，默认标记是定位符和换行符。两个命令的 FIELDS 和 LINES 子句的语法是一样的。两个子句都是可选的，但是如果两个子句同时被指定，那么 FIELDS 子句必须出现在 LINES 子句之前。如果用户指定一个 FIELDS 子句，那么它的子句(TERMINATED BY、[OPTIONALLY] ENCLOSED BY 和 ESCAPED BY) 也是可选的，不过用户必须至少指定它们中的一个。LOAD DATA 默认情况下是按照数据文件中列的顺序插入数据的，如果数据文件中的列与插入表中的列不一致，则需要指定列的顺序。

例如，在数据文件中的列顺序是 a,b,c，但在插入表的列顺序为 b,c,a，则数据导入如下：

LOAD DATA LOCAL INFILE 'student.txt' INTO TABLE student_bak(b,c,a)

例 15.8　将目录 D:/dataBackup/backup2/下的数据文件 student.txt(如图 15-10 所示)导入数据库 backup2 的 student_bak 表中。Backup2 库及 student_bak 结构(如图 15-11 所示)已经存在，且表结构的属性与数据文件的字段顺序一致，表中无数据。

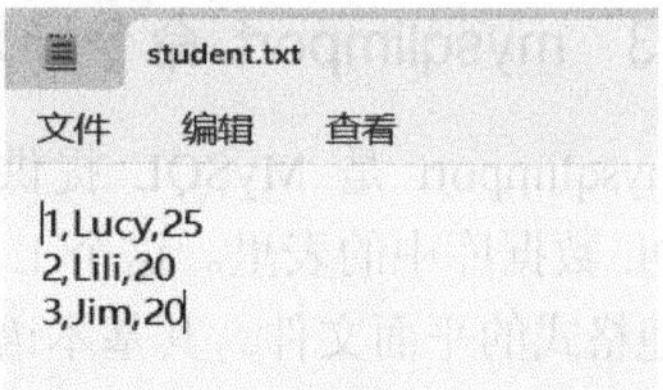

图 15-10　待导入的数据文件 student.txt

```
mysql> use backup2;
Database changed
mysql> select * from student_bak;
Empty set (0.00 sec)

mysql> desc student_bak;
+-------+-------------+------+-----+---------+-------+
| Field | Type        | Null | Key | Default | Extra |
+-------+-------------+------+-----+---------+-------+
| sid   | int         | NO   | PRI | NULL    |       |
| sname | varchar(50) | YES  |     | NULL    |       |
| sage  | int         | YES  |     | NULL    |       |
+-------+-------------+------+-----+---------+-------+
3 rows in set (0.00 sec)
```

图 15-11　空表 student_bak 及其结构

执行命令如下：

LOAD DATA INFILE

'D:/dataBackup/backup2/student.txt'

INTO TABLE student_bak

FIELDS TERMINATED BY ','

LINES TERMINATED BY '\n';

load data 命令导入数据如图 15-12 所示，则可将数据文件 student.txt 中的数据导入目标表 student_bak 中。

```
mysql> use backup2;
Database changed
mysql> LOAD DATA INFILE  'D:/dataBackup/backup2/student.txt'  INTO TABLE student_bak FIELD
S TERMINATED BY ',' LINES TERMINATED BY '\n';
Query OK, 3 rows affected (0.00 sec)
Records: 3  Deleted: 0  Skipped: 0  Warnings: 0
```

图 15-12　load data 命令导入数据

数据导入后的结果如图 15-13 所示。

```
mysql> select * from student_bak;
+-----+-------+------+
| sid | sname | sage |
+-----+-------+------+
|   1 | Lucy  |   25 |
|   2 | Lili  |   20 |
|   3 | Jim   |   20 |
+-----+-------+------+
3 rows in set (0.00 sec)
```

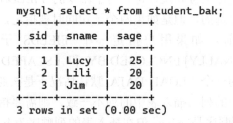

图 15-13　数据导入后的结果

15.2.3　mysqlimport 命令导入

mysqlimport 是 MySQL 提供的一个命令行工具，用于快速地将数据从文本文件导入 MySQL 数据库中的表里。这个工具特别适合处理 CSV(逗号分隔值)、TSV(制表符分隔值)或其他格式的平面文件。其基本语法如下：

mysqlimport [options] db_name text_file1 [text_file2 …]

db_name：目标数据库的名称。

text_file1, text_file2, …：要导入的数据文件名。

常见选项如下：

(1) -u username, --user=username：连接 MySQL 服务器的用户名。

(2) -p[password], --password[=password]：连接 MySQL 服务器的密码。如果只写 -p，则会在执行命令后提示输入密码。

(3) --host=host_name, -h host_name：MySQL 服务器的主机名或 IP 地址，默认为 localhost。

(4) --port=port_num, -P port_num：MySQL 服务器的端口号，默认为 3306。

(5) --local, -L：指示文件在本地客户端，而不是服务器上。

(6) --delete, -d：在导入新数据前删除表中的所有旧数据。

(7) --ignore, -i：即使遇到重复的键值，也继续导入，忽略错误。

(8) --fields-terminated-by=字符串：指定字段间的分隔符，默认为制表符\t。

(9) --fields-enclosed-by=字符：指定包围字段值的字符，通常用于包含逗号的数据。

(10) --lines-terminated-by=字符串：指定行结束符，默认为换行符\n。

(11) --columns=name：指定导入数据时使用的列名列表，用逗号分隔。

例 15.9 将目录 D:/dataBackup/backup2/下的数据文件 student.txt 导入数据库 backup2 中的 student 表中。Backup2 库和 student 结构已经存在。

在控制台执行命令如下：

```
mysqlimport -u root -p --fields-terminated-by="," --lines-terminated-by "\n" backup2 d:\dataBackup\backup2\student.txt
```

注意：(1) 导入数据库的表名没有在命令行中显示出现，因为系统会自动根据数据备份文件名 student.txt 去寻找 student 表。

(2) windows 系统中如果将上述命令中的双引号改为单引号，可能会造成执行失败。

(3) 执行完毕后导入数据，student.txt 表中的数据导入数据库 backup2 中的 student 表中。

mysqlimport 命令导入数据如图 15-14 所示。

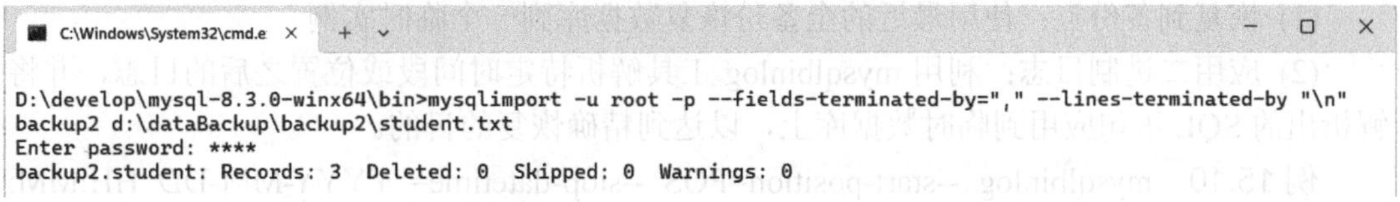

图 15-14　mysqlimport 命令导入数据

15.3 二进制日志文件的使用

二进制日志包含描述数据库更改的“事件”，如表创建操作或表数据更改。它还包含可能已进行更改的语句的事件(如 DELETE 没有匹配行的语句)，除非使用基于行的日志记录。二进制日志还包含有关每个语句花费更新数据多长时间的信息。二进制日志的两个重要用途如下：

(1) 复制。复制源服务器上的二进制日志提供了要发送到副本的数据更改记录。源将其二进制日志中包含的信息发送到其副本，副本将复制这些事务以进行与在源上所做的相同的数据更改。

(2) 某些数据恢复操作需要使用二进制日志。备份恢复后，会重新执行备份后记录在二进制日志中的事件。这些事件使数据库从备份点开始更新。

二进制日志(Binary Log)是一种重要的日志类型，主要用于记录数据库的所有更改，包括 DDL(数据定义语言)和 DML(数据操作语言)操作。这些日志对于数据恢复、主从复制和审计等场景至关重要。

15.3.1 开启二进制日志

默认情况下，MySQL 可能不会开启二进制日志记录。要启用二进制日志，需要编辑 MySQL 的配置文件(通常是 my.cnf 或 my.ini)，在[mysqld]部分添加或修改配置项如下：

```
log_bin=路径/文件名前缀
```

如果不指定路径，日志会默认存储在 MySQL 的数据目录下，并且如果只提供文件名前缀，如 mysql-bin，则实际的日志文件会按序编号，如 mysql-bin.000001。

15.3.2 查看二进制日志状态

查看是否开启：运行 SQL 命令 SHOW VARIABLES LIKE 'log_bin'; 来确认二进制日志是否已经启用。

查看日志文件列表：使用 SHOW BINARY LOGS; 命令来查看当前存在的所有二进制日志文件及其大小。

查看当前日志文件：执行 SHOW MASTER STATUS; 可以得到当前正在写入的日志文件名和位置。

15.3.3 使用二进制日志进行数据恢复

在数据丢失或需要回滚到某个点时，二进制日志配合数据库备份可以实现时间点恢复。

(1) 恢复到备份点：使用最近的全备份恢复数据库到一个临时实例。

(2) 应用二进制日志：利用 mysqlbinlog 工具解析特定时间段或位置之后的日志，并将解析出的 SQL 语句应用到临时数据库上，以达到精确恢复的目的。

例 15.10 mysqlbinlog --start-position=POS --stop-datetime="YYYY-MM-DD HH:MM:SS" mysql-bin.000001 | mysql -u 用户名-p

这里--start-position 和--stop-datetime 分别指定了日志读取的起始位置和结束时间。

15.3.4 二进制日志管理

重置二进制日志：使用 RESET MASTER; 命令可以删除所有二进制日志文件并重置二进制日志索引。

删除指定日志：可以使用 PURGE BINARY LOGS TO 'mysql-bin.000003'; 命令删除指定日志文件和之前的所有日志，或者使用 PURGE BINARY LOGS BEFORE 'YYYY-MM-DD HH:MM:SS'; 命令删除指定时间点之前的所有日志。

综上所述，MySQL 的二进制日志是维护数据库安全、可恢复性和高性能的关键组件，合理管理和使用日志可以提高数据库运维的效率和可靠性。

小　结

数据库备份是数据库管理系统维护中的一项关键操作，它涉及将数据库中的数据和结构在某个时间点复制到一个单独的安全存储介质上，以便在原始数据丢失或损坏时能够恢复数据库到之前的状态。备份是数据保护策略的重要组成部分，旨在最小化数据丢失的风险并确保业务连续性。

常见的备份中，完整备份(Full Backup)会复制数据库的全部内容，形成一个基准点。虽然占用空间较大且备份时间较长，但它提供了最简单的恢复过程，因为只需一个备份文件即可恢复整个数据库。

增量备份仅备份自上次备份(无论是完整备份还是前一次增量备份)以来发生变化的数据。这减少了备份所需的存储空间和时间，但恢复时需顺序应用所有增量备份和最后一个完整备份。

差异备份(Differential Backup)与增量备份类似，仅备份自上次完整备份以来发生变化的数据。这意味着每次差异备份的大小会逐渐增大，恢复时只需最新完整备份加上最后一个差异备份即可。

事务日志备份，针对支持事务日志的数据库系统(如 SQL Server)，备份自上次日志备份以来的所有事务日志。适用于完全恢复模型，能实现精细的时间点恢复。

根据备份类型和内容可以选择相应的恢复方法。例如，全量备份可以通过将备份文件导入新的 MySQL 实例中来执行全量恢复。恢复注意事项如下：

(1) 在恢复过程中，需要确保备份文件的完整性和可用性，避免数据丢失或损坏。

(2) 建议在恢复生产数据之前，先在测试环境中进行恢复测试，以确保恢复过程的正确性。

(3) 为了确保数据的安全性和可用性，建议定期执行备份，并测试备份文件的完整性和恢复能力。同时，根据实际需求和数据量大小选择合适的备份类型和工具，以提高备份和恢复的效率。

习　题

一、选择题

1. 关于 Mysqldump，以下说法错误的是(　　)。

A．Mysqldump 是 MySQL 提供的逻辑备份工具

B．这个命令位于...\mysql\bin 路径下

C．它只能备份表数据，不能备份表结构

D．它可以备份单个表，多个表，也可以备份一个完整的数据库

2. 关于数据备份，以下阐述正确的是(　　)。

A．所谓是将数据库中的数据导出生成副本，不包括日志及配置文件等

B．SELECT…INTO OUTFILE 语句能够导出表结构与数据到文本文件上

C．Mysql 命令导入数据是在数据库内部操作的

D．LOAD DATA INFILE 命令从文本文件中读取数据并插入表中，在数据库内部操作的。

二、编程题

1. 使用 mysqldump 命令将 student 表备份在 d:\dataBackup 目录的 student.sql 文件中。

2. 使用 select into 命令将 student 表的数据备份在 d:\dataBackup 目录的 student.txt 文件下。

3. 使用 mysql 命令将 1 题中的备份进行恢复。

三、简答题

按照备份数据库的内容，备份分为哪些类？并分别进行简要的描述。

第 16 章　MySQL 数据库的应用编程

PHP(Hypertext Preprocessor)是一种广泛使用的开源服务器端脚本语言，比较适合用于 Web 开发。它最初是由 Rasmus Lerdorf 在 1994 年创建的，初衷是为了简化他的个人主页的维护工作。随着时间的推移，PHP 逐渐发展成为了一个功能强大的编程语言，并得到了广泛的应用。PHP 是一种解释性语言，这意味着在服务器上执行时，PHP 代码会被解释器逐行解析并执行，而不需要事先编译成二进制代码。它的语法设计非常简洁，因此易于学习和使用。一方面它借鉴了 C、Java 和 Perl 等语言的特性；另一方面它添加了自己的语法，允许开发人员快速编写并运行代码，而无需复杂的编译过程，这使得 PHP 在 Web 开发领域特别受欢迎。PHP 支持面向对象编程(OOP)，允许开发者创建类、对象和方法并用于组织代码，实现代码的重用和封装。PHP 可以很容易地嵌入 HTML 代码中，在 HTML 页面中可以直接编写和执行 PHP 代码，实现动态内容的生成和交互功能。PHP 还可以在多种操作系统上运行，包括 Windows、Linux 和 Mac OS 等，开发者能够根据需求选择适合的服务器环境。

同时，PHP 拥有庞大的开发社区和活跃的社区支持。社区中有很多经验丰富的开发者分享他们的知识和经验，提供了大量的教程、文档和代码示例。此外，PHP 的官方文档也非常完善，为开发者提供了丰富的参考资源。总之，PHP 是一种功能强大、易于学习和使用的服务器端脚本语言，特别适合用于 Web 开发。它拥有简洁的语法、丰富的 Web 开发功能和强大的社区支持，使得开发者能够高效地构建安全、可靠的 Web 应用程序。

16.1　PHP 编程基础

在 PHP 编程中，只需要较少的编程知识就可以使用 PHP 建立一个交互的 Web 站点。在项目实践之前，建议读者先行掌握以下关于 PHP 的一些基础内容。

1. 基本语法

PHP 代码通常以<?php 开头，并以?>结尾。

注释：单行注释使用//，多行注释使用/*…*/。

变量：使用$符号定义变量，变量名以字母或下划线开头，区分大小写。

2. 数据类型

PHP 支持多种数据类型，包括标量类型(如整数、浮点数、布尔值、字符串)和复合类型(如数组、对象)。

字符串可以用单引号、双引号、heredoc 和 nowdoc 等方式定义。

3. 运算符

PHP 运算符包括算术运算符、赋值运算符、比较运算符、逻辑运算符等。

4. 控制结构

条件语句(如 if, else, elseif)，循环语句(如 for, while, do-while, foreach)，选择结构(如 switch)。

5. 函数

使用 function 关键字定义函数，可以带有参数和返回值。

函数命名规范：字母、数字、下划线组成，但不能以数字开头。

函数的调用可以在函数定义之前进行。

6. 数组

数组的定义可以使用 array( )函数或简写的[ ]。

数组可以是索引数组或关联数组。

7. 字符串操作

字符串连接使用 . 运算符。

字符串截取使用 substr( )函数。

字符串查找使用 strpos( )函数。

8. 文件操作

PHP 中使用 fread( )等函数读取文件内容。

9. 面向对象编程(OOP)

类和对象的定义与使用。

封装、继承、多态等 OOP 特性。

10. 错误处理和调试

了解 PHP 的错误级别和错误处理机制。

使用 try-catch 语句进行异常处理(PHP 7 版本及以后的版本)。

使用调试工具进行代码调试。

16.2 使用 PHP 进行 MySQL 数据库应用编程

使用 PHP 进行编程，首先确保所使用的电脑上安装了 PHP。可以通过官方网站下载 PHP 的安装包，或者使用集成开发环境(IDE)如 XAMPP、WAMP、MAMP，小皮面板(即 phpstudy)等，它们包含了 PHP、Web 服务器(如 Apache 或 Nginx)、数据库(如 MySQL)等开发所需的全部组件。此外，还要选择一个适合的代码编辑器或集成开发环境，如 Visual Studio Code、PHPStorm 等，这些工具通常有代码高亮、自动完成、调试等功能，能大大提升开发效率。本章中的实例使用的集成开发环境为 phpstudy(小皮面板)，编辑器为 Visual Studio Code。Web 服务器采用小皮面板中的 Nginx 1.25.2 版本，MySQL 使用小皮面板中的 8.0.12 版本，php 使用小皮面板中的 8.2.9 nts 版本。

通过 PHP 构建的基于 B/S 模式的 Web 应用程序的工作流程如下：

(1) 在用户计算机的浏览器中，在地址栏中输入相应 URL 信息向网页服务器(Nginx)提出交互请求。

(2) 网页服务器收到用户浏览器端的交互请求，会根据请求寻找服务器上的网页。

(3) Web 应用服务器执行页面所含的 PHP 代码脚本程序。

(4) PHP 代码脚本程序通过内置的 MySQL API 函数访问 MySQL 数据库服务器。

(5) PHP 代码脚本程序取回后台 MySQL 数据库服务器的查询结果。

(6) 网页服务器将查询处理结果以 HTML 文档的格式返回用户浏览器端。

16.2.1　PHP 与数据库连接的步骤

PHP 与 MySQL 数据库连接的步骤分为以下四步：

(1) 准备数据库的参数，这些参数包括主机名(或 IP 地址)、端口号、用户名、密码和数据库名称等。

(2) 使用 PHP 的内置数据库扩展(如 mysqli 或 PDO)来创建与数据库的连接对象。

(3) 执行数据库操作，PHP 与数据库一旦连接成功，就可以使用连接对象执行 SQL 查询语句，如 SELECT、INSERT、UPDATE 或 DELETE 语句，对数据库进行各种操作。为了安全起见，应该始终验证和过滤用户输入，避免 SQL 注入等安全漏洞。也可以使用预处理语句(prepared statements)来确保数据的安全性。

(4) 当完成对数据库的操作后，要关闭数据库连接以释放资源。在 mysqli 中，可以使用$conn->close( );命令关闭连接。

16.2.2　建立与 MySQL 数据库服务器的连接

mysqli_connect( ) 是 PHP 中用于建立与 MySQL 数据库连接的函数，这个函数是 mysqli 扩展库提供的一个传统风格的函数接口，与面向对象风格的 mysqli 类不同，它返回的是一个连接资源标识符，而不是一个对象。

函数定义：

```
mysqli_connect(string $servername, string $username = ini_get("mysqli.default_user"), string $password = ini_get("mysqli.default_pw"), string $dbname = "", int $port = ini_get("mysqli.default_port"), string $socket = ini_get("mysqli.default_socket"))
```

参数说明：

(1) $servername：必需。规定要连接的 MySQL 服务器。

(2) $username：可选。MySQL 用户名。默认值是服务器配置中 mysqli.default_user 的值(如果有的话)。

(3) $password：可选。MySQL 密码。默认值是服务器配置中 mysqli.default_pw 的值(如果有的话)。

(4) $dbname：可选。要选择的数据库名。如果提供该参数，在连接成功后，将默认选择该数据库。

(5) $port：可选。MySQL 端口号。默认值是服务器配置中 mysqli.default_port 的值(通常是 3306)。

(6) $socket：可选。规定要使用的套接字或要连接到的命名管道。

(7) 返回值：

如果连接成功，则返回一个 MySQL 连接标识符；如果连接失败，则返回 FALSE。

例 16.1 连接到 MySQL 数据库中的 mybatis 库，用户名为 root，密码为 root，端口号为 3307。连接成功则显示“连接成功”，否则显示“连接失败”

小皮面板的根目录一般为：...phpstudy_pro\WWW,在这个目录下新建一个名为 MyItem_1 的文件夹，本章中所有的实例均保存在这个文件夹目录下。将以下的代码保存为 connectDB.php 文件，执行效果如图 16-1 所示，且置于上述的目录下。

```
<? php
// 连接到 MySQL 数据库
$conn = mysqli_connect("localhost", "root", "root", "mybatis");
// 检查连接是否成功
if (!$conn) {
     die("连接失败: " . mysqli_connect_error());
}
echo "连接成功";
// 关闭连接
mysqli_close($conn);
? >
```

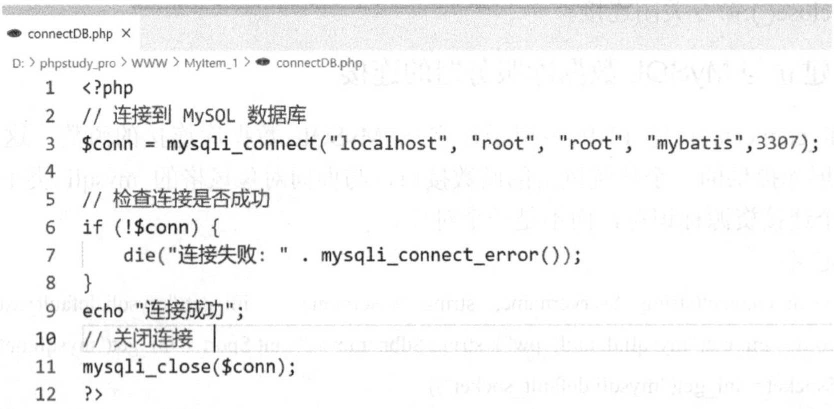
connectDB.php ×
D: > phpstudy_pro > WWW > MyItem_1 > connectDB.php
<?php
// 连接到 MySQL 数据库
$conn = mysqli_connect("localhost", "root", "root", "mybatis",3307);
// 检查连接是否成功
if (!$conn) {
die("连接失败: " . mysqli_connect_error());
}
echo "连接成功";
// 关闭连接
mysqli_close($conn);
?>

图 16-1 php 连接数据库

启动小皮面板中的 web 服务器与 MySQL 服务器(也可以使用小皮面板首页中的一键启动)，后面的实例均需要开启这两个服务。

打开浏览器，在地址栏中输入地址如下：

http://localhost//MyItem_1/connectDB.php

可看到执行的结果如图 16-2 所示。

图 16-2　数据库连接成功

注意：

(1) 使用 mysqli_connect( )时，请确保 PHP 环境已经启用了 mysqli 扩展。

(2) 在生产环境中，请确保不要将数据库用户名和密码硬编码在代码中，而是使用配置文件、环境变量或其他安全的方式来存储这些敏感信息。

(3) 使用 mysqli_connect_error( )函数可以获取连接失败时的错误信息，这对于调试非常有帮助。

(4) 当完成数据库操作后，使用 mysqli_close( )函数来关闭数据库连接，以释放资源。

(5) 虽然 mysqli_connect( )函数提供了一种传统的函数式接口来连接 MySQL 数据库，但在现代 PHP 开发中，面向对象风格的 mysqli 类(如$mysqli = new mysqli(…);)也经常被使用，因为它提供了更多的灵活性和功能。

以下的实例中用到了 mybatis 库下的表 tb_user，其表结构如图 16-3 所示，表中的数据如图 16-4 所示。

Field	Type		Null	Key	Default		Extra
id	int(11)	7B	NO	PRI	(NULL)	OK	auto_increment
username	varchar(20)	11B	YES		(NULL)	OK	
password	varchar(20)	11B	YES		(NULL)	OK	
gender	char(1)	7B	YES		(NULL)	OK	
addr	varchar(30)	11B	YES		(NULL)	OK	

图 16-3　tb_user 表结构

id	username	password	gender	addr
1	zhangsan	123	男	北京
2	李四	234	女	天津
3	王五	11	男	西安
(Auto)	(NULL)	(NULL)	(NULL)	(NULL)

图 16-4　tb_user 表中的数据

16.2.3　选择数据库

mysqli_select_db( )是 PHP 中 mysqli 扩展库提供的一个函数，用于在已经建立的 MySQL 连接上选择(切换)到指定的数据库。当与 MySQL 服务器建立连接后，希望在该服务器上的多个数据库之间切换。mysqli_select_db( )函数允许实现这一点。

1. 函数定义

```
bool mysqli_select_db ( mysqli $link , string $dbname )
```

2. 参数

(1) $link：必需。由 mysqli_connect( )或 mysqli_init( )建立的 MySQL 连接资源。

(2) $dbname：必需。要选择的数据库名称。

3．返回值

如果成功选择了数据库，则返回 TRUE；如果失败，则返回 FALSE。

例 16.2 连接到 MySQL 数据库，用户名为 root，密码为 root，端口号为 3307，然后选择 myschool 库，成功则显示“数据库选择成功”，否则显示“连接失败”。

在目录…phpstudy_pro\WWW\MyItem_1 下，创建 selectDB.php 文件，代码如下：

```
<?php
// 连接到 MySQL 数据库
$conn = mysqli_connect("localhost", "root", "root","",3307);
// 检查连接是否成功
if (!$conn) {
    die("连接失败: " . mysqli_connect_error());
}
// 选择数据库
$db_selected = mysqli_select_db($conn, "myschool");
// 检查数据库选择是否成功
if (!$db_selected) {
    die ("不能选择数据库: " . mysqli_error($conn));
}
echo "数据库选择成功";
// 在这里执行 SQL 查询...
// 关闭连接
mysqli_close($conn);
?>
```

执行效果如图 16-5 所示。

图 16-5 使用 mysqli_select_db 函数选择数据库

浏览器中输入 http://localhost//MyItem_1/selectDB.php， 显示结果如图 16-6 所示。

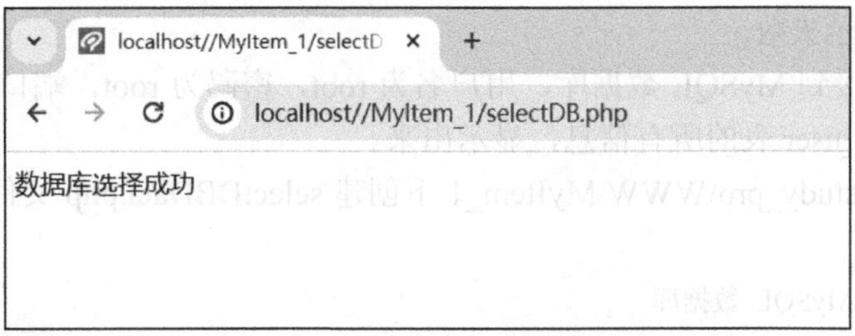

图 16-6　数据库选择成功

注意事项：

(1) 在调用 mysqli_select_db( )之前，请确保已经通过 mysqli_connect( )或其他方式成功建立了 MySQL 连接。

(2) 如果在连接时通过 mysqli_connect( )的第四个参数直接指定了数据库名称，那么在该连接上默认已经选择了该数据库，此时可能不需要再调用 mysqli_select_db( )。

(3) 如果数据库选择失败，mysqli_error($conn) 可以用来获取详细的错误信息。

(4) 在选择数据库后，您可以使用其他 mysqli 函数，如 mysqli_query()来执行针对该数据库的 SQL 查询。

(5) 当不再需要数据库连接时，应使用 mysqli_close( )来关闭连接，以释放资源。

(6) 如果您使用的是面向对象风格的 mysqli 类，那么可以使用 select_db( )方法来达到相同的效果。

16.2.4　执行数据库操作

mysqli_query()是 PHP 中 mysqli 扩展库提供的一个非常重要的函数，用于在已经建立的 MySQL 连接上执行 SQL 查询。这个函数可以执行各种类型的 SQL 语句，如 SELECT、INSERT、UPDATE、DELETE 等。

1. 函数定义

mixed mysqli_query (mysqli $link , string $query [, int $resultmode = MYSQLI_STORE_RESULT])

2. 参数

(1) $link：必需。由 mysqli_connect( )或 mysqli_init( )建立的 MySQL 连接资源。

(2) $query：必需。要执行的 SQL 查询字符串。

(3) $resultmode：可选。结果模式，其可以是 MYSQLI_USE_RESULT 或 MYSQLI_STORE_RESULT。MYSQLI_USE_RESULT 仅对 SELECT 语句有效，它允许用户获取大结果集而不需要为整个结果集分配内存。MYSQLI_STORE_RESULT 是默认选项，它会获取整个结果集到内存中。

3. 返回值

对于 SELECT、SHOW、DESCRIBE 或 EXPLAIN 等语句，mysqli_query( )返回一个 mysqli_result 对象。

对于其他语句(如 INSERT、UPDATE、DELETE 等)，mysqli_query( )返回 TRUE 表示成功，FALSE 表示失败。

例 16.3 连接到 MySQL 数据库，用户名为 root，密码为 root，端口号为 3307，查询 mybatis 库中的 tb_user 表的所有信息，显示出来。

在目录…phpstudy_pro\WWW\MyItem_1 下创建 selectDBData.php 文件，代码如下：

```
<?php
// 连接到 MySQL 数据库
$conn = mysqli_connect("localhost", "root", "root", "mybatis",3307);
// 检查连接是否成功
if (!$conn) {
    die("连接失败: " . mysqli_connect_error());
}
// 执行 SELECT 查询
$sql = "SELECT * FROM tb_user";
$result = mysqli_query($conn, $sql);
// 检查查询是否成功
if ($result) {
// 输出数据
    if (mysqli_num_rows($result) > 0) {
// 输出数据行
        while($row = mysqli_fetch_assoc($result)) {
            echo "ID: " . $row["id"].
            " - userName: " . $row["username"].
            " - password: " . $row["password"].
            " - gender: " . $row["gender"].
            " - address: " . $row["addr"].
            "<br>";
        }
    } else {
        echo "0 结果";
    }
} else {
    echo "查询失败: " . mysqli_error($conn);
}
// 关闭结果集和连接
mysqli_free_result($result);
mysqli_close($conn);
?>
```

执行效果如图 16-7 所示。

selectDBData.php ×

D: > phpstudy_pro > WWW > MyItem_1 > selectDBData.php

```php
<?php
// 连接到 MySQL 数据库
$conn = mysqli_connect("localhost", "root", "root", "mybatis",3307);
// 检查连接是否成功
if (!$conn) {
    die("连接失败: " . mysqli_connect_error());
}
// 执行 SELECT 查询
$sql = "SELECT * FROM tb_user";
$result = mysqli_query($conn, $sql);

// 检查查询是否成功
if ($result) {
    // 输出数据
    if (mysqli_num_rows($result) > 0) {
        // 输出数据行
        while($row = mysqli_fetch_assoc($result)) {
            echo "ID: " . $row["id"].
            " - userName: " . $row["username"].
            " - password: " . $row["password"].
            " - gender: " . $row["gender"].
            " - address: " . $row["addr"].
            "<br>";
        }
    } else {
        echo "0 结果";
    }
} else {
    echo "查询失败: " . mysqli_error($conn);
}
// 关闭结果集和连接
mysqli_free_result($result);
mysqli_close($conn);
?>
```

图 16-7　查询数据并显示

在浏览器中输入 http://localhost//MyItem_1/selectDBData.php，显示结果如图 16-8 所示。

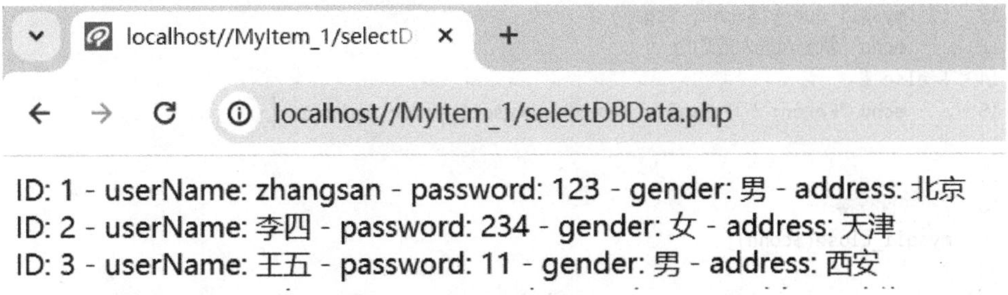

图 16-8　在页面中显示查询数据的结果

例 16.4　连接到 MySQL 数据库，用户名为 root，密码为 root，端口号为 3307，向 mybatis

库中的 tb_user 表插入一条新数据姓名：John Doe，性别：男，地址：上海。

在目录…phpstudy_pro\WWW\MyItem_1 下创建 insertDB.php 文件，代码如下：

```
<?php
// 连接到 MySQL 数据库
$conn = mysqli_connect("localhost", "root", "root", "mybatis",3307);
// 检查连接是否成功
if (!$conn) {
    die("连接失败: " . mysqli_connect_error());
}
// 执行 INSERT 查询
$sql = "INSERT INTO tb_user(username, gender,addr) VALUES ('John Doe', '男','上海')";
if (mysqli_query($conn, $sql)) {
    echo "新记录插入成功";
} else {
    echo "Error: " . $sql . "<br>" . mysqli_error($conn);
}
// 关闭连接
mysqli_close($conn);
?>
```

执行效果如图 16-9 所示。

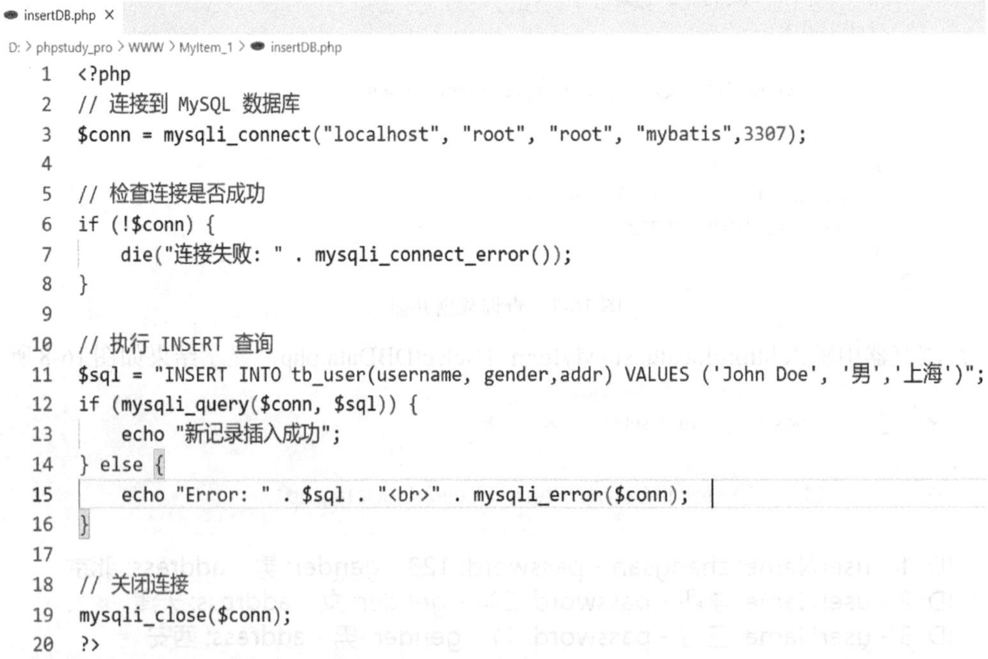

```
insertDB.php ×
D: > phpstudy_pro > WWW > MyItem_1 > insertDB.php
<?php
// 连接到 MySQL 数据库
$conn = mysqli_connect("localhost", "root", "root", "mybatis",3307);

// 检查连接是否成功
if (!$conn) {
    die("连接失败: " . mysqli_connect_error());
}

// 执行 INSERT 查询
$sql = "INSERT INTO tb_user(username, gender,addr) VALUES ('John Doe', '男','上海')";
if (mysqli_query($conn, $sql)) {
    echo "新记录插入成功";
} else {
    echo "Error: " . $sql . "<br>" . mysqli_error($conn);
}

// 关闭连接
mysqli_close($conn);
?>
```

图 16-9 插入数据

在浏览器中输入 http://localhost//MyItem_1/insertDB.php，执行结果如图 16-10 所示。

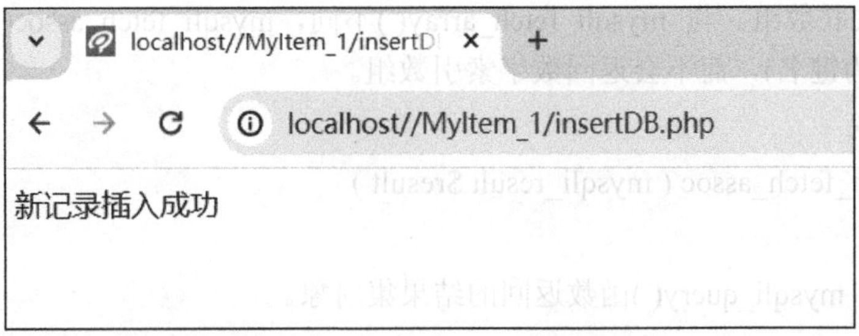

图 16-10　插入数据后的页面显示

插入数据之后的结果如图 16-11 所示：

id	username	password	gender	addr
1	zhangsan	123	男	北京
2	李四	234	女	天津
3	王五	11	男	西安
4	John Doe	(NULL)	男	上海
(Auto)	(NULL)	(NULL)	(NULL)	(NULL)

图 16-11　插入数据后的表

将上述代码中的 SQL 插入语句修改为删除或更新即可实现数据的删除与更新操作。

16.2.5　读取结果集中的数据

从数据库中查找的数据一般会有多条，我们将其视为一个结果集，如何从这个结果集中将数据显示出来的，PHP 提供的函数方法如下：

1. mysqli_fetch_array( )

mysqli_fetch_array( ) 是 PHP 中 mysqli 扩展库提供的一个函数，它用于从结果集中取得一行语句作为关联数组、数字数组，或二者兼有。它允许用户灵活地处理从数据库查询返回的数据。

1) 函数定义

array mysqli_fetch_array (mysqli_result $result [, int $resulttype = MYSQLI_BOTH])

2) 参数

(1) $result：由 mysqli_query()函数返回的结果集对象。

(2) $resulttype：可选参数，指定返回的数组类型。可以是以下常量之一：

① MYSQLI_ASSOC：返回关联数组(字段名作为键名)。

② MYSQLI_NUM：返回数字索引数组(字段在结果集中的位置作为键名)。

③ MYSQLI_BOTH(默认)：返回关联数组和数字索引数组的混合数组。

3) 返回值

返回一个包含结果集中当前行的数组，如果没有更多行则返回 NULL。

2. mysqli_fetch_assoc( )

mysqli_fetch_assoc( )是 PHP 中 mysqli 扩展库提供的一个函数，它用于从结果集中取得一行语句作为关联数组。与 mysqli_fetch_array( )不同，mysqli_fetch_assoc( )仅返回关联数组(即字段名作为键名)，而不会返回数字索引数组。

1) 函数定义

array mysqli_fetch_assoc (mysqli_result $result)

2) 参数

$result：由 mysqli_query( )函数返回的结果集对象。

3) 返回值

返回一个包含结果集中当前行的关联数组，如果没有更多行则返回 NULL。

当只需要关联数组时，使用 mysqli_fetch_assoc( )比 mysqli_fetch_array(MYSQLI_ASSOC) 更高效，因为它避免了创建不必要的数字索引数组。例 16.3 中的第 17 行使用了 mysqli_fetch_assoc( )函数。

16.2.6 关闭与数据库服务器的连接

mysqli_close( )是 PHP 中 mysqli 扩展库提供的一个函数，用于关闭之前使用 mysqli_connect( )或 new mysqli( )打开的数据库连接。当用户完成对数据库的所有操作后，关闭数据库连接是一个好的做法，以释放服务器资源并确保连接被正确关闭。

1. 函数定义

bool mysqli_close (mysqli $link)

2. 参数

$link：由 mysqli_connect( )或 new mysqli( )创建的 MySQLi 连接对象。如果省略此参数，并且已经建立了连接，则关闭上一个打开的连接。

3. 返回值

如果成功关闭连接，则返回 TRUE；如果连接已经关闭或者没有打开的连接，则返回 FALSE。例 16.4 中第 19 行使用了本函数。

当完成对数据库的所有操作后，应该总是关闭数据库连接，即使脚本在结束时会自动关闭连接，但显式关闭连接可以更早地释放资源。如果在一个脚本中打开了多个数据库连接，需要确保每个连接都被正确关闭。在使用 mysqli_close( )之前，确保已经完成了所有与数据库相关的操作，因为一旦连接被关闭，将无法再执行任何数据库操作。如果正在使用持久连接(persistent connections)，那么调用 mysqli_close( )将不会关闭连接，而是将其返回到连接池中，以便后续脚本可以重用。然而，即使使用的是持久连接，如果不再需要数据库连接，仍然可以调用 mysqli_close( )来确保资源得到适当的管理。

小　结

使用 PHP 编写对 MySQL 数据库的应用程序涉及多个方面，从建立数据库连接、执行查询、处理结果到优化性能和安全性等方面都需要考虑。编写 SQL 语句以执行各种数据库操作，如插入、更新、删除和查询数据只是具体业务中的一方面，除此之外，还要使用参数化查询或预处理语句来防止 SQL 注入攻击，对于大量数据的操作，考虑使用批量插入或批量更新以提高性能，对于遍历查询结果集，要提取所需的数据，对于关联数组或对象的结果集，使用字段名或属性名来访问数据，此外还需要处理可能出现的错误或异常，并适当地向用户反馈，这都需要在实践中不断积累。

习　　题

一、选择题(多选题)

1. MySQL 连接数据库，所需要的基本信息包括(　　)。

A．服务器地址　　B．端口号　　C．用户名　　D．密码

2. mysqli_query 可以执行的 SQL 语句可以是(　　)。

A．insert　　B．update　　C．delete　　D．select

二、编程题

1. 使用 mysqli_query( )实现对 student 表中最后一条数据的修改。

2. 使用 mysqli_query( )实现删除 student 表中第 1 条数据。

第 17 章　开发实例

通过前面章节的介绍，大家对 MySQL 数据库已有了初步的了解。本章用较简洁的代码，结合一些前端的知识实现对数据库的增加、删除、修改、查询操作。通过这个实例，读者可以在后续的学习中完成一些相对复杂的操作。

17.1 需求描述

本实例结合前面章节的内容，实现对学生信息的管理功能，主要的需求如下：

(1) 前端以表单的形式，完成对学生信息表的查询展示；

(2) 能够实现根据关键字搜索学生的信息；

(3) 新增学生信息，如果主键在自增的情况下，对主键不予操作；

(4) 删除学生信息，删除时要能够有弹窗形式进行确认；

(5) 修改学生信息，同样主键在自增的情况下，对主键不予操作；

17.2 分析与设计

根据需求，本实例至少有三个页面：

(1) 主页面：完成对数据库信息的查询，在页面上以表单的形式完成展示。在此页面上，应当有对学生信息搜索、增加、修改、删除功能的入口(或按钮)。

(2) 新增学生信息的页面：此页面上应当有关于学生信息输入的表单，如学生的信息有姓名、年龄等属性，则此页面上要有对姓名、年龄等输入的表单。

(3) 删除页面：删除的信息条目应当能够通过缓存形式从主页面传输到此页面。此页面完成对删除信息的二次确认，在确认之后，页面应当跳转回主页面。

修改功能的实现可以在主页面原表单上实现。在修改时，将原来的信息数据呈现为可修改状态；修改完后，将修改后的信息写回数据库，然后页面能刷新显示出来。

17.3 数据库设计与实现

本实例的重点是数据库的增加、删除、修改、查询的综合操作，以及结合 HTML 页面予以呈现，故将数据库的内容凝练为最简洁的形式。由于本实例的业务简单，只需要对学生数据进行操作，数据库中仅存一张表，所以并不存在多个实体之间的联系，故此处未使用 E-R 图，而是给出学生实体的类图，如图 17-1 所示。而对于学生实体我们也仅抽象出学号、姓名与年龄三个属性，分别是 sid、sname、sage，数据类型分别为 int、varchar(50)、int 类型，sid 为主键，自增，编码格式为 utf8mb4。

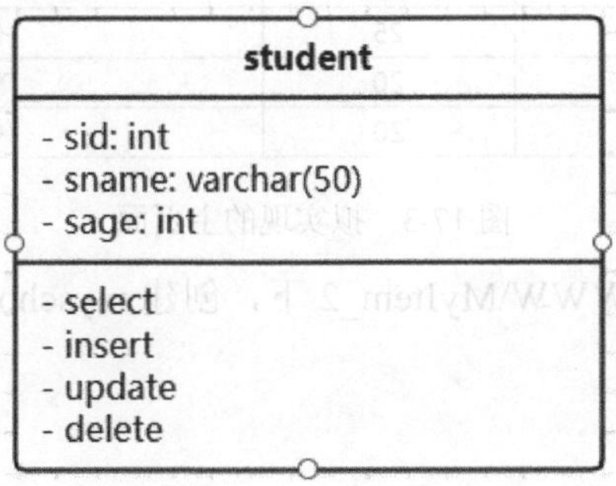

图 17-1　学生实体的类图

Student 表的创建语句如下：

```
DROP TABLE IF EXISTS 'student';
CREATE TABLE 'student' (
  'sid' int NOT NULL AUTO_INCREMENT,
  'sname' varchar(50) CHARACTER SET utf8mb4 DEFAULT NULL,
  'sage' int DEFAULT NULL,
  PRIMARY KEY ('sid')
) ENGINE=InnoDB AUTO_INCREMENT=4 DEFAULT CHARSET=utf8mb4 COLLATE= utf8mb4_
general_ci;
```

建好表后插入几条数据，以便于在前端页面中展示，如图 17-2 所示。

	sid	sname	sage
□	1	Lucy	25
□	2	Lili	20
□	3	Jim	20
*	(Auto)	(NULL)	(NULL)

图 17-2　student 表及其数据

17.4　应用系统的编程与实现

17.4.1　主页面表单展示功能

主页面要实现一个页面展示功能，显示学生的一些信息，还有新增、修改、删除以及搜索功能，如图 17-3 所示。

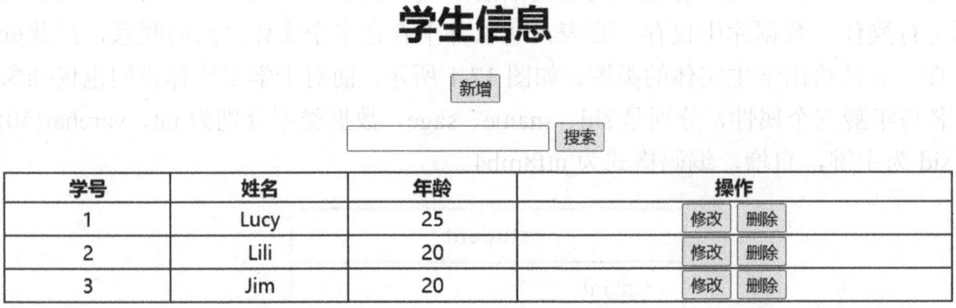

学生信息
新增
搜索
学号 姓名 年龄 操作
1 Lucy 25 修改 删除
2 Lili 20 修改 删除
3 Jim 20 修改 删除

图 17-3 拟实现的主页面

在目录…phpstudy_pro\WWW\MyItem_2 下，创建 myschool.php 文件，其前端的代码如下：

```
<!doctype html>
<html>
<head>
<meta charset="utf-8">
<title>学生信息首页-myschool.php</title>
</head>
<body>
    <h1 align="center">学生信息</h1>
    <form action="" method="post" name="indexf" >
    <p align = "center">
        <input type="button" value="新增" name="inbut"
onClick="location.href='insert.php'"/>
    </p>
    <p align="center">
        <!-- 搜索框中的内容 -->
        <input type="text" name="sel"/>
        <input type="submit" value="搜索" name="selsub"/>
    </p>
    <table align="center" border="1px" cellspacing="0px" width="800px">
        <tr>
            <th>学号</th>
            <th>姓名</th>
            <th>年龄</th>
            <th>操作</th>
        </tr>
    </table>
    </form>
```

```
</body>
</html>
```

启动小皮面板中的 web 服务器与 MySQL 服务器(也可以使用小皮面板首页中的一键启动)，后面的操作均需要开启这两个服务。

打开浏览器，在地址栏中输入地址：

http://localhost//MyItem_1/ myschool.php

可看到上述前端代码的执行结果，如图 17-4 所示。

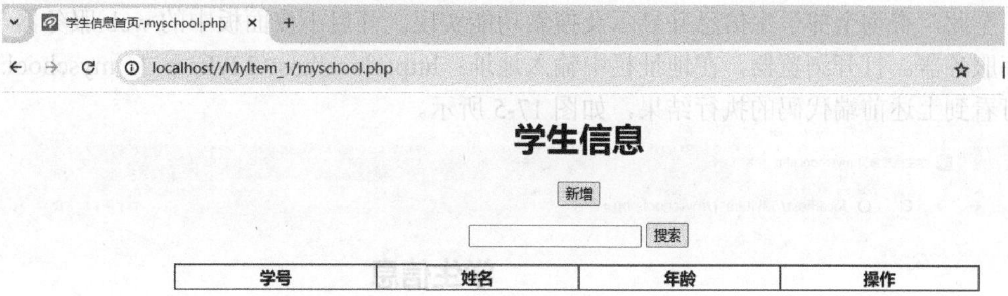

图 17-4　初步实现的 myschool.php 页面

17.4.2　主页面查询数据展示功能

表单实现之后，需要从数据库中查询出信息展示在主页面当中，这部分的功能需要 PHP 代码中实现，在 myschool.php 文件的 table 表单的行属性中，增加 PHP 代码如下：

```
// 数据库连接信息：主机，用户名，密码，所连接的数据库
    $link = mysqli_connect('localhost','root','root','myschool');
    if(!$link){
        exit('数据库连接失败！');
    }
    // 如果搜索框的里是空的
    if(empty($_POST["selsub"])){
        // 显示全部的学生
        $res = mysqli_query($link,"select * from student");
    }else{
        // 获取搜索框的内容
        $sel = $_POST["sel"];
        $res = mysqli_query($link,"select * from student where sid like '%$sel%'
        or sname like '%$sel%' or sage like '%$sel%'");
    }
    // 用循环形式获取查询的所有数据
    while($row = mysqli_fetch_array($res)){
        echo '<tr align="center">';
        // 数据库的表中只有三个属性，所以表格就是三列
```

```
        echo "<td>$row[0]</td><td>$row[1]</td><td>$row[2]</td>
    <td>
        <input type = 'submit' name ='upsub$row[0]' value='修改' />
        <input type = 'submit' name ='delsub$row[0]' value='删除' />
    </td>";
    echo '</tr>';
}
```

至此，查询全部学生信息并显示及搜索功能实现。开启小皮面板中的 web 服务器与数据库服务器。打开浏览器，在地址栏中输入地址：http://localhost//MyItem_1/ myschool.php 即可看到上述前端代码的执行结果，如图 17-5 所示。

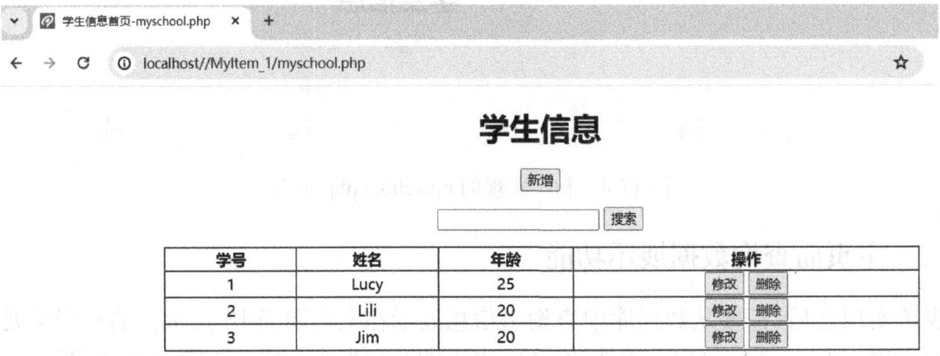

图 17-5　浏览器显示查询出的数据

17.4.3　增加数据功能

增加数据的功能在主页面 myschool.php 当中，通过点击 “新增”按钮实现，跳转到 insert.php 页面，如图 17-6 所示。

```
</head>
<body>
    <h1 align="center">学生信息</h1>
    <form action="" method="post" name="indexf" >
    <p align = "center">
        <input type="button" value="新增" name="inbut" onClick="location.href='insert.php'"/>
    </p>
    <p align="center">
```

图 17-6　insert.php 页面

点击后要实现如下样式页面的跳转，如图 17-7 所示。

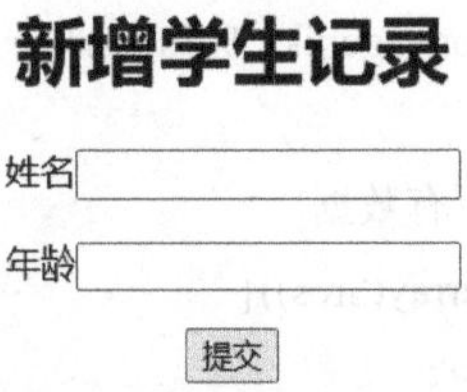

图 17-7　点击新增后跳转出的页面样式

在目录…phpstudy_pro\WWW\MyItem_2 下，创建 insert.php 文件，该文件的作用是实现 17-7 的页面，在此页面中输入学生信息，点击提交后将学生数据插入数据库的表中，具体代码如下：

```
<!DOCTYPE html>
<html>
<head>
<meta charset="utf-8">
<title>新增学生记录</title>
</head>
<body>
    <h1 align="center">新增学生记录</h1>
    <form action="" method="post" name="inf">
        <!-- 输入框 -->
        <p align="center">姓名<input type="text" name="sname"/></p>
        <p align="center">年龄<input type="text" name="sage"/></p>
        <p align="center"> <input type="submit" name="insertsub" value = "提交"/></p>
    </form>

<?php

session_start();
// 数据库连接信息：主机，用户名，密码，所连接的数据库
$link = mysqli_connect('localhost','root','root','myschool');
if(!$link){
    exit('数据库连接失败！');
}
// 如果提交按钮被点了，则插入数据
if(!empty($_POST["insertsub"])){
    $sname = $_POST["sname"];
    $sage = $_POST["sage"];
    mysqli_query($link,"INSERT INTO student(sname,sage) VALUES(' $sname',$sage)");//字符类
型要有引号
    //跳转回首页
    $_SESSION['sucess']='添加成功';
    header('location:myschool.php');
}
?>
</body>
</html>
```

注意：通过 session_start( )；命令实现了页面缓存的功能。

在地址栏中输入地址：http://localhost//MyItem_1/ myschool.php，然后点击“新增”按钮，则会弹出新增学生信息窗口，如图 17-8 所示。该窗口中的姓名与年龄均是可输入框，输入一条数据，然后点击“提交”，在主页面的最后一行会显示出新插入的数据，如图 17-9 所示。

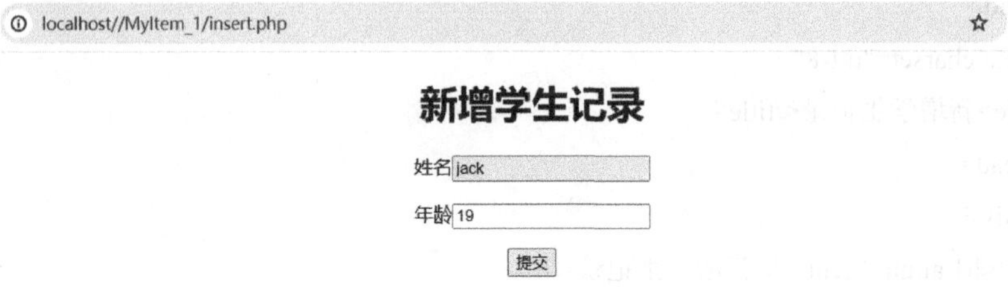

图 17-8　输入新增学生信息

图 17-9　主页面显示新增的数据

17.4.4　修改数据功能

修改数据功能可以添加在主页面文件 myschool.php 中来实现。需要添加的功能如下：

(1) 点击修改后，待修改的内容要变为可编辑状态，table 的行变为“text”。

(2) 编辑后的数据，需要写入数据库当中，使用 update 语句。

(3) 主页面刷新显示，使用 head( )函数实现跳转。

在 while 查询语句下，继续添加修改数据的代码实现的逻辑是，当点击某行的修改按钮后，该行的数据就处于可编辑状态，同时原来此行上的修改与删除按钮不再显示，取而代之的是一个确认修改按钮，修改后的数据在点击此按钮后就会写入数据库，最后显示在本页面当中。其代码内容如下：

```
// 如果点击了修改按钮
            if(!empty($_POST["upsub$row[0]"])){
                echo '<tr    align="center">';
                echo "<td>$row[0]</td>
                    <td><input type='text' name='upsname' value='$row[1]'/></td>
```

```
            <td><input type='text' name='upsage' value='$row[2]' /></td>
            <td><input type='submit' value='确认修改'
name='upsubs$row[0]'/></td>";
        echo '</tr>';
    }
    // 如果点击了确认修改按钮，则执行修改任务
    if(!empty($_POST["upsubs$row[0]"])){
        // 先获取传过来的值
        $upsname = $_POST["upsname"];
        $upsage = $_POST["upsage"];
        mysqli_query($link,"update student set
sname='$upsname',sage=$upsage where sid=$row[0]");
        header('location:#');//修改后刷新本页面
    }
```

完成上述代码后，在主页面：http://localhost//MyItem_1/ myschool.php 上点击最后一行数据的“修改”按钮，然后输入要修改的内容，再点击“确认修改”如图 17-10 所示。

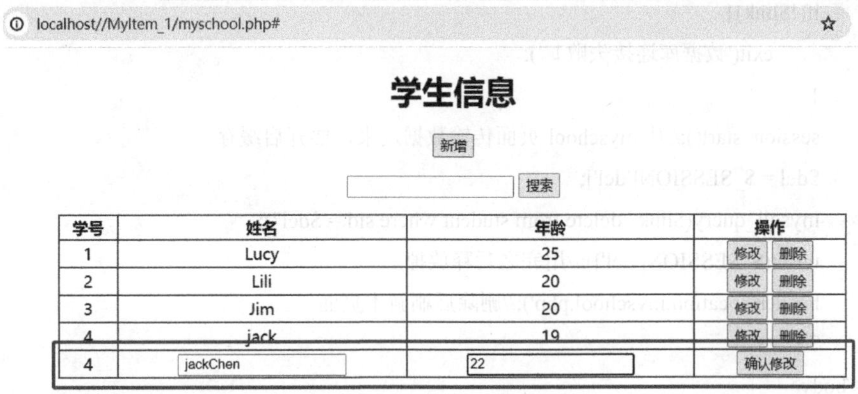

图 17-10　修改页面的数据

修改后，页面跳转至主页面，主页面显示修改后的数据，如图 17-11 所示。

图 17-11　修改后显示数据

17.4.5 删除数据功能

删除的功能需要考虑两点：一是要有一个弹窗进行确认，避免误操作；二是需要删除后页面刷新显示最新的数据。它的具体代码如下：

在目录…phpstudy_pro\WWW\MyItem_2 下，创建 del.php 文件，其代码如下：

```
<!DOCTYPE html>
<html>
<head>
<meta charset="utf-8">
<title>删除记录</title>
</head>

<body>
    <?php
    // 数据库连接信息：主机，用户名，密码，所连接的数据库
    $link = mysqli_connect('localhost','root','root','myschool');
    if(!$link){
        exit('数据库连接失败！');
    }
    session_start();//从 myschool 页面传输数据过来，要开启缓存
    $del = $_SESSION['del'];
    mysqli_query($link,"delete from student where sid = $del");
    unset($_SESSION['del']);//用完之后释放掉
    header('location:myschool.php');//删除后刷新本页面
    ?>
</body>
</html>
```

由于要从主页面将删除的信息传输到此页面，故代码中也要开启 session_start( )。删除数据的代码继续添加在主页面的 while 查询语句如下：

```
// 删除
if(!empty($_POST["delsub$row[0]"])){
    $_SESSION['del']=$row[0];
    echo '<script>
    if(confirm("是否删除?") == true){
        location.href = "del.php";
    }
    </script>';
}
```

完成上述代码后，在主页面：http://localhost//MyItem_1/ myschool.php 上点击最后一行

数据的“删除”按钮后，会有弹窗提示，如图 17-12，17-13 所示。

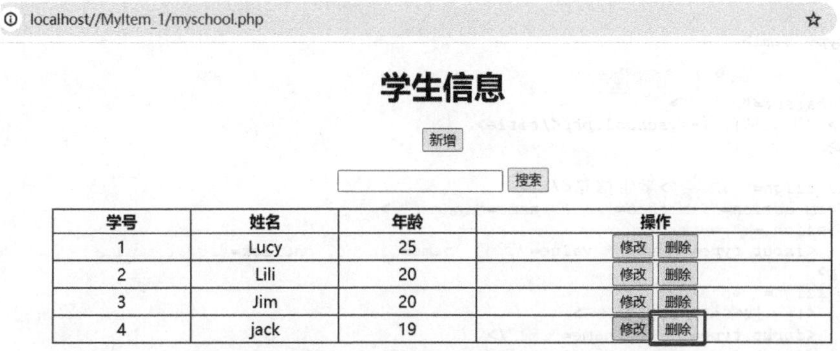

localhost//MyItem_1/myschool.php
学生信息
新增
搜索
学号
姓名
年龄
操作
1
Lucy
25
修改
删除
2
Lili
20
修改
删除
3
Jim
20
修改
删除
4
jack
19
修改
删除

图 17-12 具有删除功能的页面

图 17-13 删除确认弹窗

取消点击弹窗，则会取消删除操作。点击“确定”后，则会跳转至主页面，显示刷新后的数据，如图 17-14 所示。

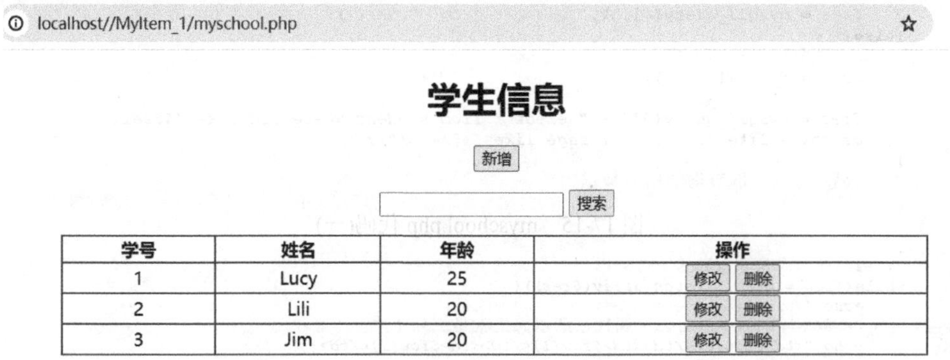

图 17-14 删除后刷新显示的页面

小 结

至此，关于学生信息的增、删、改、查的实例已经全部实现。现将三个文件的完整代码附后。

myschool.php

本代码文件共 91 行代码。8～23 行为前端显示内容，25～29 行为开启缓存功能。其他的主要功能：搜索、查询、修改、删除功能均在代码前有较详细注释，如图 17-15，17-16 所示。

```
<!doctype html>
<html>
<head>
<meta charset="utf-8">
<title>学生信息首页-myschool.php</title>
</head>
<body>
    <h1 align="center">学生信息</h1>
    <form action="" method="post" name="indexf" >
    <p align = "center">
        <input type="button" value="新增" name="inbut" onClick="location.href='insert.php'"/>
    </p>
    <p align="center">
        <!-- 搜索框中的内容 -->
        <input type="text" name="sel"/>
        <input type="submit" value="搜索" name="selsub"/>
    </p>
    <table align="center" border="1px" cellspacing="0px" width="800px">
        <tr>
            <th>学号</th>
            <th>姓名</th>
            <th>年龄</th>
            <th>操作</th>
<?php
     session_start();//开启缓存，插入与删除功能时要暂存数据
     if(isset( $_SESSION['sucess'])){//如果插入页面执行成功，此页面弹出提示
        echo  '<p align="center">'.$_SESSION['sucess'].'</p>';//居中显示信息
        unset( $_SESSION['sucess']);//用完释放
     }

    // 数据库连接信息：主机，用户名，密码，所连接的数据库
    $link = mysqli_connect('localhost','root','root','myschool');
    if(!$link){
        exit('数据库连接失败！');
    }
    // 如果搜索框的里是空的
    if(empty($_POST["selsub"])){
        // 显示全部的学生
        $res = mysqli_query($link,"select * from student");
    }else{
        // 获取搜索框的内容
        $sel = $_POST["sel"];

        $res = mysqli_query($link,"select * from student where sid like '%$sel%'
        or sname like '%$sel%' or sage like '%$sel%'");
    }
    // 用循环形式获取查询的所有数据
```

图 17-15 myschool.php 代码(一)

```
    // 用循环形式获取查询的所有数据
    while($row = mysqli_fetch_array($res)){
        echo '<tr align="center">';
        // 数据库的表中只有三个属性，所以表格就是三列
        echo "<td>$row[0]</td><td>$row[1]</td><td>$row[2]</td>
        <td>
            <input type = 'submit' name ='upsub$row[0]' value='修改' />
            <input type = 'submit' name ='delsub$row[0]' value='删除' />
        </td>";
        echo '</tr>';
        // 如果点击了修改按钮
        if(!empty($_POST["upsub$row[0]"])){
           echo '<tr  align="center">';
           echo "<td>$row[0]</td>
               <td><input type='text' name='upsname' value='$row[1]'/></td>
               <td><input type='text' name='upsage' value='$row[2]' /></td>
               <td><input type='submit' value='确认修改' name='upsubs$row[0]'/></td>";
           echo '</tr>';
        }
        // 如果点击了确认修改按钮，则执行修改任务
        if(!empty($_POST["upsubs$row[0]"])){
            // 先获取传过来的值
            $upsname = $_POST["upsname"];
            $upsage = $_POST["upsage"];
```

```
71              mysqli_query($link,"update student set sname='$upsname',sage=$upsage where sid=$row[0]");
72              header('location:#');//修改后刷新本页面
73          }
74          // 删除
75          if(!empty($_POST["delsub$row[0]"])){
76              // mysqli_query($link,"delete from student where sid=$row[0]");
77              // header('location:#');//删除后刷新本页面
78              $_SESSION['del']=$row[0];
79              echo '<script>
80              if(confirm("是否删除?") == true){
81                  location.href = "del.php";
82              }
83              </script>';
84          }
85      }
86  ?>
87          </tr>
88      </table>
89      </form>
90  </body>
91  </html>
```

图 17-16　myschool.php 代码(二)

insert.php

本代码文件是 myschool.php 代码文件第 11 行执行新增学生后所调用的文件。8～14 行为前端页面显示的内容，18 行为开启缓存，20～23 行为连接数据库，25～32 行为向数据库中插入数据，若插入成功，则页面重新定向到主页面上，如图 17-17 所示。

```
1   <!DOCTYPE html>
2   <html>
3   <head>
4   <meta charset="utf-8">
5   <title>新增学生记录</title>
6   </head>
7   <body>
8       <h1 align="center">新增学生记录</h1>
9       <form action="" method="post" name="inf">
10          <!-- 输入框 -->
11          <p align="center">姓名<input type="text" name="sname"/></p>
12          <p align="center">年龄<input type="text" name="sage"/></p>
13          <p align="center"> <input type="submit" name="insertsub" value = "提交"/></p>
14      </form>
15
16   <?php
17
18    session_start();
19    // 数据库连接信息: 主机, 用户名, 密码, 所连接的数据库
20    $link = mysqli_connect('localhost','root','root','myschool');
21    if(!$link){
22        exit('数据库连接失败! ');
23    }
24  //    如果提交按钮被点了, 则插入数据
25    if(!empty($_POST["insertsub"])){
26      $sname = $_POST["sname"];
27      $sage = $_POST["sage"];
28      mysqli_query($link,"INSERT INTO student(sname,sage) VALUES(' $sname',$sage)");//字符类型要有引号
29      //跳转回首页
30      $_SESSION['sucess']='添加成功';
31      header('location:myschool.php');
32    }
33  ?>
34  </body>
35  </html>
```

图 17-17　insert.php 代码

del.php

本代码文件是 myschool.php 代码文件第 75 行执行删除数据后所调用的文件。11～14 行为数据库连接信息，由于要获取主页面中删除哪一行数据的信息，在第 15 行中开启缓存，第 17 行为删除数据操作，删除完毕后释放 session 缓存空间，然后在第 19 行页面重定向到主页面，如图 17-18 所示。

```
<!DOCTYPE html>
<html>
<head>
<meta charset="utf-8">
<title>删除记录</title>
</head>

<body>
    <?php
    // 数据库连接信息：主机，用户名，密码，所连接的数据库
    $link = mysqli_connect('localhost','root','root','myschool');
    if(!$link){
        exit('数据库连接失败！');
    }
    session_start();//从myschool页面传输数据过来，要开启缓存
    $del = $_SESSION['del'];
    mysqli_query($link,"delete from student where sid = $del");
    unset($_SESSION['del']);//用完之后释放掉
    header('location:myschool.php');//删除后刷新本页面
    ?>
</body>
</html>
```

图 17-18 del.php 代码

习　　题

编程题

1. 请使用 phpstudy 与 vscode 工具实现对学生数据的查询、增加、修改与删除。

2. 请使用 phpstudy 与 vscode 工具编写一个通讯录管理系统(提示：将学生转换成通讯录，将学生的属性转换成通讯录的属性)。

参 考 文 献

[1] 王珊，萨师煊. 数据库系统概论[M]. 3 版. 北京：高等教育出版社，2014.
[2] 孙慧，王向华，孙静，等. 数据库设计技术[M]. 北京：北京希望电子出版社，2002.
[3] 张水平. 数据库原理及 SQL Server 应用[M]. 西安：西安交通大学出版社，2008.
[4] 郑阿奇. MySQL 实用教程[M]. 2 版. 北京：电子工业出版社，2009.
[5] 教育部教育考试院. MySQL 数据库程序设计[M]. 北京：高等教育出版社，2023.